中国生物多样性地理图集

Biodiversity Atlas of China

主持单位　国际野生生物保护学会（WCS）
大自然保护协会（TNC）
中国科学院动物研究所

协助单位　中国—欧盟生物多样性项目

主　　编　解焱　张爽　王伟

编委成员　武瑞东　王龙柱　赵鹏　于倩　John MacKinnon　李欣海　Mike Heiner

湖南教育出版社

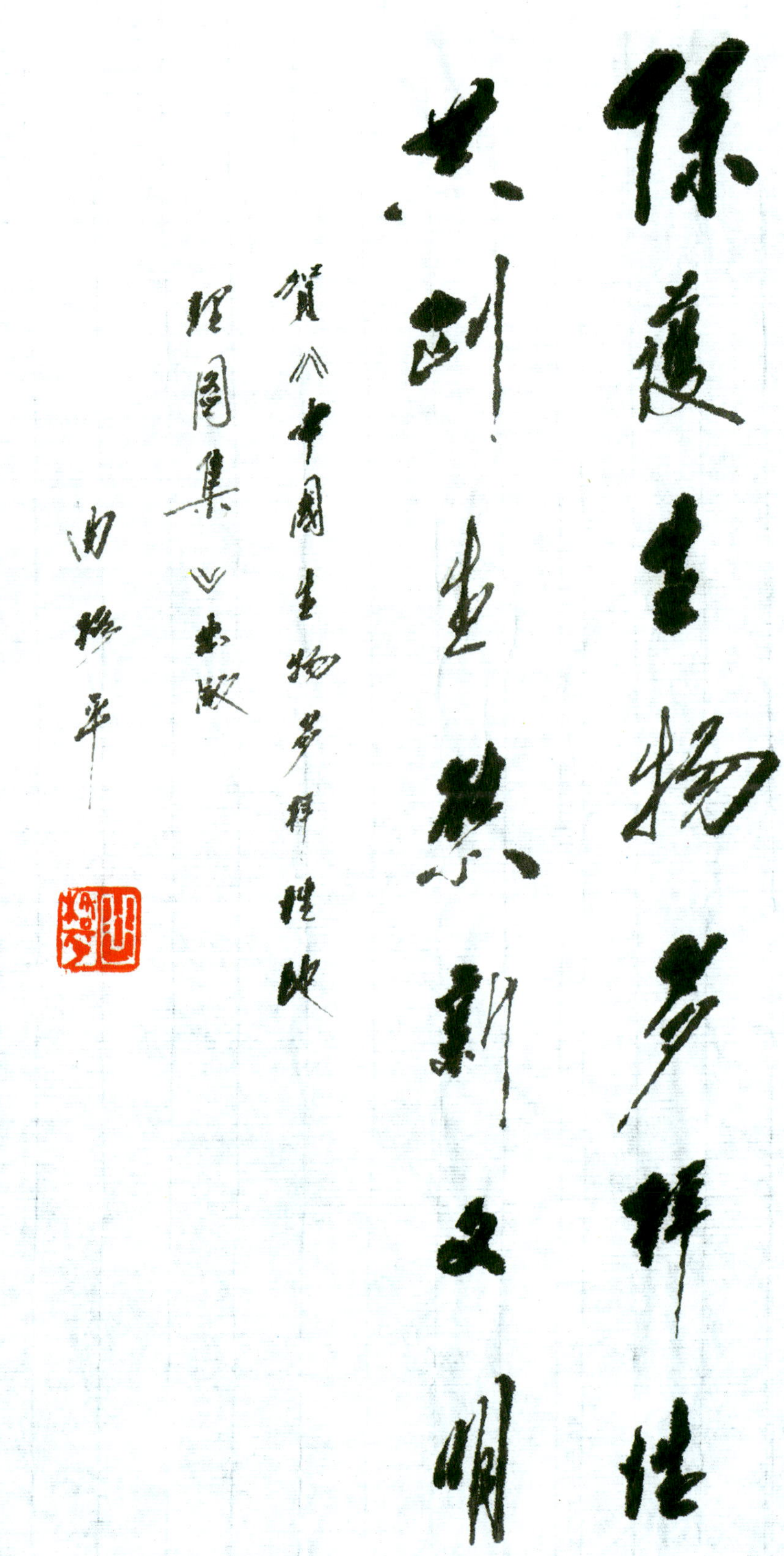
保護生物多樣性
共創生態新文明
賀《中國生物多樣性保護圖集》出版

目 录

CONTENTS

写在前面

中国国土辽阔，海域宽广，自然条件复杂多样，孕育了极其丰富的植物、动物等，是世界上生物多样性最丰富的国家之一，拥有大量的特有物种。这些丰富的生物不仅给中国人民带来巨大的直接经济利益，更重要的是具有比直接经济利益大得多的间接效益，包括调节水资源，减少干旱及洪水带来的影响，降解空气和土壤中的毒素，使营养再循环，而且还维持着气候和人类赖以生存的农业生态系统。

然而，我国的生物多样性正以惊人的速度遭到破坏。导致生物多样性丧失的原因很多，主要是因为中国巨大的人口压力导致资源过度消费，缺乏规划、保护和执法不力以及信息匮乏同样是重要因素。没有充分的有关生物分布及其状况以及生态系统健康与范围等信息，我们无法制定合理的决策对那些应该得到保护的区域进行管理，也不清楚采集和利用物种到什么水平是可持续的。

图 0.1 珠蛱蝶 *Issoria lathonia* 无危 (LC)

丰富的生物多样性及其重要价值，以及我国生物多样性所面临的破坏和威胁，使得保护工作愈发紧迫。政府和保护界正在大力加强生物多样性的保护工作，全社会公民也越来越关注、理解并支持生物多样性的保护，因此，目前对于中国的生物多样性现状、动植物的分布特征以及受威胁物种的数量和分布等信息的需求也越来越强烈。

一、生物多样性数据库

从20世纪80年代我国开始逐渐建立物种方面的数据库，发展到今天，这样的数据库非常多，其中很多已经发展为成体系的内容，并公布在互联网上。中国科学院（CAS）的各个研究所拥有最好的标本数据，植物研究所（北京、昆明、华南、西双版纳等）拥有大量的植物标本和数据，动物研究所（北京、昆明）拥有大量的陆生动物的数据，武汉水生生物研究所拥有主要的淡水物种数据，海洋研究所拥有最好的海洋资源数据。

其中覆盖全国物种范围的代表性的系统包括：中国物种信息服务（CSIS），拥有较为全面的物种分类、红色名录、分布等数据；中国生物多样性信息系统（CBIS），拥有最权威的标本数据、物种分类和分布数据；国家林业局建立了中国生物多样性信息管理系统（CBIMS），收录了林业部门的自然保护区中的物种信息，每个保护区被要求建立完整的区内保护物种名录；CBIMS不仅收集了保护区的生物资源数据，而且有生态数据、社会与经济数据以及日常监测与管理信息，因此数据比较新。但大量保护区没有数据，可信度也具有不确定性。另外，其他一些机构（如中国林业科学研究院、中科院西北高原生物研究所等）也为濒危物种建立了数据库，为脊椎动物和昆虫建立了分布数据库。地方性的数据库也是日新月异。

但是目前我国还没有利用这些数据，将中国生物多样性的各种特点编制成一套直观的地理图集，为中国的生物多样性保护和管理服务。《中国生物多样性地理图集》（以下简称本地理图集）正是在这种形势下应运而生的。本地理图集旨在用直观的彩色地图清楚地展示中国生物多样性的组成、分布、濒危情况以及保护现状，同时为保护决策、环境影响评估、宣传教育等提供基础、直观的信息。

图0.2 赛加羚羊 *Saiga tatarica* 野外绝灭（EW）

图0.3 灰椋鸟 *Sturnus cineraceus* 无危（LC）

二、中国物种信息服务（CSIS）

本地理图集是以中国物种信息服务中所有收集的信息为基础制作的。中国物种信息服务（China Species Information Service, CSIS: www.baohu.org）始于1996年中国科学院“八五”计划。中国科学院动物研究所创建的中国濒危物种信息系统（CESIS）收录了近600种濒危动物，成为CSIS的最初内容。

从1996年起，中国濒危物种信息系统一直被列入由欧盟资助的中国环境与发展国际合作委员会生物多样性工作组的工作范围，随后得到扩充，覆盖近5 000种动物物种，更名为“中国物种信息系统”。该系统于2001年开始上网。生物多样性工作组于2000年启动了中国物种红色名录评估项目，通过这个项目，借助100多位中国专家的力量，完成了《中国物种红色名录·第一卷·红色名录》（汪松和解焱，2004），《中国物种红色名录·第三卷·无脊椎动物》（汪松和解焱，2005），《中国物种红色名录·第

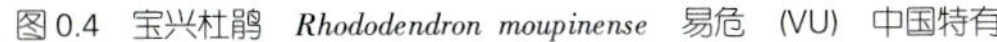

图 0.4 宝兴杜鹃 *Rhododendron moupinense* 易危 (VU) 中国特有

图 0.5 中华稻蝗 *Oxya chinensis* 未予评估 (NE)

二卷·脊椎动物》（上、下册）（汪松和解焱，2009）。这同时也是对 CSIS 十分重要的扩充，从脊椎动物发展到无脊椎动物以及植物，包括的物种超过 1 万种。“中国物种信息系统”因此发展成为“中国物种信息服务”（CSIS），并收集了物种的红色名录及其受威胁等级评估信息，建立了最完整的中国自然保护区地理信息数据库、外来入侵种数据库、陆生脊椎动物物种网上鉴定工具等。

到 2005 年，当生物多样性工作组解散之后，CSIS 开始由国际野生生物保护学会（WCS）和中国科学院动物研究所合作管理。物种数据和信息的输入及更新工作近年来从未间断。在关键生态系统合作基金（CEPF）的支持下，2004—2006 年，该信息系统的数据得到大量更新，并增加了很多内容。2006—2007 年，CSIS 的网上查询系统进行了全面更新，使得系统检索更加方便。2007 年初，开始了出版本地理图集的准备工作，对物种和保护地的信息又进行了全面更新、校对，并开始尝试一些数据的分析和利用工作。这期间，前后发表了多篇中国生物多样性状况分析论文（解焱等，2004；汪松和解焱，2004，2005，2009；Xie Yan and Wang Sung，2007a，2007b）。

三、中国生物多样性保护远景规划项目

中国生物多样性地理图集由大自然保护协会资助，综合了中国生物多样性保护远景规划项目所收集的有关生物多样性的数据和资料，包括中国生物多样性保护优先区域、全国自然保护区、生物多样性影响因素以及物种和生态系统等方面的综合分析。

中国生物多样性保护远景规划项目是由大自然保护协会与国家环境保护部共同组织实施的为期 3 年（2006—2008）的合作项目。该项目的总体目标是：与合作伙伴一起，对中国的生物多样性及其保护状况进行全面的综合评估；确定需要优先保护的生态系统、物种及区域，并提出关键的保护行动和策略，以充实并更新现有的《中国生物多样性保护行动计划》，为未来中国生物多样性的保护和自然资源的管理提供科学依据，促进中国的可持续发展。

项目通过与相关政府部门、科研院所和民间保护组织合作，收集、整理分散的有关生物多样性的数据和资料，并对其进行评估、分析和整理，甄别资料并填补其空缺，以长江上游、四川省及全国层面为三个尺度，建立了一个系统的生物多样性数据库。以此为基础，采用大自然保护协会 50 年来保护经验所总结的“保护系统工程”(Conservation by

图 0.6 南滑蜥 *Scincella reevesii* 无危（LC）

Design, CBD）的方法，分别完成了长江上游流域陆地和淡水生态区评估、四川省生物多样性保护战略与行动计划以及中国生物多样性保护优先区域确定与空缺分析，其成果为各级政府部门及合作伙伴制定有关生物多样性保护策略及行动提供了有力的支持。

四、中国物种红色名录

20 世纪 80 年代到 90 年代，《中国植物红皮书》（第一册）和《中国濒危动物红皮书》（4 卷）相继出版，受到我国科研、管理、生物保护和执法界等人士的欢迎，社会反响强烈。90 年代后期，世界自然保护联盟（IUCN）发布了物种濒危等级的新标准，适用于所有高、低等动物、植物物种，并推出了全球物种红色名录的网络版和光盘版。随后，各国纷纷依据这一新标准，对本国的物种状况进行评估。

中国环境与发展国际合作委员会生物多样性工作组于 20 世纪 90 年代后期开始，发起了旨在评估中国物种现状的“中国物种红色名录”项目。项目历时 4 年，100 多位专家参与，运用 IUCN 新标准对我国的动植物物种的状况作了全面评估。评估信息已经上网：www.baohu.org，并出版了系列图书。《中国物种红色名录·第一卷·红色名录》于 2004 年出版，包括了 10 000 多种动植物物种的红色名录，其中无脊椎动物 2 435 种，脊椎动物 3 368 种，植物 4 404 种。《中国物种红色名录·第三卷·无脊椎动物》于 2005 年出版，《中国

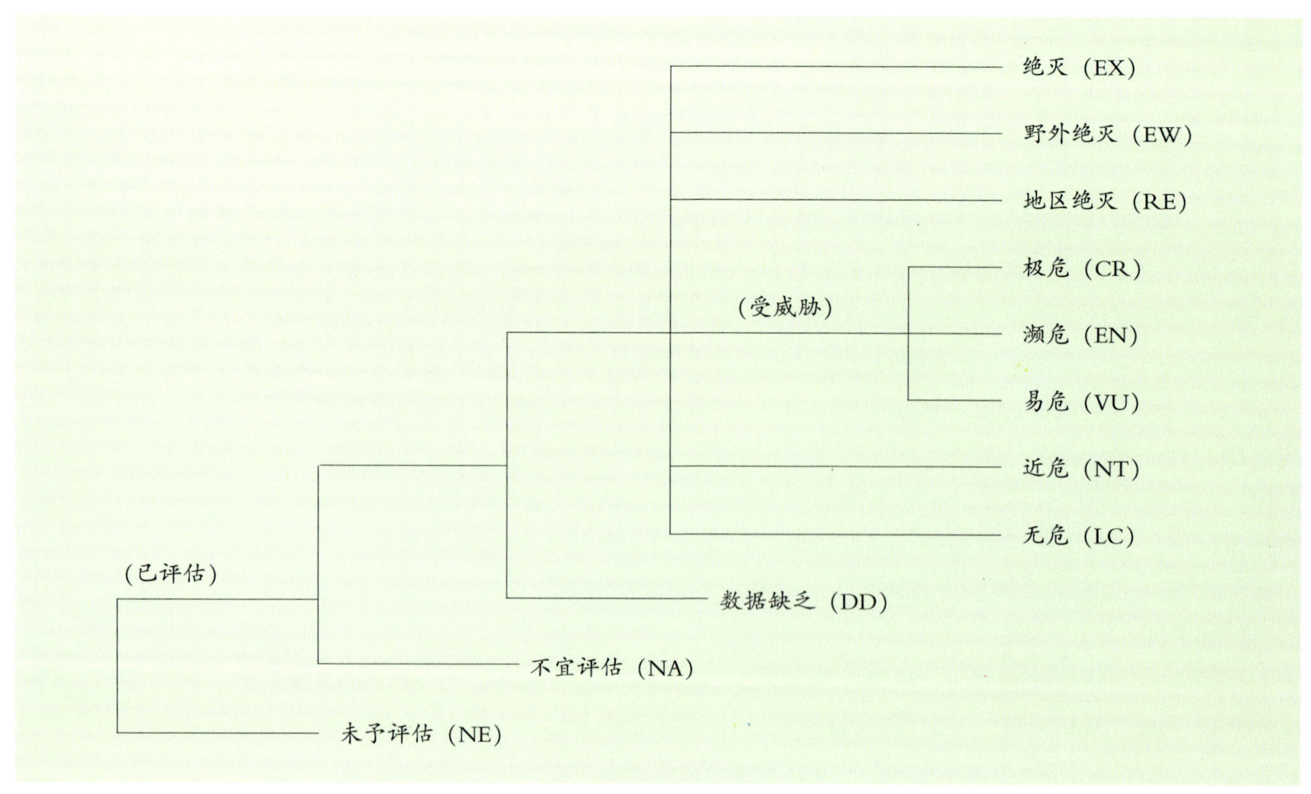

图 0.7 地区水平的濒危等级体系

图0.8 鸳鸯 *Aix galericulata* 近危（NT）

图0.9 亚洲象 *Elephas maximus* 濒危（EN）

物种红色名录·第二卷·脊椎动物》(上、下册) 于 2009 年出版，各收录了 1 171 种受威胁(包括红色名录中的极危、濒危、易危) 和近危无脊椎动物以及 1 512 种受威胁和近危脊椎动物物种的详细信息。

该红色名录使用 2001 年 3.1 版的《IUCN 物种红色名录濒危等级和标准》的濒危等级和标准 (参见《中国物种红色名录·第一卷·红色名录》第三章或保护中国的生物多样性网站中的濒危等级标准介绍 http://www.baohu.org/show.php?gid=189)，评估了在中国 (包括台湾、香港和澳门) 自然分布的脊椎动物的绝灭危险程度。本评估使用的分布范围和种群大小是指中国范围的种群状况。濒危等级体系 (见图 0.7) 使用的是 2003 年出版的《IUCN 物种红色名录标准在地区水平的应用指南》的濒危等级体系 (参见《中国物种红色名录·第一卷》第四章或保护中国的生物多样性网站 http://www.baohu.org/show.php?gid=189)。该濒危等级体系针对地区评估特点，在 2001 年 3.1 版《IUCN 物种红色名录濒危等级和标准》的基础上，增加了“地区绝灭 Regionally Extinct (RE)”和“不宜评估 Not Applicable (NA)”两个等级。此中国物种评估中的“地区绝灭 (RE)”指在中国范围内已经绝灭，但在世界其他地方还有野生的物种。“不宜评估 (NA)”包括了那些在中国处于分布边缘，且数据缺乏，不适合在目前状况下评估的物种。

《中国物种红色名录》的评估结果显示，中国的鱼类、哺乳类和裸子植物类的濒危程度显然大大高于世界水平。中国物种的现状比预想的更为严峻，人类是威胁生物生存的最主要因素。该名录同时为分析我国生物多样性的致危因素提供了信息，天然林砍伐与自然植被的破坏、草原的开垦与过度放牧、湿地的围垦与海洋污染、工业废物与农用化学品的污染等等，使森林、草原、荒漠、湿地、海洋等自然生态系统及农田生态系统受到极大损害。加上人为捕猎、偷猎、捕捞等活动，野生动植物的数量大大减少。《中国物种红色名录》的数据资料显示，对于中国野生动植物的最大威胁包括：栖息地丧失/衰退，直接开发利用生物，外来入侵种。

本书中各个门类的受威胁物种分析地图全部基于《中国物种红色名录》中受威胁物种的濒危等级及相关数据，并没有应用国家重点保护物种名录、CITES 附录、红皮书的濒危等级等信息。主要原因是其他类型的濒危名录不仅涉及的物种数量少，而且确定列入这些名录的标准都会偏向于某个方面，无法全面显示我国生物多样性受威胁的总体状况；而《中国物种红色名录》则有目前最全面的物种受威胁状况评估，使用的评估标准具有可比性，能够较为全面地显示全国生物多样性的状况和趋势。

图 0.10 斐豹蛱蝶 *Argyreus hyperbius* 无危 (LC)

五、本书使用的数据

本书所涵盖的数据主要包括：

1. CSIS 中记录的除鱼类以外，在中国有分布的全部当地脊椎动物 2 630 种，共计 204 407 条分布记录。其中哺乳纲 14 目 50 科 575 种，计有 65 418 条记录；鸟纲 17 目 70 科 1 328 种，计有 107 138 条记录；爬行纲 2 目 25 科 407 种，计有 21 505 条记录；两栖纲 3 目 11 科 320 种，计有 10 346 条记录。

2. CSIS 记录的当地鱼类（4 纲，分为盲鳗纲、圆口纲、软骨鱼纲、硬骨鱼纲）42 目 182 科 737 种，计有 58 168 条记录。其中盲鳗纲 9 种、圆口纲 2 种、软骨鱼纲 117 种、硬骨鱼纲 609 种。

3. CSIS 记录的当地无脊椎动物 2 448 种，共计 8 593 条分布记录。由于无脊椎动物种数众多且较难以完全统计，本地理图集中主要涉及的无脊椎动物为刺胞动物门的 2 纲 2 目 15 科 275 种（包括造礁石珊瑚全部种 266 种），软体动物门 2 纲 7 目 18 科 394 种，节肢动物门 4 纲 11 目 73 科 1 689 种（包括全部蝶类 1 224 种），棘皮动物门 3 纲 8 目 15 科 70 种的物种。

4. CSIS 记录的当地植物 4 404 种，共计 29 778 条分布记录。本地理图集主要包括在中国有分布的全部裸子植物 10 科 226 种，被子植物 159 科 4 178 种的物种。

5. CSIS 记录的外来入侵种 461 种，包括微生物 44 种、植物 246 种、无脊椎动物 112 种、脊椎动物 59 种。脊椎动物中硬骨鱼纲 27 种，其中 10 种为中国原产入侵中国其他区域的种类；两栖纲 5 种（其中 1 种中国原产）；爬行纲 3 种；鸟纲 14 种（其中 3 种中国原产）；哺乳动物 10 种（其中 2 种中国原产）（参见《生物入侵和中国生态安全》，解焱，2008）。

6. CSIS 记录的受威胁物种（即在《中国物种红色名录》中被评估为极危、濒危和易危的物种）5 848 种，占全部关注物种的一半以上。其中主要为哺乳动物 228 种、鸟类 100 种、爬行动物 117 种、两栖动物 130 种、鱼类 646 种、无脊椎动物 849 种、裸子植物 158 种、被子植物 3 620 种。

7. 包含有 4 642 种中国特有的动植物种类，亦接近全部物种的一半。其中包括中国特有的哺乳动物 105 种、鸟类 17 种、爬行动物 150 种、两栖动物 219 种、鱼类 274 种、无脊椎动物 895 种、裸子植物 127 种，以及被子植物 2 855 种。

8. 我国目前现有各级保护区（包括国家级、省级和县级)共 2 531 个，其中国家级保护区共计 303 个(截至 2007 年 8 月)。本地理图集包括了 2 280 个自然保护区的数据信息，其中包括全部 303 个国家级保护区，603 个省级保护区以及 1 117 个市县级别的保护区，另外还包括了部分其他类型保护地的分布点信息。

图 0.11 翠雀花 *Delphinium* 未予评估 (NE)

图 0.12 长脚盲蛛 *Leiobunum* 未予评估 (NE)

图 0.13 天南星 *Arisaema* 未予评估 (NE)

9. 地理信息系统基础数据包括：中国国界、省界、县界、主要河流等基础地理图层使用了国家基础地理信息系统免费下载的 1:400 万数据（http://nfgis.nsdi.gov.cn/）。大自然保护协会提供了中国的数字高程模型、中国流域、中国的生态系统和主要生境类型底图。中国的生物地理区划地图来自发表于《生态学报》的“中国生物地理区划研究”(解焱等，2002）的研究成果。

六、本书主要内容

本地理图集分为九章。第一章主要为中国生物多样性的总论和综述；第二章包括我国的一些基础底图，例如行政区划、地理区划、地形、流域、主要生境类型以及中国的保护地等；后面几章则根据物种的类型进行划分，分别为陆生脊椎动物、陆生无脊椎动物、陆生植物、内陆水生动物的各具体类群以及各具体纲或目的丰富度地图，同时还包括各类群中受威胁物种和特有种的分布格局；海洋物种因为分布范围大，分布信息不准确，因此在本地理图集中未纳入；另外，还分析了各类群物种在中国不同生物地理区划的分布情况以及一些受威胁因素；最后根据物种的分布状况以及中国的保护区等信息，提出了中国需要优先进行保护的地区。

图 0.14　贵州茂兰南方喀斯特生态系统

图0.15 橙胸鹟 *Ficedula strophiata* 无危（LC）

图0.16 新疆天山山麓

七、致 谢

本地理图集是众多参与者共同努力的结果，其中包括长达12年的数据积累。解焱博士一直是CSIS的最初原型系统程序的编写人，并坚持不懈地组织数据的录入、更新、上网和分析利用。汪松教授是CSIS工作最初项目的主持和之后很多工作的坚强后盾，为项目的实施寻找经费和技术帮助。项目实施过程中，有100多位专家提供信息和校对服务，包括完成《中国物种红色名录》系列书的核心专家组成员，他们是：刘瑞玉、宋大祥、赵尔宓、李振宇、伍汉霖、武云飞、何芬奇、丁长青、周江、陈又生、刘月英、吴岷、袁德成、武春生、杨亲二、耿玉英、费梁、刘惠宁、杨思谅等。杜有梅、杜有才、李圣标、杜浪花等10多位数据录入人员进行了长期不厌其烦的数据录入和修订，有的人在这个岗位上工作了长达8年。CSIS得到过中国科学院动物研究所、中国环境与发展国际合作委员会、欧盟、英国政府环境项目基金、关键生态系统合作基金、保护国际的资助。使用的部分数据来自国家动物数字博物馆数据库，得到国家科技基础条件平台工作重点项目（批准号：2005DKA21402）资助。基于这些努力，我们才有今天制作本地理图集的基础。

我们要向参加本地理图集撰写的所有成员以及所有在撰写过程中提出建议和帮助的人们表示诚挚的谢意。特别需要感谢大自然保护协会为本地理图集提供资助以及全国保护优先区域划分等方面的研究成果。中国科学院动物研究所和国际野生生物保护学会（WCS）的工作人员以及大自然保护协会“中国生物多样性保护远景规划”项目的工作人员共同承担了本地理图集在物种信息收集、数据处理、分析以及制图等方面的工作。刘富文、杜有才、杜浪花以及杜有梅参与了物种基本信息以及保护区数据的收集和更新方面的工作；肖文宏、朱文博以及大自然保护协会的张爽、赵鹏、武瑞东、于倩、毕靖、王龙柱等人共同参与了部分文字撰写工作和一些数据分析等工作；解焱博士和王伟博士完成了数据的处理和分析、地图的制作，以及全书各章节的编写、整理等方面的工作。汪松、张荣祖、John MacKinnon、伍汉霖、武春生、武云飞、李振宇、王跃招、吕顺清、周婷、李晓东等专家审阅了初稿并提出了宝贵意见，在此特别表示感谢。

图 0.17 青藏高原草原（西藏羌塘）

非常高兴地看到自 1995 年以来的数据积累，在今天变成直观的地理图集，呈现给从事中国生物多样性保护、管理、教育的相关人员，并提供给发展部门参考，以减少经济发展给生物多样性带来的破坏。由于中国的生物多样性涉及非常广泛的方面，本地理图集只能针对其中的部分类群以及这些类群的部分方面（如受威胁情况、特有种信息、生物地理区划、保护状况分析等）进行探讨。当然也有很多类群的信息未能收集完全或未能包含在本地理图集之中，某些地图所反映的信息或建议可能与实际情况稍有差异，我们欢迎来自各方面的批评和指正。

解焱

国际野生生物保护学会中国项目主任

2009 年 3 月 27 日

1 第一章 中国生物多样性的总体分析

中国是世界上生物多样性最为丰富的国家之一。保护中国的生物多样性面临的基本挑战就是如何能够更好地了解当前中国野生动植物的保护现状（Xie and Wang, 2007）。这个目标的实现和达成，需要各方面的专家、科研工作者以及实地工作人员长期不断的工作积累，需要他们从不同的研究领域通过一点一滴的知识积累而逐渐汇集而成。

图 1.1 窄斑凤尾蛱蝶 *Polyura athamas* 无危（LC）

在为实现这个目标而从事的努力中，我们通常会关注一些问题：

●我国到底有些什么类群的物种？每个类群有多少物种？

●当前的物种哪些正在受到威胁？威胁程度如何？威胁的因素是什么？

●物种分布在什么地方？这些年来它们的分布地有哪些变化？

●不同类群的物种在我国到底是一种什么分布格局？它们在我国哪些地方丰富度较高？

●那些受威胁的物种在哪些地方更为丰富？它们还会继续受威胁吗？

●哪些物种只在我们国家分布？它们是不是也正在遭受着不同程度的威胁？

●我国的保护地都分布在什么地方？它们到底在何种程度上保护了物种？

……

本地理图集主要利用了中国物种信息服务（China Species Information Service, CSIS:

www.baohu.org）的数据库，中国生物多样性保护远景规划项目所收集的数据和资料，以及《中国物种红色名录》第一卷（汪松和解焱，2004），第二卷（汪松和解焱，2009），第三卷（汪松和解焱，2005）的评估数据，还有来自各方面的基础资料的收集和整理，并结合了各方专家的意见，把十几年来众多生物保护工作者的努力，通过一种清晰直观的地图方式展示出来，让我们能够尝试着去回答上面这些大家所关注的问题。

一、 中国物种数量的统计数据

中国到底分布了多少物种？这是一个既简单又复杂的问题。因为每个门类的有关数据在过去几十年中发生过很大的变化。比如就哺乳动物来讲，曾经出现过 300 多种、400 多种、500 多种和 600 多种的较大数量的变化，至今仍然没有一个统一、公认的数据。在这里，我们根据 CSIS 的数据统计和专家的意见，列出我国部分当地物种的统计数据供大家参考（表 1.1）。

表 1.1 中国当地物种的估计数量

Table 1.1 Number Estimation of Native Species in China

物种门类	中国物种数	中国物种红色名录评估的物种数	评估的受威胁物种数	CSIS 记录的中国特有物种数	全球描述物种数	世界红色名录评估的物种数	评估的受威胁物种数
无脊椎动物 Invertebrates							
刺胞动物门 Cnidaria 珊瑚纲 Anthozoa	–	–	–	–	2 175	856	235
造礁石珊瑚 Hermatypic corals	266	全部	260	0	–	–	–
软体动物门 Mollusca	–	–	–	–	81 000	2 212	978
腹足纲 Gastropoda	2 935	375	195	322	–	1 994	883
双壳纲 Bivalvia	1 187	19	11	–	–	218	95
节肢动物门 Arthropoda 甲壳亚门 Crustacea	–	–	–	–	40 000	1 735	606
十足目 Decapoda	2 023	281	85	33	–	–	–
螯肢亚门 Cheliceriformes 肢口纲 Merostomata 鲎科 Tachypleidae	3	3	3	0	4	4	0
蛛形纲 Arachnida	3 231	84	21	69	98 000	32	18
六足亚门 Hexapoda 昆虫纲 insecta	–	–	–	–	950 000	1 259	626
鳞翅目 Lepidoptera	10 000	1 302	173	467	–	177	303
蝴蝶类 Butterflies	1 227	1 227	157	432	–	–	–

续表 1.1

脊椎动物 Vertebrates							
盲鳗纲 Myxini	9	9	9	8	鱼类 30 700	3 481	1 275
圆口纲 Cyclostomata	4	2	2	0			
软骨鱼纲 Chondrichthyes	217	117	111	36			
硬骨鱼纲 Osteichthyes	3 271 种和亚种	609	524	231			
两栖纲 Amphibia	320	全部	130	219	6 347	6 260	1 905
爬行纲 Reptilia	407	全部	117	150	8 734	1 385	423
鸟纲 Aves	1 328	全部	100	17	9 990	9 990	1 222
哺乳纲 Mammalia	575	全部	228	105	5 488	5 488	1 141
植物 Plants							
裸子植物门 Gymnospermae	184 种，42 变种	全部	158	127	980	910	323
被子植物门 Angiospermae	~26 000	4 178	3 620	2 855	258 650	10 779	7 904
双子叶植物 Dicotyledons	?	2 733	2 443	2 196	199 350	9 624	7 122
杜鹃花科 Ericaceae	751	496	274	339	–	29	19
槭树科 Aceraceae	116	全部	84	86	–	8	5
单子叶植物 Monocotyledons	?	1 445	1 176	661	59 300	1 155	782
兰科 Orchidaceae	1 206	全部	943	458	–	153	147

注：中国的数据来自 CSIS 和《中国物种红色名录》系列（汪松和解焱，2004，2005，2009）；全球的数据来自《世界红色名录》（IUCN，2008）。

二、中国物种分布特点分析

根据解焱等（2002）的研究，中国的哺乳动物和植物的分布格局差别很大。地图 1.1 显示我国的哺乳动物根据物种组成的相似性，可以分成 3 个大区：东北部——秦岭、淮河以北，祁连山以东地区；东南部——秦岭（含秦岭）、淮河以南，青藏高原东部和喜马拉雅山南麓地区；西部——青藏高原中西部，柴达木盆地和祁连山以西及以北的干旱地区。但是地图 1.2 显示我国的植物根据物种组成的相似性可以分为 4 个大区：东北部——内蒙古西部沙漠以西，秦岭、黄河以北，包括山东半岛；西北部——昆仑山、祁连山以北（含昆仑山）；东南部——秦岭、黄河以南（含秦岭），横断山以东地区，以及台湾；西南部——青藏

图 1.2 獐 *Hydropotes inermis* 易危（VU）

高原、横断山、柴达木盆地和祁连山。这些分区界线都和我国的综合地理分布的三大自然区——季风区、蒙新高原区和青藏高原区有较大的区别（地图 1.3）。蒙新高原区的动物和植物都明显分为东西两个部分，内蒙古东部地区的物种类型更接近于东北和华中地区的物种；季风区的秦岭、淮河一带成为东边半个中国的动植物物种分界线，而不是自然地理的季风区北界；由于哺乳类在青藏高原东南部，特别是在横断山区呈现的广泛过渡性，哺乳类分布分界线明显向西北推移。动物和植物在青藏高原和塔里木盆地的分界线都不是自然区的盆地南缘，而是昆仑山。

地图 1.1　中国哺乳动物物种分布格局

Map 1.1　Mammal Distribution Pattern in China

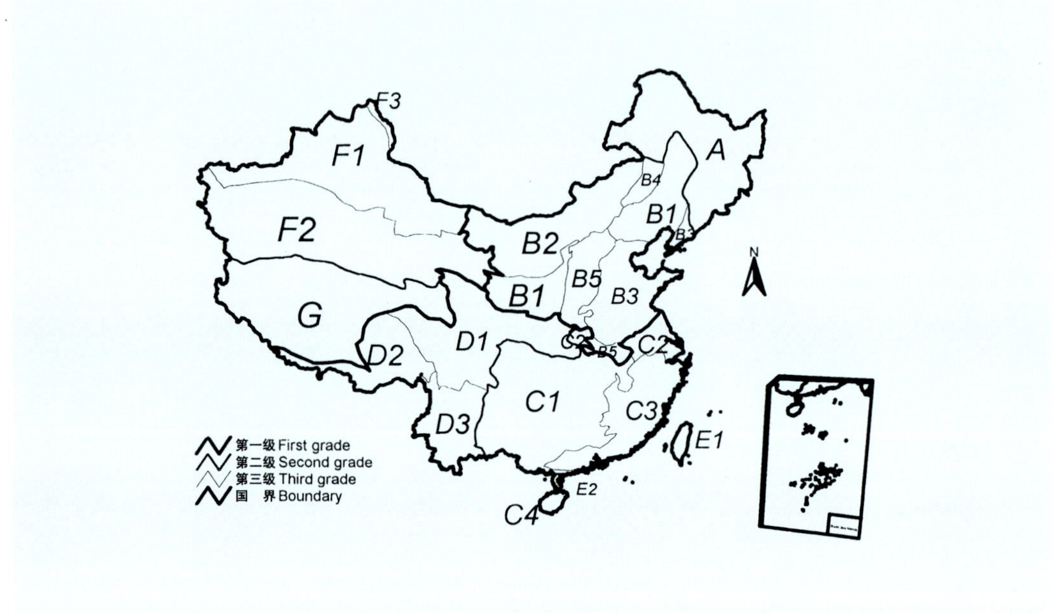

地图 1.2　中国植物物种分布格局

Map 1.2　Plant Distribution Pattern in China

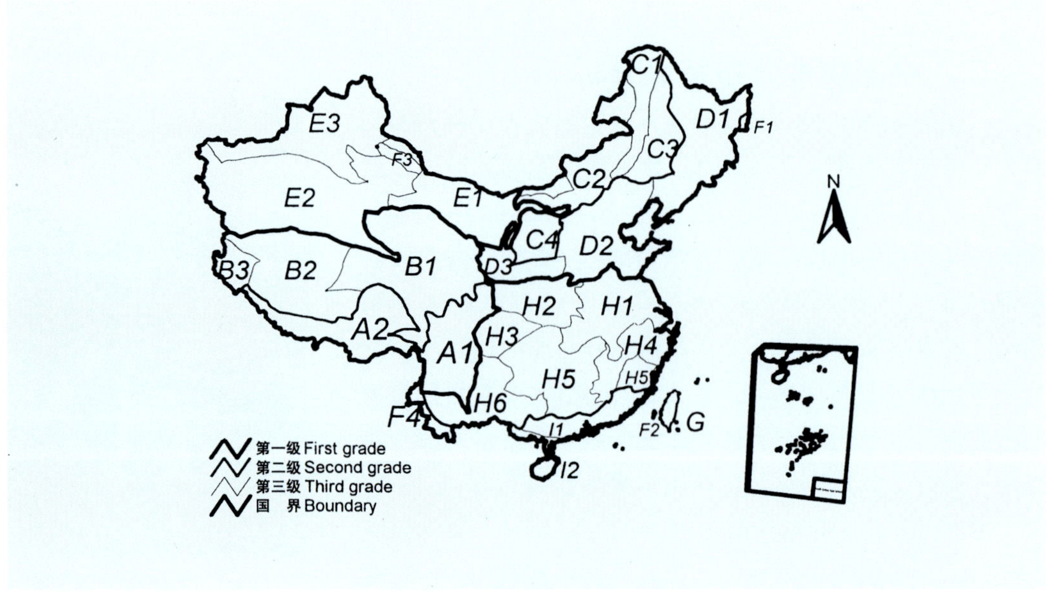

本地理图集显示了中国生物多样性的分布特点，在这里以中国生物地理区划的最高级分区——4个区域和8个亚区域（地图1.4）做一些总结。

1. **区域Ⅰ：东北部。包括Ⅰa内蒙古高原及东北平原、Ⅰb小兴安岭和长白山地、Ⅰc华北及黄土高原**。兽类种类相对不多，但是长白山仍然有一些优势。食肉类动物较多，啮齿动物及其特有种类在内蒙古较为丰富。这里是中国迁徙鸟最重要的繁殖地，特别是东北三省以及内蒙古最北端是大部分门类的迁徙鸟类的夏季繁殖地，受威胁的迁徙鸟类较多。爬行类不算丰富，但是长白山一带仍然有一些独特的优势。两栖类种类不多（相对来讲，长白山较多）。受威胁的陆生脊椎动物较多，特有种较少。受威胁的陆生植物较多，特有种较少。内陆水生动物不丰富，但是分布有独特的3种七鳃鳗。裸子植物的种类相对较丰富。

2. **区域Ⅱ：东南部。包括Ⅱa华中、Ⅱb长江以南丘陵和高原、Ⅱc中国南部沿海和岛屿**。兽类种类较为丰富，以滇中南低热河谷最为丰富。该区域灵长类动物最丰富，翼手目受威胁物种和特有种最多，啮齿动物受威胁种类很丰富。鸡形目特有种类多，鸟类居留地主要集中在该区域的西南部，迁徙鸟夏季在这里繁殖不多，但是却是中国最重要的鸟类越冬地。爬行类及其受威胁物种和特有物种最丰富。两栖类及其受威胁物种和特有物种最丰富。受威胁陆生脊椎动物种类较多，特别是滇中南低热河谷地带；特有种类较多。受威胁植物种类最多，特别集中在西双版纳和海南岛。裸子植物、杜鹃花、槭树

地图 1.3 哺乳动物和植物大区分界线与三大自然区界线的比较

Map 1.3 Boundary Comparison Between Species Distribution Divisions and the Three Major Physical Geographic Divisions

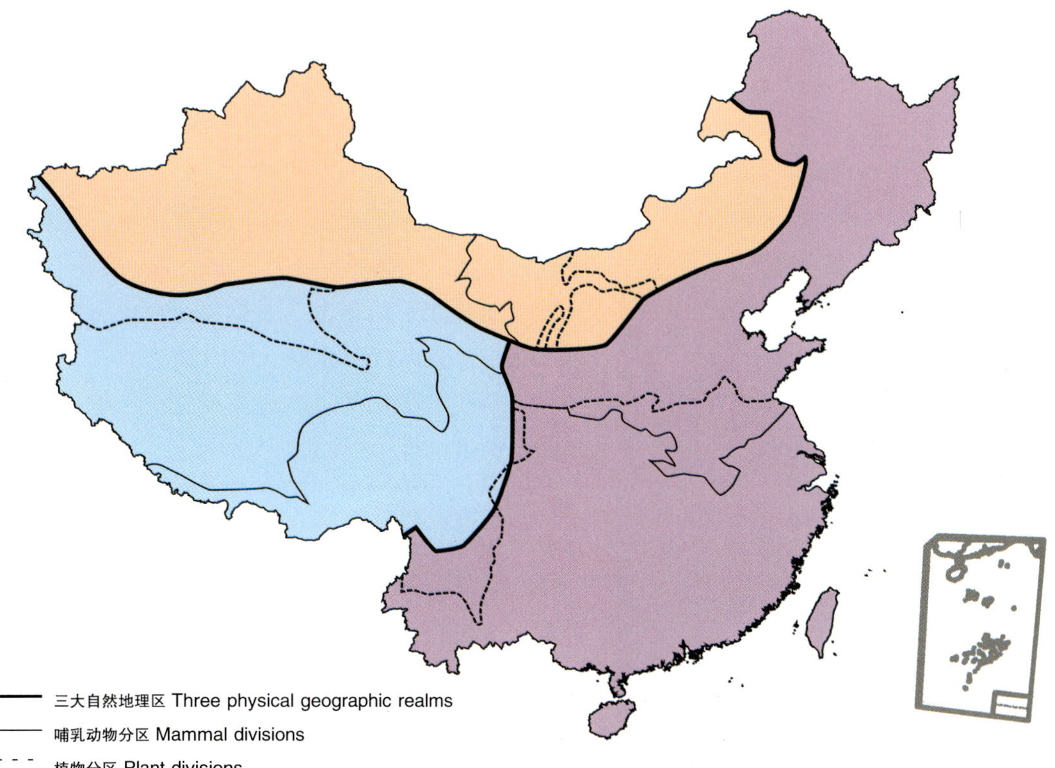

地图 1.4 中国生物地理区划的区域和亚区域

Map 1.4 Areas and Sub-areas of China Bio-geographic Divisions

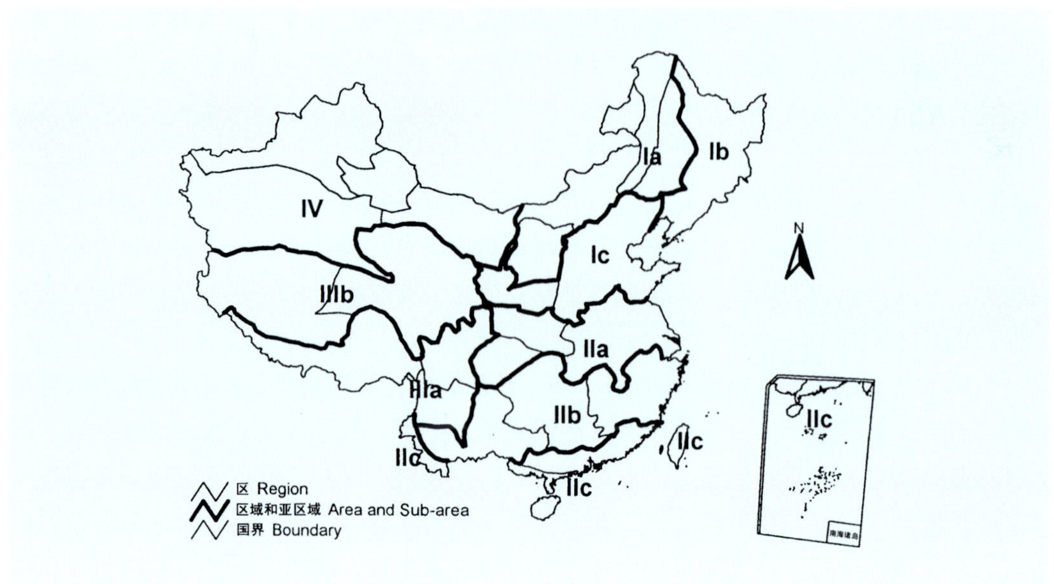

科、受威胁的菊科等种类较少。内陆水生动物十分丰富。田螺类、鱼类丰富，特别是内陆水生爬行动物、淡水龟鳖类及其特有种最为丰富。中国唯一的两种淡水豚类也出现在这个区域。该区域人类活动强度最大，受到人类影响非常严重，外来入侵种影响最严重。

云南南部拥有大量的物种，门类也很丰富，是重要的鸟类居留地，也是较为重要的迁徙鸟越冬地。海南和台湾的物种特有性较高，种类总体来讲也较为丰富。秦岭和大巴山地区在兽类物种上和横断山—邛崃山—岷山有很多相似之处，但是植物区系却有显著差异。这个地区也是中国生物多样性最主要的地区之一。秦巴山区是从温暖湿润的南部和东部向北、向干旱北方过渡的地区，不仅拥有两侧气候多样的特点，同时拥有丰富的当地特有和孑遗动植物物种。南岭、武夷山、安徽和浙江交界山地一带，也是生物多样性丰富的地带，兽类种类较为丰富，爬行类种类非常丰富，而在南岭两栖类也最为丰富。

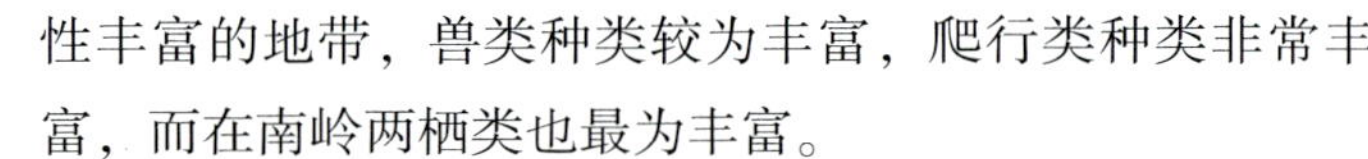

3. 区域Ⅲ：西南部。包括Ⅲa 青藏高原东南部及南部、Ⅲb 青藏高原中北部。中国地形的三大阶梯中，第一、二阶梯的界限为昆仑山—祁连山—岷山—邛崃山—横断山一带，Ⅲa 青藏高原东南部包含了大部分第一、二阶梯的交界地带，是从中国南部和东部亚热带向西、向寒冷干旱的青藏高原过渡的地区，地势落差巨大，可达 3 000 米。巨大的地势变化为生物多样性提供了多样化的环境，来自南部的温暖湿润的空气被青藏高原阻隔，在这里形成降水。在第四纪冰川对全世界的生物分布产生巨大影响的时候，这种特殊的地形也使这里免受第四纪冰川寒冷的严重影响，使很多孑遗物种得以保存下来。因此这一带成为中国生物多样性最为丰富的地区，也是

图 1.3 斑胸钩嘴鹛 *Pomatorhinus erythrocnemis* 无危（LC）

世界上生物多样性最为丰富的温带森林。同时由于地势险峻，人类难以到达，因此人类的破坏相对于其他地区而减轻很多，生态系统得以比较完整地保存下来。对于大部分陆生物种类群来讲，这里是物种和特有物种集中的地方。这里特有蝙蝠类不多，居留型鸟类丰富，虽然是小型鸟类（如莺科、鹟科）迁徙种类较集中的繁殖地，但迁徙鸟类繁殖或者越冬的不多。三江并流从北向南穿越云南，特殊的地形使金沙江流域、澜沧江流域和怒江流域成为中国水生动物最为丰富和特有的区域。Ⅲb 青藏高原中北部因为海拔高、寒冷、干旱，物种种类数量较少。在青海东部（包括祁连山）、阿尔金山，物种也比较丰富，特别是兽类。高寒恶劣的气候使得这里成为中国受人类影响最小的地方，是我国最后一块生态保存完整的地方（见地图 8.4），虽然物种种类少，但是生态系统却极为独特，集中了数量众多的大型珍稀濒危的有蹄类和食肉类动物，包括藏羚羊、野牦牛、藏野驴、藏原羚、岩羊、盘羊、西藏棕熊和藏狐等。其中藏羚羊、野牦牛、藏野驴和西藏棕熊都是青藏高原特有的物种。

图 1.4 海龟 *Chelonia mydas* 极危（CR）

4. **区域Ⅳ：西北部**。西北的森林和草地与北部内蒙古的草地上的物种组成有着很大的不同。地图 1.1 和地图 1.2 都显示出这种不同。天山也因为被南北的沙漠包围，成为生物多样性比较独特的区域。该区域兽类较为丰富，而且独特。啮齿动物种类多，是鸟类中亚迁徙路线上夏季鸟类繁殖的重要区域和部分迁徙鸟的越冬区域，是较多雁行目、佛法僧目、鹤形目、鹳形目（包括鹰隼类和丘鹬科）、雀形目（莺科、鹟科、燕雀科、麻雀科）鸟类的夏季繁殖地，较多鸮形目、鸽形目、鹰隼类、燕雀科鸟类的居留地，有一些独特的爬行动物。裸子植物较为丰富，受威胁种类较多，但是特有种类少。有一些特有的内陆鱼类。该区域受到一定程度的人类影响，但外来入侵问题不严重。

三、 中国受威胁物种状况分析

根据过去的估测，中国受威胁的物种可能在各门类占 2%~30%的比例。1998 年的《中国生物多样性国情报告》对于我国物种中受威胁的物种所占的百分比评估如下：哺乳动物 22.06%，鸟类 14.63%，爬行动物 4.52%，两栖动物 2.46%，鱼类 2.41%，裸子植物大约 28%，被子植物大约 13%。而在 2004 年完成的《中国物种红色名录》（汪松和解焱，2004）的评估结果中，受威胁的物种（即评估结果为极危 CR、濒危 EN 或易危 VU 的物种）所占的百分比如下：无脊椎动物 34.97%，另外还有 12.38%的物种为近危（表 1.2）；

而受威胁脊椎动物的比例为 35.81%，近危为 8.48%（表 1.3，表 1.4，表 1.5，表 1.6，表 1.7）；受威胁裸子植物为 69.91%，近危为 21.24%（表 1.8）；受威胁的兰科植物占评估总数的 78.20%，近危占 21.14%（表 1.9）；受威胁的槭树科植物占评估总数的 72.42%，近危占 18.10%（表 1.10）。受威胁的植物占全部评估的物种数的百分比情况，远远超过之前的预测。

表 1.2 《中国物种红色名录》评估的无脊椎动物物种受威胁现状

Table 1.2 Conservation Status of Invertebrate Species Evaluated in *the China Red List*

等 级	物种数	占总评估种数的百分比／%
绝灭（EX）	12	0.49
野外绝灭（EW）	0	0.00
地区绝灭（RE）	0	0.00
极危（CR）	22	0.90
濒危（EN）	329	13.44
易危（VU）	505	20.63
近危（NT）	303	12.38
无危（LC）	1 055	43.10
数据缺乏（DD）	222	9.07
不宜评估（NA）	0	0.00
合计	2 448	

（注：因数据计算时四舍五入取近似值，其百分比合计结果可能大于或小于 100%。下同）

图 1.5 宽带美凤蝶 *Papilio (Menelaides) nephelus* 无危（LC）

图 1.6 须浮鸥 *Chlidonias hybridus* 无危（LC）

过去对无脊椎动物物种的濒危状况基本没有评估，此次评估，揭示无脊椎动物物种的濒危状况同样值得关注。如不有效地控制人为的开发利用（如采集珊瑚等），减少栖息地的破坏，我国许多无脊椎动物将面临绝灭的局面。

表 1.3 《中国物种红色名录》评估的鱼类物种受威胁现状

Table 1.3 Conservation Status of Fish Evaluated in *the China Red List*

等 级	物种数	占总评估种数的百分比／%
绝灭（EX）	6	0.82
野外绝灭（EW）	4	0.54
地区绝灭（RE）	0	0.00
极危（CR）	20	2.72
濒危（EN）	286	38.96
易危（VU）	340	46.32
近危（NT）	2	0.27
无危（LC）	50	6.81
数据缺乏（DD）	26	3.54
不宜评估（NA）	0	0.00
合计	734	

表 1.4 《中国物种红色名录》评估的两栖类物种受威胁现状

Table 1.4 Conservation Status of Amphibians Evaluated in *the China Red List*

等 级	物种数	占总评估种数的百分比／%
绝灭（EX）	1	0.31
野外绝灭（EW）	0	0.00
地区绝灭（RE）	0	0.00
极危（CR）	10	3.13
濒危（EN）	41	12.81
易危（VU）	79	24. 69
近危（NT）	62	19.38
无危（LC）	99	30.94
数据缺乏（DD）	28	8.75
不宜评估（NA）	0	0.00
合计	320	

表 1.5 《中国物种红色名录》评估的爬行类物种受威胁现状
Table 1.5 Conservation Status of Reptiles Evaluated in *the China Red List*

等 级	物种数	占总评估种数的百分比／%
绝灭（EX）	0	0.00
野外绝灭（EW）	0	0.00
地区绝灭（RE）	1	0.25
极危（CR）	18	4.42
濒危（EN）	22	5.41
易危（VU）	77	18.92
近危（NT）	57	14.00
无危（LC）	181	44.47
数据缺乏（DD）	37	9.09
不宜评估（NA）	14	3.44
合计	407	

图 1.7 棕头鸦雀 *Paradoxornis webbianus* 无危（LC）

图 1.8 水獭 *Lutra lutra* 濒危（EN）

表 1.6 《中国物种红色名录》评估的鸟类物种受威胁现状

Table 1.6 Conservation Status of Birds Evaluated in *the China Red List*

等级	物种数	占总评估种数的百分比／%
绝灭（EX）	0	0.00
野外绝灭（EW）	2	0.15
地区绝灭（RE）	1	0.08
极危（CR）	6	0.45
濒危（EN）	20	1.50
易危（VU）	74	5.57
近危（NT）	100	7.52
无危（LC）	1 076	80.96
数据缺乏（DD）	3	0.23
不宜评估（NA）	47	3.54
合计	1 329	

表 1.7 《中国物种红色名录》评估的兽类物种受威胁现状

Table 1.7 Conservation Status of Mammals Evaluated in *the China Red List*

等级	物种数	占总评估种数的百分比／%
绝灭（EX）	0	0.00
野外绝灭（EW）	2	0.35
地区绝灭（RE）	1	0.17
极危（CR）	23	3.98
濒危（EN）	94	16.26
易危（VU）	111	19.20
近危（NT）	62	10.73
无危（LC）	214	37.02
数据缺乏（DD）	20	3.46
不宜评估（NA）	51	8.82
合计	578	

图 1.9 灰鹡鸰 *Motacilla cinerea* 无危（LC）

图 1.10 枯叶蛱蝶 *Kallima inachus* 无危（LC）

表 1.8 《中国物种红色名录》评估的裸子植物受威胁现状

Table 1.8 Conservation Status of Gymnosperm Species Evaluated *the China Red List*

等　级	物种数	占总评估种数的百分比 / %
绝灭（EX）	0	0.00
野外绝灭（EW）	0	0.00
地区绝灭（RE）	0	0.00
极危（CR）	33	14.60
濒危（EN）	41	18.14
易危（VU）	84	37.17
近危（NT）	48	21.24
无危（LC）	18	7.96
数据缺乏（DD）	2	0.88
不宜评估（NA）	0	0.00
合计	226	

表 1.9 《中国物种红色名录》评估的兰科受威胁现状

Table 1.9 Conservation Status of Orchidaceae Species Evaluated in *the China Red List*

等 级	物种数	占总评估种数的百分比 / %
绝灭（EX）	0	0.00
野外绝灭（EW）	0	0.00
地区绝灭（RE）	0	0.00
极危（CR）	164	13.60
濒危（EN）	311	25.79
易危（VU）	468	38.81
近危（NT）	255	21.14
无危（LC）	4	0.33
数据缺乏（DD）	4	0.33
不宜评估（NA）	0	0.00
合计	1 206	

表 1.10 《中国物种红色名录》评估的槭树科植物受威胁现状

Table 1.10 Conservation Status of Aceraceae Species Evaluated in *the China Red List*

等 级	物种数	占总评估种数的百分比 / %
绝灭（EX）	0	0.00
野外绝灭（EW）	0	0.00
地区绝灭（RE）	0	0.00
极危（CR）	15	12.93
濒危（EN）	23	19.83
易危（VU）	46	39.66
近危（NT）	21	18.10
无危（LC）	11	9.48
数据缺乏（DD）	0	0.00
不宜评估（NA）	0	0.00
合计	116	

表 1.11 《中国物种红色名录》评估的被子植物受威胁现状

Table 1.11 Conservation Status of Angiosperm Species Evaluated in *the China Red List*

等 级	物种数	占总评估种数的百分比 / %
绝灭（EX）	2	0.05
野外绝灭（EW）	2	0.05
地区绝灭（RE）	0	0.00
极危（CR）	651	15.58
濒危（EN）	1 080	25.85
易危（VU）	1 889	45.21
近危（NT）	302	7.23
无危（LC）	200	4.79
数据缺乏（DD）	52	1.24
不宜评估（NA）	0	0.00
合计	4 178	

四、中国物种致危因素分析

本评估中的致危因素被分为过去的、现在的和将来的致危因素。其中时间段是以各物种的三个世代时间长度或 10 年（取更长的时间段）进行划分。有关致危因素和保护措施在 CSIS 网站 www.baohu.org，以及《中国物种红色名录·第二卷·脊椎动物》（上、下册）和《中国物种红色名录·第三卷·无脊椎动物》中有相关详细内容供参考。

总体来说，对我国无脊椎动物造成威胁的主要因素在过去、现在和将来没有很大的差异。对我国无脊椎动物威胁最大的因素是栖息地退化和丧失。80%以上的物种都面临栖息地被破坏的威胁。其次为内在因素、人为采捕、外来入侵种和污染。珊瑚采集、木材砍伐、非林业植被采伐、人工林及非用材林的开发利用和家畜放养是主要的栖息地破坏方式。内在因素主要是扩散能力有限和分布区狭窄。

图 1.11 羚牛 *Budorcas taxicolor* 濒危（EN）；*whitei* 亚种 极危（CR）

对我国鱼类造成威胁的主要因素在过去、现在和将来没有很大的差异。对我国鱼类威胁最大的因素是栖息地退化及丧失，采捕，意外致死和物种内在因素。和简单的无脊椎动物相比，这些脊椎动物的致危因素显得多样化一些，例如无脊椎动物 80%以上的物种都面临栖息地被破坏的威胁。在栖息地破坏中以渔业开发利用最为严重；

在采捕中，以维持生计或本地贸易导致的采捕最为严重；在意外致死中，以与渔业有关的误捕最为严重；在内在因素中，以扩散能力有限，补充、繁殖或增殖力弱，幼体死亡率高，种群密度低，生长缓慢，分布区狭窄等最为严重。

图 1.12 白琵鹭 *Platalea leucorodia* 无危（LC）

对我国两栖类造成威胁的主要因素在过去、现在和将来没有很大的差异。对我国两栖类威胁最大的因素是栖息地退化和丧失，物种内在因素，污染和采捕。和鱼类相比较，威胁因素更加多样化。误捕对两栖类的威胁远不如鱼类严重，但是物种的内在因素和污染对两栖类的影响相对于鱼类更严重。在栖息地破坏中，以作物生产和木材开发利用导致的栖息地丧失和退化最为严重；在内在因素中，以分布区狭窄和补充、繁殖或增殖力弱等最为严重；在污染中，以农业导致的水污染最为严重；在采捕中，以维持生计或本地贸易导致的采捕最为严重。

对我国爬行类造成威胁的主要因素，除了致危因素杀灭（如进行有害生物防治等导致的）在现在和将来比过去减少外，其他的在过去、现在和将来没有很大的差异。对我国爬行类威胁最大的因素是物种内在因素，采捕，栖息地退化和丧失。对爬行类而言，主要的威胁因素比较单一，以上三项主要威胁因素在现在威胁因素中占了 88%。在内在因素中，以种群密度低、分布区狭窄最为严重；在采捕中，以作为食物和药物进行捕猎最为严重，主要为满足国内贸易，但为了国际贸易和维持当地生计的捕猎也较多；在栖息地破坏中，以农业导致栖息地破坏最为严重。

对我国鸟类造成威胁的主要因素在过去、现在和将来差异不大，不过，致危因素中采捕和意外致死有下降的趋势，而人类干扰因素有所增长。最主要的威胁因素包括了栖息地破坏，采捕和意外致死。在栖息地破坏中，以木材开发利用和非林业植被采伐的问题最为严重，其次渔业开发利用也比较严重。在采捕威胁因素中，以作为食物维持生计或本地贸易导致的采捕最为严重。在意外致死因素中，以陆地的捕捉（陷捕或网捕）和毒杀最为严重。

对我国兽类造成威胁的主要因素在过去、现在和将来的差异不是很大。栖息地破坏略有下降，采捕略有上升。主要威胁因素涉及范围很广，威胁因素多样，包括栖息地破坏，采捕，意外致死，人类干扰，水污染，内在因素，杀灭等。在栖息地破坏中，以木

图 1.13 美凤蝶 *Papilio memnon* 无危（LC）

材开发利用、人工林、非用材林和采矿等问题最为严重。在采捕威胁因素中，以作为食物、药物和休闲娱乐导致的采捕最为严重。在意外致死因素中，以陆地上的捕捉（陷捕或网捕）和毒杀最为严重。在污染中，以农业产生的陆地污染和水污染导致的问题最为严重。在内在因素中，主要是分布区狭窄，种群密度低。

对我国裸子植物造成威胁的主要因素在过去、现在和将来的差异不是很大。获取资源是过去的主要威胁之一，现在这种威胁已逐渐下降，但文化、科研或休闲活动导致的威胁略有上升。威胁因素包括生境退化或丧失，采捕，地方物种的种群动态变化，内在因素等。在生境退化或丧失中，以农作物种植、大面积砍伐等问题最为严重。在采捕威胁因素中，以作为原材料的维持生计或本地贸易、国内贸易、国际贸易等导致的威胁最为严重。在内在因素中，主要是分布区狭窄，种群密度低，以及补充、繁殖或增殖力弱等。

对我国被子植物造成威胁的主要因素在过去、现在和将来的差异不是很大。木材的砍伐问题是过去较为主要的威胁因素之一，现在已经基本得到控制。农业的影响、作为燃料和原材料的威胁略有下降。主要的威胁因素有生境退化或丧失，采捕，内在因素等。在生境退化或丧失中，以农作物种植、木材的砍伐等问题最为严重。在采捕威胁因素中，以作为药物并参与本地贸易，作为原材料维持生计，文化、科研或休闲活动等导致的威胁最为严重。在内在因素中，主要是分布区狭窄，种群密度低。

五、中国物种保护措施分析

迄今为止，对 70%的受威胁无脊椎动物还没有任何保护措施。其他已有的保护措施包括：国家立法（野生动物保护法）和国际立法（CITES）、科普宣传教育、科学研究性质的动态/监测，生境与实地保护行动则因为建立保护地而在一定程度上得以实现。目前还没有任何针对具体无脊椎动物物种的保护行动。从政策角度建议，加强保护是最主要的，但是从其他角度看，科研、教育和生境保护地也占相当分量。鉴于无脊椎动物的分布、种群数量和生物学等信息的缺乏，大部分这些物种都需要加强科研，特别是生物学及生态学、生境状况、动态/监测和种群数及分布范围的调研工作。由于栖息地丧失和退化是无脊椎动物最主要的致危因素，因此栖息地的维持和保护，保护地的建立和提高管理水平，以及栖息地的恢复就非常紧迫；此外，还需要加强国家层次的立法及实施和社区管理，加强科普宣传；对一些被大量利用的物种，需要加强可持续利用的管理等。

迄今为止，对绝大部分的鱼类还没有任何保护措施，占总评估的725种鱼类的68.5%，占653种受威胁鱼类的77%。已有的保护措施包括科学研究、物种保护行动、基于政策的行动，但是显然这些保护措施力度严重不足。相对于非常高的受威胁比例（鱼类达到评估总数的87%），对鱼类急需普遍提高保护力度，不然，将会有大量的鱼类绝灭。目前采取得比较多的保护措施包括：对保护措施的科学研究，针对具体物种的恢复措施，以及对一些濒危物种的立法保护。保护鱼类，对加强科学研究、政策性保护行动、各地区实施的实际物种保护行动以及沟通教育的需求都很大。

对两栖类动物而言，最多的保护措施是建立保护区而使其得到保护。另外有大约11%的两栖类得到基于政策（包括法律）的保护，仍然有大约10%的物种没有得到任何保护。虽然两栖类位于保护区中，但是大部分这些保护区不是专门为保护两栖类而设立的，对两栖类的保护力度也严重不足。相对于非常高的受威胁比例（超过其总数的40%），两栖类物种急需保护，不然，将会有大量的两栖类物种绝灭。加强科学研究和生境与实地保护是最主要的，其次为沟通教育和物种保护行动，政策性保护行动也占很大分量。

目前对爬行类动物已采取的保护措施主要为：国家立法（野生动物保护法）和国际立法（濒危野生动植物物种国际贸易公约CITES），另外有部分生境与实地保护行动（主要是建立保护地）以及生物学和生态学研究。其中主要是加强科学研究，其次为政策性保护行动和宣传教育。在这里最重要的是加强执法，另外需要加强科普宣传。

对于鸟类，目前已有的保护措施依次为：国家立法（野生动物保护法）和国际立法（濒危野生动植物物种国际贸易公约CITES）；生境与实地保护行动，主要包括建立保护地和加强保护地管理；科学研究，包括分类学、种群数

图1.14 巢鼠 *Micromys minutus* 无危（LC）

图1.15 达摩翠凤蝶 *Papilio demoleus* 无危（LC）

量及分布范围、生物学及生态学、生境状况等方面的研究；沟通教育，包括正规教育、科普宣传教育、能力培训等。今后还需要针对威胁、生物学及生态学、动态/监测、保护措施、种群数量及分布范围、利用及采捕程度、文化因素、生境状况等多方面，加强科学研究，采取生境与实地保护行动，包括栖息地的维持、保护及恢复，加强执法。

对兽类来说，目前已有的保护措施依次为：生境与实地保护行动，主要是保护地的建立和管理；国家立法（野生动物保护法）和国际立法（濒危野生动植物物种国际贸易公约 CITES）；沟通与教育。今后仍需要加强科学研究，包括动态/监测、保护措施、生物学及生态学、种群数量及分布范围、文化因素、威胁等多方面的研究；加强社区管理；加强执法；开展沟通教育；保护栖息地。

对裸子植物来说，目前已有的保护措施依次为：生境与实地保护行动，主要是保护地的建立和管理；国家立法（野生植物保护条例）和国际立法（濒危野生动植物物种国际贸易公约 CITES）；异地保护活动。今后仍需要加强执法，积极开展异地保护活动、生境与实地保护行动、种群数及分布范围的科学研究行动。

对被子植物来说，目前已有的保护措施依次为：生境与实地保护行动，主要是保护地的建立和管理；国家立法(野生植物保护条例）等。今后仍需要加强执法，积极开展异地保护活动，通过实地保护行动来维持和保护生境，加强种群数及分布范围的科学研究。

六、中国特有种的受威胁状况分析

为了今后我国濒危物种的保护行动更具针对性，本地理图集还从特有性和受威胁程度两个角度对陆生脊椎动物的一些特征进行了统计和分析。对不同门类、生境和体长所涵盖的物种总数，中国特有种的数量，以及受威胁物种（包括濒危等级为极危、濒危、易危的物种）的数量，分别进行汇总，计算各门类的特有性及受威胁度，公式如下：

$$\text{特有性}=\frac{\text{该门类中国特有种总数}}{\text{该门类物种总数}}\times 100\%$$

$$\text{受威胁度}=\frac{\text{该门类受威胁物种总数}}{\text{该门类物种总数}}\times 100\%$$

得知各门类的特有性和受威胁度后，我们可以进一步探讨二者之间的关系，这种关系可以通过中国特有的受威胁物种在中国特有种中所占的比例，即中国特有种受威胁度较直观地反映出来。该计算公式为：

$$\text{中国特有种受威胁度}=\frac{\text{该门类中国特有的受威胁物种总数}}{\text{该门类中国特有物种总数}}\times 100\%$$

运用以上公式，对不同门类、生境、体长的物种进行统计分析，就可以得到各自的特有性和受威胁的特点。结论如下：

在陆生脊椎动物中，两栖纲的特有性最高，约74%。从进化的角度来讲，两栖动物是一类原始的、初登陆的、具五趾型的变温四足动物，其个体发育周期有一个变态过程，即以鳃（新生器官）呼吸并生活于水中的幼体，在短期内完成变态，成为以肺呼吸能营陆地生活的成体。这种水陆两栖及四足不发达的特点决定了其活动范围不会较广，限制了两栖动物的分布，因此其特有性较高。两栖类的中国特有种受威胁度较高，达45%。

鸟类的特有性和受威胁度低，其原因是大多数鸟类善飞翔，可以选择的栖息地较丰富，受到人类的影响和干扰较小。但是鸟类中特有种的受威胁度却比较高，达到36.47%。大部分的这些特有鸟类的分布范围比较狭窄，往往迁飞能力比较弱。其中鸡形目的特有性及受威胁度要明显高于鸟纲的平均值，这与该目的特殊性有关。鸡形目的腿脚健壮，善奔走，不善飞翔，按生态习性被称为陆禽，且多为留鸟。

哺乳纲虽然特有性要小于两栖类和爬行类，但其受威胁度高约39%，几乎与两栖类相当，中国特有种受威胁度更是高出了其他三个纲，约54%。灵长目、偶蹄目、食肉目和鲸目的受威胁度非常高，均超过了60%，其中灵长类和偶蹄类竟高达90%以上，这四个目的中国特有种受威胁度更是达到了100%。而鼩形目、兔形目、翼手目、啮齿目的受威胁度及其中国特有种受威胁度相对较低。

图1.16 东北鼠兔 *Ochotona hyperborea* 无危（LC）

不难发现，受威胁度和中国特有种受威胁度较高的都是大型哺乳动物，较低的基本上是小型哺乳动物。从体长的角度看也是这样。体长大于100厘米的物种明显比体长小的物种受威胁度高，而体长大于100厘米的基本上是鲸目、食肉目、偶蹄目的动物。以上两个方面都表明，我国的大型哺乳动物濒危状况严峻，特别是我国的特有种。大型哺乳动物在整个生态系统中都处于食物链的较高营养级，它们的消失会造成整个食物链的断裂，进而影响食物链中相关物种的生存。这些大型动物数量本身就相对较少，而且人类活动很容易对其造成干扰，所以在保护中应予以高度重视。

七、将“中国物种红色名录”变成一种生物多样性保护管理手段

任何生物多样性的保护都要基于所掌握的信息，目前很多物种的信息不能得到及时的收集、汇总并用于指导保护实践。以上的物种濒危状况、致危因素和保护措施等的分析都是在“中国物种红色名录”的评估分析基础上完成的。“中国物种红色名录”是为实施保护收集信息的第一步，随着研究和监测工作的开展，了解的信息会越来越丰富。此外，随着生境和社会环境的变化，不久的将来，许多物种的评估结果将会发生变化。这些变化必须及时反映到管理实践中。为此，应当长期维持中国物种状况的评估和红色名录的更新，并最大可能地将这些信息纳入到政府的生物多样性管理规划、法规和保护项目之中。

因此，建议国家建立一个长期的“中国物种红色名录”更新机制，将对中国物种状况长期持续的评估纳入到生物多样性的常规管理之中。建立一个委员会，负责组织、收集和汇总中国物种的信息，并及时进行评估。任何个人或单位都可以就某个物种或者某些门类的状况向委员会提出建议，更新濒危等级或增加新物种的评估，并提供充足的相关信息，经委员会评估讨论后，可以对这些物种的濒危等级进行更新。委员会应固定一年召开一次评估会议，确定一批物种的濒危等级，并对大众公布结果，以便及时反映影响中国生物多样性的因素，提出新的保护措施，及时将信息应用到管理措施之中。这样的评估工作也可以和国家的战略环评工作结合在一起，真正将生物多样性的信息纳入到地区的战略环评程序之中，使生物多样性指标真正成为一个重要的环评指标。

八、中国保护地状况分析

自 1956 年首个自然保护区——广东省鼎湖山保护区建立以来，我国的自然保护区建设在经历了 20 世纪 50—80 年代的停滞期，80—90 年代的稳步发展和体制建设，90 年代后期到目前在数量和面积上的突飞猛进几个阶段，现在数量已经达到 2 500 个以上。中央和地方政府已经认识到自然保护区对我国生物多样性和维持生态系统的正常功能，以及当地经济的可持续发展的重要意义，对自然保护区的重视程度正在迅速提高。然而，尽管被保护的土地面积越来越大，由于管理薄弱和经费短缺，保护地生物多样性的丧失还在继续。中国在保护地的规划、建立和管理方面，还存在很多明显的问题。表现出来是非法猎捕、乱砍滥伐、过度放牧、外来种入侵、保护区内非法耕作或土地征用、污染、违反生态规

图 1.17 大山雀 *Parus major* 无危（LC）

图 1.18 波纹眼蛱蝶 *Junonia atlites* 无危（LC）

律、过度发展旅游业等现象。造成这些问题的最根本原因是目前我国还缺乏一个有关保护地的合理的、清晰的和灵活的体系，缺乏协调管理和统一监督的机制，经费筹措、分配和管理机制不合理，缺乏一个与相应的管理目标、方法和经费体系结合在一起的关于整个保护地的分类体系。

1. 中国保护地体系结构不合理

根据法律、法规，对划定的各种类型的具有丰富而重要的生物群及其栖息地、生态系统以及文化资源的所在地加以保护和管理，在国际上这些不同类型的受保护的地理区域统称为保护地（Protected areas）。到 2007 年底，我国已建立各种类型、不同级别的保护地 5 000 余处，占国土面积的 18%以上。其中绝大部分为自然保护区，约 2 500 余处，占全部国土面积的 15%以上，另外还有风景名胜区、森林公园等其他类型的覆盖约 3%。中国的保护地建设与管理分属 10 多个不同的机构，多数自然保护区由国家林业局管理，其余由环保部、建设部、水利部、农业部或国家海洋局负责管理。

我国虽然有不同的保护区级别和类型，但目前这些分类体系都不能体现出管理目标、监督标准和管理方式上的差别。我国种类最多的类型是自然保护区，其管理要求都应按照我国《自然保护区条例》严格管理，保护区内不能有除旅游之外的任何其他经济活动，这些规定对于一些大型的湿地或草原类型的保护区是很难实施的。事实上，一些保护区如果加强当地社区的经济活动的管理，限制和控制对生物多样性带来威胁的活动，经济活动可以和保护目标相协调，使当地经济不会因为保护地的建立而遭受严重影响。目前，这种严格的管理要求，导致在相当多的保护区出现保护管理和当地社区发展的严重冲突。同时因为很多保护区无法禁止一些经济活动，结果造成有法不依、执法不严等情况，导致应该严格得到保护的地区没有得到严格保护。而风景名胜区和森林公园却又过度强调旅游，失去了对生物多样性保护的作用。

2. 我国的保护地系统覆盖仍然不足

我国的保护地占国土面积的 18%，这个数字看起来很大，但是却不能很好地保护我国的生物多样性和生态环境。保护面积太大的结论是因受到严格保护的自然保护区面积大，而其他非严格意义的保护地面积太小得出的。东北虎是一个最好的例子，要成功地保护一个可长期维持的野生东北虎的种群，需要 10 000 平方千米的覆盖面积。如果没有巨大的栖息地，东北虎的恢复根本不可能实现，这样的栖息地必须由严格的自然保护区以及非严格的保护地相结合才能保证。在这里，非严格的保护地面积应当远远超过严格的自然保护区面积，只有这样，东北虎的保护才能够实现。

中国人口稠密的东部和南部地区有着大量的小型保护区，在人口稀少的西部却分布着几个大型保护区（地图 2.6）。最大的 20 个自然保护区总面积接近全国保护区总面积的 60%，比如，羌塘自然保护区是世界上第二大自然保护区，与意大利国土面积相同。但是，小型自然保护区的面积可以小到只有 1 公顷。512 个小型自然保护区占保护区总数的 21.78%，但只有总面积的 0.13% [国家环保总局（现为环保部）自然生态保护司，2006]。

另外，通过计算每一个生物地理单元中保护区面积所占的百分比情况，可以确定当前受到的保护还远远不够的地区（地图 9.4）。我们以保护 10%的面积作为得到良好保护的基本指标，结果发现有 78 个地理单元都无法达到这个指标，超过全部 124 个地理单元数量的一半。这些地理单元主要集中在我国的东部和中部地区，另外还包括西北的天山一带，其中在东北平原、华北平原、长江中下游平原、黄土高原、西南和西北的部分地区共计 39 个生物地理单元的保护区面积未能达到 5%（见地图 9.4）。同时，中国的保护区趋向于建在海拔较高、人口比较稀少的山地。图 9.7 显示在海拔低于 2 000 米的地区被保护的面积均低于 10%，说明我国低海拔地区的生态系统远未得到足够的保护。这和非严格意义的保护地的作用未能充分发挥有极为重要的关联，因为人口密集的地方很难建立严格意义的自然保护区。

3. 建立多样化的保护地体系，扩大受保护的范围

图 1.19 猪獾 *Arctonyx collaris* 易危（VU）

就地保护不应该仅仅限制在受到严格保护的自然保护区，应该还有很多其他形式的就地保护。例如可以在允许旅游的同时加强保护，如对风景名胜区和森林公园的功能重新规定，加强对生物多样性保护的管理，增强其对生物多样性的保护功能。类似于国外的国家公园类型，将教育、娱乐和生物多样性保护紧密结合在一起。也可以建立针对物种栖息地进行管理的资源利用地，在这里可以进行各种自然资源的利用，但是必须要针对当地的物种特点进行管理，确保当地重要物种的生存不受影响。还可

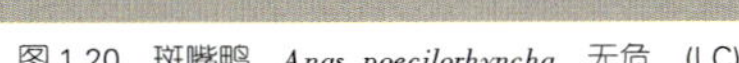

图 1.20 斑嘴鸭 *Anas poecilorhyncha* 无危 (LC)

图 1.21 福建竹叶青蛇 *Trimeresurus stejnegeri* 无危 (LC)

以进行大范围的禁猎管理（禁渔期也可以算作其中的一种方式），不影响自然资源的可持续利用，但严格控制捕猎。可在这些非严格意义的保护地和得到严格保护的自然保护区之间建立走廊，这对提高连通性，减少人类生活和生物保护之间的冲突具有极为重要的作用。

在这里我们提出以下保护地管理类别体系和保护地分区体系配合使用的保护地新体系，建立这样的保护地体系就是为了能够大范围地实施生物多样性保护，同时缓解当地社区生存和生物保护之间的冲突。

表 1.12 建议采用的中国保护地管理类别体系

Table 1.12 Recommended Protected Area Management Category System of China

建议管理类别代码	建议名称	保护目标和允许的活动
I 类	严格保护类	完整的生态系统和生物多样性得到严格保护，基本不允许除科研以外的任何人为干扰
II 类	栖息地/物种管理类	为了保护特定物种和栖息地，需要采取人工干预措施来保护物种。这些干预措施在严格保护类中是不允许的
III 类	自然公园类	主要用于参观和娱乐等
IV 类	多用途类	在保证自然资源和生物多样性得到维持的前提下，允许可持续的采集、捕捞、狩猎、种植、农业生产等

这样的分类体系必须结合功能分区进行。通过列出保护地涉及的主要活动类型及对其干扰程度的分析，我们建议划分以下 6 个分区。

表 1.13 建议采用的保护地功能分区

Table 1.13 Recommended Profected Area Zonation System of China

分区名称	功能	许可制度
1 封闭区	生态系统得到严格保护，完全不能有人类干扰	科学研究进入许可制度
2 控制区	通过人为干预来管理和恢复栖息地，以达到保护物种的目的	研究、专业性参观、探险进入许可制度
3 旅游区	用于参观、旅游和娱乐	门票管理
4 资源利用区	用于可持续的自然资源利用	资源利用许可制度
5 高强使用区	用于管理、旅游、保护地居民生活	
6 外围缓冲区（位于保护地外，可选区域）	缓冲周边社区生产对保护地的影响。例如在候鸟迁飞区，保护地周边的农业区及鱼塘内，禁止狩猎或使用会影响候鸟的农药、化肥	

每个保护地都可能涉及以上的各种功能分区。表 1.14 显示了功能分区与管理类别之间的关系。

表 1.14 功能分区与管理类别之间的关系

Table 1.14 Relationship Between Management Categories and Function Zones

分区	I 严格保护类	II 栖息地/物种管理类	III 自然公园类	IV 多用途类
1 封闭区	>80%	>20%	>20%	>10%
2 控制区	<20%	<80%	<50%	<50%
3 旅游区	<10%	<20%	<80%	<50%
4 资源利用区	<10%	<10%	<10%	<80%
5 高强使用区	<10%	<10%	<10%	<20%
6 外围缓冲区	可选	可选	可选	可选

因此每个类别都有标志性的分区（即面积最大的分区），可以清楚地判断各个保护地究竟应该被分配到哪个类型中。根据该表格可以很容易地对各个保护地进行分类。而每个功能分区的面积比例都有一定的幅度，就给各个保护地提供了较大的灵活度，可以根

据具体的情况进行选择。如果我国的保护地体系能够采纳类似的变革，将极大地扩大我国的保护地的面积，增加保护地管理的灵活度，终将显著提高我国的保护地管理效率。

九、中国外来入侵种状况分析

对于全球有多少外来入侵种还没有一个精确的数据。Rod Randall 的《全球杂草纲要》(Global Compendium of Weeds) 中的统计数据只包括了杂草的情况 (http://www.hear.org/gcw/index.html)：入侵 (Invasive) 1 953 种，环境杂草 (Environmental weeds) 4 571 种，逃逸 (Escapes) 4 176 种，环境杂草和逃逸 6 762 种，入侵、环境杂草和逃逸 7 304 种，归化 (Naturalised) 11 784 种，入侵、环境杂草、逃逸和归化 13 702 种。全球外来入侵种数据库 (Global Invasive Species Database, GISD, http://www.issg.org/database) 记录了 628 种 (表 1.15)，这些物种是经过仔细挑选，确认对生物多样性造成威胁的外来入侵种。

我国南北跨度 5 500 千米，东西距离 5 200 千米，跨越 50 个纬度及 5 个气候带 (寒温带、温带、暖温带、亚热带和热带)。这种自然特征使中国很容易遭受外来物种的侵害。来自世界各地的大多数外来种都可能在中国找到合适的栖息地。进入我国的外来入侵种几乎无处不在。我国的外来物种入侵问题具有以下特点：

1. **涉及面广**。全国 34 个省、直辖市、自治区、特别行政区均发现入侵种。除少数偏僻的保护区外，其他保护区或多或少都能找到入侵种。

2. **涉及的生态系统多**。在几乎所有的生态系统，如森林、农业区、水域、湿地、草原、城市居民区等都可见到入侵种。其中以低海拔地区及热带岛屿生态系统的受损程度最为严重。

3. **涉及的物种类型多**。从脊椎动物 (哺乳类、鸟类、两栖爬行类、鱼类)，无脊椎动物 (昆虫、甲壳类、软体动物)，植物，到细菌、病毒都能够找到入侵种。

4. **带来的危害严重**。在我国许多地方停止原始森林砍伐，严禁人为进一步生态破坏的情况下，外来入侵种已经成为当前生态退化和生物多样性丧失的重要原因，特别是在水域生态系统和南方热带、亚热带地区，已经上升成为第一位的影响因素。

在我国究竟有多少外来入侵物种？2001—2003 年底的科技部和国家环保总局的研究课题“履行《生物多样性公约》的关键基础技术研究”列出了我国外来入侵种共有 283 种，其中微生物 19 种，水生植物 18 种，陆生植物 170 种，水生无脊椎动物

图 1.22 北红尾鸲 *Phoenicurus auroreus* 无危 (LC)

25种，陆生无脊椎动物33种，两栖爬行类3种，鱼类10种，哺乳类5种（徐海根等，2004）。万方浩等2005年出版的《重要农林外来入侵物种的生物学与控制》一书列出了279种主要农林入侵种，包括188种入侵植物，49种入侵节肢动物，42种入侵微生物。本地理图集根据CSIS收集的资料以及解焱2008年出版的《生物入侵和中国生态安全》，共列出入侵种461种（表1.15）。其中微生物44种，植物（包括藻类）246种，无脊椎动物112种，脊椎动物59种。

表 1.15 中国的外来入侵种估计数量

Table 1.15 Number Estimation of Invasive Alien Speices in China

物种门类	中国	全球
总数	461	629
微生物 Micro-organism	44	27
细菌 Bacteria	5	6
真菌 Fungus	27	11
病毒 Virus	12	8
原生动物 Protozoa	0	2
植物 Plants	246	356
藻类 Algae	14	10
蕨类植物门 Pteridophyta	1	2
裸子植物门 Gymnospermae	0	12
被子植物门 Angiospermae 单子叶植物纲 Liliopsida	46	84
双子叶植物纲 Magnoliopsida	185	248
无脊椎动物 Intertebrates	112	126
线虫门 Nematoda 侧尾腺口纲 Secernentea	7	1
刺胞动物门 Cnidaria 水螅纲 Hydrozoa	0	2
珊瑚纲 Anthozoa	0	2

续表 1.15

扁形动物门 Platyhelminthes 涡虫纲 Turbellaria	0	1
环节动物门 Annelida 多毛纲 Polychaeta	1	3
尾索动物门 Urochordata 海鞘纲 Ascidiacea	4	3
棘皮动物门 Echinodermata 海胆纲 Echinoidea	1	0
海星纲 Asteroidea	0	2
软体动物门 Mollusca 双壳纲 Bivalvia	2	17
腹足纲 Gastropoda	6	12
苔藓动物门 Bryozoa	13	4
节肢动物门 arthropoda 甲壳亚门 Crustacea	7	17
六足亚门 hexapoda 昆虫纲 Insecta	71	62
脊椎动物 Vertebrates	59	120
硬骨鱼纲 Osteichthyes	27	44
两栖纲 Amphibia	5	9
爬行纲 Reptilia	3	9
鸟纲 Aves	14	23
哺乳纲 Mammalia	10	35

注：中国的数据来自 CSIS 及《生物入侵和中国生态安全》（解焱，2008）；全球的数据来自全球外来入侵种数据库（Invasive Species Specialist Group，2008）。

这些入侵种中，219 种来源于美洲，约占 50%；84 种来源于欧洲，约占 19%；88 种来源于亚洲（包括我国），约占 20%；42 种来源于非洲，约占 9%；10 种来源于大洋洲，约占 2%；24 种来源于我国，约占 6%。这些百分比加起来不是 100%，因为有许多物种同时起源于多个地区。起源于美洲的入侵种比例最大，约一半，这是因为美洲地域大，气候多样，在这点上与我国类似，来自美洲多种生态系统的物种大都可以在中国找到适合的生态环境。更重要的是，美洲和亚洲之间的生态隔离程度与其他的洲相比是最大的，在自然界 30 多亿年生命演化过程中，双方的物种间相互交流的机会比较少，但是现在在人类活动的帮助下，这样的隔离已经大大缩小，许多物种被人类双向带入各自领土，这

图 1.23 紫水鸡 *Porphyrio porphyrio* 无危 (LC)

图 1.24 长须狮子鱼 *Pterois volitans* 未予评估 (NE)

就给物种的入侵提供了机会，而且外来物种一旦形成入侵，其危害就会比较严重。

美国在 1994 年估算出杂草每年给美国经济造成的损失至少为 200 亿美元。在农业部门，影响 46 种主要农作物、牧场、干草放牧区及动物健康的杂草所造成的损失和防治费用估计每年要超过 150 亿美元。在非农业部门，高尔夫球场、草皮和观赏植物、公路、商业区、水产区、森林和其他地点的防治费用每年总计达 50 亿美元左右。由于引进的物种大约占美国全部杂草植物的 65%，它们每年给美国经济所造成的总经济损失至少为 1 370 亿美元。新西兰、日本等岛国和与其他大洲相隔离的澳大利亚，明显感觉到外来入侵种问题给当地特有的生物多样性所带来的巨大压力和对经济所造成的危害。在《生物多样性公约重大事件研究：外来物种入侵，生物安全性和基因资源》（2004）一书中，徐海根等使用直接经济评估法（市场评估、机遇成本评估、劳动力成本评估和成本支付）及间接的经济损失评估法，分别评估了森林、农业、草场、湿地和草原生态系统。评估结果显示直接经济损失为 198.59 亿元/年，其中 160.04 亿元用于林业、农业、管理和渔业，8.47 亿元用于交通和邮政行业，0.87 亿元用于水资源和公共设施管理，29.21 亿元用于人类健康。间接损失的结果显示为 1 000.17 亿元/年，其中 998.25 亿元是生态系统服务，0.71 亿元是物种多样性损失，1.21 亿元是基因资源遗失。因此，外来入侵物种带来的经济损失（以当时汇率 8.2788 计）为 144.8 亿美元，占中国国内生产总值的 1.36%。该数据与美国接近（美国为 1 380 亿美元，占国内生产总值的 1.37%）。

在我们对已经引进的外来入侵物种束手无策的时候，我们还在以空前的速度和数量引入更多的物种。台湾每年花费 600 万美元释放 2 亿个动物（从昆虫到猴子），现在台湾已经发现 75 种外来鸟类建立种群。香港 2004 年的研究发现在香港已经有 19 种鸟是因为人类释放而在香港建立种群。大陆还没有具体的统计，但最近北京上百条蛇侵扰居民，就是由于大量蛇被放生造成的。佛教徒在全国各地放生动物，例如在湖北鄂州梁子湖放生的螺类已经造成当地水产渔业养殖的经济损失。另外最经常放生的还有被列入世界 100 种最危险的外来入侵种的巴西龟。在台湾，巴西龟的野外数量增长如此的快，在局部地区已经超过了当地土著龟的数量。“清道夫”一类的观赏鱼在台湾宜兰泛滥成灾，台湾因此采取了清鱼行动。而在大陆也频频报道惊现“怪鱼”，包括汉江、四川都江堰、成都府南河、湖北鄂州梁子湖。北京市工商、林业和消协2005年6月联合发布合作造林十大提示中第三条明确提出北京只适宜栽种5类树种，即107杨、108杨、中林46杨、沙兰杨和意大利214杨，北京的道路旁突然间长满一人多高的北美的火炬树。在越来越多生物天敌被用于病虫害的控制时，我们对引入天敌的控制、防止入侵的管理却没有跟上。这些事件在全国范围内频频上演，对我国的生态和生物多样性都会造成极其严重的负面影响。

很多外来入侵物种我们还只是从对人类影响的角度来看待，对其对自然生态和生物多样性影响的重视严重不足。红火蚁由于给人类健康和经济生活造成严重危害而备受重视，但我们的天然森林已经有其他的外来蚂蚁入侵，却仍然没有引起重视。外来的疾病令我们穷于应付，艾滋病、SARS、禽流感频频侵袭人类。野生动物对于人类来说似乎变得更加可怕，因为这些疾病中的很多都来源于野生动物（或家养动物）。过去对人类没有危害的动物疾病也在不断变异，并开始感染人类，SARS和禽流感就是最有力的证据。但当人类感觉到这些威胁的时候，其实应该同时意识到生活在自然界的野生动物，同样在面临着越来越多的威胁。

对于物种引入的对策仍然只是对被列入名录的物种实施进口禁令，但是被列入名录中的物种毕竟十分有限。在目前全球化时代，进口的物种越来越繁多，有许多过去完全没有引入的物种，现在可能突然成为时尚，例如巴西龟、多种昆虫、名目繁多的花卉园艺种类、越来越多的水产养殖品种等。名录制在这种情况下完全不能适应将潜在外来入

图1.25　黄钩蛱蝶 *Polygonia c-aureum* 无危（LC）

侵种拒绝在国门之外的需要。因此必须尽快建立引入物种的入侵风险评估制度，根据这个制度来评估引入的物种。需要有一个专家委员会负责建立和更新这个制度，并负责对难以确定入侵风险的物种进行评估，将危险性大的物种拒绝在国门之外。

同时，现有的主要的控制措施是禁令，还没有与物种引入的经济成本和效益联系在一起。经济利益是绝大部分有意引入外来物种的行为的驱动力。同时目前所有的入侵种所带来的损失，当初的引入者都没有承担任何的控制和经济赔偿的费用，损失完全由国家和百姓承担下来。特别是进入自然界，对生物多样性、生态功能造成影响的物种，要对其引入者实施经济制约机制就更加困难。禁令可以解决少量的物种入侵问题，而更大数量的潜在外来物种应该用经济控制方法，使引入物种的人或单位要考虑引入外来物种可能需要承担的关于这个物种的风险评估费用、引入后的监测费用、造成入侵的控制费用以及引起损失的赔偿费用。如果能够将这样的经济成本核算应用到外来物种的引入控制上，将有效地减少潜在入侵种的引入，特别是那些可引入也可不引入物种的引入。

十、中国生物多样性保护优先区域分析

保护优先区域的确定采用了大自然保护协会“生态区评估”的方法体系，不仅考虑生物多样性（包括物种和生态系统）的价值，还对保护代价（主要指人类活动的强度）进行分析，从而使得区划结果达到保护与发展的协调。生物多样性保护优先区域不仅有很高的生物多样性价值，同时人类活动较少，保护代价较低。基于该方法在全国范围内筛选出 33 个保护优先区域，这些保护优先区域涉及 26 个省的 984 个县级单位，总面积为 315 万平方千米，约占国土面积的 33%。在这些区域各部门已建立 196 个国家级自然保护区，面积为 61 万平方千米，约覆盖了优先区域面积的 19%（表 9.1，地图 9.3）。

在这些优先保护区域中，国家级自然保护区覆盖率低于 10%的区域有喀喇昆仑和西昆仑地区、皖南浙西丘陵山地地区、桂西地区、吕梁山地区、小兴安岭和长白山地区、天山地区、南岭地区、大兴安岭地区、浙闽山地地区、无量山和哀牢山地区、海南中南部地区、武陵山地区、鄱阳湖地区、大别山地区、大巴山地区、塔里木河流域荒漠区以及阿拉善和鄂尔多斯荒漠区，这些区域存在较大的保护空缺，应该采取多种手段，加大国家级保护区建设的力度。另外在喀喇昆仑和西昆仑地区目前还没有建立国家级保护区，存在绝对的保护空缺，需要立即采取行动建立国家级自然保护区。

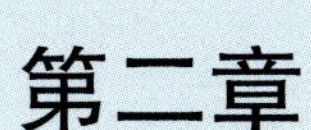

第二章 中国的基础地理信息

本章主要内容为中国的基础地理信息地图，包括中国的行政区划、地形地貌、保护区、生物地理区划、中国水系地图和植被图等基础地理数据。本地理图集涉及的中国国界、省界、县界、主要河流等基础地理图层，均下载自国家基础地理信息系统（http://nfgis.nsdi.gov.cn/）的1∶400万数据。

中国位于亚洲东部、太平洋西岸，陆地总面积大约为960万平方千米。中国领土最北端在黑龙江省漠河以北，最南端在南海的南沙群岛中的曾母暗沙，最东端在黑龙江省的黑龙江与乌苏里江主航道中心线相交处，最西端在新疆帕米尔高原。与中国陆地接壤的邻国共有14个，分别为俄罗斯、哈萨克斯坦、吉尔吉斯斯坦、塔吉克斯坦、蒙古、朝鲜、越南、老挝、缅甸、印度、不丹、尼泊尔、巴基斯坦和阿富汗。中国的沿海从北到南依次为渤海、黄海、东海和南海，其中渤海是我国的内海。

由于中国的国土面积广阔，因此从南到北可划分为热带、亚热带、暖温带、温带、寒温带几种不同的气候带，并拥有青藏高原这一特殊的高寒区。南部的雷州半岛、海南省、台湾省和云南南部各地，全年无冬，四季高温多雨。长江和黄河中下游地区，四季分明。北部的黑龙江等地区，冬季严寒多雪。广大西北地区，降水稀少，气候干燥，冬冷夏热，气温变化显著。西南部的高山峡谷地区，依海拔高度的上升，呈现出从湿热到高寒的多种不同气候。

世界自然基金会（WWF）为拯救地球上急剧损失的生物多样性，在较大尺度上来进行生物多样性的保护，提出了一种基于生态区的优先保护策略。其中我国主要的陆地生境类型可分为8种，分别为：（1）沙漠和干旱灌木地；（2）水淹草地和稀树草原；（3）山地草地和灌木地；（4）裸岩和冰川；（5）温带阔叶林和混交林；（6）温带针叶林；（7）温带草地、稀树草原和灌木地；（8）热带及亚热带湿润阔叶林。根据地理特征和自然生态群落特征，各生境类型又可以进一步细分成59个生态区（Olson and Dinerstein，1998）。

图2.1 长白山自然保护区：温带针叶林生态系统

2.1 中国行政区划

地图 2.1 中国行政区划
Map 2.1 Administrative Division of China

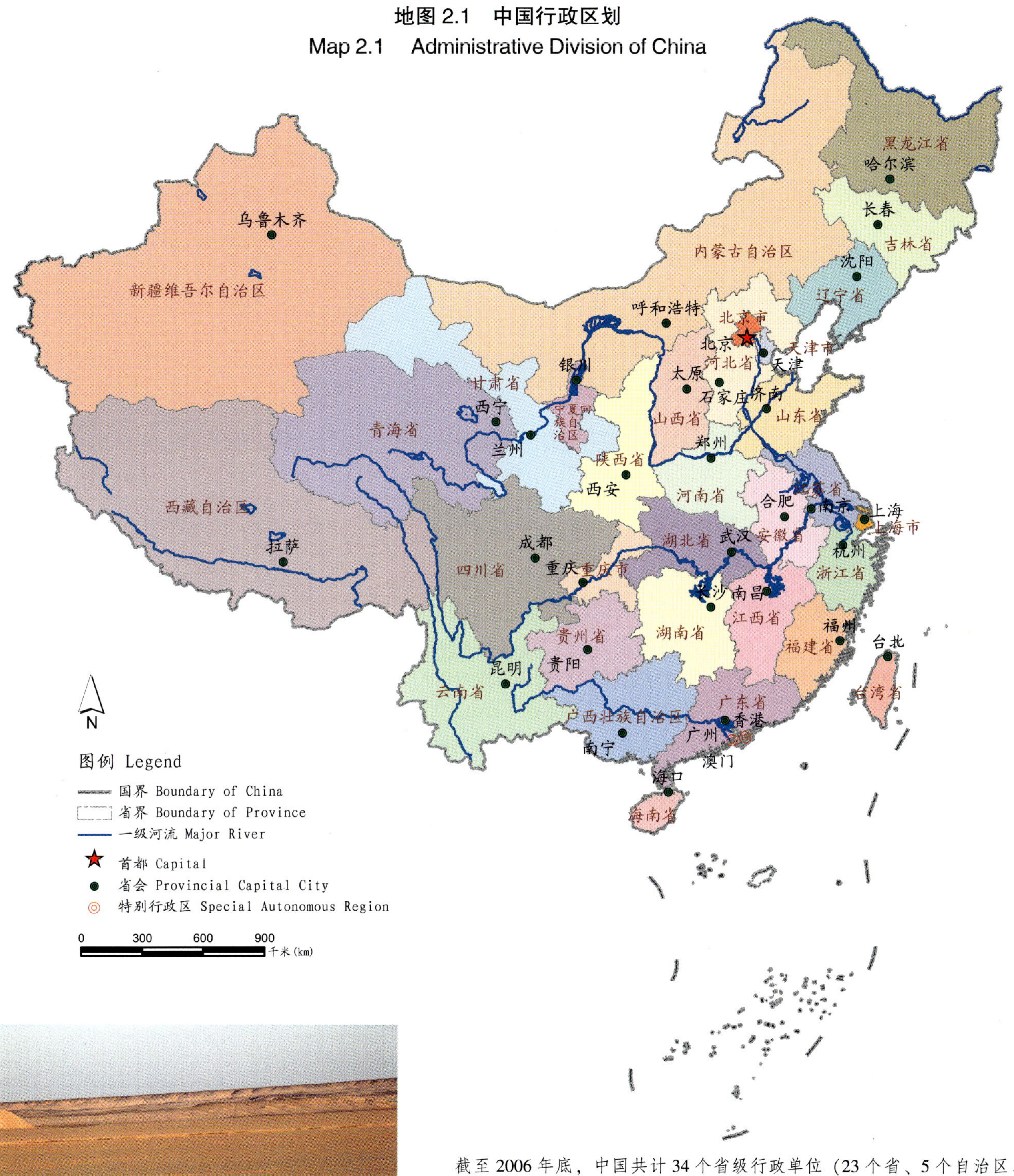

图2.2 新疆卡拉麦里自然保护区：荒漠和干草原生态系统

截至2006年底，中国共计34个省级行政单位（23个省、5个自治区、4个直辖市、2个特别行政区）。分为：（1）华北，包括北京市、天津市、河北省、山西省和内蒙古自治区；（2）东北，包括辽宁省、吉林省和黑龙江省；（3）华东，包括上海市、江苏省、浙江省、安徽省、福建省、江西省和山东省；（4）中南，包括河南省、湖北省、湖南省、广东省、广西壮族自治区和海南省；（5）西南，包括重庆市、四川省、贵州省、云南省和西藏自治区；（6）西北，包括陕西省、甘肃省、青海省、宁夏回族自治区和新疆维吾尔自治区；（7）港澳台，包括香港特别行政区、澳门特别行政区和台湾省。

图 2.3 羌塘自然保护区：高寒荒漠生态系统

2.2 中国的生物地理区划

《中国生物地理区划研究》（解焱等，2002）根据综合自然地理因素，将中国划分成124个基本单元，并利用各个基本单元内物种存在与否的信息进行聚类分析，得到了中国的生物地理区划。该区划包括了4个区域（8个亚区域）、27个生物地理区和124个生物地理单元。

表 2.1 中国生物地理区划系统

Table 2.1 China Bio-geographic Divisions

区域 Area	亚区域 Sub-area	区 Region	亚区 Subregion	单元 Unit
	Ia 内蒙古高原及东北平原 Inner-Mongolia Steppe and Northeast China Plain	1.大兴安岭 Da Hinggan Ling	a.大兴安岭中北部针叶林 North Central Da Hinggan Ling Coniferous Forest	（1）大兴安岭北部山地 North Da Hinggan Ling Mountain （2）大兴安岭中部 Central Da Hinggan Ling Mountain
			b.大兴安岭南部草原 South Da Hinggan Ling Grassland	（3）大兴安岭南部山地 South Da Hinggan Ling Mountain
		2.东北平原 Northeast China Plain	a.东北北部平原森林草原 Northeast China Plain Northern Forest Grassland	（4）松嫩平原 Songnen Plain （5）大兴安岭中北部东坡山地台地 North Central Da Hinggan Ling Eastern Slope Montane Mesa

续表 2.1

I 东北部 Northeast China Area			b.西辽河流域干草原 Xiliaohe River Arid Steppe	(6) 大兴安岭南部山前台地 South Da Hinggan Ling Mountain Front Mesa (7) 西辽河平原山前台地 Xiliaohe Plain Mountain Front Mesa
		3.内蒙古高原干草原、荒漠草原 Inner-Mongolia Arid Steppe and Desert Grassland		(8) 内蒙古高原东部洼地 Inner-Mongolia Plateau Eastern Lowland (9) 乌兰察布高原 Ulan Qab Plateau (10) 阴山山地丘陵 Yinshan Mountains Hill (11) 锡林郭勒高原 Xilin Gol Plateau (12) 呼伦贝尔高原 Hulun Buir Plateau
		4.鄂尔多斯高原干草原、荒漠草原 Ordos Plateau Arid and Desert Grassland		(13) 黄土高原北部丘陵 Huangtu Plateau Northern Hill (14) 鄂尔多斯高原 Ordos Plateau (15) 准格尔—和林格尔黄土丘陵 Junggar-Horinger Loess Hill (16) 河套平原 Hetao Plain
	Ib 小兴安岭和长白山地 Xiao Hinggan Ling and Changbai Mountains	5.东北东部 East of Northeast China	a.东北东部山地针阔叶混交林 Northeast China Eastern Hill Coniferous/Broadleaf Mixed Forest	(17) 长白山地 Changbai Mountains (18) 小兴安岭 Xiao Hinggan Ling (19) 三江平原 Sanjiang Plain (20) 乌苏里江穆棱河平原 Wusuli River Mulinghe Plain (21) 山前台地 Mountain Front Mesa (22) 辽东半岛 Liaodong Peninsula

续表 2.1

			b.辽河下游平原农业 Lower Liao River Agriculture	(23) 辽河下游平原 Lower Liaohe Plain
	Ic 华北及黄土高原 North China and Huangtu Plateau	6.华北 North China	a.冀北辽西山地落叶灌丛 North Hebei and West Liaoning Hill Deciduous Shrub	(24) 冀北—京北山地 North Hebei-North Beijing Hill (25) 辽西低山丘陵 West Liaoning Lowland Hill
			b.华北平原北部农业 North China Plain Northern Agriculture	(26) 海河平原 Haihe Plain (27) 黄泛平原 Yellow River Flooding Plain
			c.冀晋山地半旱生落叶阔叶林、森林草原 Hebei and Shanxi Hill Semi-xerophytic Deciduous Broadleaf Forest and Forest Grassland	(28) 晋南盆地 South Shanxi Basin (29) 晋东南高原 Southeast Shanxi Plain (30) 吕梁山、晋中盆地 Lüliang Mountain and Central Shanxi Basin (31) 永定河上游盆地 Upper Yongdinghe Basin (32) 豫西山地 Western Henan Mountains
			d.山东半岛落叶阔叶林 Shandong Peninsula Deciduous Broadleaf Forest	(33) 山东半岛 Shandong Peninsula (34) 鲁中南低山丘陵 South Central Shangdong Low Montane Hill
		7.黄土高原森林草原、干草原 Huangtu Plateau Forest Grassland and Arid Grassland		(35) 陕北陇东切割塬 North Shaanxi and East Gansu Incisive Yuan (36) 渭河谷地 Weihe Valley (37) 陇中切割丘陵 Central Gansu Incisive Hill (38) 宁南切割丘陵 South Ningxia Incisive Hill (39) 贺兰山地 Helan Mountain

续表 2.1

Ⅱ 东南部 Southeast China Area	Ⅱa 华中 Central China	8.淮北平原和长江中下游平原 Huaibei Plain and plains in the Middle and Lower Yangzte River	a.淮北平原农业 Huaibei Plain Agriculture	(40) 淮北平原 Huabei Plain (41) 南襄盆地 Nanxiang Basin
			b.长江中下游平原农业 Middle and Lower Yangtze River Plain Agriculture	(42) 长江中游平原 Middle Yangtze River Plain (43) 长江下游平原丘陵 Lower Yangtze River Plain Hill (44) 长江三角洲 Yangtze River Delta
			c.大别山—桐柏山落叶灌丛 Dabie-Tongbai Mountains Deciduous Shrub	(45) 大别山—桐柏山 Dabie-Tongbai Mountains
		9.秦岭和大巴山混交林 Qinling and Daba Mountain Mixed Forest		(46) 秦岭山脉 Qinling Mountains (47) 大巴山—米仓山 Daba-Micang Mountains
		10.四川盆地农业 Sichuan Basin Agriculture		(48) 成都平原 Chengdu Plain (49) 中部丘陵 Central Hill (50) 东部平行岭谷 Eastern Parallel Valley
	Ⅱb 长江以南丘陵和高原 Highlands and Plainsin the South to Yangtze River	11.东南丘陵山地、盆地常绿阔叶林 Southeast China Hill and Basin Evergreen Broadleaf Forest		(51) 仙霞岭—括苍山 Xianxia Ling-Kuocang Mountains (52) 武夷山—戴云山 Wuyi-Daiyun Mountains (53) 钱塘江中下游河谷盆地 Middle and Lower Qiantang River Valley Basin (54) 浙闽沿海丘陵 Zhejiang and Fujian Coastal Hill (55) 皖浙低山丘陵 Anhui and Zhejiang Lowland Hill (56) 赣江谷地丘陵 Ganjiang Valley Hill (57) 湘赣低山丘陵 Hunan and Jiangxi Lowland Hill

续表 2.1

		12.长江南岸丘陵常绿阔叶林 Yangtze River Southern Bank Evergreen Broadleaf Forest		(58) 湘江谷地丘陵 Xiangjiang Valley Hill (59) 南岭山地 Nanling Mountains (60) 沅江流域山地丘陵 Yuanjiang Catchment Montane Hill (61) 大娄山—中山峡谷 Dalou Mountain Mid-land Valley (62) 苗岭丘原 Miaoling Hilly Plain
		13.云贵高原常绿阔叶林 Yunnan-Guizhou Plateau Evergreen Broadleaf Forest		(63) 红河水流域山原盆坝 Honghe Catchment Montane Basin (64) 乌江南盘江流域高原中山峡谷 Wujiang and Nanpanjiang Catchments Mid-land Valley (65) 左右江流域岩溶山原 Zuoyoujiang Catchment Melted Rock Montane Plain (66) 滇东黔西喀斯特高原 East Yunnan and West Guizhou Karst Plateau (67) 滇东南低热高原 Southeast Yunnan Low-heat Plateau (68) 滇中南低热河谷 South Central Yunnan Low-heat Valley
	Ⅱc 中国南部沿海和岛屿 Coast and Islands of South China	14.岭南丘陵常绿阔叶林 South to Nan Ling Evergreen Broadleaf Forest		(69) 粤东、闽南沿海山丘台地平原 East Guangdong and South Fujian Coastal Hilly Mesa Plain (70) 珠江三角洲丘陵平原 Zhujiang Delta Hilly Plain (71) 粤西、桂东南山地谷地 West Guangdong and Southeast Guangxi Montane Valley (72) 郁江—邕江流域宽谷丘陵 Yujiang-Yongjiang Catchment Wide Valley Hill

续表 2.1

		15.滇南热带季雨林 South Yunnan Tropical Monsoon Forest		(73) 滇西山原 West Yunnan Montane Plain (74) 滇西南高原宽谷 Southwest Yunnan Plateau Wide Valley (75) 滇南宽谷 South Yunnan Wide Valley
		16.琼雷热带雨林、季雨林 Hainan and Leizhou Peninsula Tropical Rain Forest and Monsoon Forest		(76) 粤西、桂南沿海台地平原 West Guangdong and South Guangxi Coastal Mesa Plain (77) 雷州半岛台地 Leizhou Peninsula Mesa (78) 琼北台地平原 North Hainan Meta Plain (79) 琼南山地丘陵 South Hainan Montane Hill
		17.台湾岛常绿阔叶林和季雨林 Taiwan Island Evergreen Broadleaf Forest and Monsoon Forest		(80) 西北部亚热带丘陵平原 Northwest Subtropical Hilly Plain (81) 中部亚热带山地 Central Subtropical Mountain (82) 南部热带丘陵平原 South Tropical Hilly Plain (83) 东部热带海岸 East Tropical Coast (84) 澎湖列岛 Pescadores
		18.南海诸岛热带雨林 South China Sea Islands Tropical Rain Forest		(85) 南海诸岛热带雨林 South Sea Islands Tropical Rain Forest
Ⅲ 西南部 Southwest China Area	Ⅲa 青藏高原东南部和南部 Southeast and South of QinghaiTibetan Plateau	19.川南、云南高原常绿阔叶林 South Sichuan and Yunnan Plateau Evergreen Broadleaf Forest		(86) 滇中川南高原湖盆 Central Yunnan and South Sichuan Plateau Lake Basin (87) 怒江澜沧江平行岭谷 Salween and Lancang Rivers Parallel Valley (88) 独龙江流域山地 Dulongjiang Valley

续表 2.1

		20.藏东、川西切割山地针叶林、高山草甸 East Tibet and West Sichuan Incisive Hill Coniferous Forest and Alpine Meadow		(89) 大渡河中下游中山 Middle and Lower Daduhe Catchment Mid-land Mountains (90) 金沙江、雅砻江切割山地 Jinshajiang and Yalongjiang Incisive Mountains (91) 岷江、大渡河切割山地 Minjiang and Daduhe Incisive Mountains
		21.喜马拉雅山地 Himalayas Mountains	a.东喜马拉雅南翼山地热带亚热带森林 Himalayas Southern Wing Montane Tropical and Subtropical Forest b.藏南山地灌丛草原 South Tibet Montane Shrub Grassland	(92) 岗日噶布山脉南翼山地 Kangrigebu South Wing Mountains (93) 喜马拉雅南翼山地 Himalayas South Wing Mountains (94) 怒江、澜沧江切割山地 Salween and Lancangjiang Incisive Mountains (95) 雅鲁藏布江大拐弯、怒江上游切割山地 Brahmaputra Great Turn and Upper Salween Incisive Mountains (96) 雅鲁藏布江河谷山地 Brahmaputra Valley Mountains (97) 喜马拉雅山脉中部山地 Himalayas Central Mountains
	Ⅲb 青藏高原中北部 Central and North Qinghai-Tibetan Plateau	22.青藏高原东北 Northeast Qinghai-Tibetan Plateau	a.青东、南山地高寒草原、山地草原 East and South Qinghai Montane Alpine Cold Grassland and Alpine Grassland	(98) 澜沧江、金沙江及雅砻江上游切割山地 Upper Lancangjiang, Jinshajiang and Yalongjiang Incisive Mountains (99) 黄河上游切割山地 Upper Yellow River Incisive Mountains (100) 青南山地 South Qinghai Mountains
			b.柴达木盆地和祁连山荒漠、草原 Qaidam Basin and Qilian Mountain Desert and Grassland	(101) 祁连山地 Qilian Mountain (102) 柴达木盆地 Qaidam Basin

续表 2.1

<table>
<tr><td rowspan="2"></td><td rowspan="2"></td><td rowspan="2">23.青藏高原西中部
West and Central Qinghai-Tibetan Plateau</td><td>a.青藏高原中部高寒草原
Central Qinghai-Tibetan Plateau Alpine Cold Grassland</td><td>(103) 羌塘高原北部山地
North Qiangtang Plateau Mountains
(104) 羌塘高原南部山地
South Qiangtang Plateau Mountains
(105) 藏北高原西北部高原湖盆山地
North Tibet Plateau Northwestern Lake Basin Mountains
(106) 冈底斯山地
Gangdisê Mountains</td></tr>
<tr><td>b.阿里高原高寒荒漠与荒漠草原
Ngari Plateau Alpine Cold Desert and Desert Grassland</td><td>(107) 森格藏布流域高原山地
Sênggê Zangbo Catchment Plateau Mountains
(108) 郎钦藏布流域高原山地
Langqên Zangbo Catchment Plateau Mountains</td></tr>
<tr><td rowspan="3">Ⅳ
西北部
Northwest China Area</td><td rowspan="3"></td><td>24.阿拉善高原温带荒漠
Alashan Plateau Temperate Desert</td><td></td><td>(109) 阿拉善高原
Alashan Plateau
(110) 马鬃山地
Mazong Mountain
(111) 河西走廊西段
West Hexi Corridor
(112) 河西走廊中、东段
East and Central Hexi Corridor</td></tr>
<tr><td>25.东天山温带荒漠
East Tianshan Temperate Desert</td><td></td><td>(113) 诺敏戈壁
Nuomin Gobi
(114) 吐鲁番—哈密间山盆地
Turpan-Hami Interval Mountain Basin
(115) 东天山
East Tianshan Mountains</td></tr>
<tr><td>26.北疆
North Xinjiang</td><td>a.阿尔泰山山地草原及针叶林
Altay Mountains Grassland and Coniferous Forest</td><td>(116) 西北阿尔泰
Northwest Altay Mountains
(117) 东南阿尔泰
Southeast Altay Mountains</td></tr>
</table>

续表 2.1

			b.准噶尔盆地温带荒漠 Junggar Basin Temperate Desert	(118) 准噶尔盆地 Junggar Basin (119) 额敏谷地 Emin Valley
			c.天山山地草原和针叶林 Tianshan Mountains Grassland and Coniferous Forest	(120) 中天山 Central Tianshan Mountains (121) 伊犁谷地 Ili Valley
		27.塔里木盆地沙漠及昆仑山 Tarim Basin and Kunlun Mountains	a.塔里木盆地沙漠 Tarim Basin Desert	(122) 塔里木盆地 Tarim Basin
			b.昆仑山高寒荒漠 Kunlun Mountains Alpine Cold Desert	(123) 昆仑山北坡 Kunlun Mountains Northern Side (124) 昆仑山脉南翼 Kunlun Mountains South Wing

图 2.4 棕颈钩嘴鹛 *Pomatorhinus ruficollis* 无危 (LC)

图 2.5 报喜斑粉蝶 *Delias pasithoe* 无危 (LC)

图 2.6 蜂桶寨自然保护区：常绿阔叶林生态系统

地图 2.2.1 中国生物地理区划的区域和亚区域

Map 2.2.1 Areas and Sub-areas of China Bio-geographic Divisions

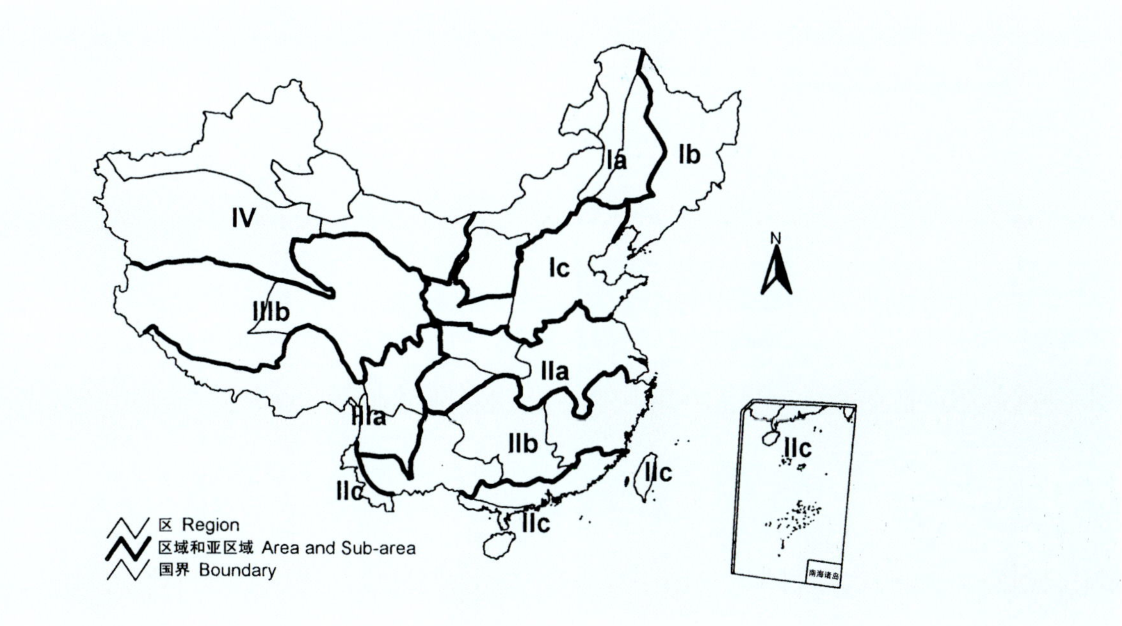

地图 2.2.2 中国的生物地理区划
Map 2.2.2 Bio-geographical Divisions of China

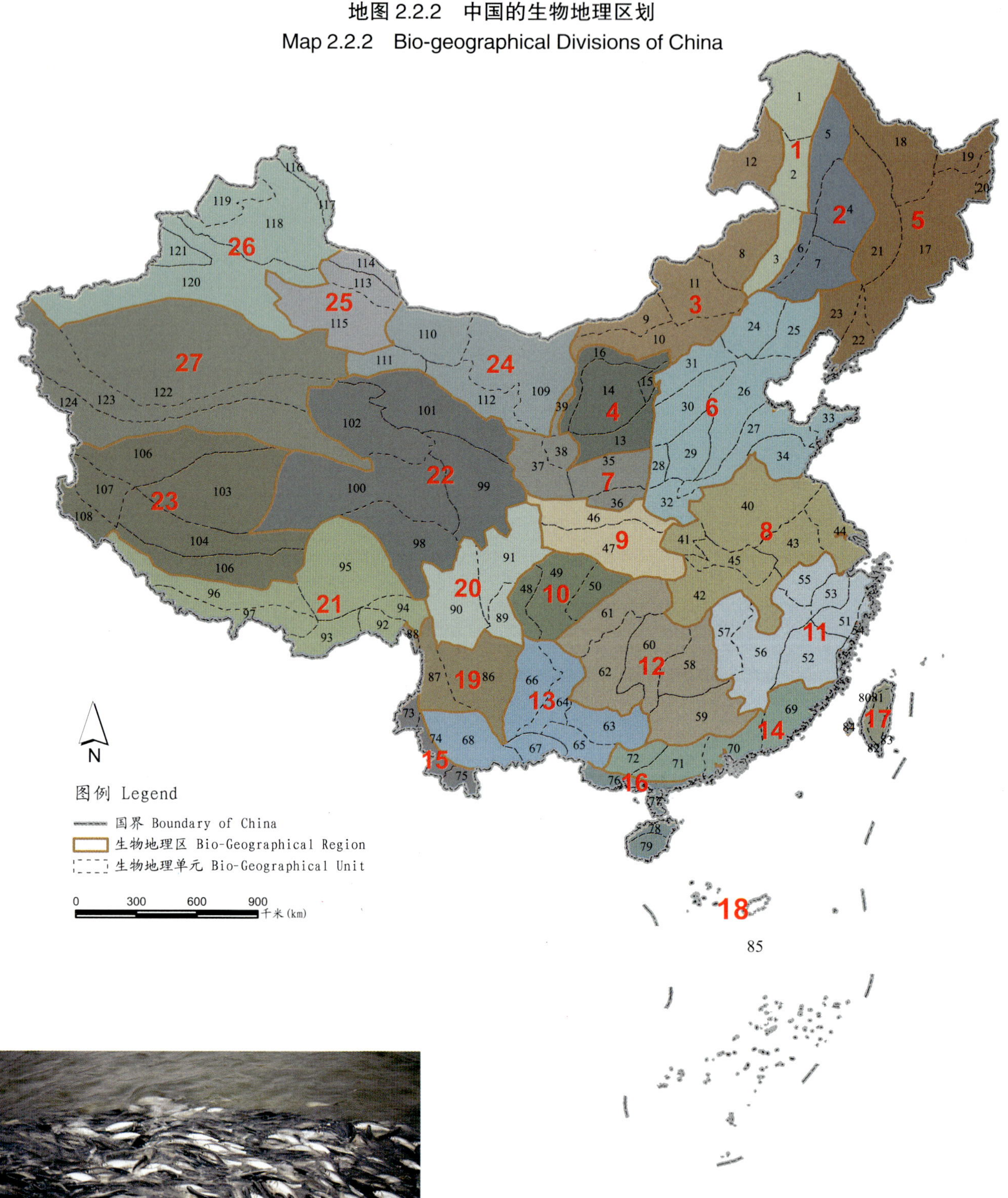

图 2.7 内蒙古瓦氏雅罗鱼 *Leuciscus waleckii* 洄游

《中国生物地理区划研究》(解焱等，2002) 根据综合自然地理因素，将中国划分成 124 个基本单元，并利用各个基本单元内物种存在与否的信息，进行聚类分析，得到了中国的生物地理区划。该区划包括了 4 个区域 (8 个亚区域)(参见地图 2.2.1)、27 个生物地理区和 124 个生物地理单元，具体名称参见表 2.1。第七章和第八章都使用了这个区划进行分析，第一章对 4 个区域 (8 个亚区域) 的生物多样性状况进行了评估。

2.3 中国地形

地图 2.3 中国地形

Map 2.3 Topography of China

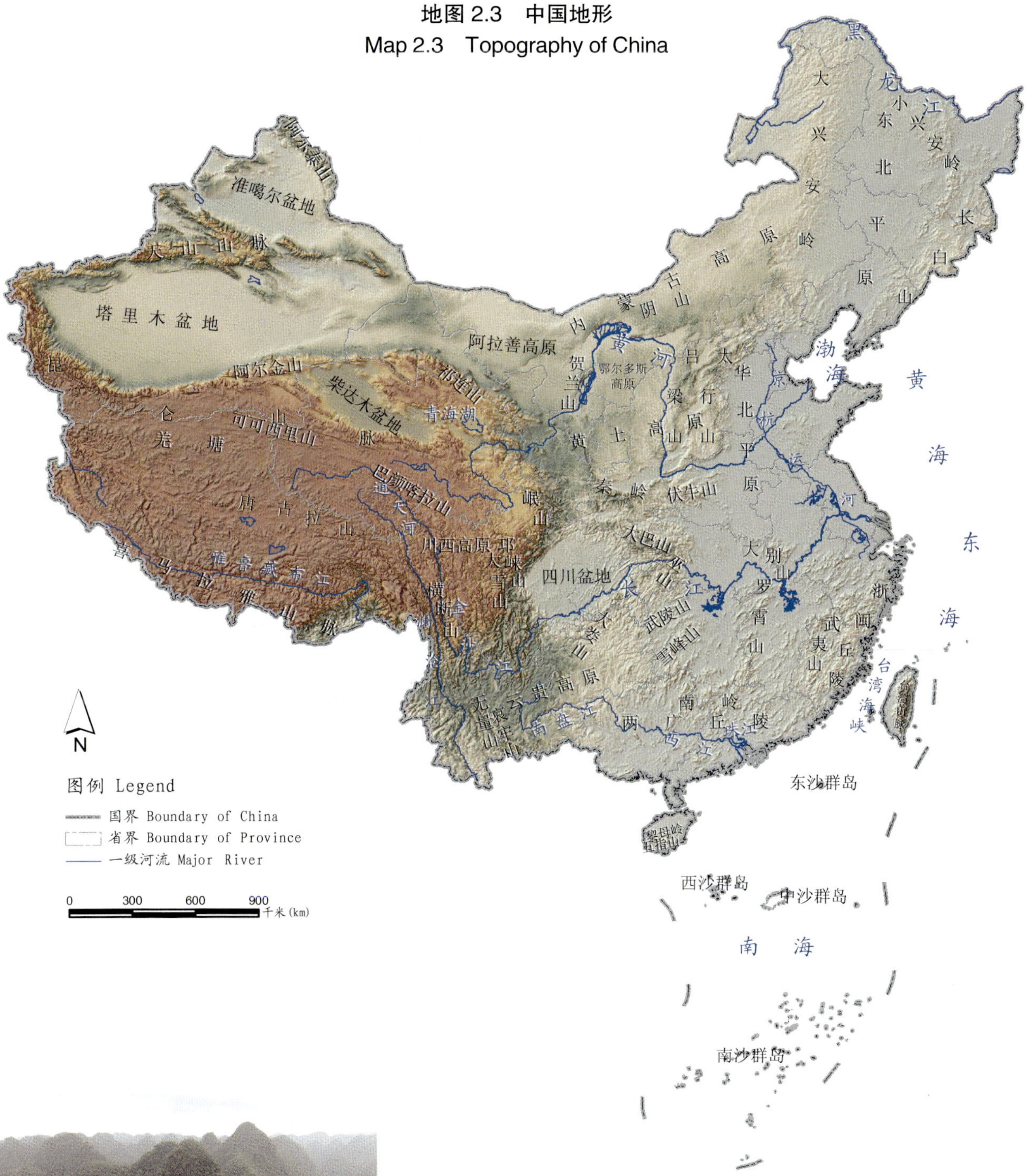

图例 Legend

国界 Boundary of China

省界 Boundary of Province

一级河流 Major River

0 300 600 900 千米(km)

图 2.8 茂兰自然保护区：南方喀斯特生态系统

我国地形西高东低，呈阶梯状。第一阶梯——青藏高原（柴达木盆地），平均海拔 4 000 米以上；第二阶梯——塔里木盆地、准噶尔盆地、四川盆地、内蒙古高原、黄土高原、云贵高原，海拔一般为 1 000~2 000 米，唯四川盆地海拔在 500 米以下；第三阶梯——东北平原、华北平原、长江中下游平原，大部分为海拔 200 米以下的平原和海拔数百米的丘陵、盆地，只有少数海拔达到 1 500 米（台湾山地 3 000 米以上）。一、二阶梯的交界为昆仑山—祁连山—岷山—邛崃山—横断山一带，地势落差可达 3 000 米，为生物多样性提供了多样化的环境，使这一带成为中国生物多样性最为丰富的地区，也是世界上生物多样性最为丰富的温带森林。二、三阶梯的交界为大兴安岭—太行山—巫山—雪峰山一带。

2.4 中国流域

地图 2.4 中国的主要流域

Map 2.4 Major River Basins of China

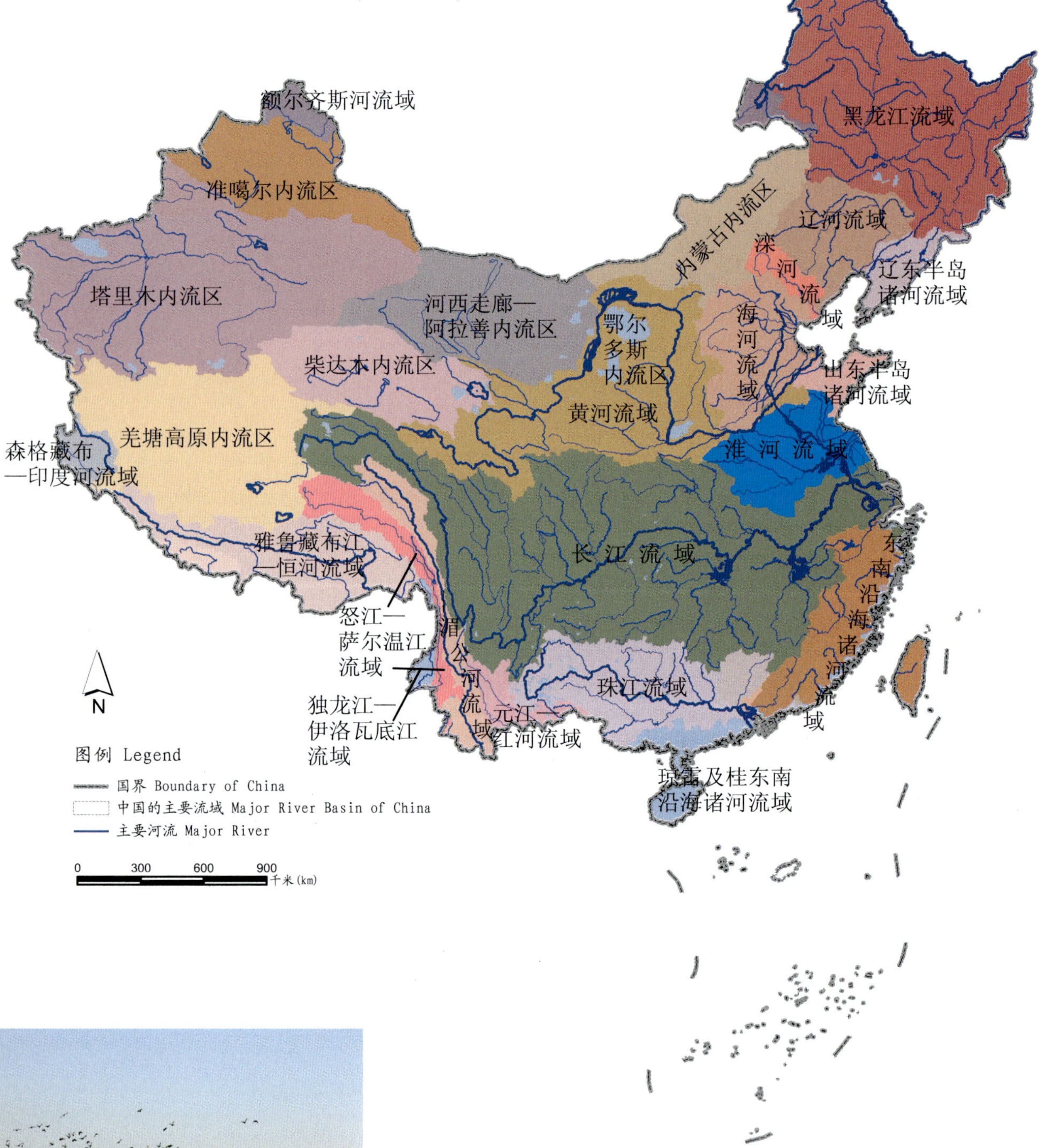

额尔齐斯河流域
黑龙江流域
准噶尔内流区
内蒙古内流区
辽河流域
滦河流域
辽东半岛诸河流域
塔里木内流区
河西走廊—阿拉善内流区
鄂尔多斯内流区
海河流域
柴达木内流区
山东半岛诸河流域
黄河流域
羌塘高原内流区
森格藏布—印度河流域
淮河流域
雅鲁藏布江—恒河流域
长江流域
东南沿海诸河流域
怒江—萨尔温江流域
湄公河流域
珠江流域
独龙江—伊洛瓦底江流域
元江—红河流域
琼雷及桂东南沿海诸河流域

N

图例 Legend

国界 Boundary of China

中国的主要流域 Major River Basin of China

主要河流 Major River

0 300 600 900 千米(km)

图 2.9 上海崇明东滩自然保护区：沿海湿地生态系统

中国境内河流众多，流域面积在 100 平方千米以上的河流有 50 000 多条，1 000 平方千米以上的河流有 1 500 多条。中国主要的七大流域为：长江、黄河、珠江、海河、淮河、松辽（松花江及辽河）及太湖流域。中国河流可划分为两大部分：一为注入海洋的外流河，其中长江、黄河、黑龙江、珠江、澜沧江、海河、淮河、钱塘江等属太平洋水系，怒江、雅鲁藏布江属印度洋水系，新疆西北的额尔齐斯河属北冰洋水系；二为流入内陆湖泊或消失于沙漠、盐滩之中的内流河，以新疆塔里木河最长。

2.5 中国主要陆地生境类型

地图 2.5 中国主要陆地生境类型
Map 2.5 Major Terrestrial Habitats of China

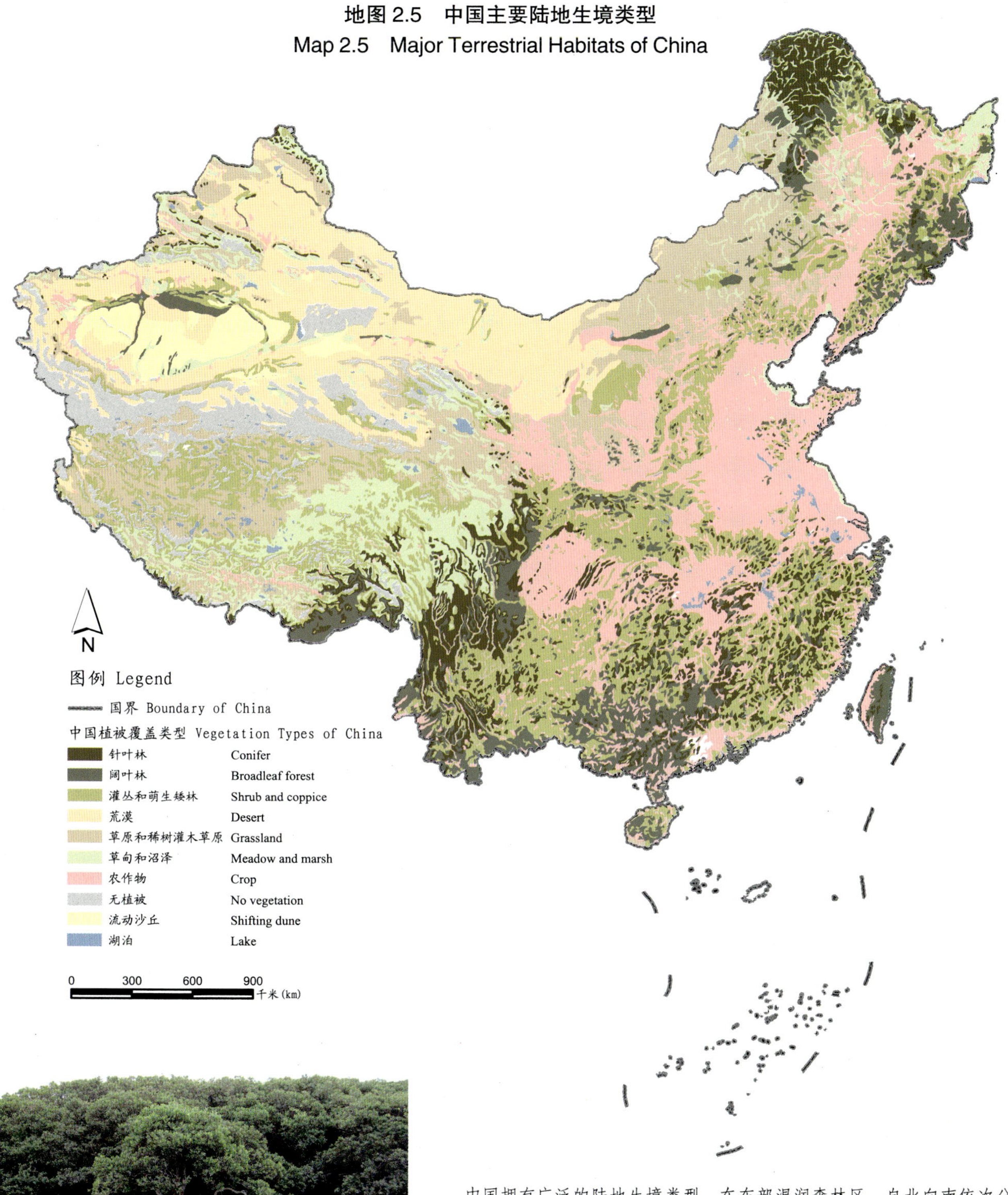

图 2.10 福田自然保护区：红树林生态系统

中国拥有广泛的陆地生境类型。在东部湿润森林区，自北向南依次分布着针叶落叶林、温带针叶落叶阔叶林、暖温带落叶阔叶林、北亚热带落叶阔叶林、中亚热带常绿阔叶林、南亚热带常绿阔叶林、热带季雨林、热带雨林等森林植被；而在西部由于受强烈的大陆性气候即蒙古—西伯利亚高压气旋的控制，从北到南的植被水平分布分别为温带半荒漠带、荒漠带、暖温带荒漠带、高寒荒漠带、高寒草原带、高寒山地灌丛草原带。其中高寒荒漠带、高寒草原带和高寒山地灌丛草原带都分布在青藏高原。

2.6 中国的保护地

地图 2.6 中国的保护地
Map 2.6 Protected Areas of China

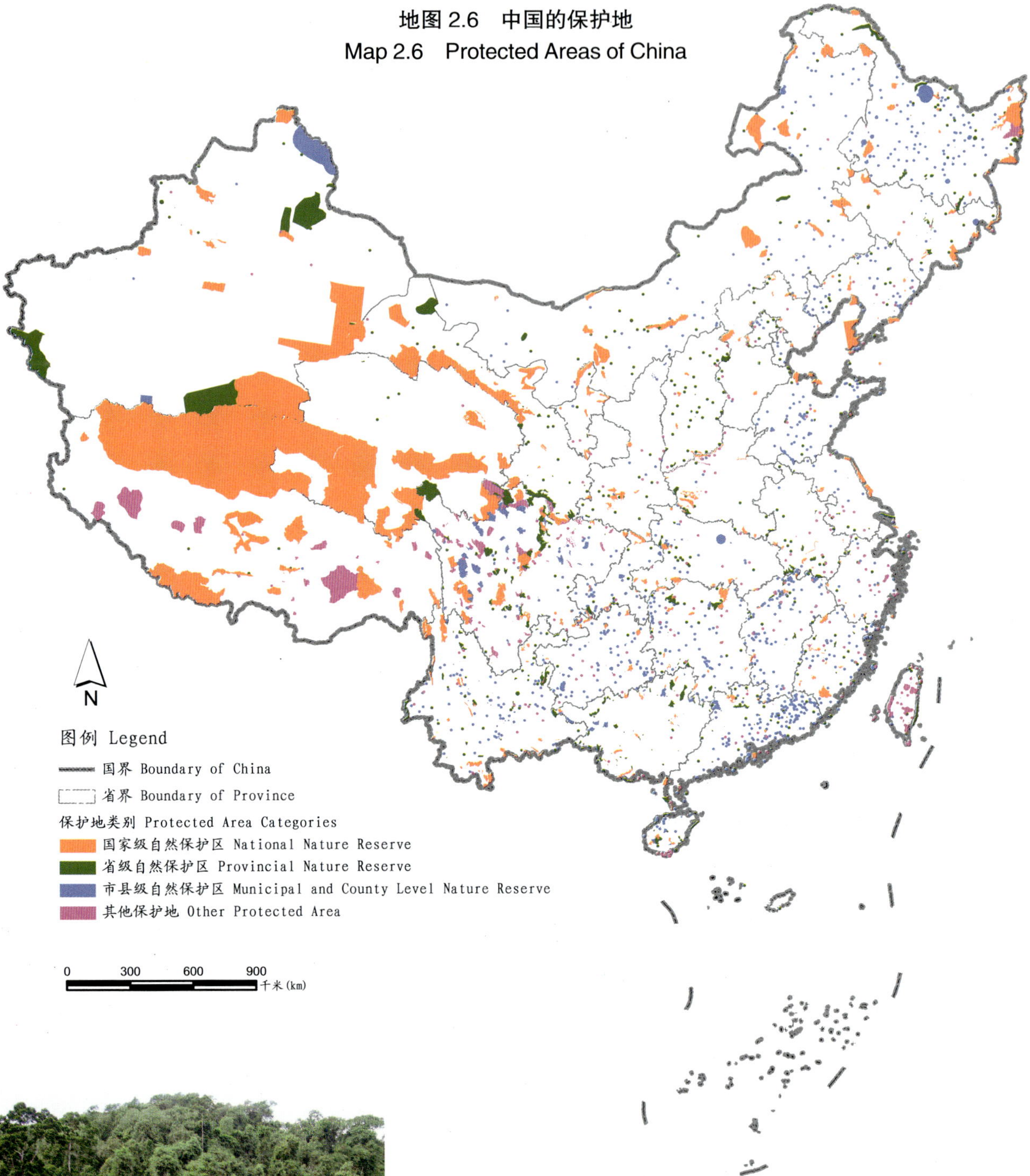

N

图例 Legend

国界 Boundary of China
省界 Boundary of Province
保护地类别 Protected Area Categories
国家级自然保护区 National Nature Reserve
省级自然保护区 Provincial Nature Reserve
市县级自然保护区 Municipal and County Level Nature Reserve
其他保护地 Other Protected Area

0 300 600 900 千米(km)

图 2.11 西双版纳自然保护区：热带雨林生态系统

截至 2007 年底，我国（香港、澳门和台湾除外）已经建立各种类型的自然保护区 2 531 个，总面积为 152 万平方千米，占国土面积的 15%以上。国家级自然保护区 303 个（2007 年 8 月），面积占保护区总面积的 62%，占国土面积的 10%。我国的自然保护区按照建立的行政级别分为国家级、省（自治区和直辖市）级、市县级（合并市级和县级两个级别，还包括自治州级、自治县级、旗级等）。除自然保护区外，还有相当数量的其他类型的保护地，包括 2 277 处森林公园（到 2008 年底有 627 个国家级），800 多个风景名胜区（187 个国家级），超过 138 个国家地质公园，314 个国家水利风景区和千余个省级水利风景区，以及几千个自然保护小区和农业保护区。

第三章 中国陆生脊椎动物地图

脊椎动物是脊索动物门中的脊椎动物亚门动物的总称。该类群动物个体大，结构最复杂，进化地位最高。基于水生和陆生在栖息地和分析方法上有很大的不同，本地理图集对陆生动物以县丰富度形式进行分析，对水生动物以流域丰富度形式分析，因此我们将陆生和水生动物分开来作图。

陆生脊椎动物多用四肢在地面行走，有人又将这一类群的动物称为四足动物。当然也有不少陆生脊椎动物已经不再是四肢完整，甚至完全失去了四肢。陆生脊椎动物在分类上属于脊索动物门，其下分成4个纲，即两栖纲、爬行纲、鸟纲和哺乳纲。陆生脊椎动物与人类的关系极为密切，人们对其研究也相对较多，陆生脊椎动物的分类体系和数据信息也相对于其他动物更为完善。

哺乳动物是脊椎动物中最高等级的物种。CSIS中记录在中国分布的陆生哺乳动物共有548种（包括擅长在水中游泳的啮齿动物），分别隶属长鼻目、鳞甲目、灵长目、啮齿目、偶蹄目、奇蹄目、鼩形目、食肉目、树鼩目、兔形目、猬形目和翼手目，其中物种最多的为啮齿目，共有196种，其次为翼手目计有120种，而长鼻目和树鼩目均只有1种动物。另有海洋种类30种，包括鲸目、食肉目下的海豹科和海狮科、海牛目（仅一个种儒艮）未纳入本书。江豚和白鳖豚两种纳入到内陆水生动物地图一章中（见第六章图）。

图3.1 杂色山雀 *Parus varius* 无危（LC）

鸟类是陆生脊椎动物中出现最晚的一类，由于具备了飞行的能力，在进化上取得了很大

图3.2 雪豹 *Uncia uncia* 极危（CR）

的成功，现在是陆生脊椎动物中种类最多也最容易见到的一类。CSIS 数据库中共记录中国分布有 1 328 种当地鸟类，分别隶属戴胜目、佛法僧目、鸽形目、鹳形目、鹤形目、鸡形目、鹃形目、雀形目、三趾鹑目、犀鸟目、鸮形目、雁形目、咬鹃目、夜鹰目、鹦形目、雨燕目以及䴕形目，其中雀形目物种最多，有 738 种，而我国的戴胜目只有 1 种。

爬行动物是最先完全摆脱对水的依赖的脊椎动物，可称之为首先真正征服陆地的动物。进化学中的观点认为爬行动物是鸟类和哺乳动物的祖先。中国的陆生爬行动物划分为 2 个目，分别为龟鳖目和有鳞目，CSIS 中记录的陆生龟鳖目为 4 种，而有鳞目有 350 种。另有水生爬行动物 34 种，纳入到内陆水生动物地图一章中（见第六章图）。

两栖动物被认为是第一批能够登陆的脊椎动物，然而它们还没有完全摆脱对水的依赖。两栖动物的幼体与鱼相似且需要在水中生活，但成体可以离开水在陆地生活。CSIS 数据库中记录在中国分布的当地两栖动物有 320 种，分别为 1 种蚓螈目，40 种有尾目，279 种无尾目。本书将所有两栖动物都记入陆生脊椎动物进行分析制图。

本章使用 CSIS 数据库中的物种分布记录，提取哺乳纲、爬行纲及两栖纲的物种在中国各县的分布状况，对其物种丰富度分布格局以及每纲中涉及物种较多的类群进行了分析和制图，同时也制作了各不同层次的群体中受威胁的物种和中国特有物种的丰富度地图。而针对中国许多鸟种有季节性迁徙的情况，本书通过对《中国鸟类野外手册》（约翰·马敬能等，2000）中每个鸟种居留地、繁殖地以及越冬地的分布图进行数字化，经叠加分析生成各类群的多样性地图。期望本章的地图能够帮助我们更为清晰地了解中国陆生脊椎动物各类群的分布情况，并进一步为保护该类群动物提供一定的指南和帮助。

3.1 中国陆生哺乳动物分布

地图 3.1.0.1 中国陆生哺乳动物在各县的丰富度
Map 3.1.0.1 Species Richness of Terrestrial Mammals in Counties of China

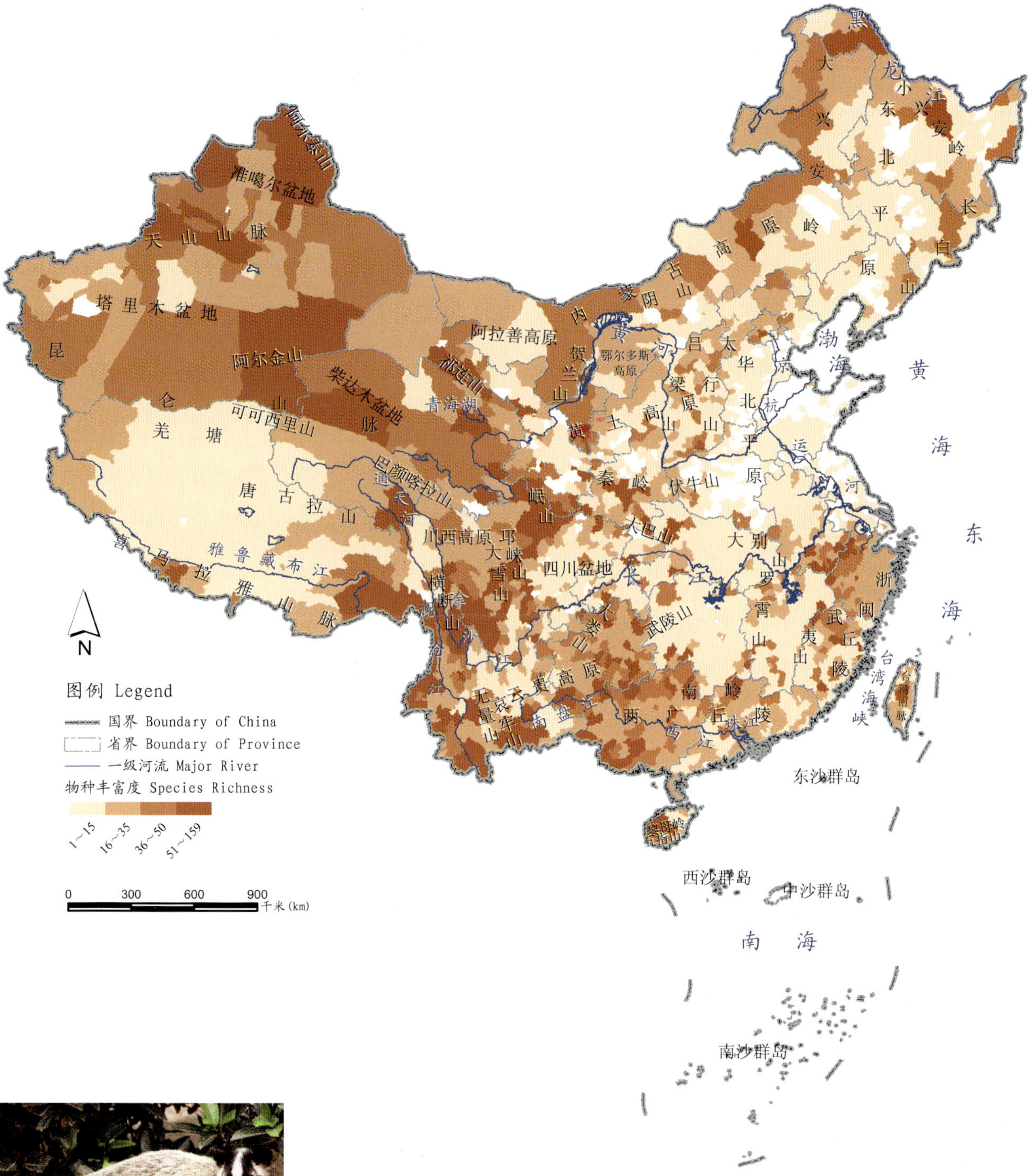

图 3.3 花面狸 *Paguma larvata* 近危 (NT)

这类动物都营地面生活，体内有一条由许多脊椎骨连接而成的脊柱；身体表面被毛；胎生（鸭嘴兽、针鼹除外），哺乳；恒温。CSIS 中记录了全部的中国陆生哺乳动物，有 12 目 41 科 548 种。它们的分布几乎遍及全国，但东北、华北、华东、西北的少数地区由于人类干扰，除了少数啮齿动物之外很少有其他哺乳动物。哺乳动物种类丰富的地区包括：藏东南、滇西北、川西南的横断山区一带，秦岭和大巴山，新疆阿尔泰山、阿尔金山及天山一带，甘肃祁连山一带，云南、广西边境和海南热带地区，另外在内蒙古高原和大、小兴安岭等地也较丰富。

地图 3.1.0.2 中国陆生哺乳动物受威胁物种在各县的丰富度
Map 3.1.0.2 Species Richness of Threatened Terrestrial Mammals in Counties of China

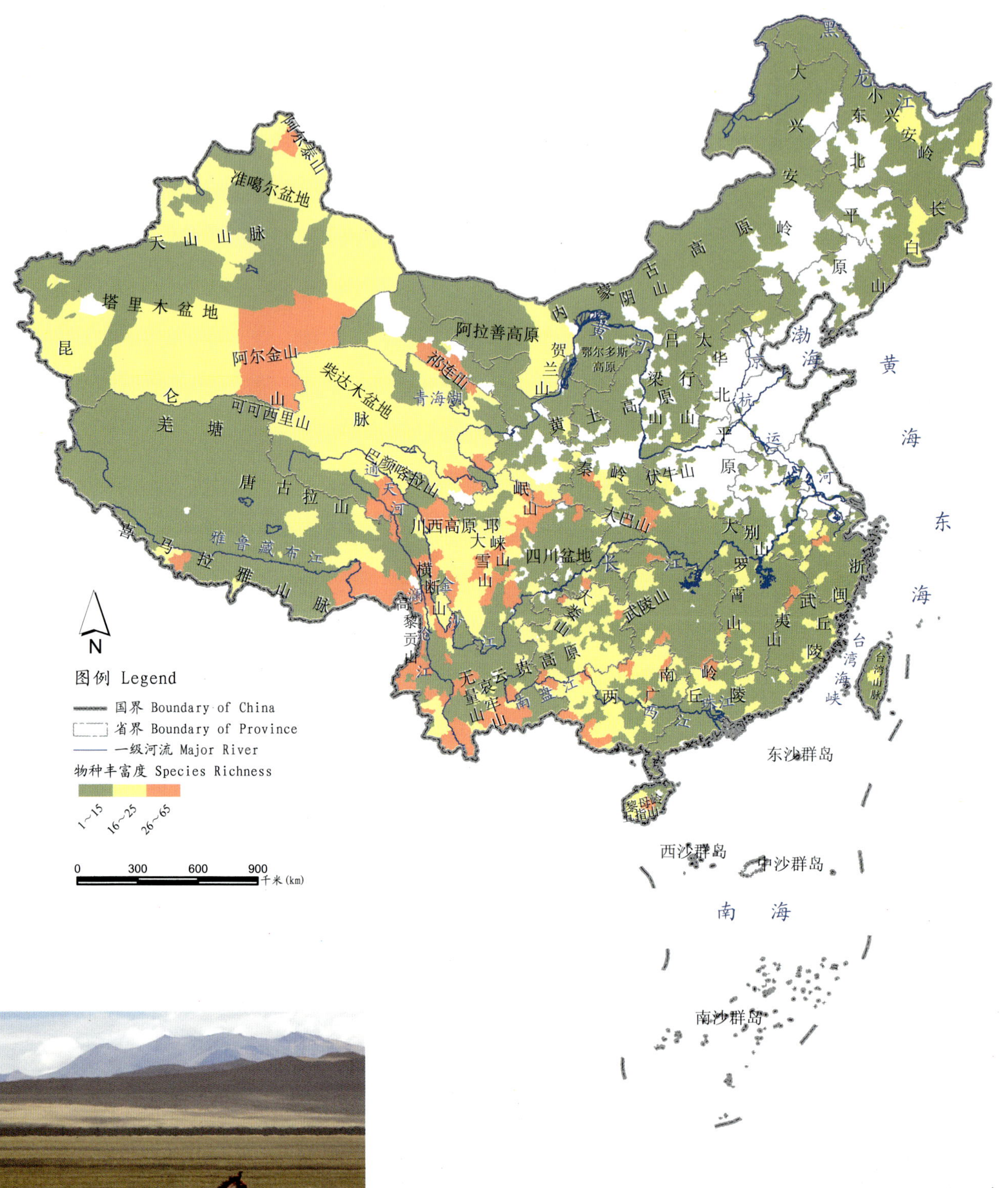

3.4 藏野驴 *Equus kiang* 濒危（EN）

据《中国物种红色名录》的评估，中国陆生兽类的受威胁种类共计 11 目 36 科 204 种（其中极危 19 种，濒危 82 种，易危 103 种），占全部陆生兽类物种总数的 1/3 以上，以食肉目、偶蹄目、翼手目、灵长目和啮齿目为主。大部分地区的陆生兽类均受到不同程度的威胁，受威胁种类在西南、西北和华南地区相对较多，集中在滇西北的横断山和高黎贡山一带以及云南南部的西双版纳地区，新疆阿尔金山、甘肃祁连山、川西高原、海南中部等地区也有较多分布。

地图 3.1.0.3 中国陆生哺乳动物特有种在各县的丰富度

Map 3.1.0.3 Species Richness of Endemic Terrestrial Mammals in Counties of China

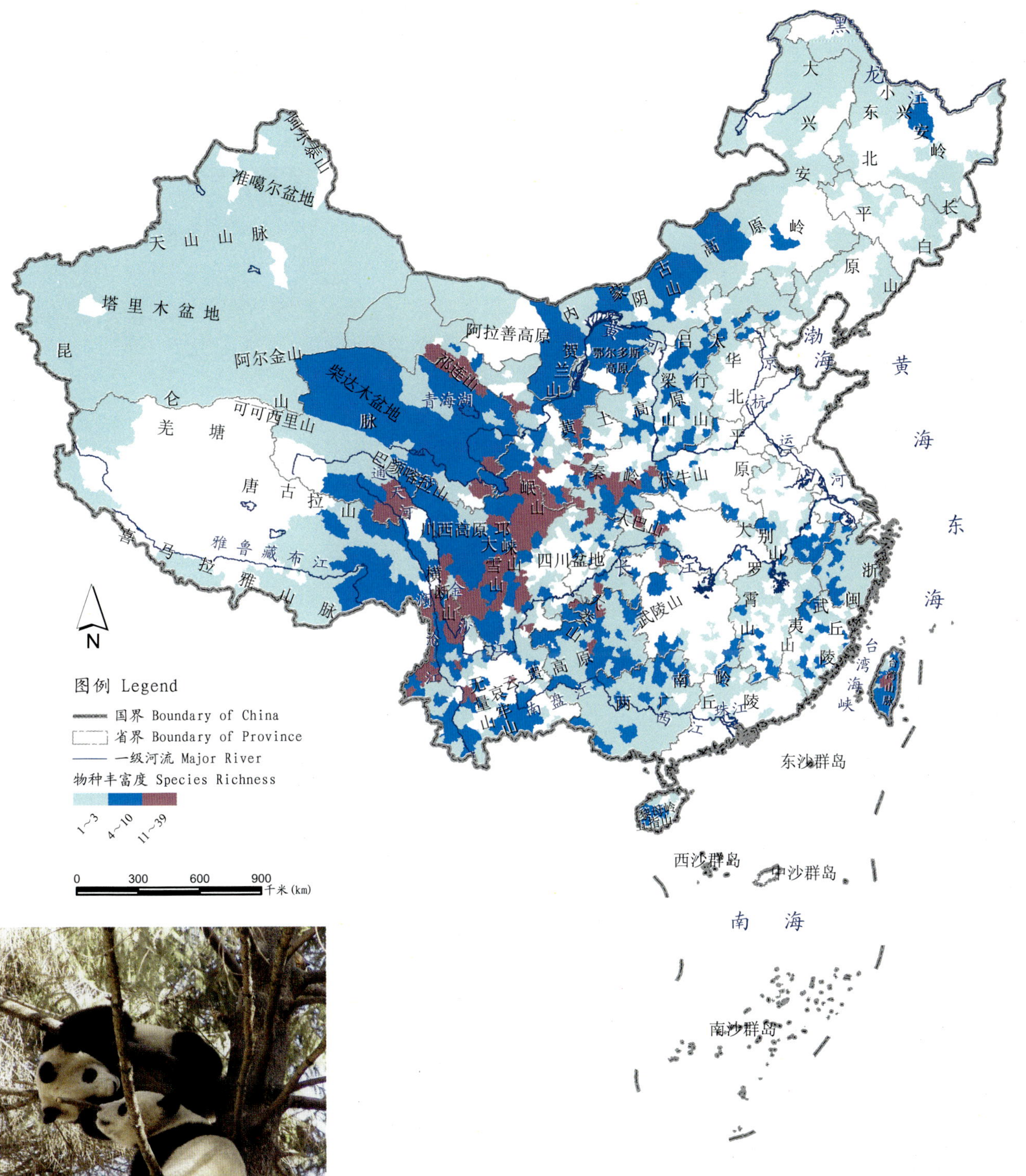

图3.5 大熊猫 *Ailuropoda melanoleuca* 濒危 (EN) 中国特有

CSIS 中记录的中国特有陆生兽类共计 8 目 19 科 104 种，超过全部陆生兽类物种总数的 1/5，以啮齿目、鼩形目和兔形目为主。从图中可以看出，中国特有的陆生哺乳动物集中在第一、二级阶梯交接处，即横断山、高黎贡山、金沙江流域、四川中部山地、甘肃祁连山、秦岭大巴山一带，向周围逐渐递减。南岭和武夷山附近、海南以及台湾中部山地也有较多特有种的分布，而在人口密集的东北、华北和长江中下游平原等地区则鲜有记录。

3.1.1 中国陆生食肉目动物

地图 3.1.1.1 中国陆生食肉目动物在各县的丰富度

Map 3.1.1.1 Richness of Terrestrial Carnivora Species in Counties of China

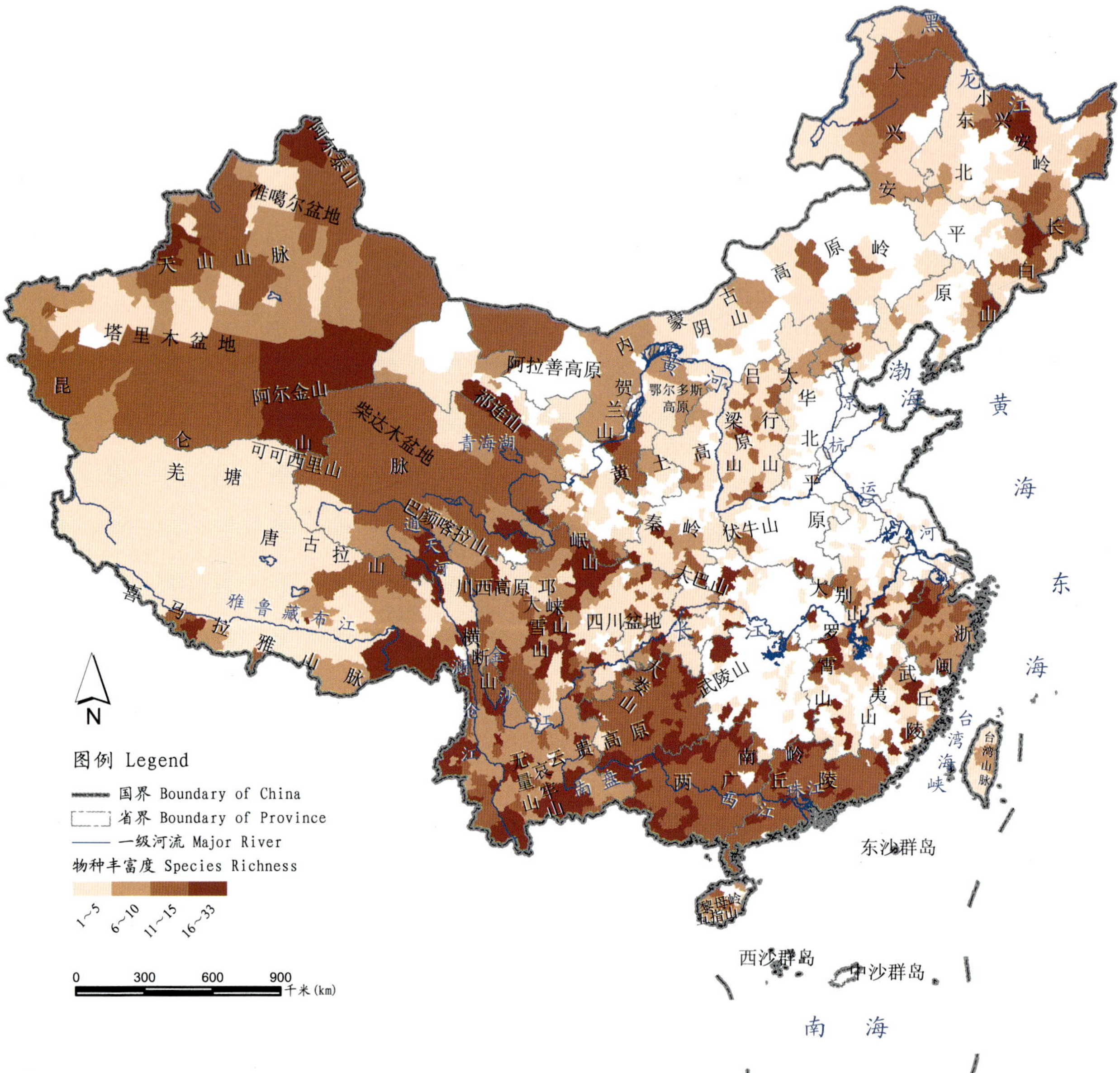

N

图例 Legend

国界 Boundary of China

省界 Boundary of Province

一级河流 Major River

物种丰富度 Species Richness

1~5　6~10　11~15　16~33

0　300　600　900 千米(km)

图3.6 狼 *Canis lupus* 易危 (VU)

中国陆生食肉目动物包括猫科、灵猫科、犬科、小熊猫科、熊科、鼬科共6科55种。中国特有种仅大熊猫1种，其野生种群仅在我国秦岭—岷山—邛崃山—大雪山一带分布。中国陆生食肉目动物基本遍布全国，集中分布在南部和西部，尤其是阿尔金山、祁连山、云贵高原、南岭、四川的中北部、西藏东南部等海拔相对较高的地区，云南和广西南部边境热带地区，在东北的小兴安岭和长白山地区也有较多分布，而在华北平原和长江中下游平原则几乎没有分布记录。这与低海拔以及东部地区人类活动长期干扰有重要关系。

地图 3.1.1.2 中国陆生食肉目受威胁物种在各县的丰富度

Map 3.1.1.2 Richness of Threatened Terrestrial Carnivora Species in Counties of China

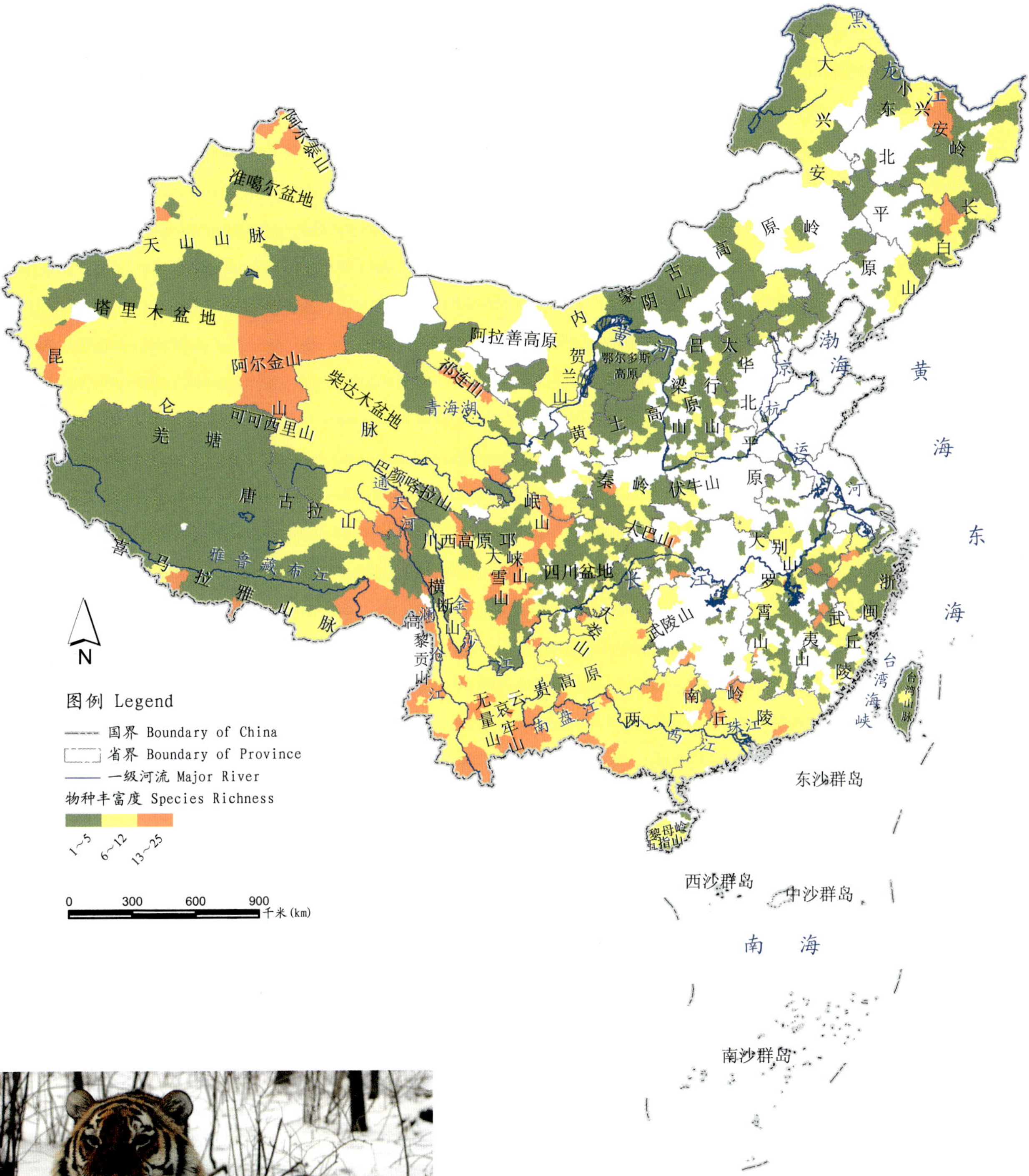
N
图例 Legend
国界 Boundary of China
省界 Boundary of Province
一级河流 Major River
物种丰富度 Species Richness
1~5
6~12
13~25
0 300 600 900 千米 (km)
东沙群岛
西沙群岛
中沙群岛
南 海
南沙群岛
渤海
黄海
东海
台湾海峡

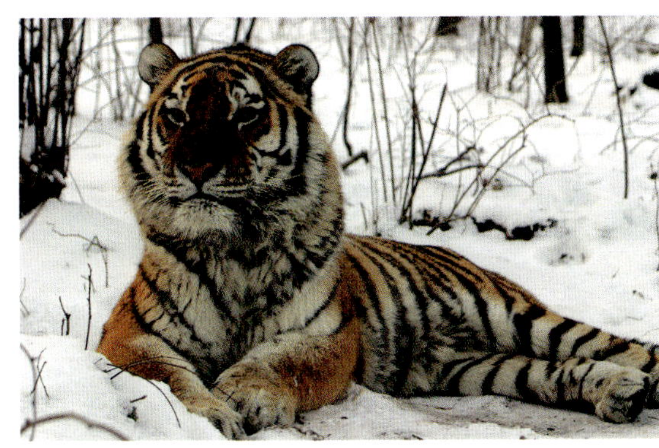

图3.7 虎 *Panthera tigris* 极危（CR）

《中国物种红色名录》评估的我国陆生食肉目的受威胁动物共计有40种（其中极危8种，濒危18种，易危14种），占全部陆生食肉目动物的75%。全国的陆生食肉目动物基本都受到了威胁，它们集中分布在中国西南部的高黎贡山、云南和广西南部、四川中部、西藏东南部等地区，另外在东北的小兴安岭、西北的阿尔金山和阿尔泰山等地区也多有分布。其中值得注意的物种是虎，它曾在我国广泛分布，近几十年由于栖息地的破坏以及人类的大量捕杀，现今只有少数个体分布于我国的东北、云南等边境地带。

3.1.2 中国灵长目动物

地图 3.1.2.1 中国灵长目动物在各县的丰富度

Map 3.1.2.1 Richness of Primates Species in Counties of China

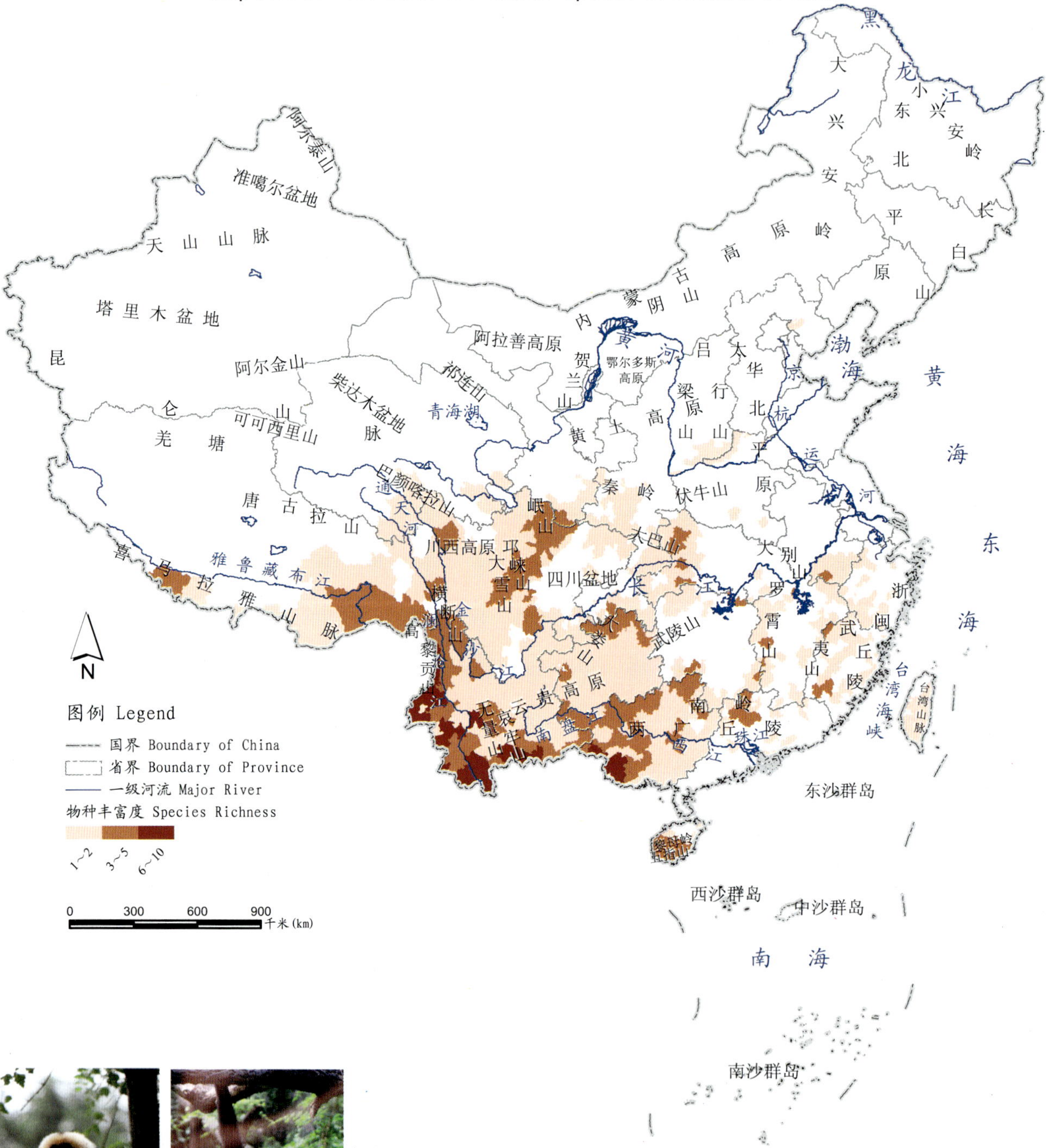

图例 Legend

国界 Boundary of China

省界 Boundary of Province

一级河流 Major River

物种丰富度 Species Richness

1~2 3~5 6~10

0 300 600 900 千米 (km)

图3.8 白颊长臂猿 *Nomascus leucogenys* （左雌右雄） 极危（CR）

该类群动物是动物界最高等的物种，大脑发达，多是社会性动物，生活和迁徙多成群结队，基本上都生活在林区，分为懒猴科、猴科和长臂猿科共计21种，全是受威胁物种（极危4种，濒危12种，易危5种），其中长臂猿科5种中有4种极危，1种濒危。灵长目动物主要生活在我国南方，在西藏东南部、云贵高原、云南西南和广西西南地区分布较多，集中分布在云南的高黎贡山南段、无量山、哀牢山和西双版纳一带，以及广西和越南交界处。由于对其栖息地的长期破坏和人口的增长，灵长类动物在我国分布的范围很小且多呈零星带状，加强对该类群动物的保护刻不容缓。

地图 3.1.2.2 中国灵长目特有种在各县的丰富度
Map 3.1.2.2 Richness of Endemic Primates Species in Counties of China

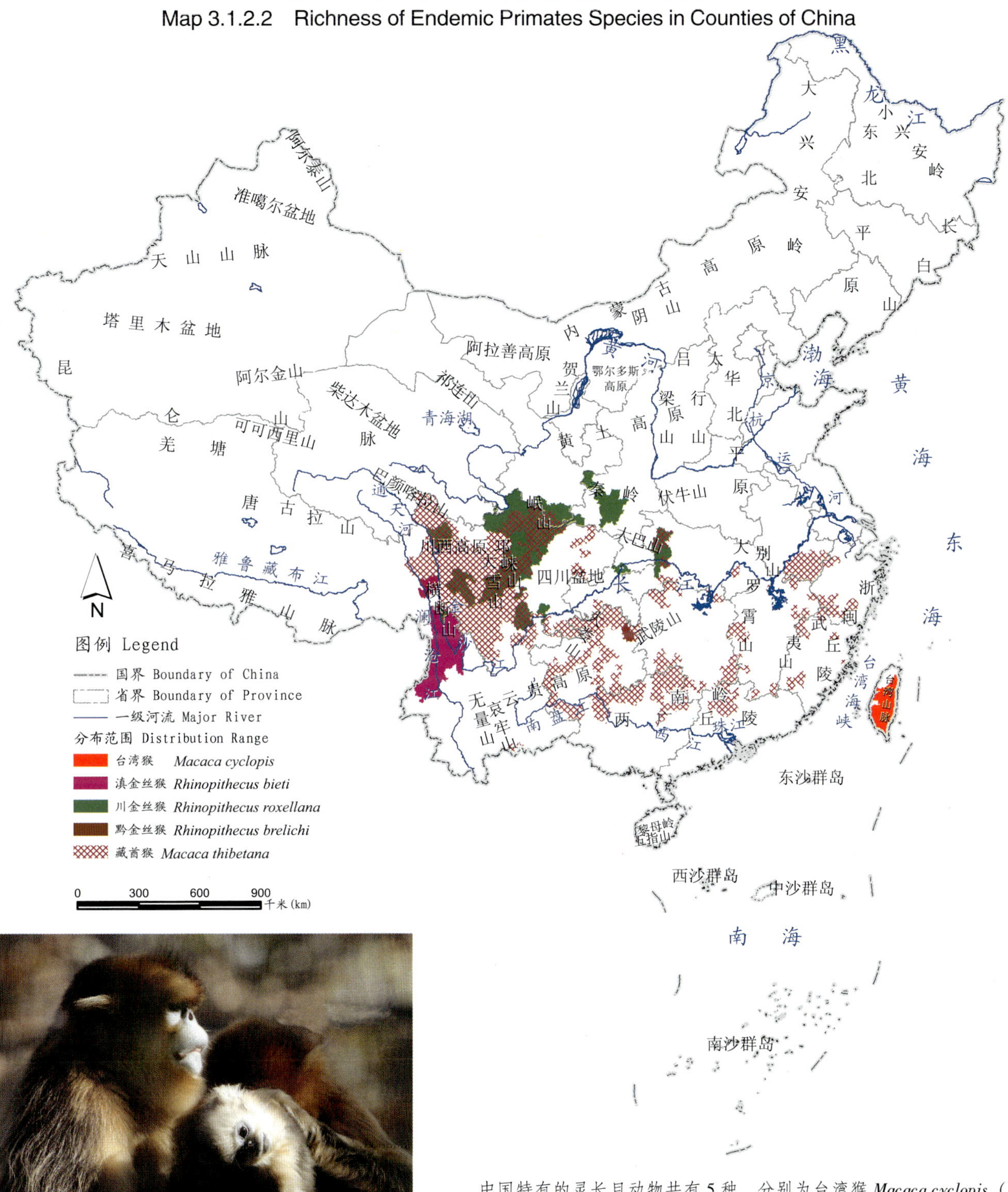

图3.9 川金丝猴 *Rhinopithecus roxellana* 易危（VU）中国特有

中国特有的灵长目动物共有5种，分别为台湾猴 *Macaca cyclopis*（濒危）、藏酋猴 *Macaca thibetana*（易危）、川金丝猴 *Rhinopithecus roxellana*（易危）、滇金丝猴 *Rhinopithecus bieti*（濒危）、黔金丝猴 *Rhinopithecus brelichi*（濒危）。这些物种成片段化分布在我国的西南、华南、华东和台湾等地区，其中藏酋猴、川金丝猴和滇金丝猴的分布范围相对较广，而其他几种只集中分布在较小的区域。

3.1.3 中国偶蹄目动物

地图 3.1.3.1 中国偶蹄目动物在各县的丰富度

Map 3.1.3.1 Richness of Artiodactyla Species in Counties of China

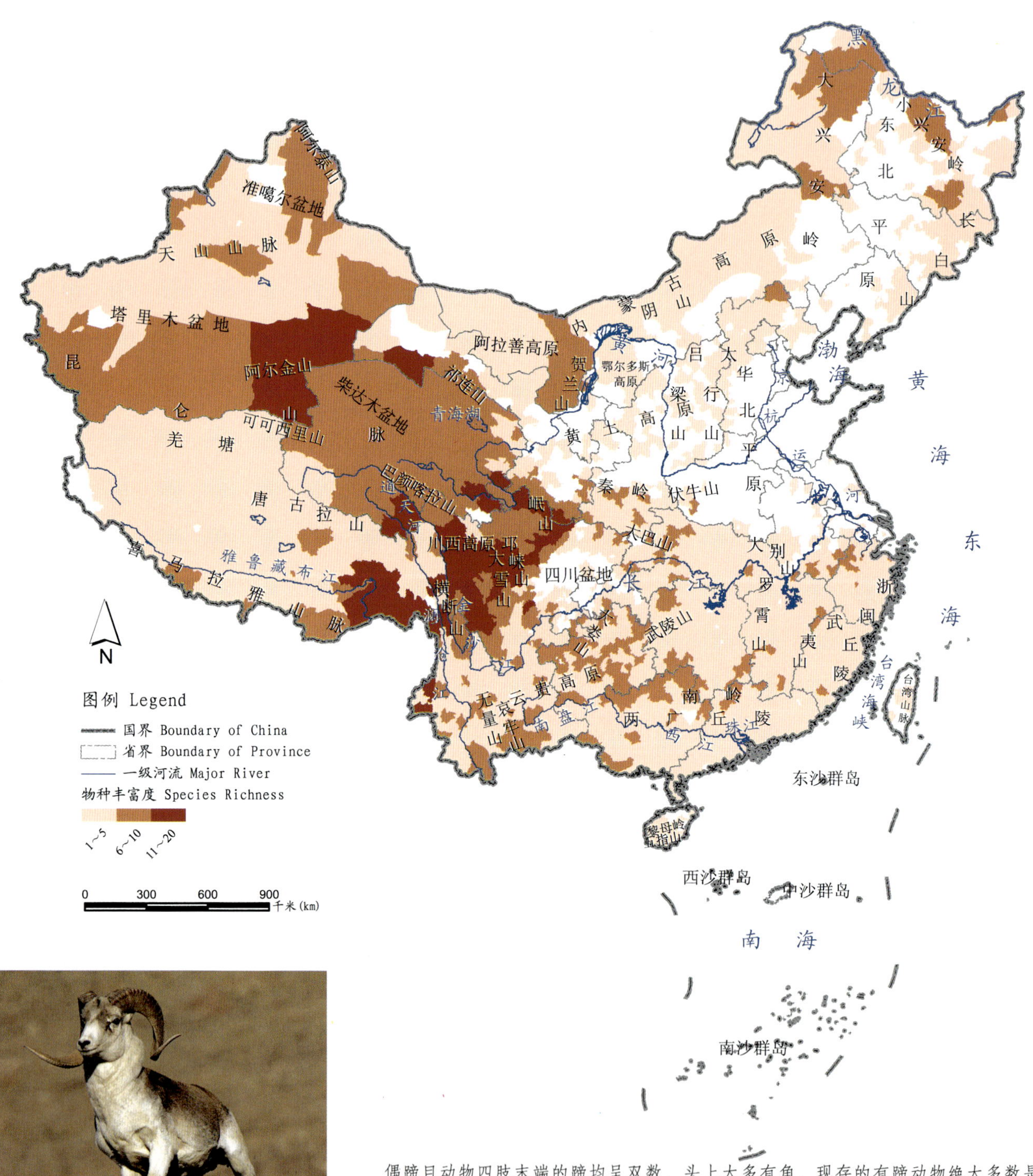

图3.10 盘羊 *Ovis ammon* 濒危（EN）

偶蹄目动物四肢末端的蹄均呈双数，头上大多有角，现存的有蹄动物绝大多数是偶蹄动物，尤以牛科物种为主，主要栖息在山区草甸、草坡、高原和荒坡等生境中。我国的偶蹄目动物分为猪科、骆驼科、鼷鹿科、麝科、鹿科和牛科共计46种，广泛分布于大部分地区，沿中国第一、二级阶梯交界处，即在昆仑山脉—柴达木盆地和横断山—川西高原及岷山秦岭等地区种类较多，主要集中在西藏东南部、云南西北部及邛崃山、阿尔金山和祁连山等地区，而在人口密集的华北平原、东北平原很少。

地图 3.1.3.2 中国偶蹄目受威胁物种在各县的丰富度
Map 3.1.3.2 Richness of Threatened Artiodactyla Species in Counties of China

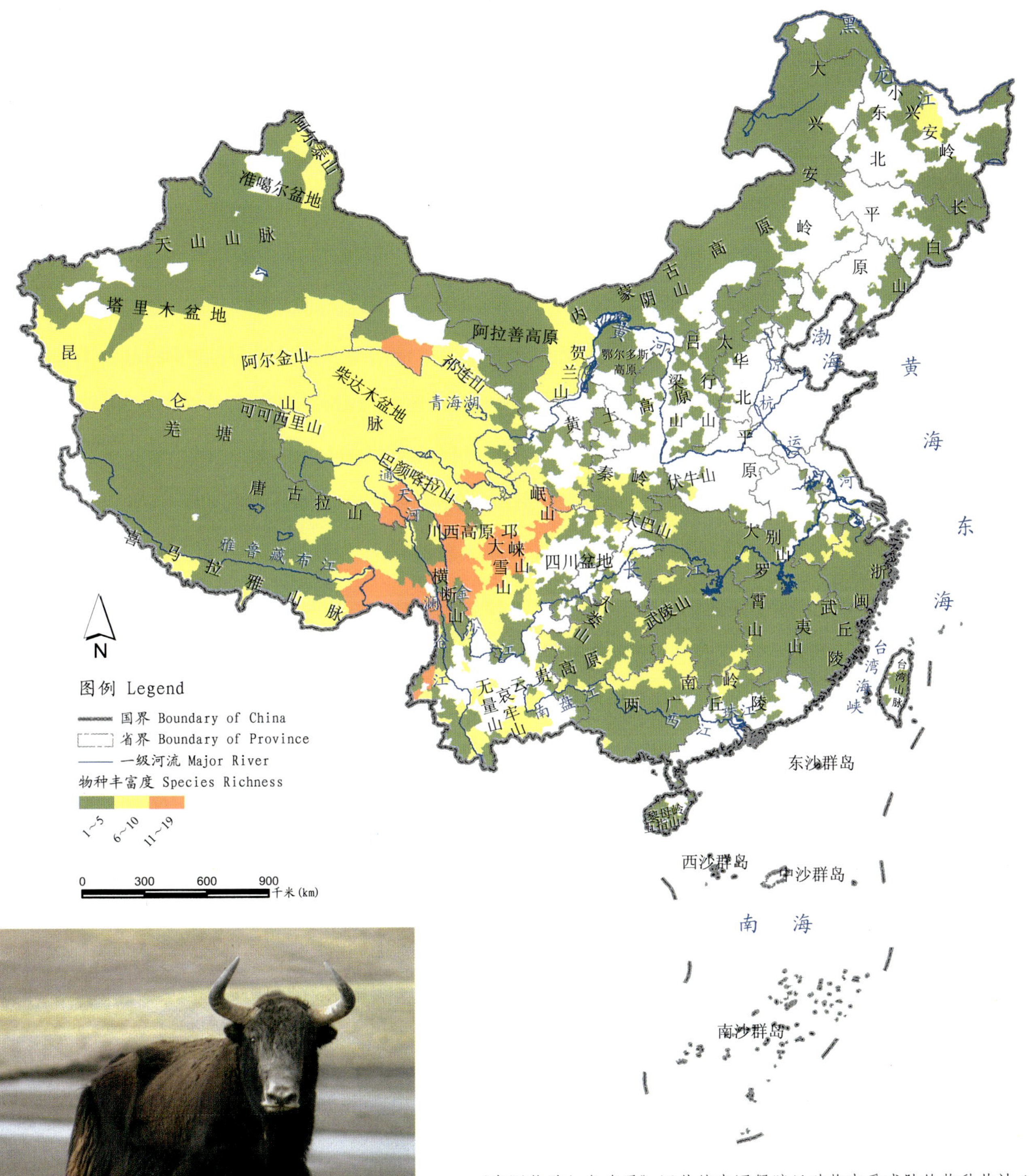

图 3.11 野牦牛 *Bos grunniens* 濒危（EN）

《中国物种红色名录》评估的中国偶蹄目动物中受威胁的物种共计 41 种（其中极危 6 种，濒危 23 种，易危 12 种），占全部偶蹄目动物的近 90%。它们的分布格局与该目所有物种的分布格局基本一致，主要集中在昆仑山脉—柴达木盆地和横断山—川西高原等地区，尤以藏东南、川西南为中心地区。

地图 3.1.3.3 中国偶蹄目特有种在各县的丰富度
Map 3.1.3.3 Richness of Endemic Artiodactyla Species in Counties of China

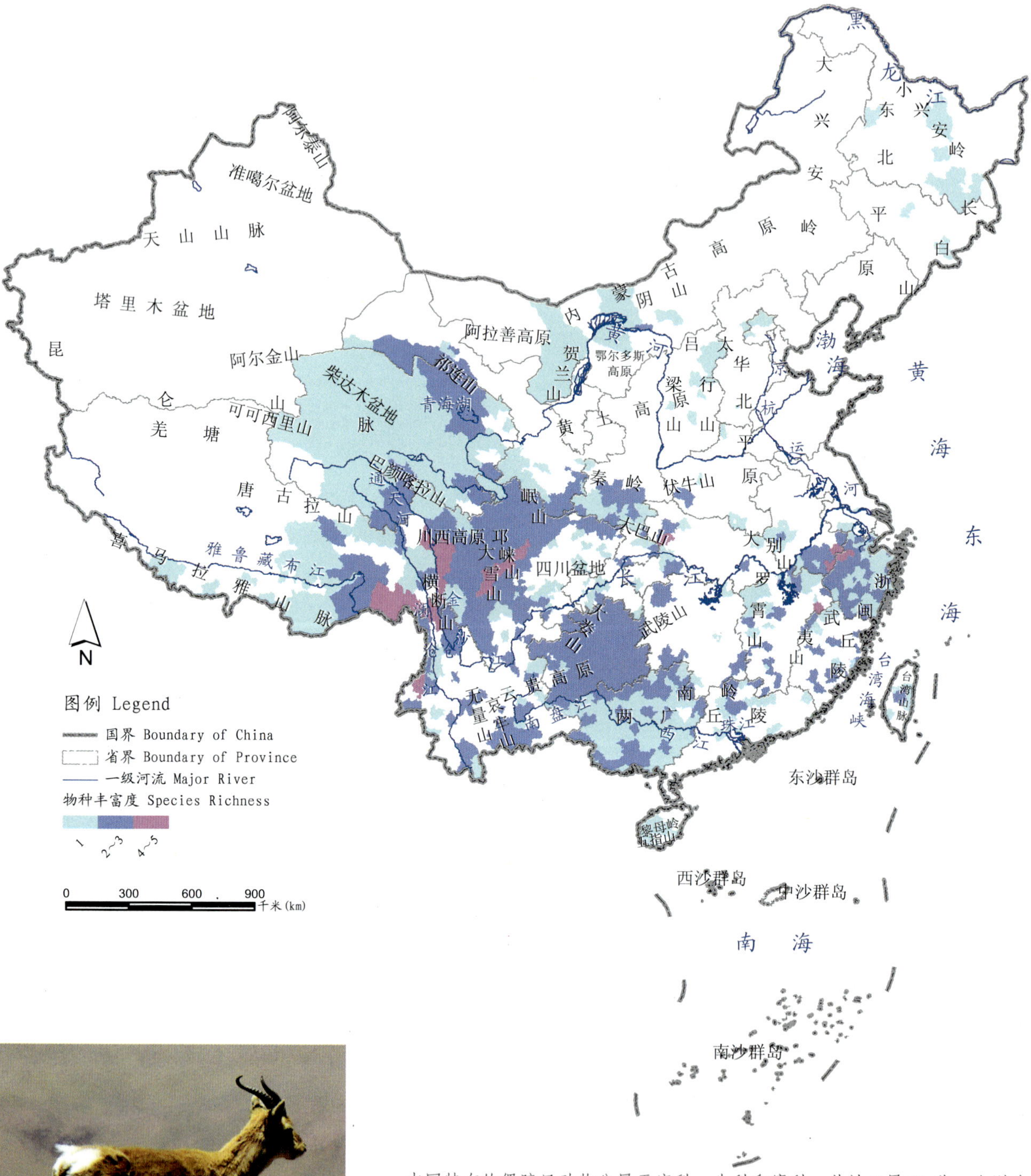

图例 Legend

国界 Boundary of China

省界 Boundary of Province

一级河流 Major River

物种丰富度 Species Richness

1　2~3　4~5

0　300　600　900 千米 (km)

图3.12 普氏原羚 *Procapra przewalskii* 极危（CR）中国特有

中国特有的偶蹄目动物分属于鹿科、牛科和麝科，共计7属11种，分别为安徽麝 *Moschus anhuiensis*（濒危）、麋鹿 *Elaphurus davidianus*（野外绝灭）、黑麂 *Muntiacus crinifrons*（濒危）、小麂 *Muntiacus reevesi*（易危）、白唇鹿 *Cervus albirostris*（濒危）、坡鹿 *Ruservus eldii*（极危）、普氏原羚 *Procapra przewalskii*（极危）、甘南鬣羚 *Capricornis milneedwardsii*（易危）、台湾鬣羚 *Capricornis swinhoei*（濒危）、中华鬣羚 *Naemorhedus caudatus*（易危）、矮岩羊 *Pseudois schaeferi*（极危）。这些物种主要分布在横断山区、贵州、四川中部和西部及浙闽丘陵等地区，集中分布在藏东南、滇西北和四川中部山脉、武夷山以及安徽和浙江交界处。

3.1.4 中国翼手目动物

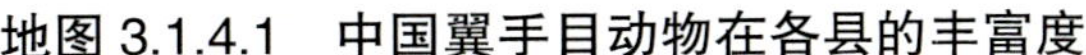

地图 3.1.4.1 中国翼手目动物在各县的丰富度

Map 3.1.4.1 Richness of Chiroptera Species in Counties of China

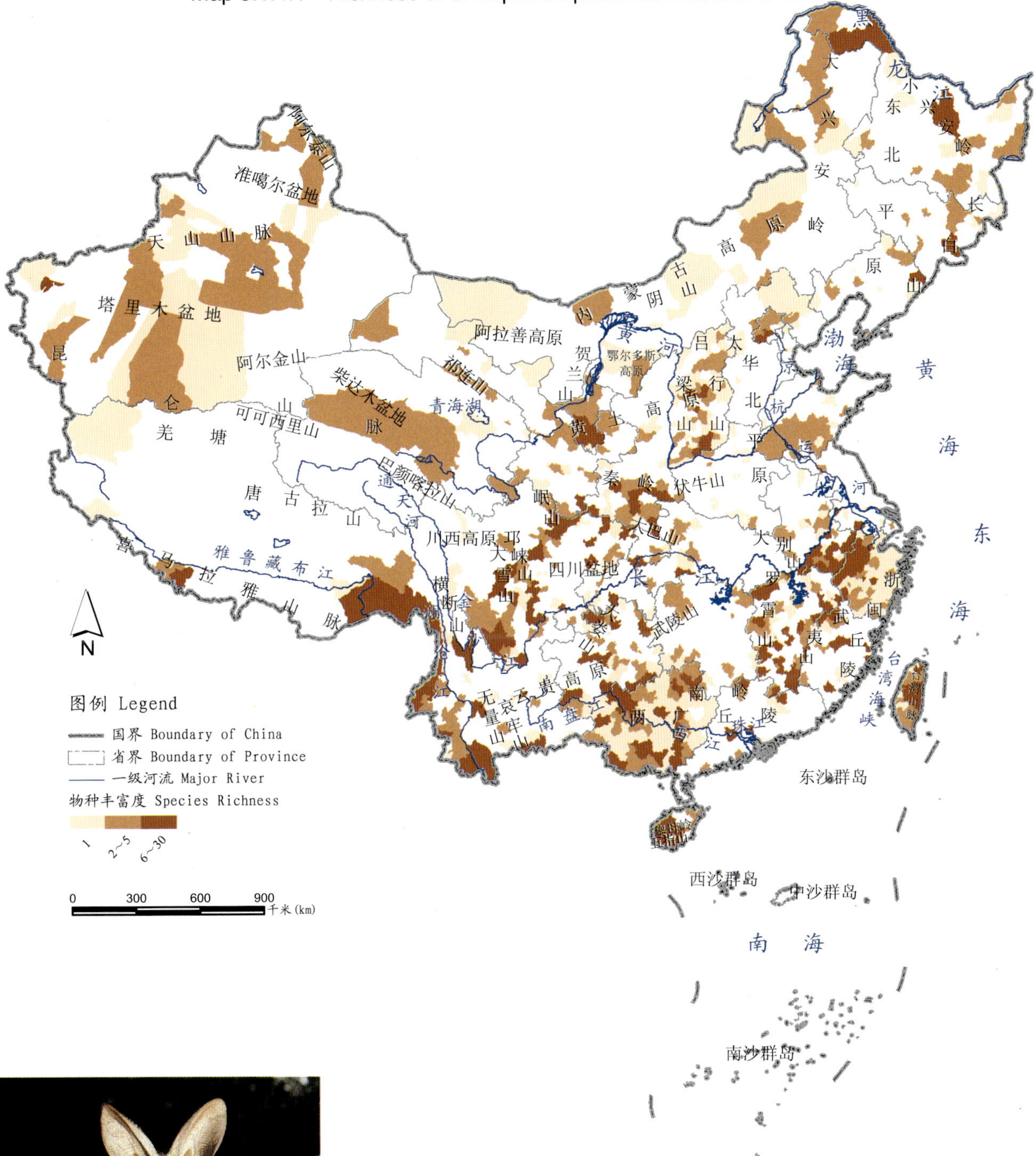

图例 Legend

国界 Boundary of China

省界 Boundary of Province

一级河流 Major River

物种丰富度 Species Richness

1　2~5　6~30

0　300　600　900 千米(km)

图3.13 褐长耳蝠 *Plecotus auritus* 近危（NT）

翼手目动物常称蝙蝠，是哺乳动物中仅次于啮齿目的第二大类群。该类群动物有特化伸长的指骨和连接其间的皮质翼膜，并具有发达的听力，是唯一能真正飞翔的哺乳动物，也是动物界进化最成功的类群之一。按栖息环境不同分为洞穴型、树栖型和房屋型。CSIS 中记录有中国全部的翼手目动物共计 7 科 28 属 120 种。翼手目因为飞翔能力强，在我国呈零散分布，集中地数目较多，主要包括藏东南、云南澜沧江以西、四川中部山区、秦岭、广西和贵州喀斯特山地、浙江和安徽交界地、武夷山、台湾山地和海南山地，北方也有集中分布点，如宁夏和东北的某些区域。

地图 3.1.4.2 中国翼手目受威胁物种在各县的丰富度

Map 3.1.4.2 Richness of Threatened Chiroptera Species in Counties of China

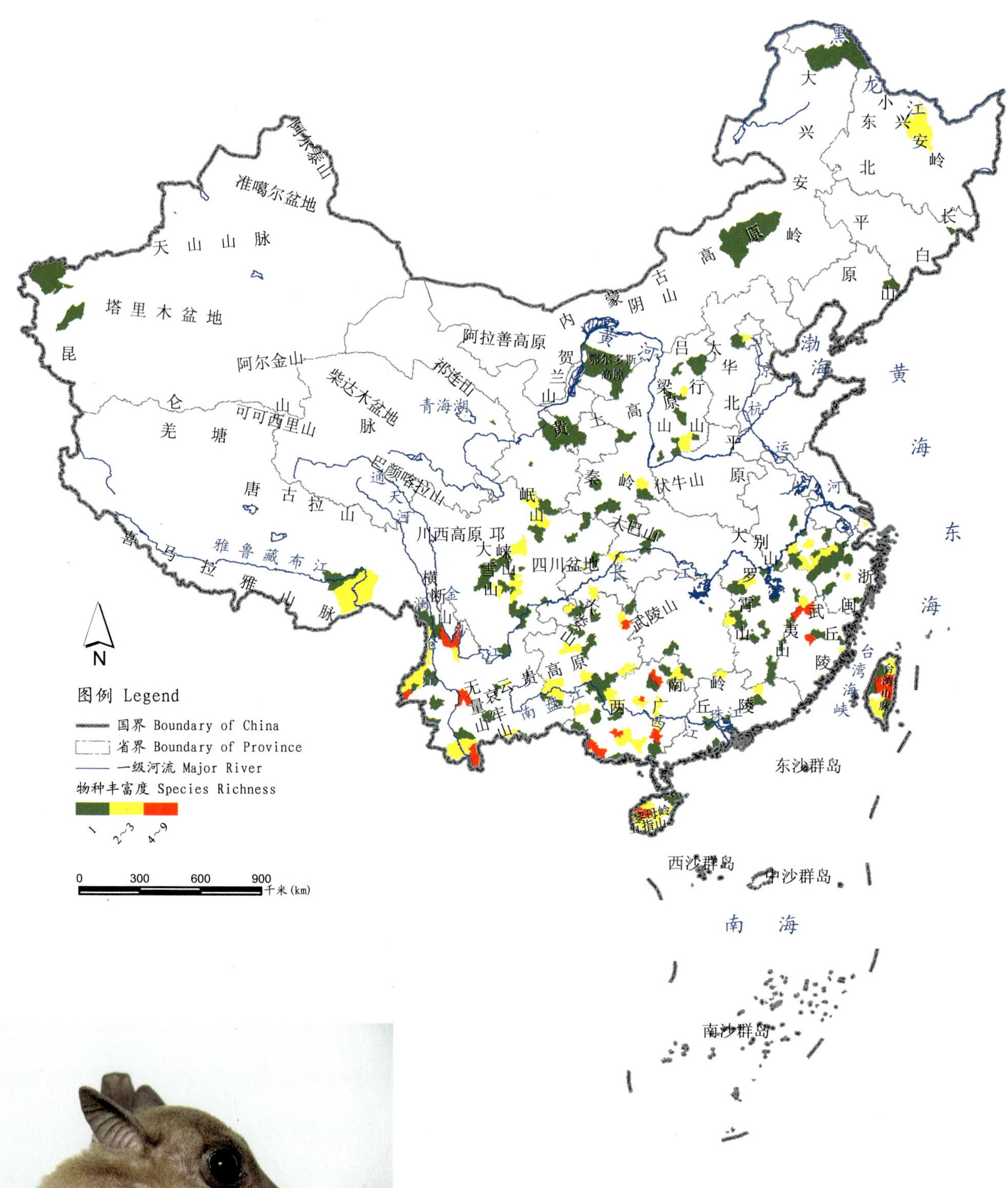

图3.14 长舌果蝠 *Eonycteris spelaea* 易危（VU）

《中国物种红色名录》评估的中国翼手目的受威胁动物计有7科19属40种（濒危10种，易危30种），占全部翼手目动物的1/3。它们零星状分布在我国的西南、中部和南部，这与洞穴型蝙蝠的山洞栖息生境遭到破坏有较直接的关系。这些动物主要集中在云南山区、海南中部、台湾中部、广西和贵州喀斯特山地以及武夷山地。

地图 3.1.4.3 中国翼手目特有种在各县的丰富度

Map 3.1.4.3 Richness of Endemic Chiroptera Species in Counties of China

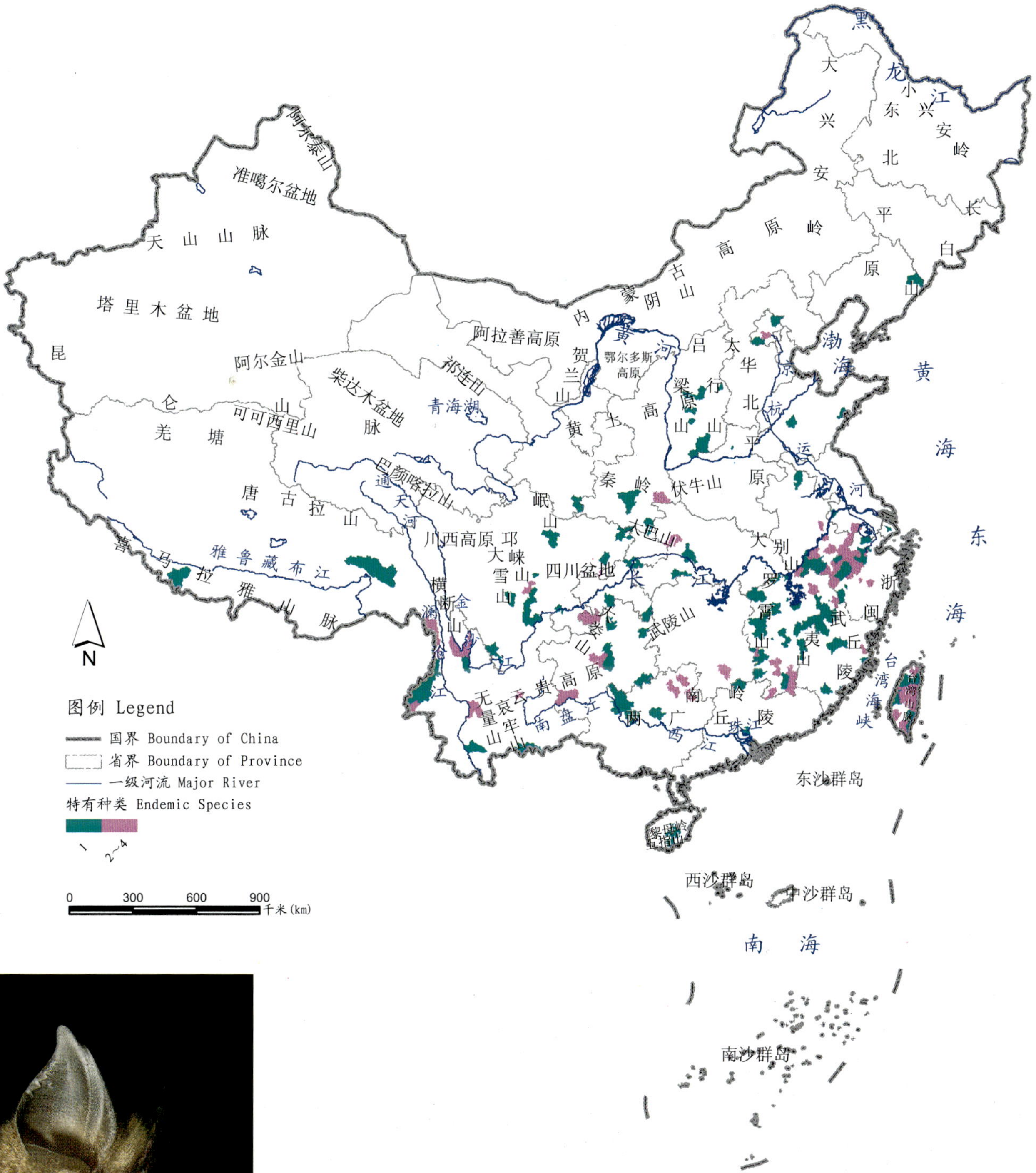

图例 Legend

国界 Boundary of China

省界 Boundary of Province

一级河流 Major River

特有种类 Endemic Species

1

2~4

0 300 600 900 千米 (km)

图 3.15 云南菊头蝠 *Rhinolophus yunnanensis*
濒危（EN）中国特有

中国特有的翼手目动物只有 12 种，大部分受到威胁。它们分别为单角菊头蝠 *Rhinolophus monoceros*（易危）、奥氏菊头蝠 *Rhinolophus osgoodi*（濒危）、贵州菊头蝠 *Rhinolophus rex*（濒危）、中华菊头蝠 *Rhinolophus sinicus*（无危）、云南菊头蝠 *Rhinolophus yunnanensis*（濒危）、黄喉黑伏翼 *Arielulus torquatus*（濒危）、台湾长耳蝠 *Plecotus taivanus*（濒危）、毛腿鼠耳蝠 *Myotis fimbriatus*（近危）、绯鼠耳蝠 *Myotis formosus*（易危）、北京鼠耳蝠 *Myotis pequinius*（近危）、台湾管鼻蝠 *Murina puta*（濒危）、大足鼠耳蝠 *Myotis ricketti*（无危），特有种数仅占全部翼手目动物的 1/10。中国特有蝙蝠呈典型的零散分布，在云南的西北部、伏牛山、武夷山区、浙江和安徽交界区域以及台湾岛有一种以上。

3.1.5 中国啮齿目动物

地图 3.1.5.1 中国啮齿目动物在各县的丰富度

Map 3.1.5.1 Richness of Rodentia Species in Counties of China

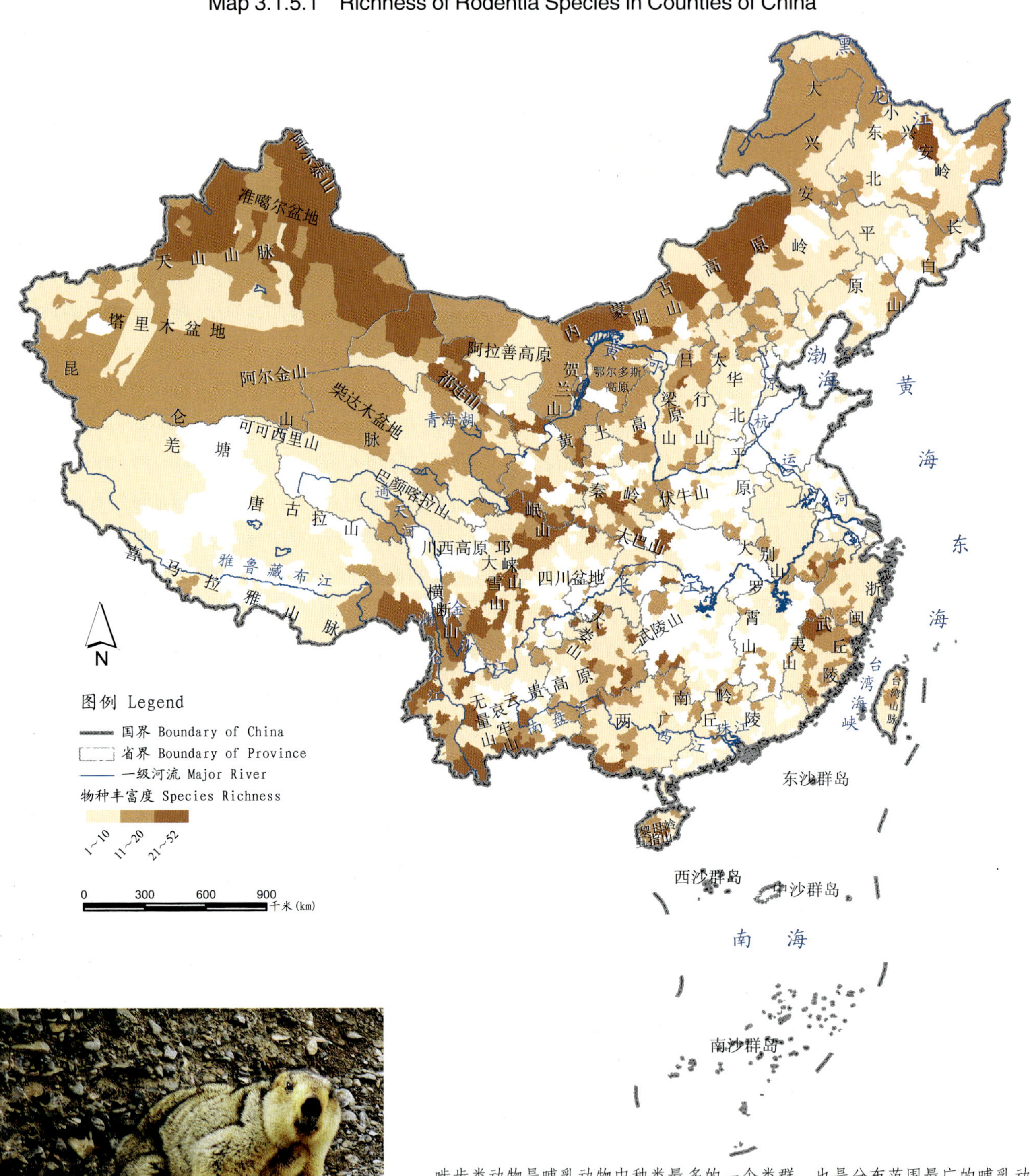

图3.16 喜马拉雅旱獭 *Marmota himalayana* 无危（LC）

啮齿类动物是哺乳动物中种类最多的一个类群，也是分布范围最广的哺乳动物，除了少数种类外，一般体型均较小，数量多，繁殖快，适应力强，能生活在各种生境中，其中大多数种类为穴居性。在自然界，啮齿类动物是许多食肉动物的主要食物来源，是陆地上许多类型的生态系统食物链的重要环节。CSIS 中记录的中国啮齿目动物共计 9 科 69 属 193 种。啮齿目广泛分布于我国大部分地区，北方较多，集中在新疆北部、内蒙古北部、四川中部、云南西双版纳地区及整个横断山区。

地图 3.1.5.2 中国啮齿目受威胁物种在各县的丰富度
Map 3.1.5.2 Richness of Threatened Rodentia Species in Counties of China

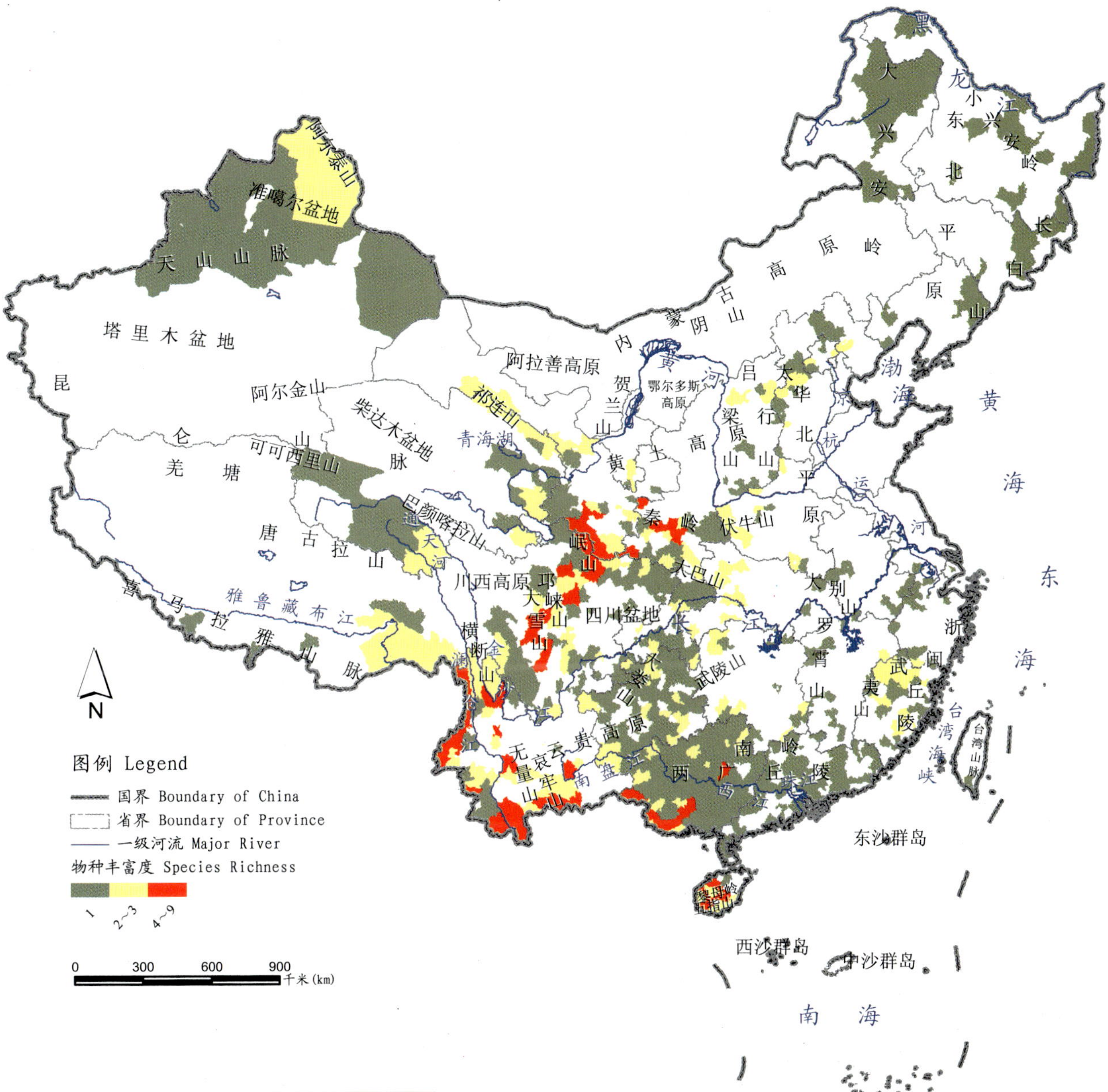

图例 Legend

国界 Boundary of China
省界 Boundary of Province
一级河流 Major River
物种丰富度 Species Richness
1
2~3
4~9

0 300 600 900 千米 (km)

图 3.17 豪猪 *Hystrix brachyuran* 易危（VU）

《中国物种红色名录》评估的中国啮齿目的受威胁物种共有 7 科 23 属 26 种（其中濒危 6 种，易危 20 种），占全部啮齿目物种数的 13%左右。这些动物大部分分布狭窄，以西南、海南以及云南和广西南部边境地区种类较多，而在啮齿动物种类丰富的西北、东北等地受威胁的种类较少，华北地区和青藏高原只有极少种类分布。

地图 3.1.5.3　中国啮齿目特有种在各县的丰富度
Map 3.1.5.3　Richness of Endemic Rodentia Species in Counties of China

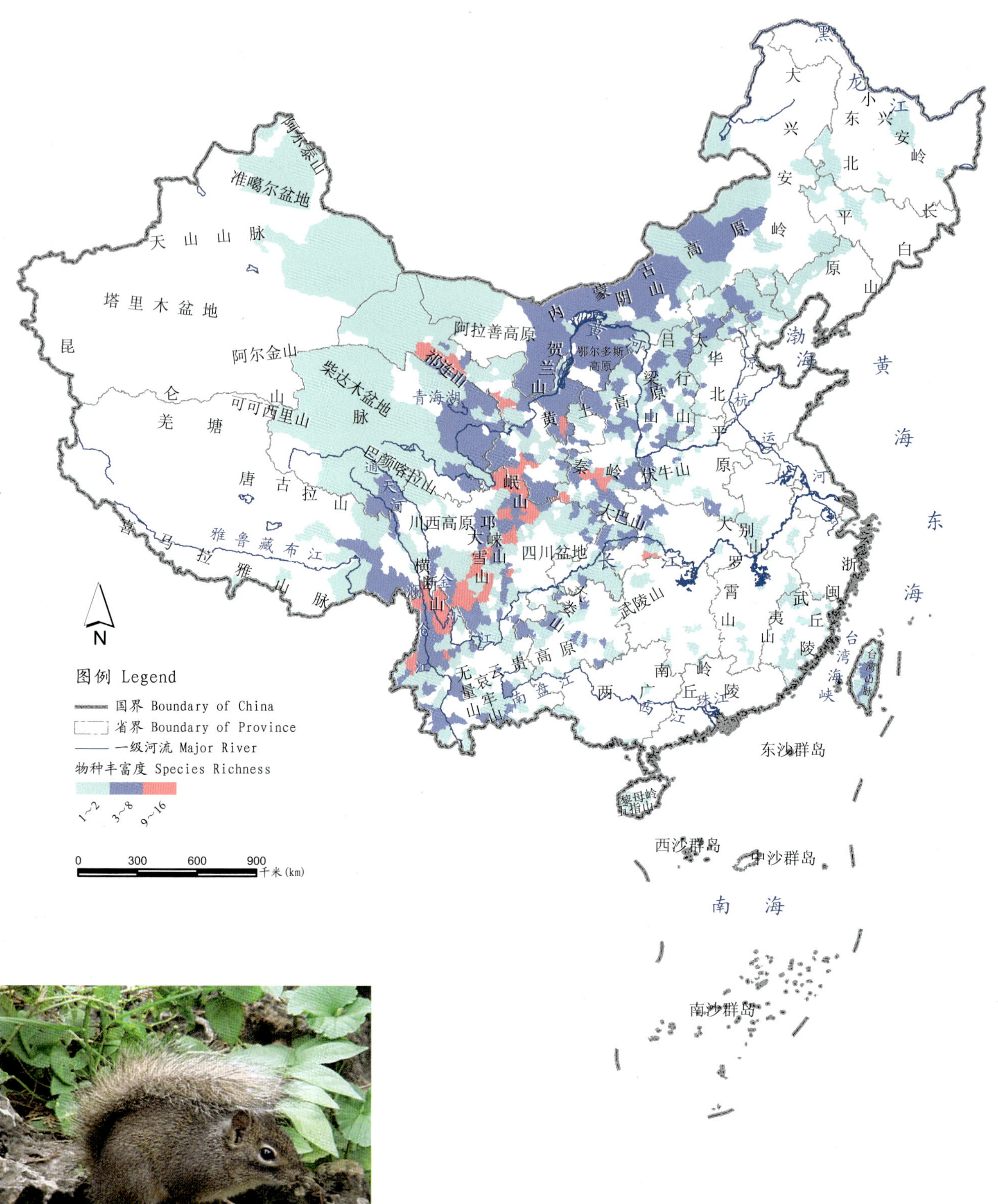

图3.18 岩松鼠 *Sciurotamias davidianus* 无危（LC）中国特有

CSIS中记录的中国啮齿目的特有种分属于6科26属40种，接近全部啮齿目动物的1/4，大部分没有受到威胁，包括濒危2种、易危6种、近危2种。其分布从西南向北部斜穿过中国的中部地区，以横断山、邛崃山、岷山、贺兰山、秦岭及祁连山、鄂尔多斯高原和阴山组成的分布带为中心，并向东西逐渐递减。另外这些特有种在台湾的中央山脉也较为丰富。

3.2 中国鸟类分布

迁徙行为并不是鸟类所特有的本能活动。某些无脊椎动物如东亚飞蝗、蝴蝶等，爬行类如海龟等，哺乳类如蝙蝠、鲸、海豹、鹿等，还有某些鱼类，都有季节性的长距离更换住处的行为。动物的迁徙都是定期的、定向的，而且多是集成大群进行。鸟类的迁徙每年在繁殖区和越冬区之间周期性地发生，大多发生在南北半球之间，少数在东西方向之间。人们按鸟类迁徙活动的有无把鸟类分为候鸟和留鸟。留鸟终年留居在出生地，不发生迁徙，如麻雀、喜鹊等。候鸟中夏季飞来繁殖、冬季南去的鸟类被称为夏候鸟，如家燕、杜鹃等；冬季飞来越冬、春季北去繁殖的鸟类称为冬候鸟，如某些野鸭、大雁等。很多鸟类在部分地区为留鸟，在另外一些地区为候鸟。因此鸟类的分布区域可以分为居留地、夏季繁殖地、冬季越冬地以及迁徙地。以县为单位的丰富度地图不能很好地体现鸟类的分布格局，因此本地理图集将《中国鸟类野外手册》（约翰·马敬能等，2000）中每个鸟种的居留地、繁殖地以及越冬地数字化。对鸟类最重要的居留地、繁殖地和越冬地分别进行了作图分析。本节选择了几个种类较多的目进行制图，包括鸡形目、雁形目、鹫形目、佛法僧目、鸽形目、鹤形目、鹳形目、雀形目。

图3.19 棕头鸥 *Larus brunnicephalus* 无危 (LC)

地图 3.2.0.1 世界鸟类迁徙路线图
Map 3.2.0.1 Bird Migration Route of the World

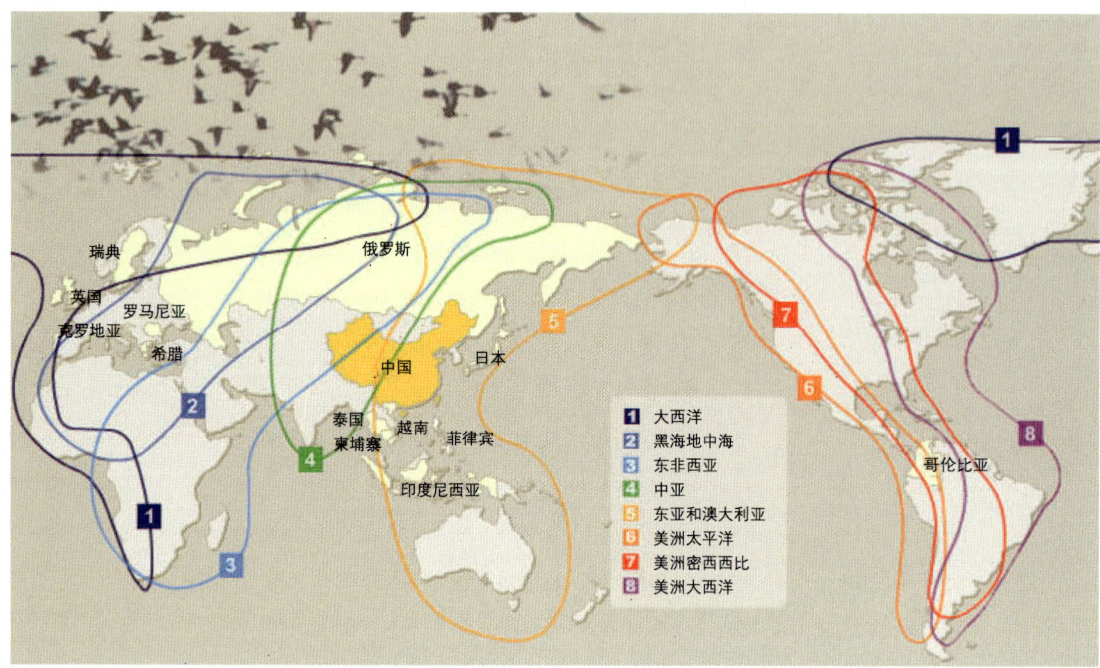

资料来源：UNEP/GRID-Arendal，2005。仅作示意图，不作划界的依据。

地图 3.2.0.2 亚洲鸟类迁徙路线图
Map 3.2.0.2 Bird Migration Route of the Asia

3.2.1 中国鸡形目鸟类

地图 3.2.1.1 中国鸡形目居留地分布

Map 3.2.1.1 Distribution of Resident Areas of Galliformes of China

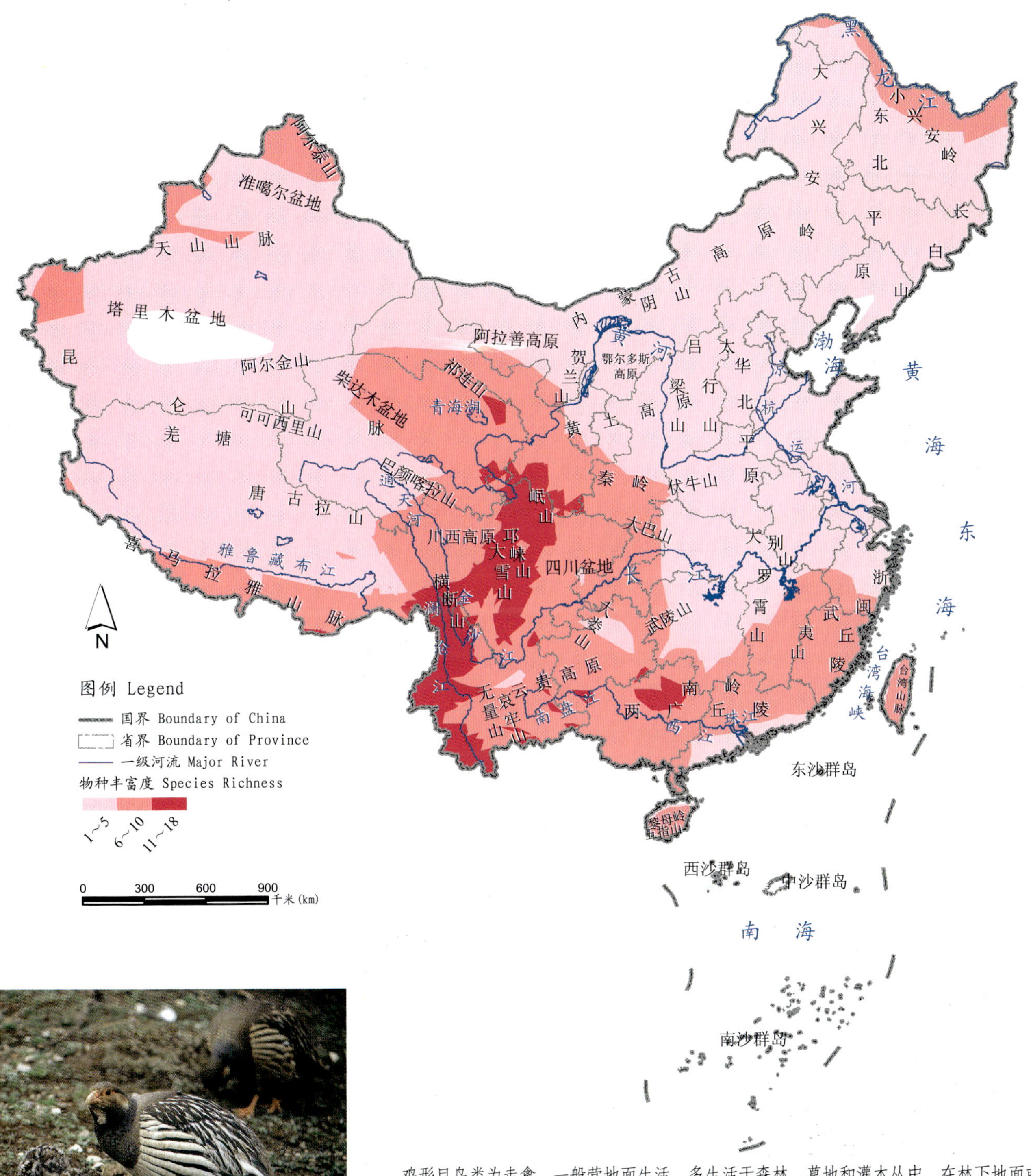

图3.20 藏雪鸡 *Tetraogallus tibetanus* 近危（NT）

鸡形目鸟类为走禽，一般营地面生活，多生活于森林、草地和灌木丛中，在林下地面或草地上觅食、求偶、交配，营巢于林下灌木、倒木、草丛或洞穴等隐蔽处；通常善奔走，不善长途飞行。CSIS 中记录在中国分布的鸡形目鸟类共 63 种，其中有居留行为的有 61 种，仅鹌鹑 *Coturnix coturnix* 与日本鹌鹑 *Coturnix japonica* 2 种有迁徙习性。除塔克拉玛干沙漠腹地之外，全国其他地区基本上均有分布。从西双版纳沿云南西部山地，经横断山脉向东北，包括整个邛崃山脉和岷山山脉，是该目的物种分化中心。

地图 3.2.1.2　中国鸡形目迁徙鸟的繁殖地和越冬地分布

Map 3.2.1.2　Distribution of Summer Breeding and Wintering Areas of Migrant Galliformes Species of China

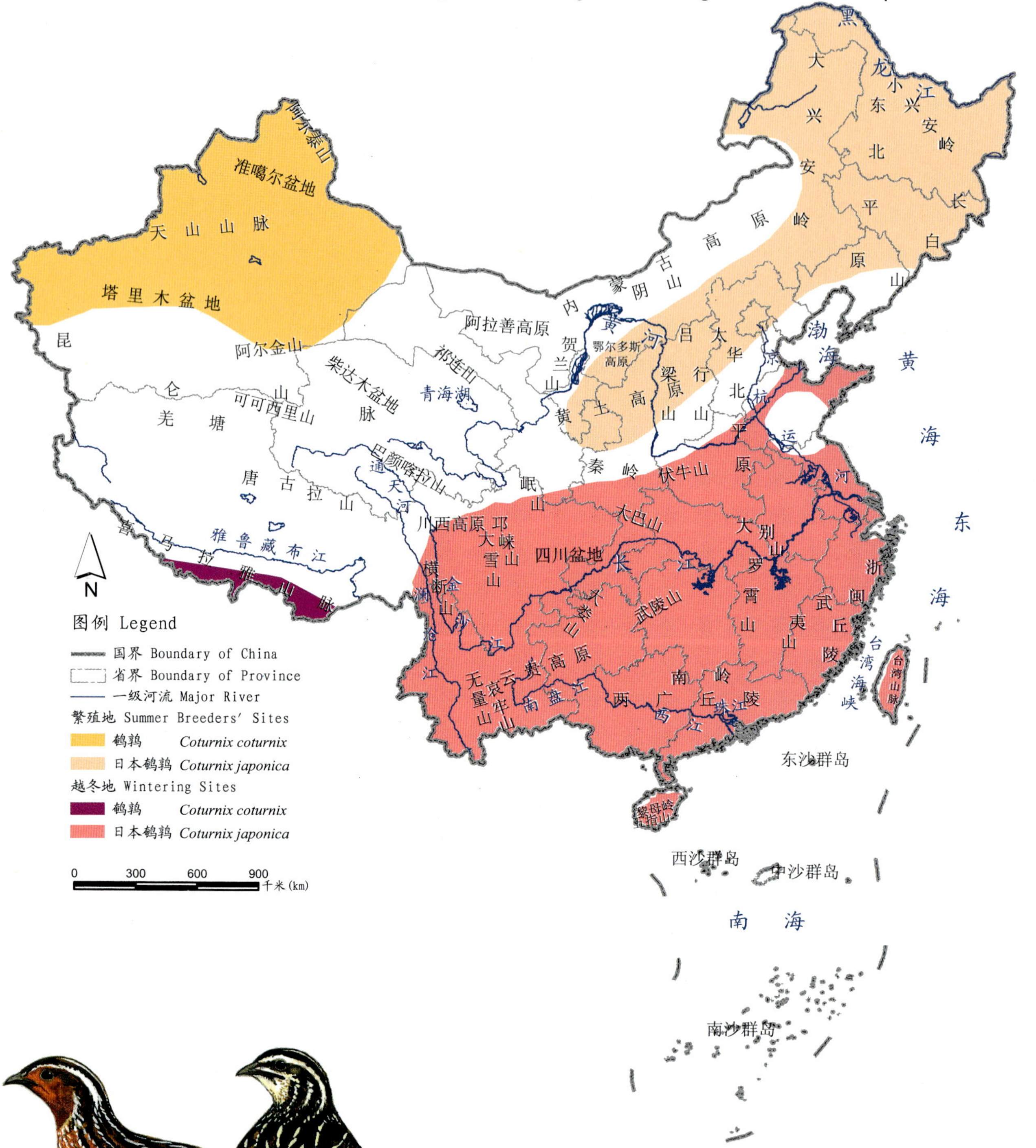

图例 Legend

国界 Boundary of China
省界 Boundary of Province
一级河流 Major River
繁殖地 Summer Breeders' Sites
鹌鹑 *Coturnix coturnix*
日本鹌鹑 *Coturnix japonica*
越冬地 Wintering Sites
鹌鹑 *Coturnix coturnix*
日本鹌鹑 *Coturnix japonica*

0 300 600 900 千米 (km)

中国有迁徙行为的鸡形目鸟类只有两种，分别为鹌鹑 *Coturnix coturnix*（无危）和日本鹌鹑 *Coturnixj aponica*(无危)。前者在塔克拉玛干沙漠以北的新疆地区繁殖，在中国的越冬地仅为喜马拉雅山南麓的少数区域，位于中亚迁徙路线上；后者的繁殖区域包括大小兴安岭、东北平原、华北平原以及太行山、黄土高原的部分地区，在中国西南、华南、华东、华中以及台湾等大部分地区越冬，位于东亚—澳大利亚迁徙路线上。

图 3.21　日本鹌鹑 *Coturnix japonica* 无危（LC）

地图 3.2.1.3 中国鸡形目特有种分布
Map 3.2.1.3 Distribution of Endemic Galliformes Species of China

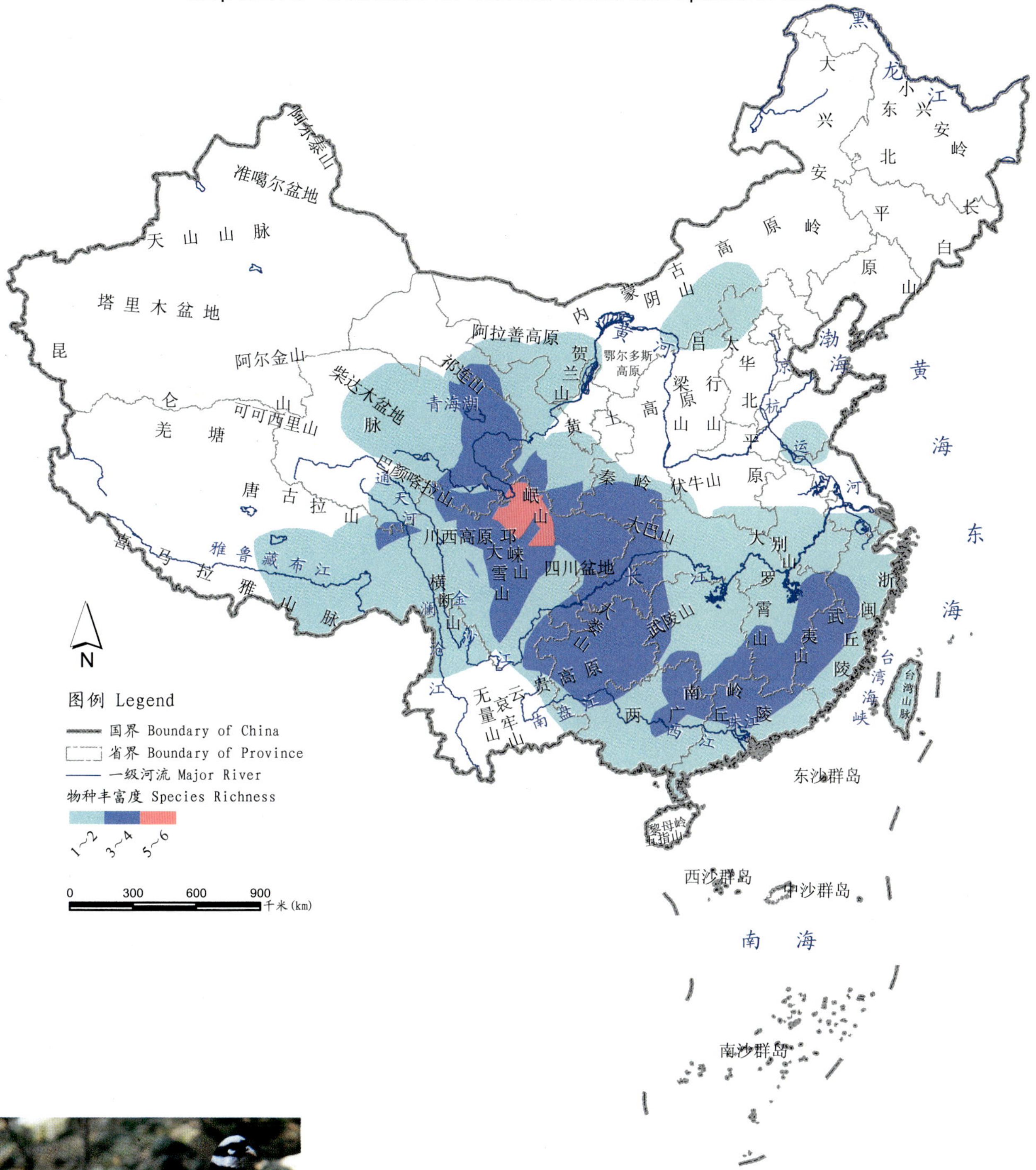

图例 Legend
国界 Boundary of China
省界 Boundary of Province
一级河流 Major River
物种丰富度 Species Richness
1~2 3~4 5~6
0 300 600 900 千米(km)

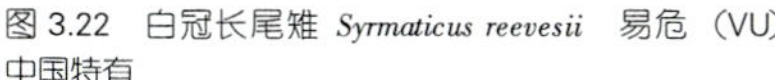

图 3.22 白冠长尾雉 *Syrmaticus reevesii* 易危（VU）中国特有

CSIS 记录的中国特有鸟类共计 17 种，包括 12 种鸡形目，占全部鸡形目物种的 1/5 左右，分别为灰胸竹鸡 *Bambusicola thoracica*（无危）、红腹锦鸡 *Chrysolophus pictus*（无危）、蓝马鸡 *Crossoptilon auritum*（无危）、大石鸡 *Alectoris magna*（近危）、白马鸡 *Crossoptilon crossoptilon*（近危）、白颈长尾雉 *Syrmaticus ellioti*（近危）、斑尾榛鸡 *Bonasa sewerzowi*（近危）、雉鹑 *Tetraophasis obscures*（易危）、白眉山鹧鸪 *Arborophila gingica*（易危）、黄腹角雉 *Tragopan caboti*（易危）、褐马鸡 *Crossoptilon mantchuricum*（易危）、白冠长尾雉 *Syrmaticus reevesii*（易危）。中国特有种分布最多的是四川中北部，其次是从祁连山沿青海东部向南到四川中部，向东到秦岭、大巴山，向南包括整个贵州以及华南地区从武夷山到南岭的山地腹地。

3.2.2 中国雁形目鸟类

地图 3.2.2.1 中国雁形目居留地分布

Map 3.2.2.1 Distribution of Resident Areas of Anseriformes of China

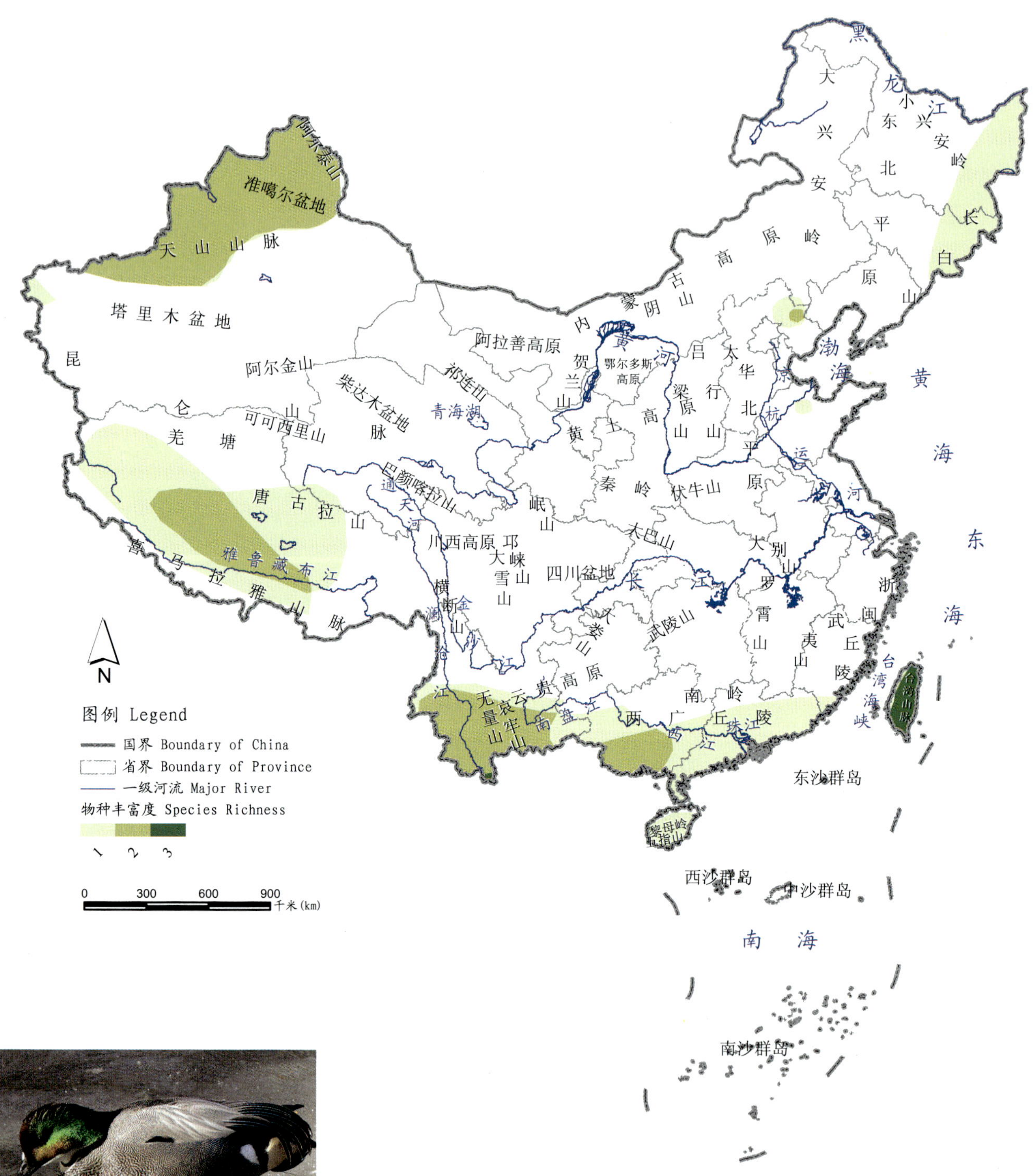

图3.23 罗纹鸭 *Anas falcate* 近危（NT）

雁形目鸟类包括人们通常所说的各种鸭类、天鹅和雁等。该类群物种均为游禽，多营巢在离水不远的地面上或浅水处，或岩石下面、石隙间，或树洞中。中国的雁形目鸟类共有47种，大多数有迁徙行为，有居留行为的种类仅11种。雁形目留鸟的分布地除了河北地区的一小块之外，大部分在中国边境地区，包括新疆天山以北、喜马拉雅山西北部、东北和俄罗斯远东地区交界区域、云南、广西和广东的南部以及台湾岛、海南岛。

地图 3.2.2.2 中国雁形目迁徙鸟繁殖地分布

Map 3.2.2.2 Distribution of Summer Breeding Areas of Migrant Anseriformes Species of China

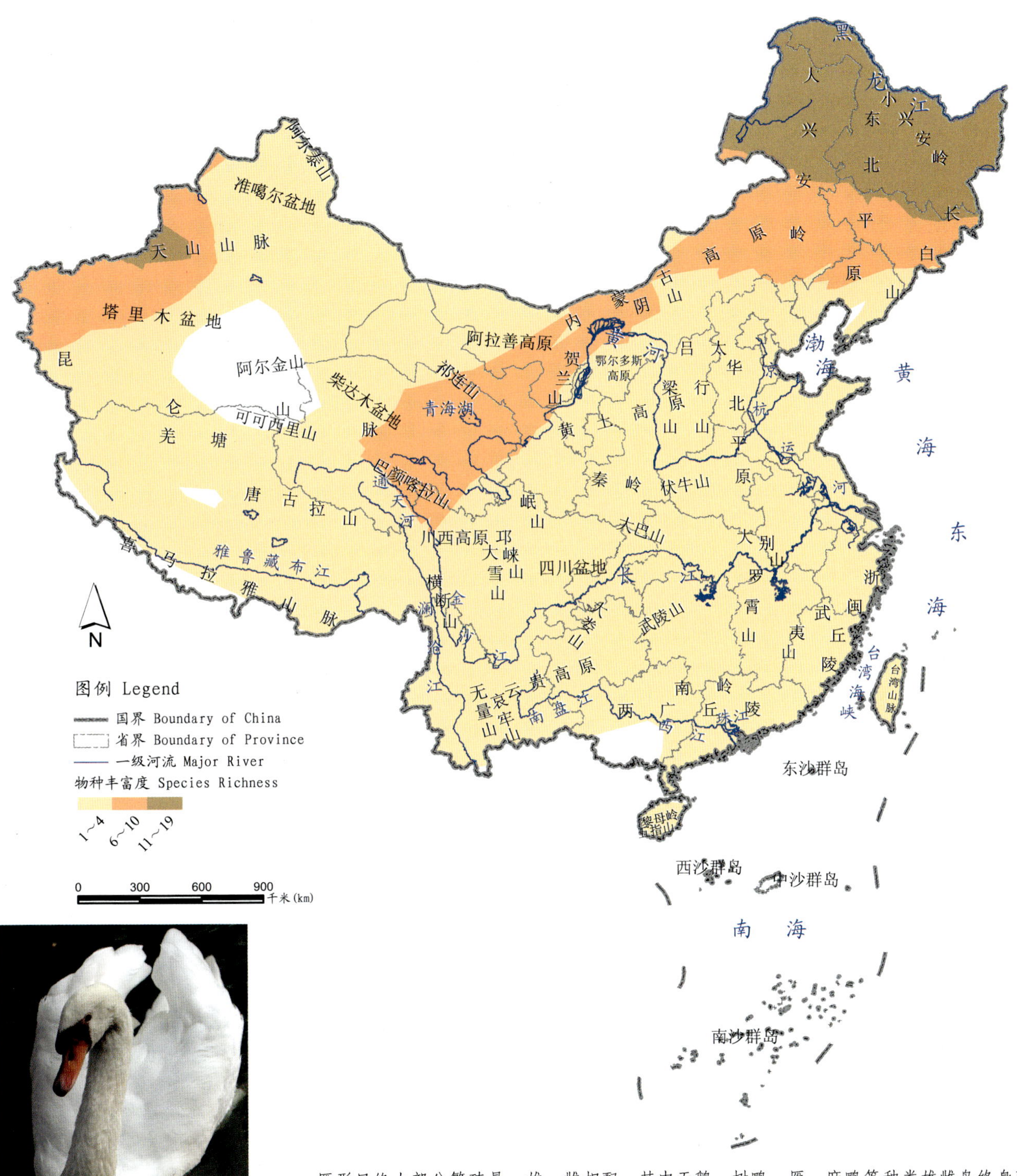

图3.24 疣鼻天鹅 *Cygnus olor* 近危（NT）

雁形目绝大部分繁殖是一雄一雌相配，其中天鹅、树鸭、雁、麻鸭等种类雄雌鸟终身配对，交配行为仅限于繁殖期内，但常常在越冬集群时期便开始配对行为。在中国繁殖的雁形目鸟类很多，共有27种，涉及所有的鸟类迁徙路线，迁徙雁形目鸟类在全国绝大多数地区都有繁殖，但集中于内蒙古北部、整个东北地区、新疆西部的天山山脉区域以及从青海东部向东北到内蒙古中部。

地图 3.2.2.3 中国雁形目迁徙鸟越冬地分布
Map 3.2.2.3 Distribution of Wintering Areas of Migrant Anseriformes Species of China

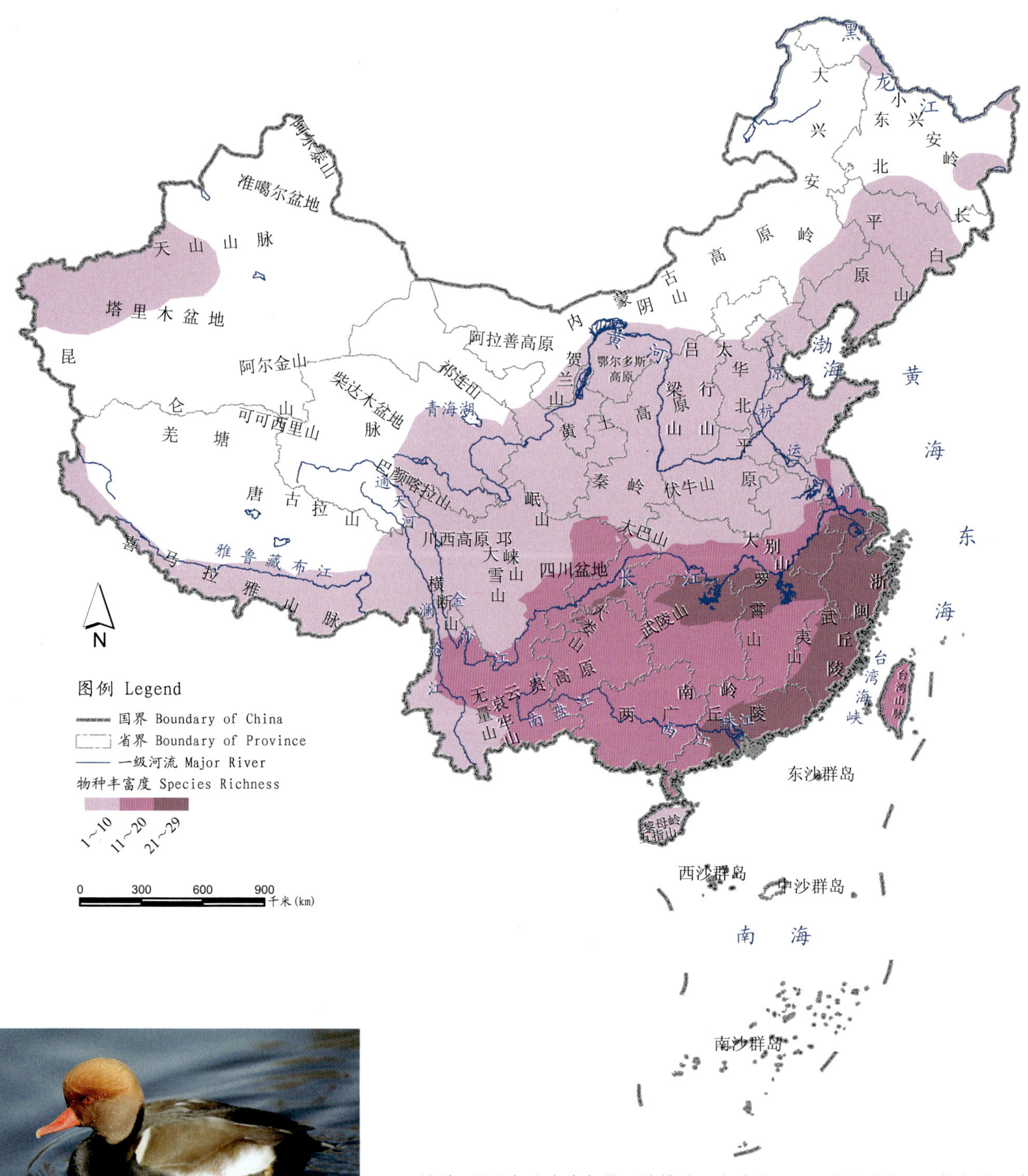

雁形目绝大部分鸟类都是迁徙性的，春季北迁，而秋季则南迁至越冬地。在中国越冬的雁形目鸟类共有37种，涉及我国所有鸟类迁徙路线。除东北北部、内蒙古高原、青藏高原腹地以及西北的大部分地区外，中国其余地区都有雁形目鸟类越冬。在长江以南的我国热带、亚热带湿润地区，越冬的雁形目鸟类种类明显增多，尤以长江中下游以及东南沿海省份为雁形目鸟类集中的越冬地。

图3.25 赤嘴潜鸭 *Rhodonessa rufina* 无危（LC）

3.2.3 中国䴕形目鸟类

地图 3.2.3.1 中国䴕形目居留地分布

Map 3.2.3.1 Distribution of Resident Areas of Piciformes of China

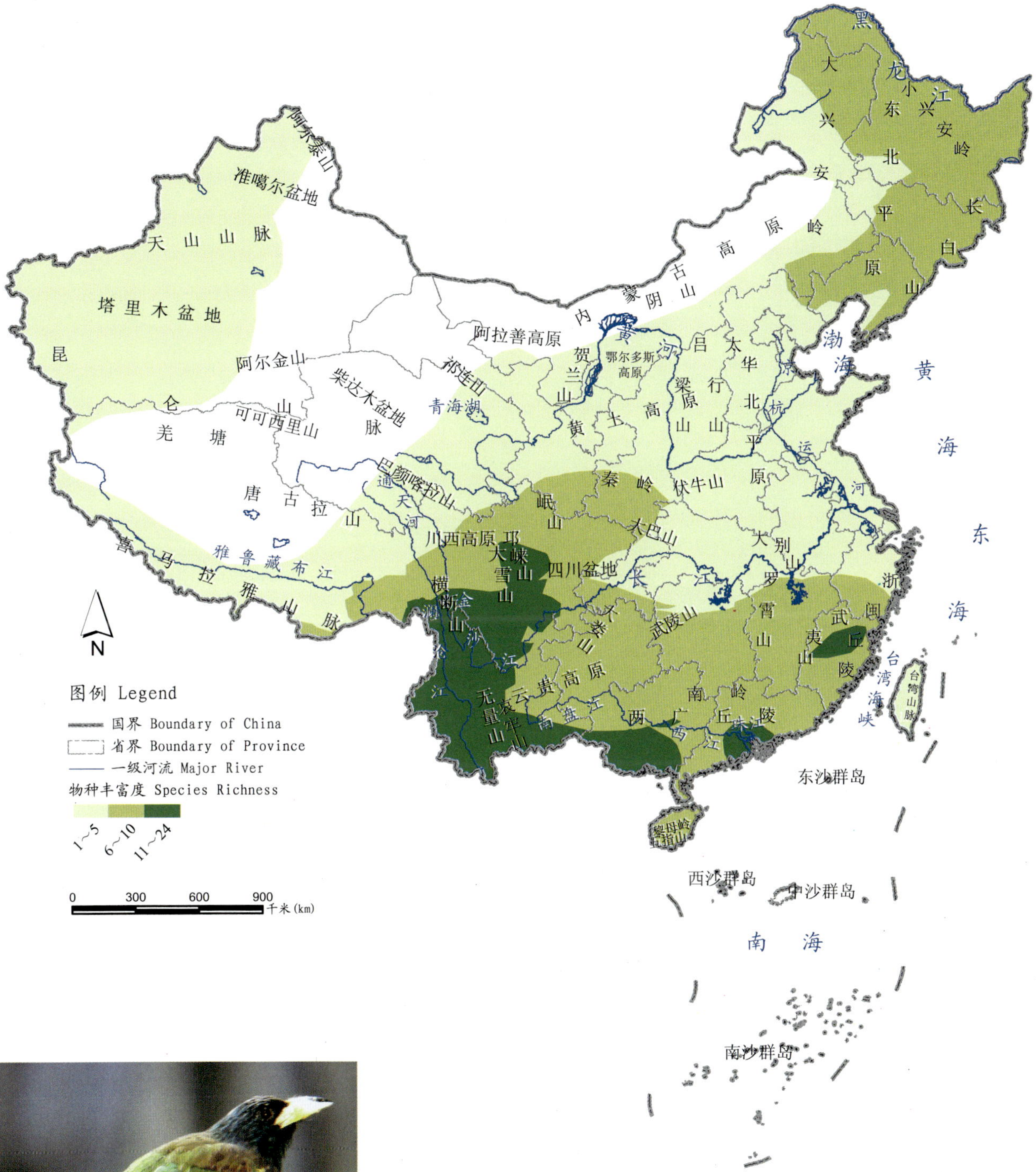

图例 Legend

国界 Boundary of China

省界 Boundary of Province

一级河流 Major River

物种丰富度 Species Richness

1~5 6~10 11~24

0 300 600 900 千米(km)

图3.26 大拟啄木鸟 *Megalaima virens* 无危(LC)

䴕形目鸟类包括各种啄木鸟与拟啄木鸟，属攀禽类，栖息于树上并营巢于树洞中，食物以昆虫为主。在中国分布的䴕形目鸟类分为响蜜䴕科、啄木鸟科和拟啄木鸟科3科共40种，鲜有迁徙行为。该类群有居留行为的鸟种计38种，除青藏高原腹地，经青海新疆东部到北部干旱地区没有分布之外，中国大部分地区都有，以西南、华南和东北为多。在武夷山、珠江三角洲、广西南部、几乎整个云南、横断山，䴕形目居留鸟种最多。

地图 3.2.3.2 中国䴕形目迁徙鸟繁殖地和越冬地分布

Map 3.2.3.2 Distribution of Summer Breeding and Wintering Areas of Migrant Piciformes Species of China

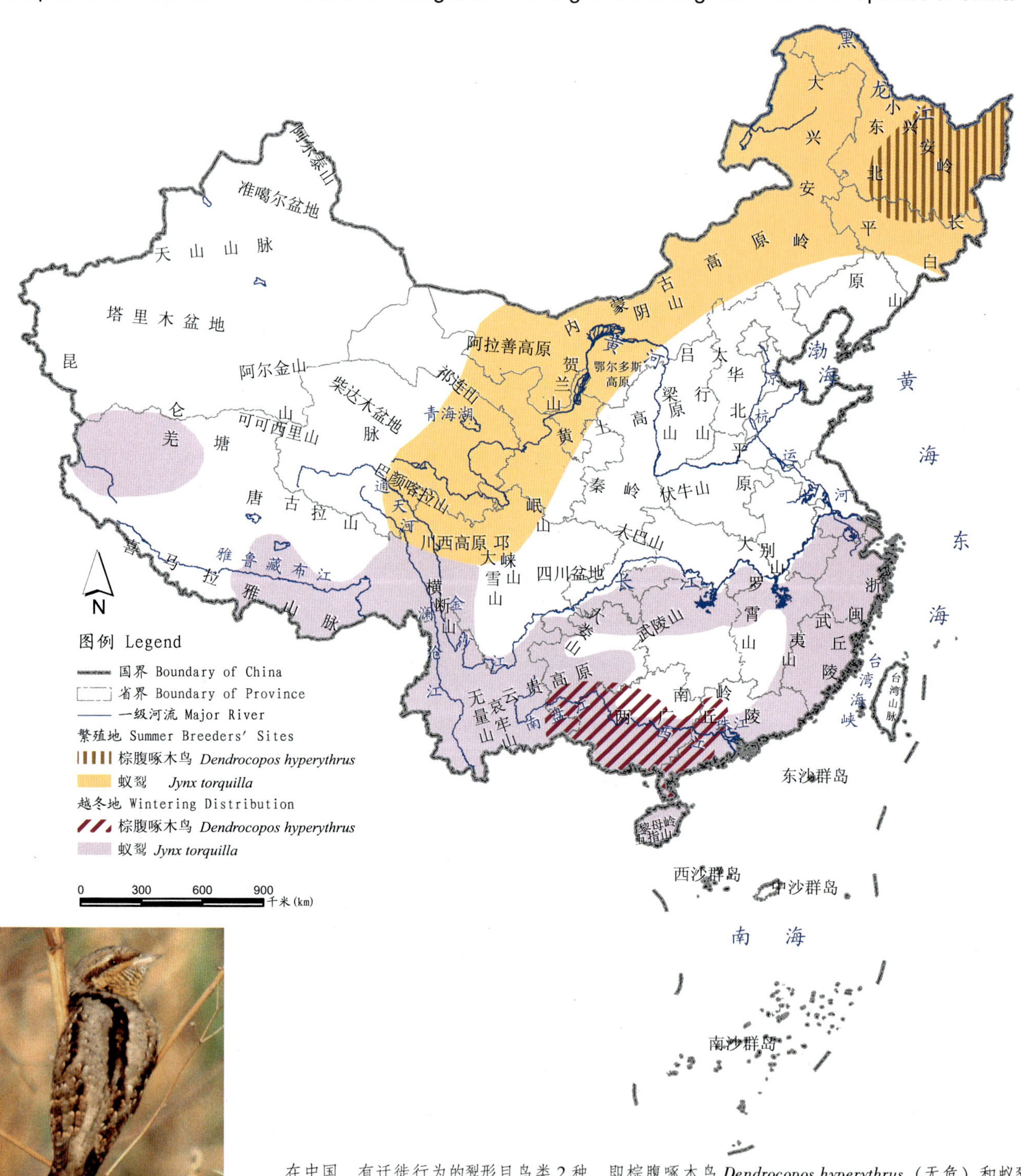

图3.27 蚁䴕 *Jynx torquilla* 无危（LC）

在中国，有迁徙行为的䴕形目鸟类2种，即棕腹啄木鸟 *Dendrocopos hyperythrus*（无危）和蚁䴕 *Jynx torquilla*（无危），都位于东亚—澳大利亚迁徙路线上。前者常栖息于针叶林或混交林之中，在黑龙江东部地区繁殖，经中国东部至广西和广东西部温暖地区越冬；后者栖于树枝而不攀树，取食地面蚂蚁，常出没于灌丛之中，从中国东北地区，经内蒙古高原、黄土高原西部、祁连山，到青藏高原东北部都是繁殖地；越冬地包括青藏高原西部、东南部，横断山区，云贵高原，以及长江中下游以南的大部分区域，但在湖南与江西较少越冬。

3.2.4 中国佛法僧目鸟类

地图 3.2.4.1 中国佛法僧目居留地分布

Map 3.2.4.1 Distribution of Resident Areas of Coraciiformes of China

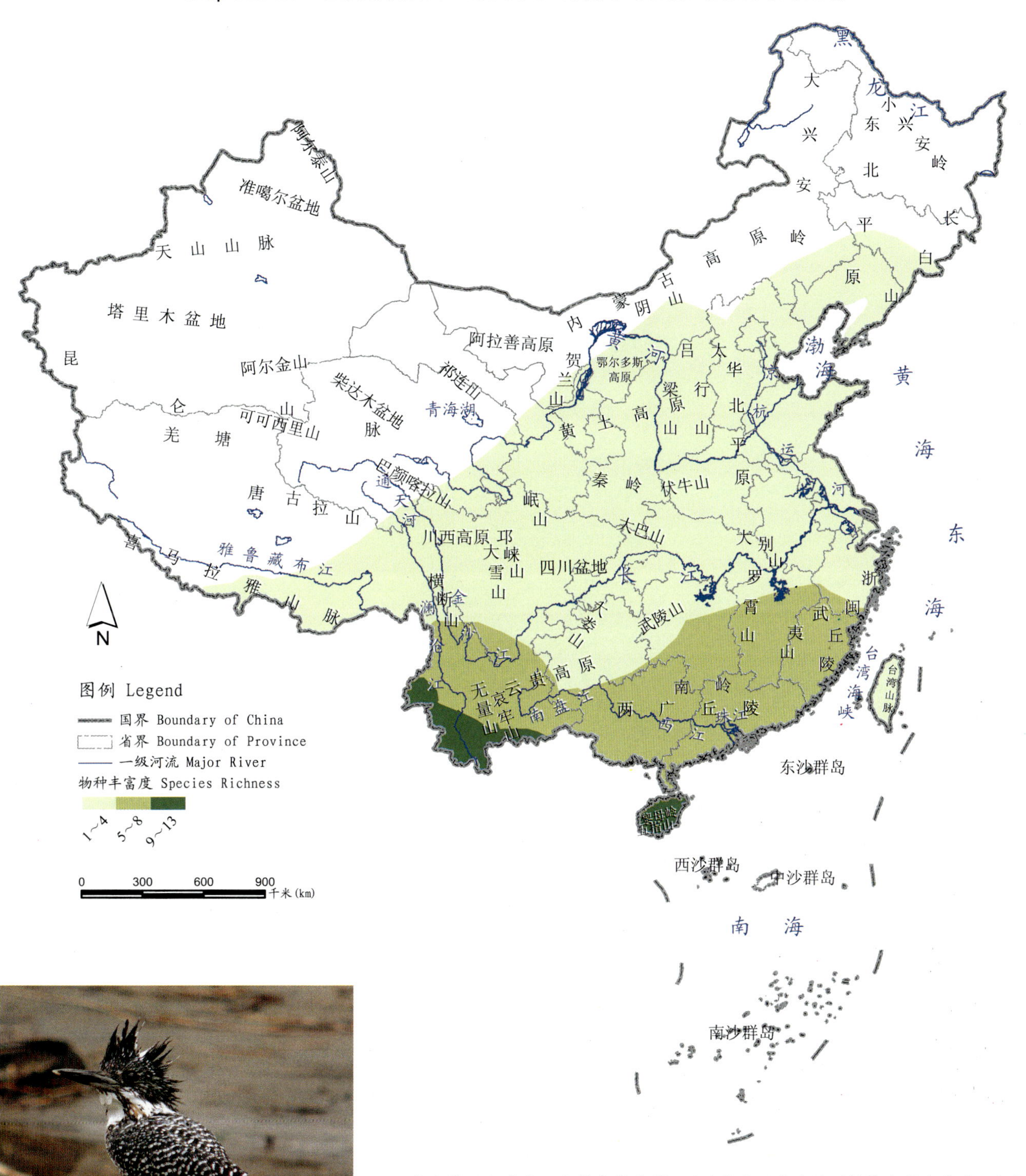

图3.28 冠鱼狗 *Megaceryle lugubris* 无危（LC）

佛法僧目鸟类是一个很大的种群，无论体态还是生活习性均有很多种类，但都属于攀禽，多数喜栖息在近水域的林区，绝大部分物种以昆虫为食。中国佛法僧目分为佛法僧科、翠鸟科、鱼狗科和蜂虎科共4科20种，多有居留行为，居留型种类有16种。该类群鸟类分布在中国南部地区，以长江以南地区较多，特别是海南岛与云南南部。

地图 3.2.4.2 中国佛法僧目迁徙鸟繁殖地分布

Map 3.2.4.2 Distribution of Summer Breedings of Migrant Coraciiformes Species of China

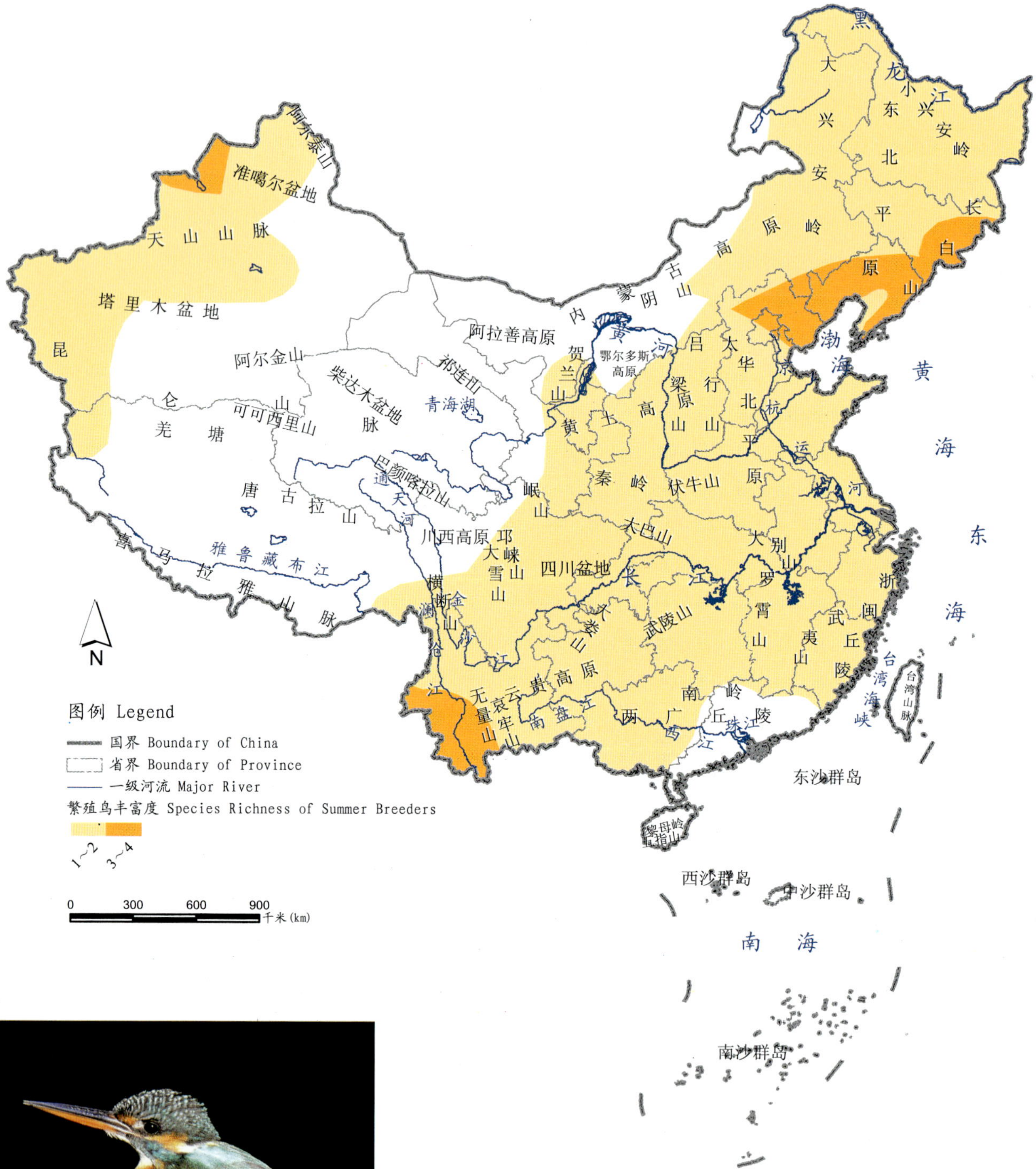

图例 Legend

国界 Boundary of China

省界 Boundary of Province

一级河流 Major River

繁殖鸟丰富度 Species Richness of Summer Breeders

1~2

3~4

0 300 600 900 千米(km)

图3.29 普通翠鸟 *Alcedo atthis* 无危（LC）

中国的佛法僧目鸟类大多数为居留型，有迁徙行为的仅有7种，繁殖地普遍分布在我国的东部、中部和西南等地区，在新疆西部也有少量，在西藏、青海、甘肃、海南、广东和台湾则几乎没有，集中的繁殖地为云南西双版纳等地区、长白山南段、辽宁大部分地区以及河北的北部；而在我国越冬的只有普通翠鸟 *Alcedo atthi*（无危）的指名亚种（亚种 *bangalensis* 为留鸟），它繁殖于天山，在西藏西部较低海拔处越冬。

3.2.5 中国鸮形目鸟类

地图 3.2.5.1 中国鸮形目居留地分布

Map 3.2.5.1 Distribution of Resident Areas of Strigiformes of China

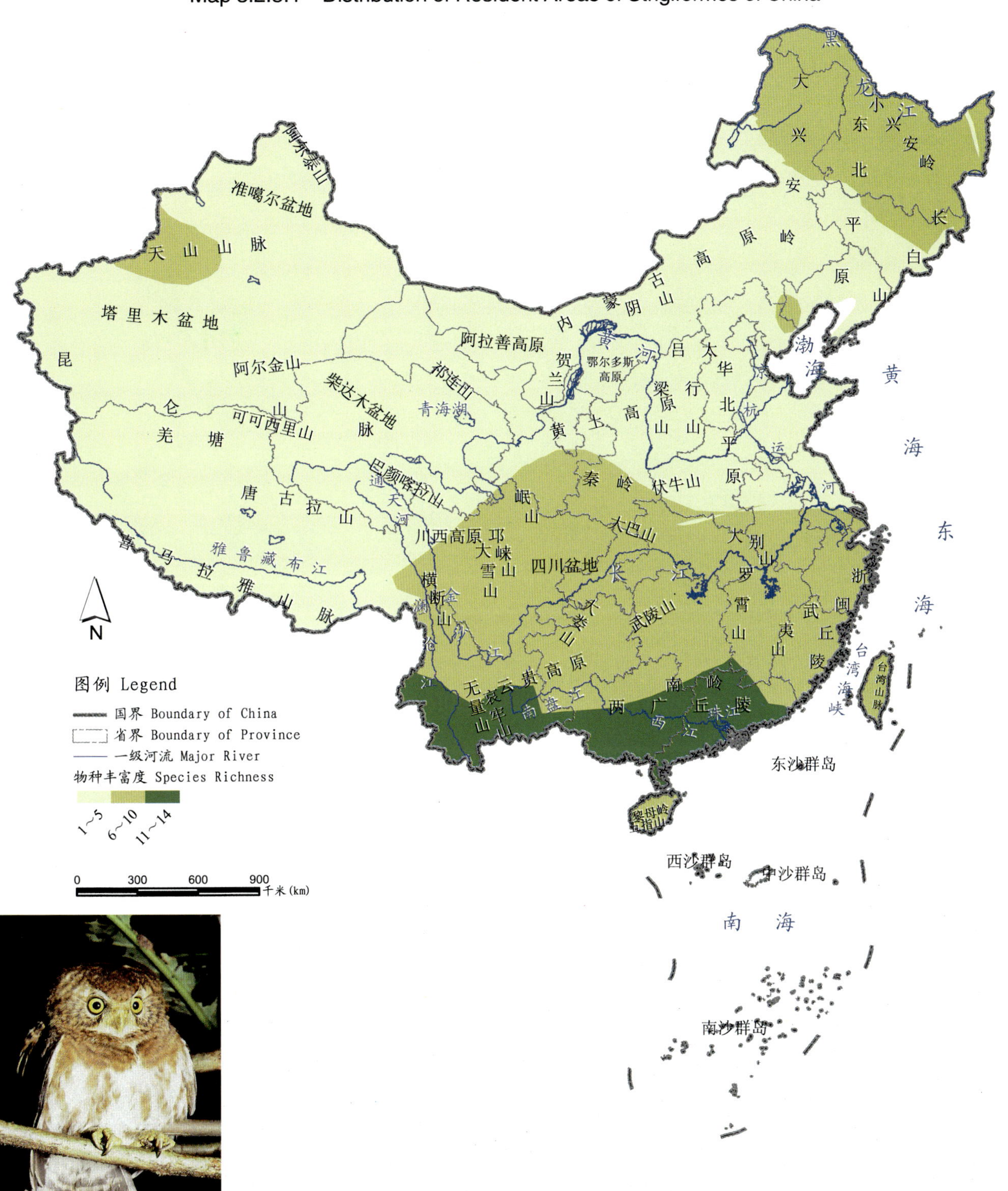

图 3.30 领鸺鹠 *Glaucidium brodiei* 无危（LC）

鸮形目鸟类是一类夜行性猛禽，俗称猫头鹰，大多栖息于树上，部分种类栖息于岩石间和草地上。中国鸮形目鸟类分为草鸮科和鸱鸮科共 2 科 31 种，大多数为居留型（26 种）。该居留型鸟遍布全国各地，但以天山西段和东北北部以及秦岭—淮河以南地区较多，尤其是南岭和两广丘陵地区以及云南南部种类最多。

地图 3.2.5.2　中国鸮形目迁徙鸟繁殖地分布

Map 3.2.5.2　Distribution of Summer Breeding Areas of Migrant Strigiformes Species of China

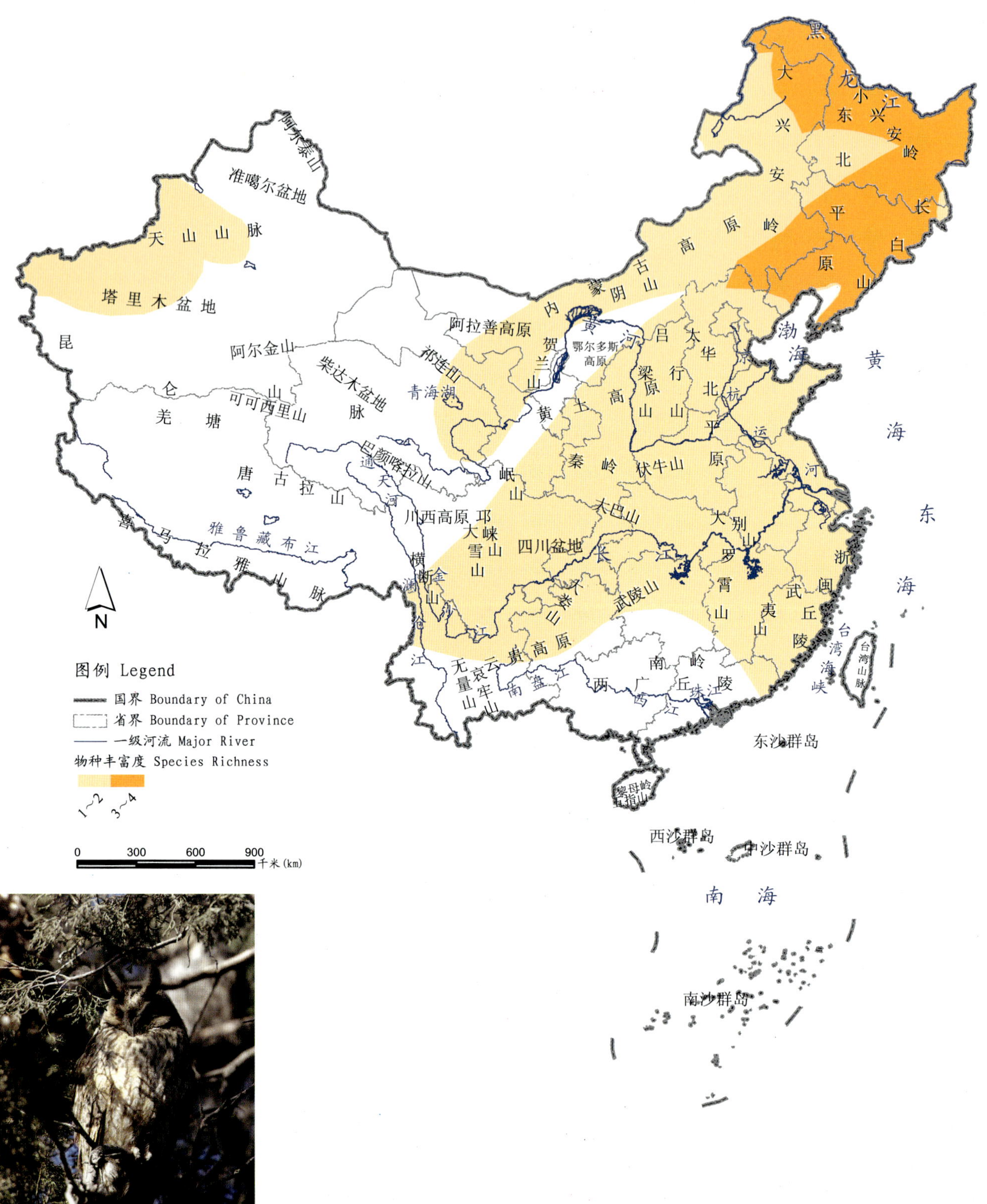

图3.31　长耳鸮 *Asio otus* 无危（LC）

鸮形目迁徙鸟在中国繁殖的仅有6种，分别为猛鸮 *Surnia ulula*、鹰鸮 *Ninox scutulata*、红角鸮 *Otus scops*、东方角鸮 *Otus sunia*、长耳鸮 *Asio otus*、短耳鸮 *Asio flammeus*，全部为无危。我国东部和中部的大部分地区都是这些鸟类的季节性繁殖区域，尤以东北的小兴安岭和长白山地区较多。

地图 3.2.5.3 中国鸮形目迁徙鸟越冬地分布

Map 3.2.5.3 Distribution of Wintering Areas of Migrant Strigiformes Species of China

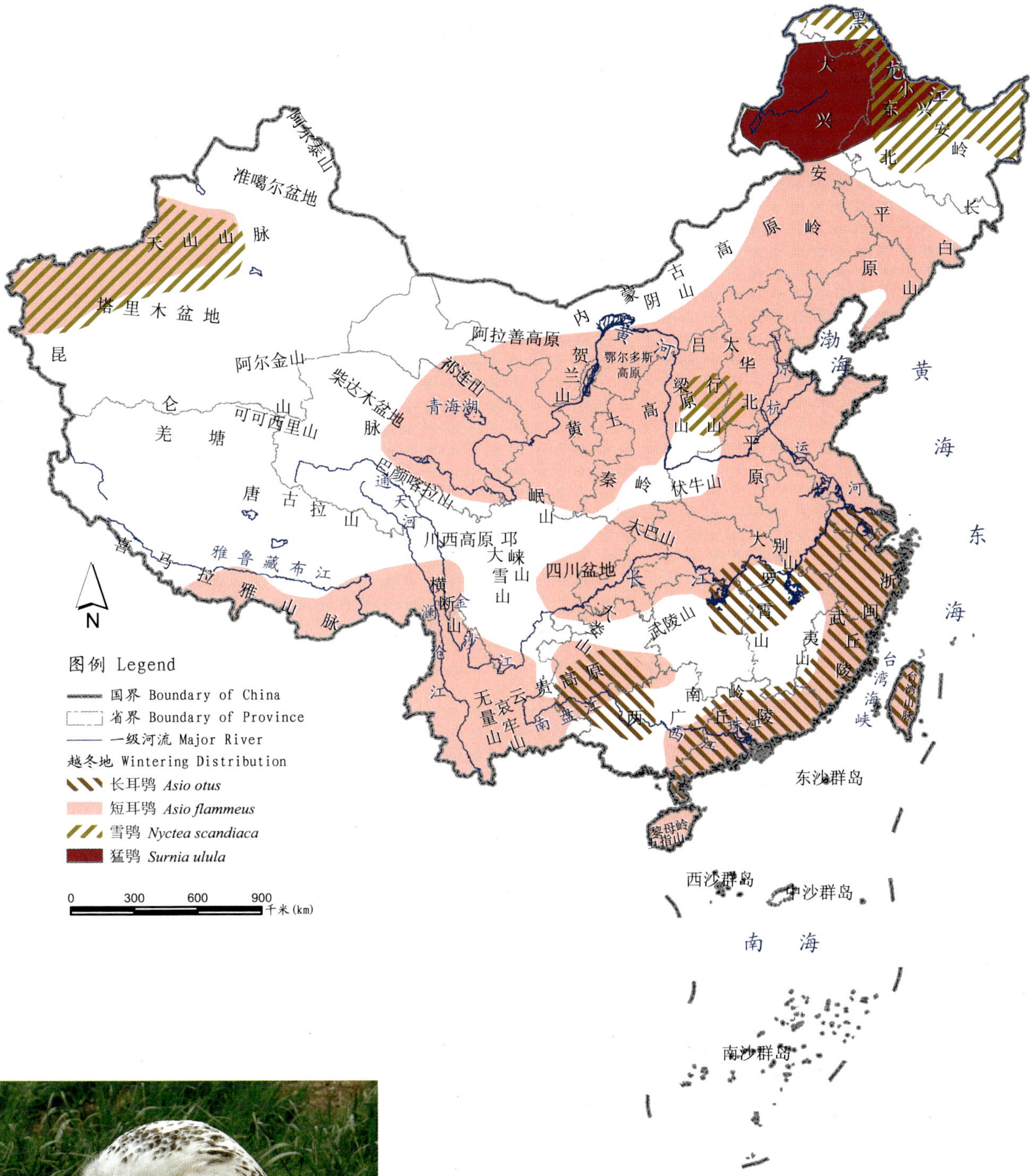

图例 Legend

国界 Boundary of China
省界 Boundary of Province
一级河流 Major River
越冬地 Wintering Distribution
长耳鸮 *Asio otus*
短耳鸮 *Asio flammeus*
雪鸮 *Nyctea scandiaca*
猛鸮 *Surnia ulula*

0 300 600 900 千米 (km)

图 3.32 雪鸮 *Nyctea scandiaca* 无危（LC）

在中国越冬的鸮形目迁徙鸟共有 4 种，分别为猛鸮 *Surnia ulula*、长耳鸮 *Asio otus*、短耳鸮 *Asio flammeus*、雪鸮 *Nyctea scandiaca*。猛鸮在中国的越冬地仅为东北的大兴安岭北部地区；长耳鸮越冬区域包括云贵高原东部、长江中下游、台湾以及东南沿海各省；雪鸮越冬区域包括太行山地区、新疆西部部分地区以及黑龙江；短耳鸮在中国的越冬地较为广泛，包括东北、华北、华东、华中的大部分地区，以及黄土高原、云贵高原、天山西部的部分地区。

3.2.6 中国鸽形目鸟类

地图 3.2.6.1 中国鸽形目居留地分布

Map 3.2.6.1 Distribution of Resident Areas of Columbiformes of China

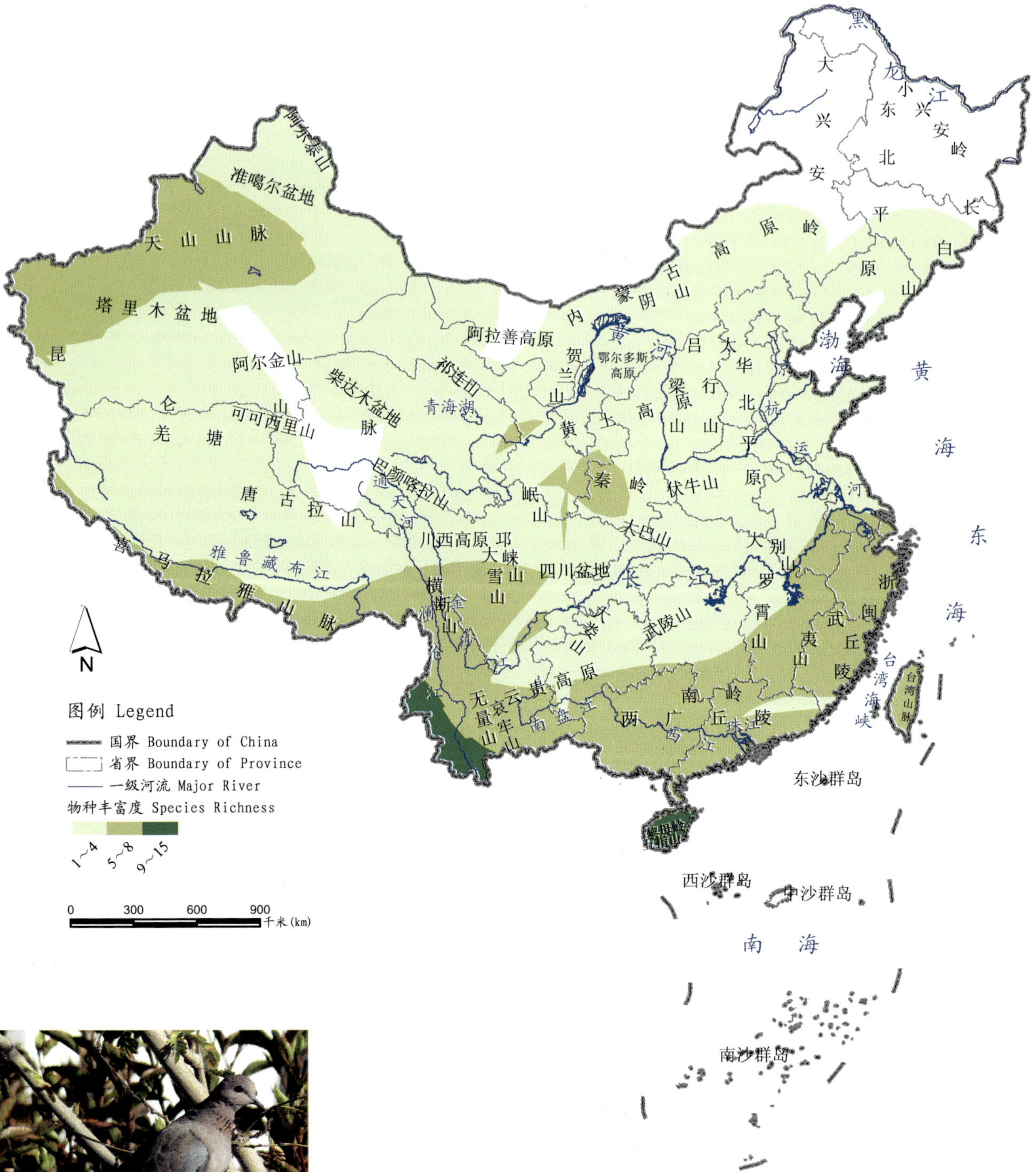

图例 Legend
国界 Boundary of China
省界 Boundary of Province
一级河流 Major River
物种丰富度 Species Richness
1~4
5~8
9~15
0
300
600
900
千米 (km)
N
准噶尔盆地
天山山脉
塔里木盆地
阿尔金山
柴达木盆地
祁连山
青海湖
阿拉善高原
鄂尔多斯高原
黄土高原
秦岭
四川盆地
雅鲁藏布江
喜马拉雅山脉
云贵高原
东沙群岛
西沙群岛
中沙群岛
南沙群岛
南海
黄海
东海
渤海
台湾海峡

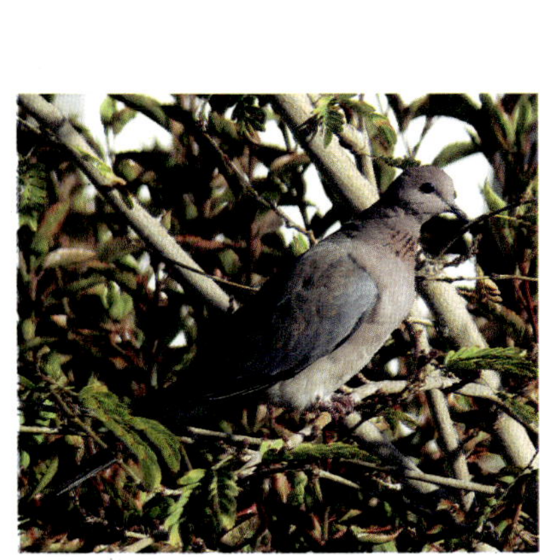

图3.33 棕斑鸠 *Streptopelia senegalensi* 不宜评估（NA）

鸽形目鸟类多是小型走禽，以果实、种子及浆果为食，多为留鸟，主要为树栖物种，只有地鸠类常光顾地面。中国鸽形目鸟类只有鸠鸽科 31 种，均有居留行为；而早先被分为该目的沙鸡科被合并至鹳形目中。除东北地区北部以及内蒙古、新疆的部分地区外，中国其余地区均有鸽形目居留型鸟生存，基本格局为长江以南地区多于长江以北，不过在新疆西部的天山山脉一带也有较多分布；在云南西南地区以及海南岛，该类群数量最多。

地图 3.2.6.2 中国鸽形目迁徙鸟繁殖地分布

Map 3.2.6.2 Distribution of Summer Breeding Areas of Migrant Columbiformes Species of China

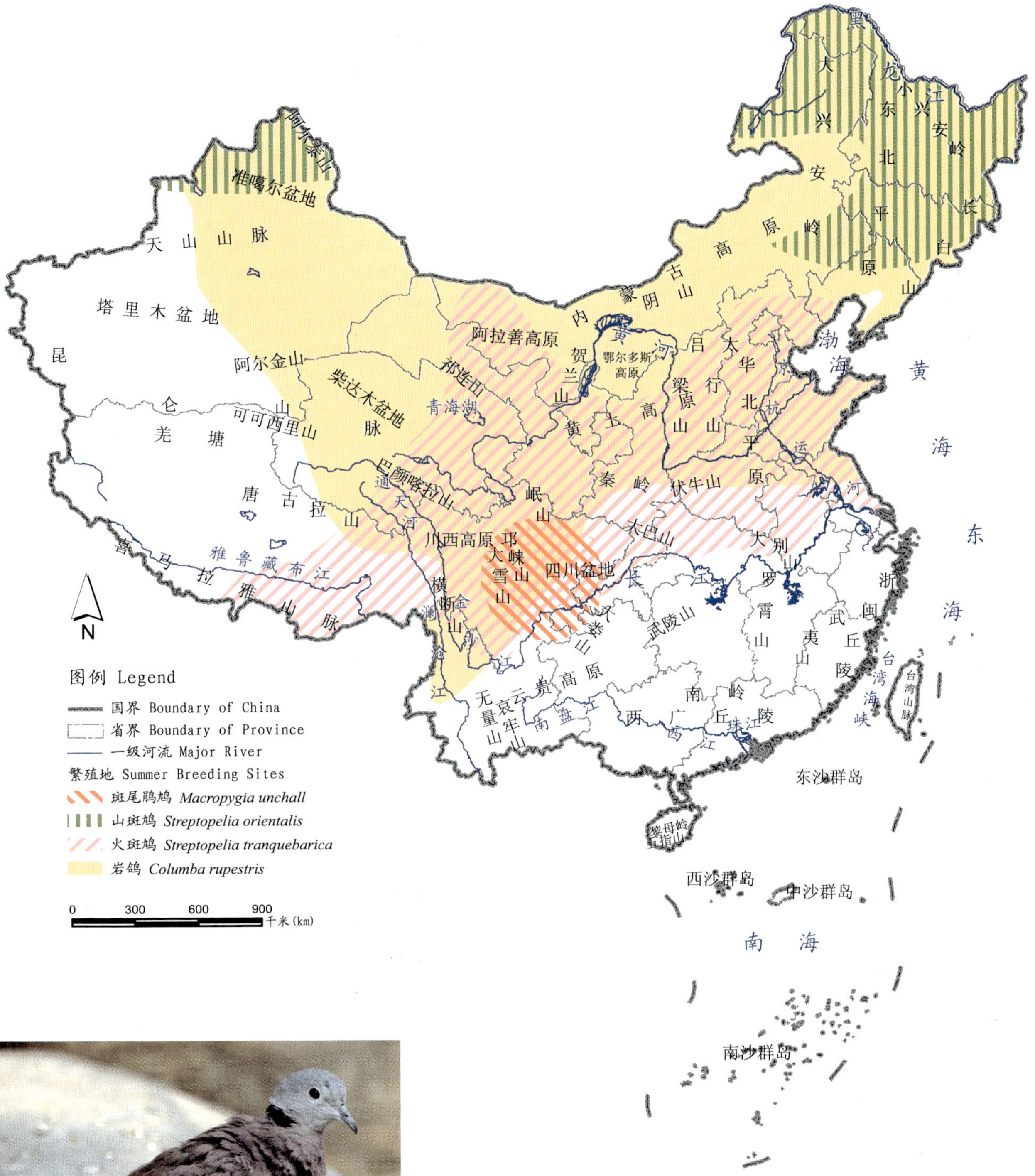

图例 Legend

国界 Boundary of China

省界 Boundary of Province

一级河流 Major River

繁殖地 Summer Breeding Sites

斑尾鹃鸠 *Macropygia unchall*

山斑鸠 *Streptopelia orientalis*

火斑鸠 *Streptopelia tranquebarica*

岩鸽 *Columba rupestris*

0 300 600 900 千米 (km)

图3.34 火斑鸠 *Streptopelia tranquebarica* 无危（LC）

中国鸽形目迁徙鸟有4种，分别为岩鸽 *Columba rupestris*、山斑鸠 *Streptopelia orientalis*、火斑鸠 *Streptopelia tranquebarica*、斑尾鹃鸠 *Macropygia unchall*，它们在中国进行繁殖，但很少在中国越冬。斑尾鹃鸠的繁殖地为四川盆地、邛崃山和大雪山地区；山斑鸠繁殖区域集中在东北地区北部及新疆北部阿尔泰山一带；岩鸽与火斑鸠繁殖区域较广，前者包括秦岭淮河以北的大部分区域和新疆、青藏高原东北部，后者繁殖地包括内蒙古高原以南及长江以北的地区。

3.2.7 中国鹤形目鸟类

地图 3.2.7.1 中国鹤形目居留地分布

Map 3.2.7.1 Distribution of Resident Areas of Gruiformes of China

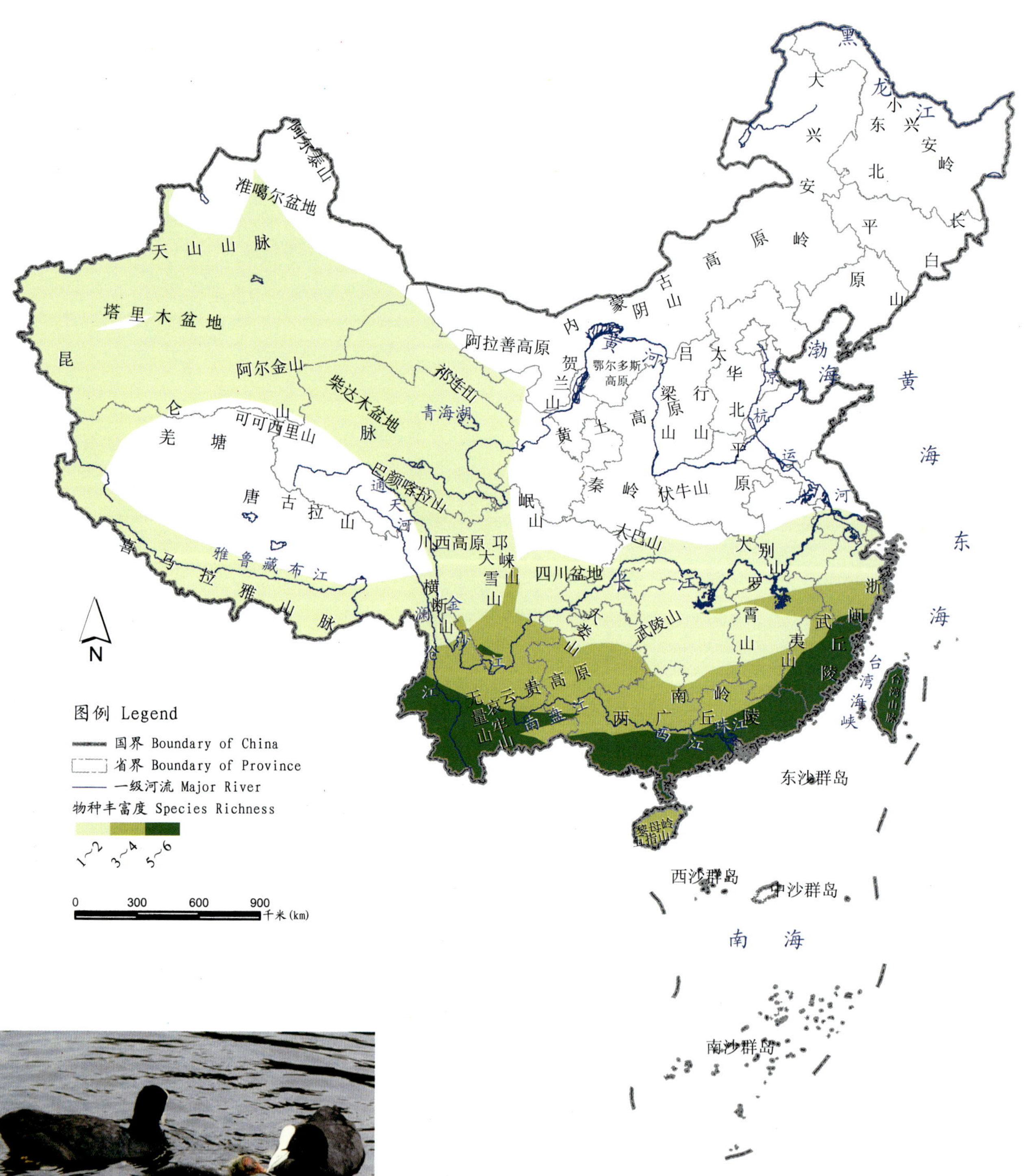

图 3.35 骨顶鸡 *Fulica atra* 无危 (LC)

鹤形目多是涉禽，常栖息于水域附近的沼泽草地或草原，涉水或奔走取食小型动物、昆虫、植物的嫩芽和种子。我国鹤形目分鸨科、鹤科和秧鸡科共 3 科 31 种，其中大多数为迁徙型，居留型只有 11 种。鹤形目居留型鸟主要分布于长江以南的大部分区域，尤其以云南南部、东南沿海和两广丘陵地带以及台湾岛较多。新疆南部、青藏高原边缘地带也有少量鹤形目常年居留分布。

地图 3.2.7.2 中国鹤形目迁徙鸟繁殖地分布

Map 3.2.7.2 Distribution of Summer Breeding Areas of Migrant Gruiformes Species of China

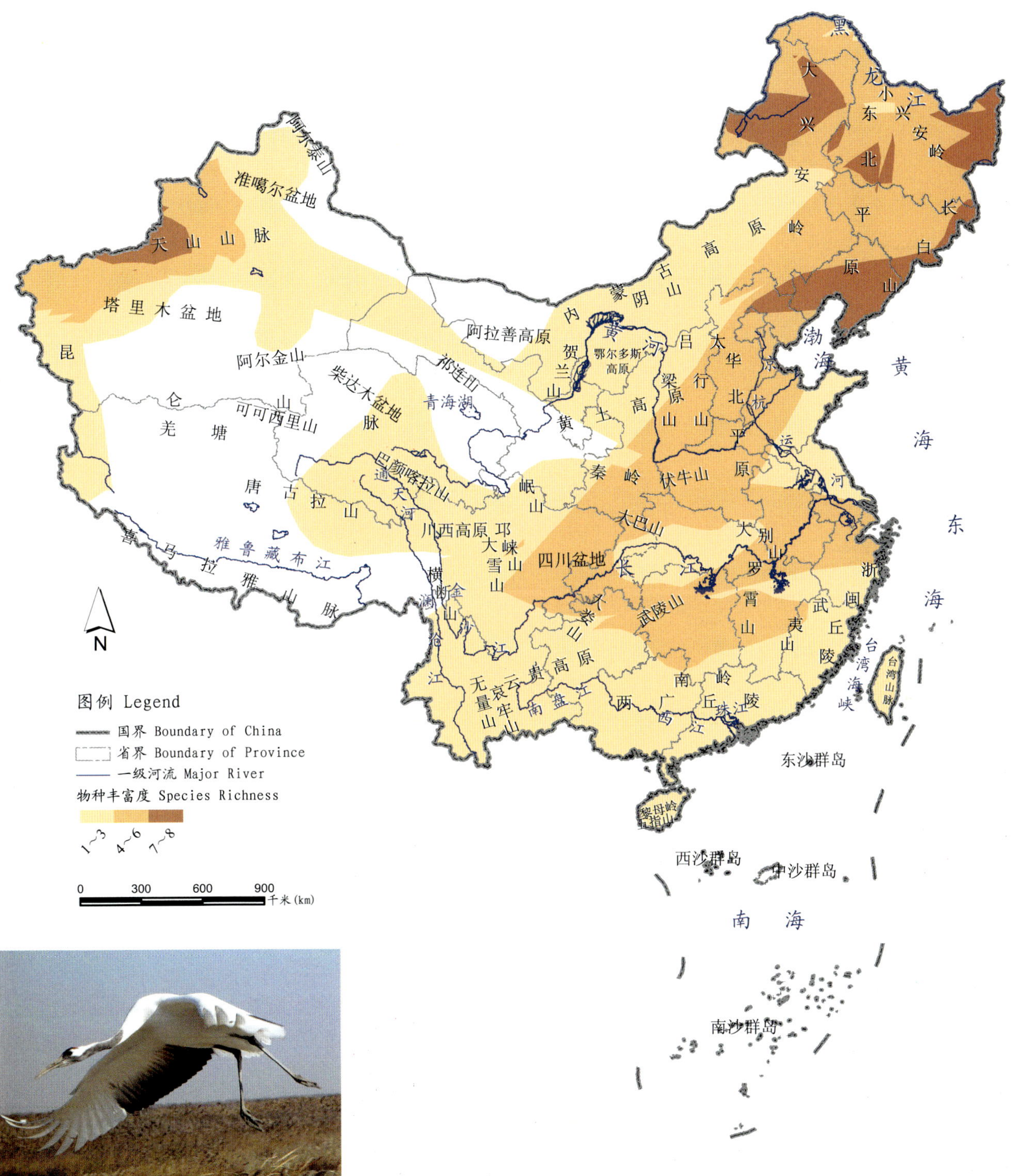

图3.36 丹顶鹤 *Grus japonensis* 濒危 (EN)

鹤形目迁徙鸟在中国繁殖的有21种，广泛分布于我国的中部和东部地区，以东亚—澳大利亚迁徙路线为主，在西部则相对较少，不过新疆西部的天山山脉一带是较多物种的繁殖地，东北地区是该类群繁殖地集中的地区，尤其是和俄罗斯远东地区接壤的湿地以及大兴安岭北部的湿地。

地图 3.2.7.3 中国鹤形目迁徙鸟越冬地分布
Map 3.2.7.3 Distribution of Wintering Areas of Migrant Gruiformes Species of China

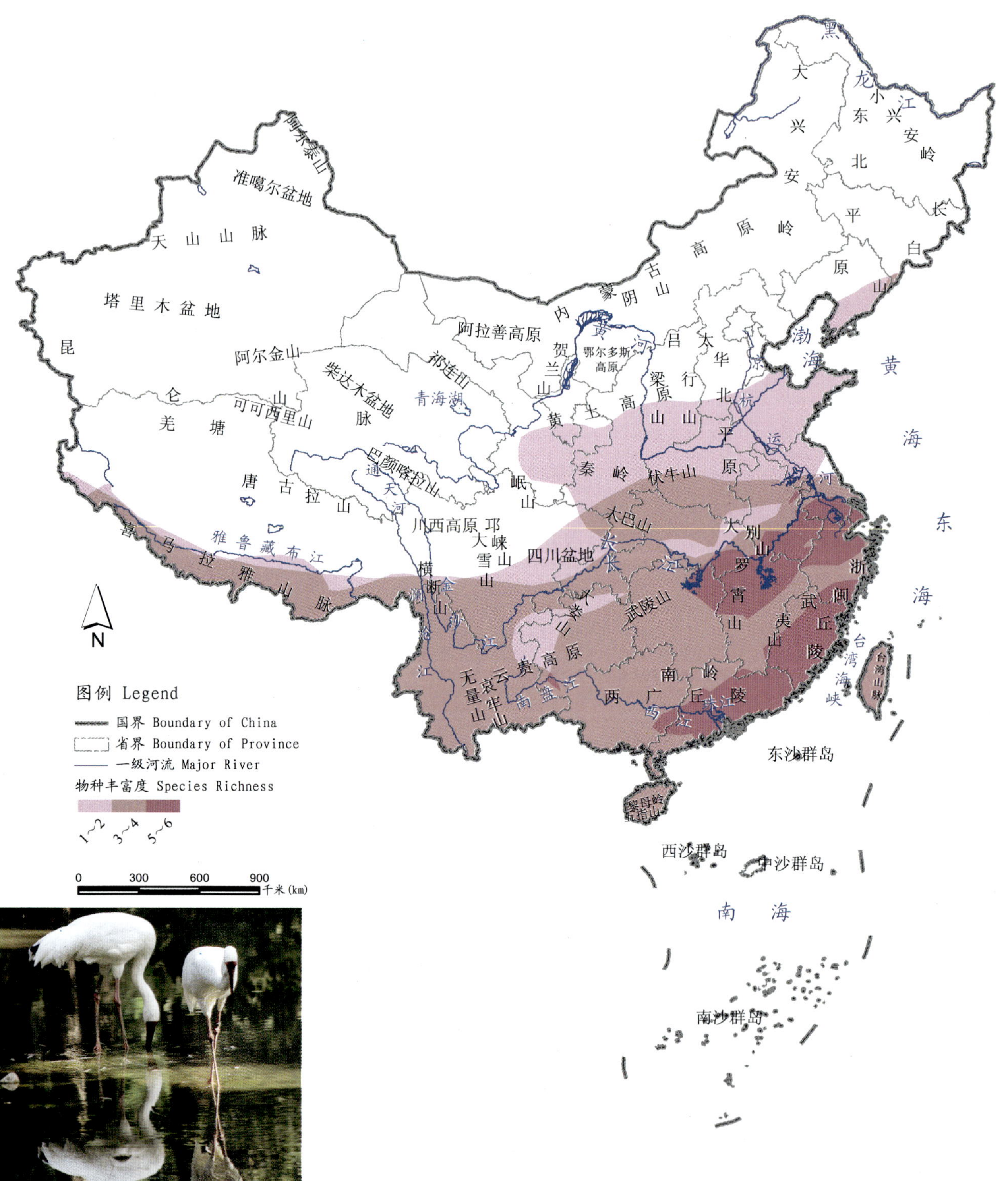

图3.37 白鹤 *Grus leucogeranus* 极危（CR）

鹤形目鸟类有13种在中国越冬，越冬地主要在我国的南方，包括华东、华南、东南的大部分地区，以及云贵高原、喜马拉雅山脉和秦岭等山区。该类群在长江中下游平原以及东南沿海一带越冬的种类最多，以东亚—澳大利亚迁徙路线为主。

3.2.8 中国鹳形目鸟类

地图 3.2.8.0.1 中国鹳形目居留地分布

Map 3.2.8.0.1 Distribution of Resident Areas of Ciconiiformes of China

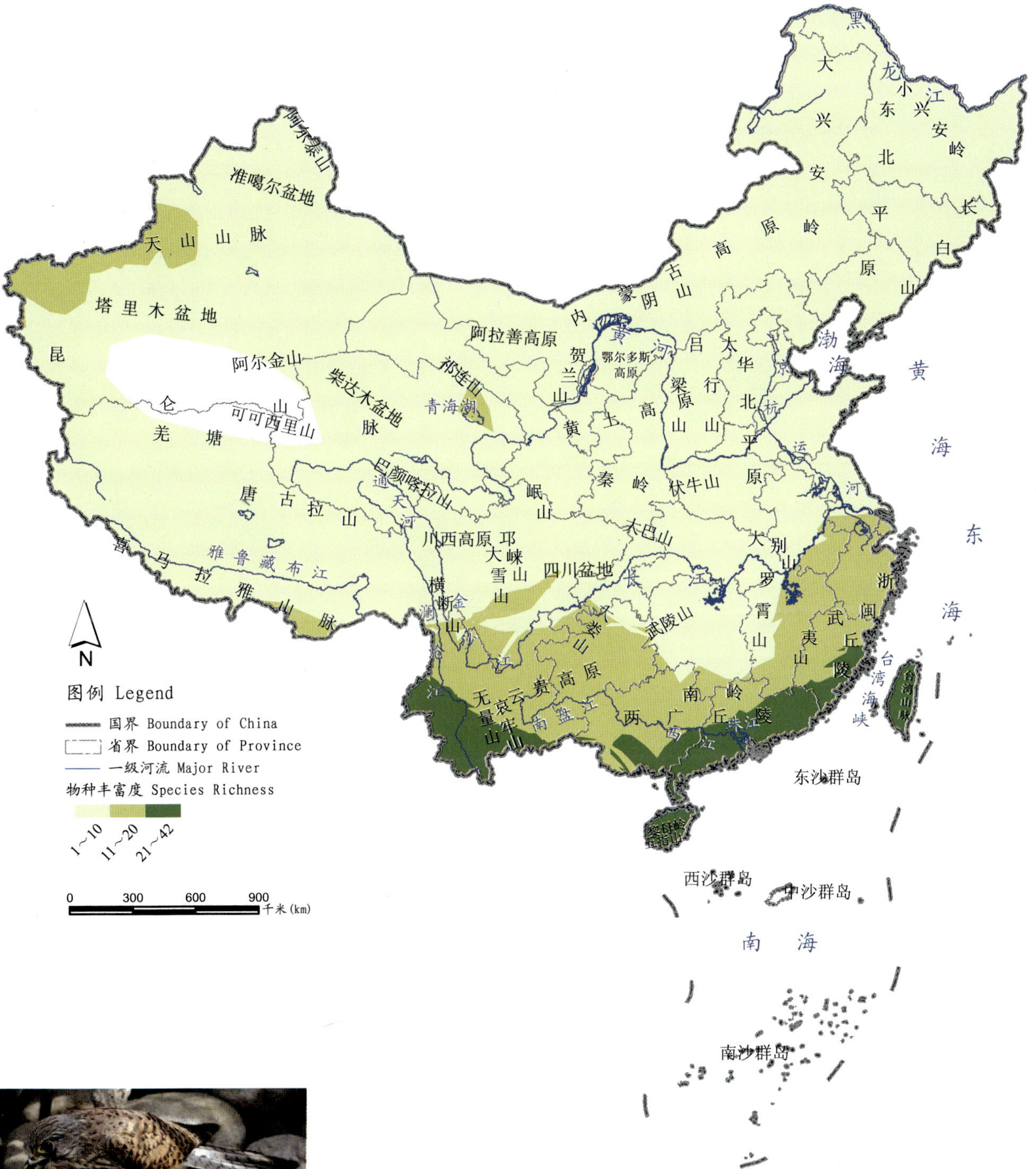

图3.38 红隼 *Falco tinnunculus* 无危（LC）

本书采用了较新的鹳形目分类体系，该体系借助基因测序，将沙鸡、丘鹬、鸻、鹰隼、鸬鹚、鹭、鹳、鹮以及鹱鸟等类群合并到鹳形目中成为一个大目。该目多是大型鸟，栖息于高树或岩石上，共计 19 科 273 种。其中居留型鸟 92 种，除昆仑山脉一带没有分布的记录外，广泛分布于我国各地，丰富度的整体趋势为由南向北递减，但青海湖和天山西段较多。在云南南部、东南沿海地带以及台湾岛、海南岛这些终年温暖的地区，鹳形目居留型鸟最为集中。

地图 3.2.8.0.2　中国鹳形目迁徙鸟繁殖地分布

Map 3.2.8.0.2　Distribution of Summer Breeding Areas of Migrant Ciconiiformes Species of China

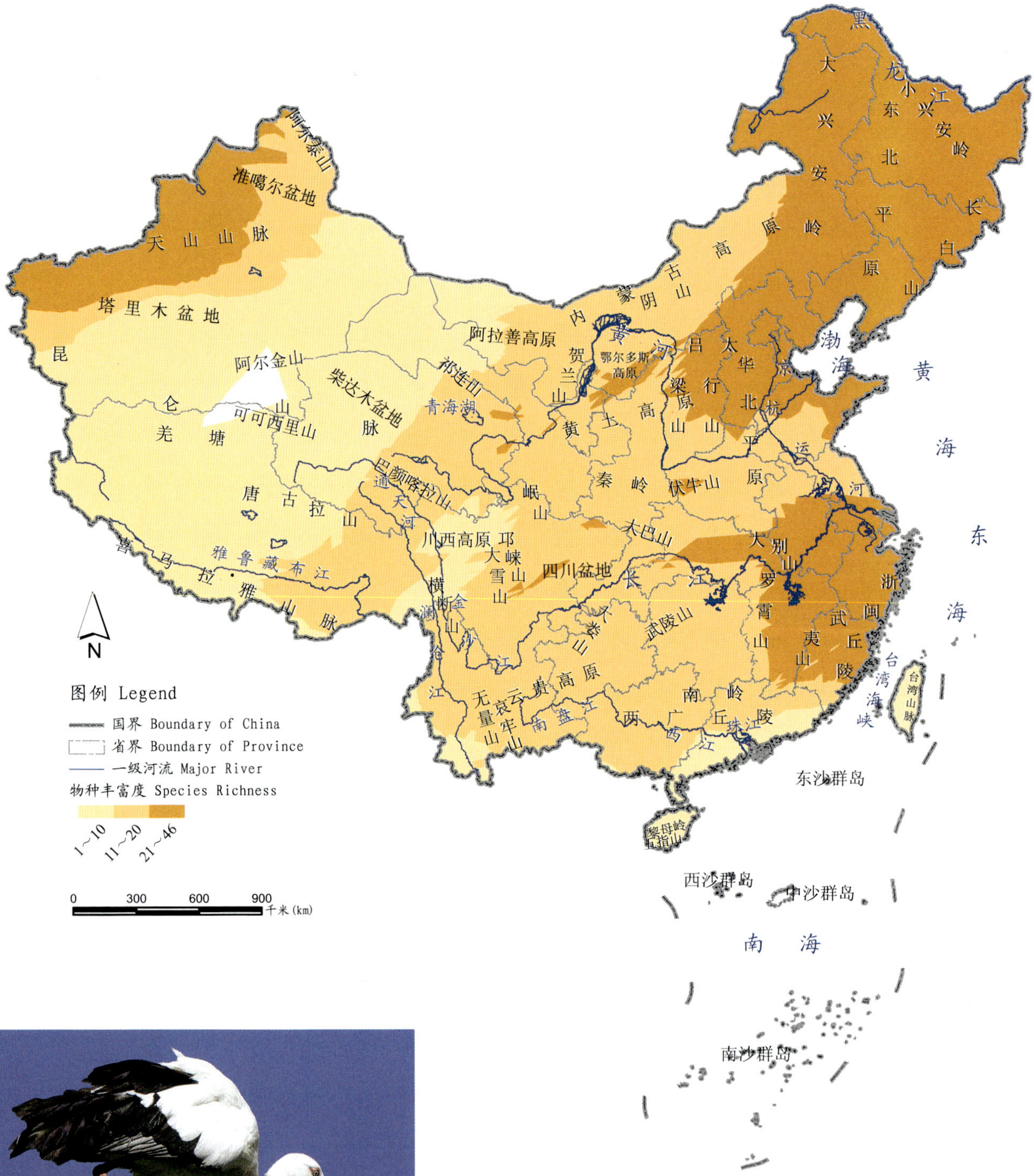

图例 Legend

国界 Boundary of China

省界 Boundary of Province

一级河流 Major River

物种丰富度 Species Richness

1～10　11～20　21～46

0　300　600　900 千米(km)

图 3.39　东方白鹳 *Ciconia boyciana*　濒危（EN）

共有 120 种鹳形目鸟类在中国繁殖，该类群的繁殖地广泛分布于全国各地，丰富度格局是东部相对较多而西部相对较少，不过新疆西北的天山山脉一带数量较多。在东部集中分布于东北的绝大部分地区，河北、山西的部分地区，山东半岛的东部沿海，长江下游以及浙闽丘陵地带。

地图 3.2.8.0.3　中国鹳形目迁徙鸟越冬地分布

Map 3.2.8.0.3　Distribution of Wintering Areas of Migrant Ciconiiformes Species of China

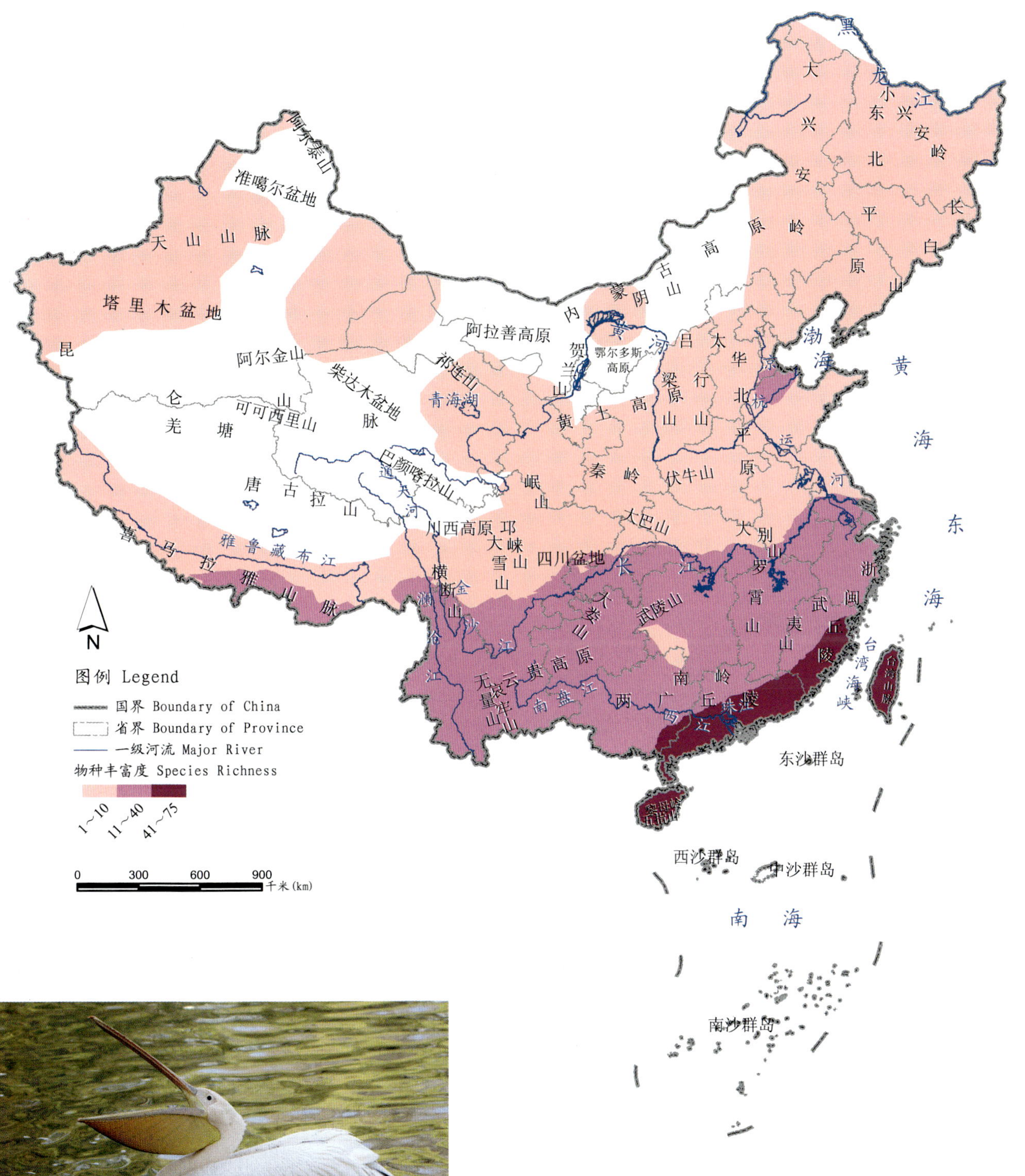

在我国越冬的鹳形目鸟类计有122种，越冬地主要为我国的东部和南部，而在内蒙古、新疆、青藏高原等部分干旱、寒冷区域则很少分布；丰富度格局的趋势是从东南向西北递减，以长江为界，长江以南地区种类明显增多，广东、福建两省沿海以及海南岛、台湾岛是集中的越冬地。

图3.40　白鹈鹕 *Pelecanus onocrotalus* 无危（LC）

3.2.8.1 中国鹰隼类鸟类

地图 3.2.8.1.1 中国鹰隼类居留地分布

Map 3.2.8.1.1 Distribution of Resident Areas of Accipitridae and Falconidae Species of China

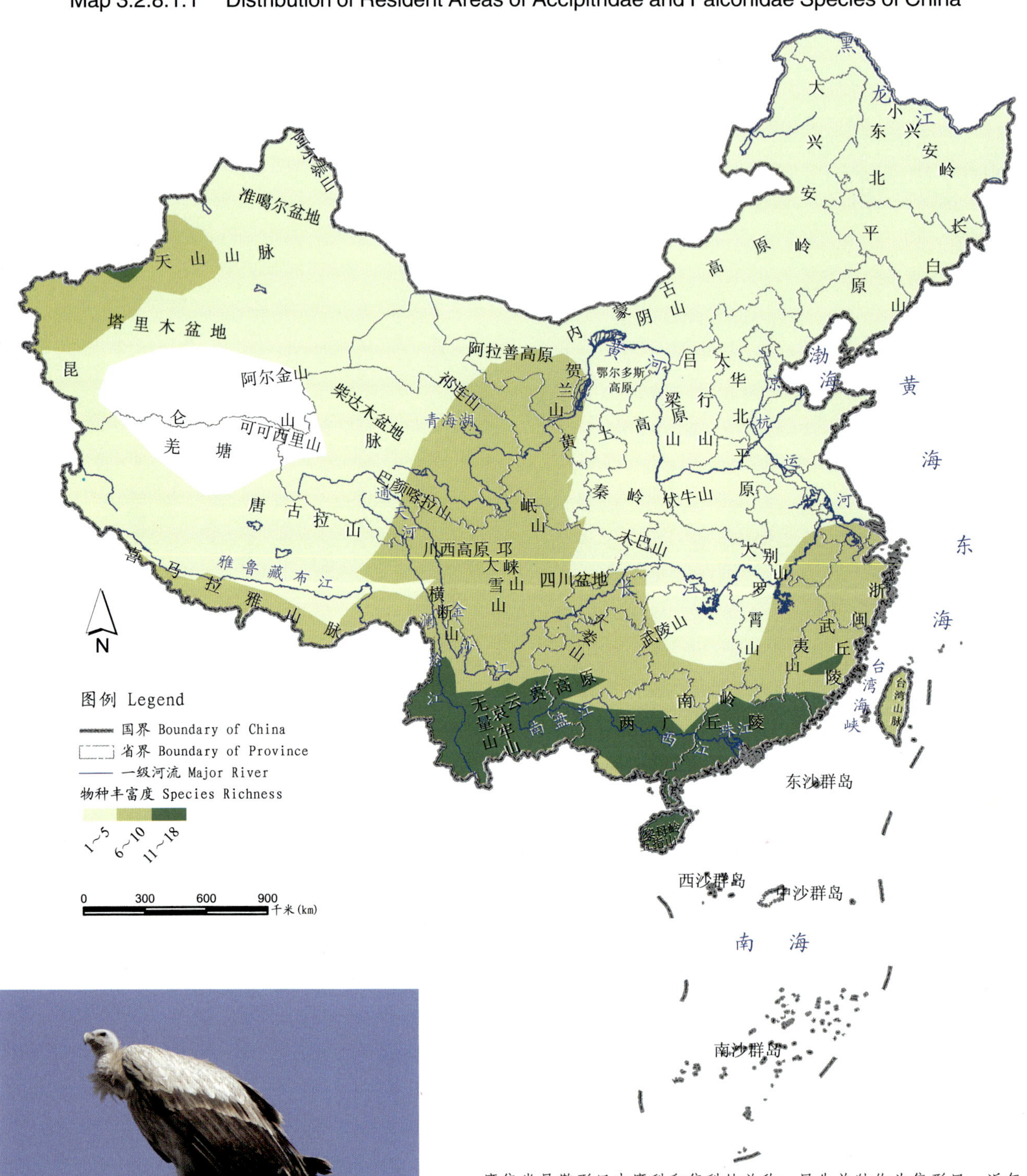

图3.41 高山兀鹫 *Gyps himalayensis* 无危（LC）

鹰隼类是鹳形目中鹰科和隼科的总称，早先单独作为隼形目，近年来被归入鹳形目之中。该类群物种都属于肉食性猛禽，许多种类飞行能力极强，而鹳形目其他种类多为涉禽。中国有分布记录的鹰隼类共63种，其中38种有居留行为，除羌塘北部地区及昆仑山中部地区外，全国各地均有其居留分布。在云南大部、云贵高原及以南地区、海南岛及南岭、两广丘陵地区，该类群种类居留最多。

地图 3.2.8.1.2 中国鹰隼类迁徙鸟繁殖地分布

Map 3.2.8.1.2 Distribution of Summer Breeding Areas of Migrant Accipitridae and Falconidae Species of China

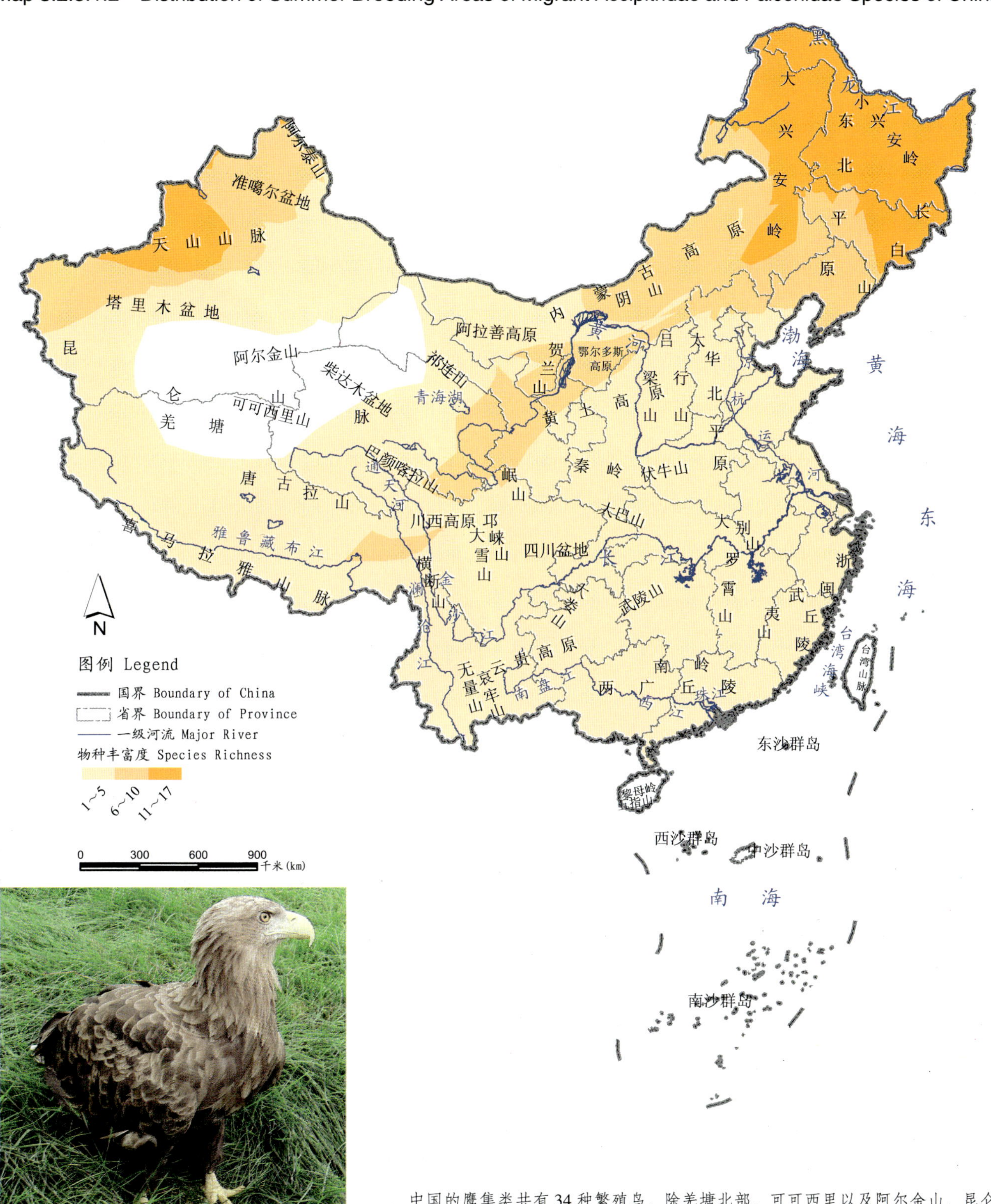

图3.42 白尾海雕 *Haliaeetus albicilla* 近危（NT）

中国的鹰隼类共有34种繁殖鸟，除羌塘北部、可可西里以及阿尔金山、昆仑山的部分区域外，该类群的繁殖地广泛分布于全国各地，在东北地区及新疆西部的天山山脉一带最为集中，繁殖地选择在我国北方的种类明显多于南方的种类。

地图 3.2.8.1.3 中国鹰隼类迁徙鸟越冬地分布

Map 3.2.8.1.3 Distribution of Wintering Areas of Migrant Accipitridae and Falconidae Species of China

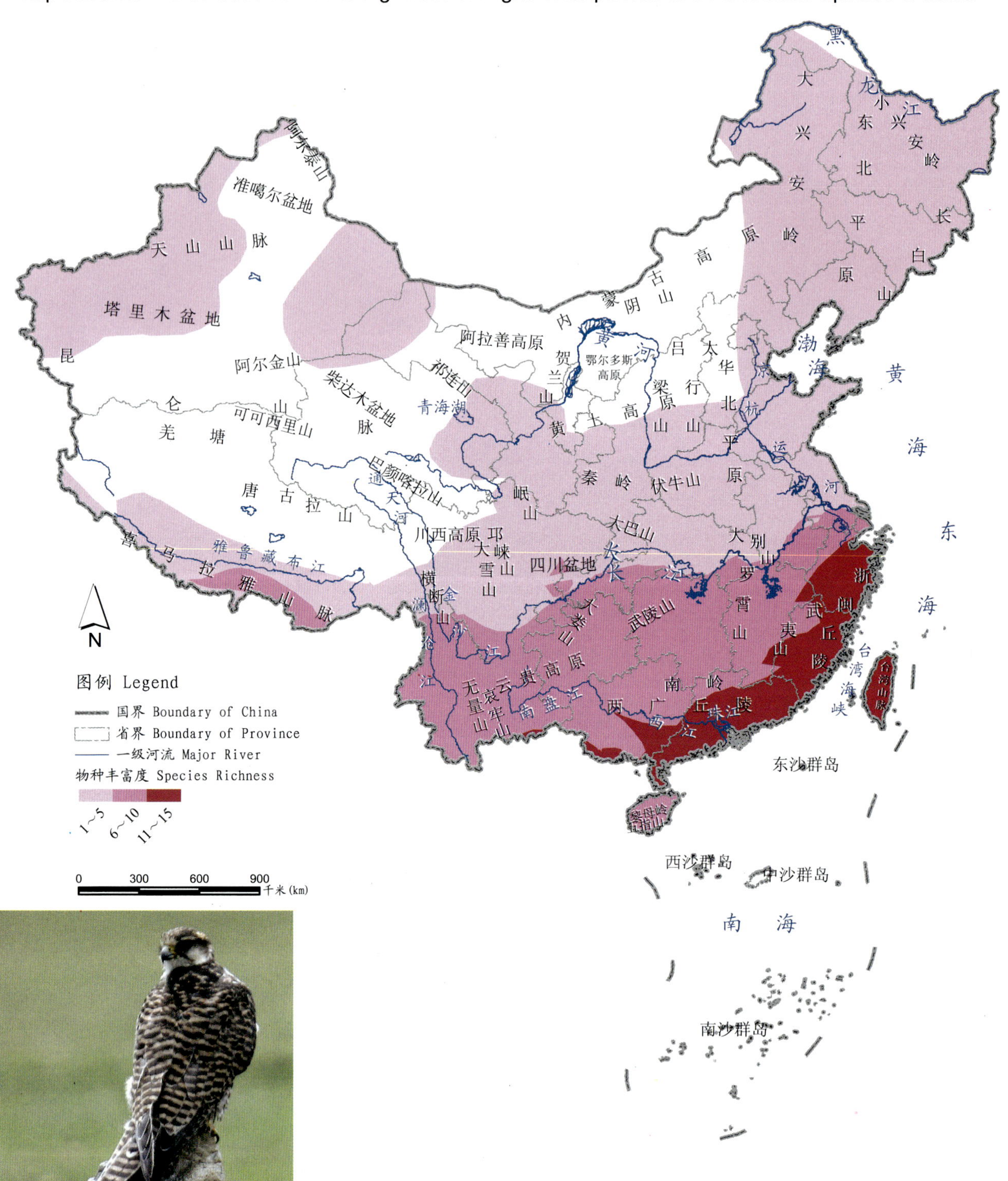

图3.43 猎隼 *Falco cherrug* 无危（LC）

在中国越冬的鹰隼类迁徙鸟共33种。此类群在我国东北、华中、华南、西南和东南均有广泛的越冬地，但在内蒙古高原、鄂尔多斯高原、西藏北部以及新疆中部和南部地区则基本没有越冬鸟分布。由东南向西北，越冬鸟的丰富度呈递减趋势；长江以南地区该类群种类明显增多，在广东、福建两省沿海和台湾越冬的鹰隼类最多。

3.2.8.2 中国丘鹬科鸟类

地图 3.2.8.2.1 中国丘鹬科迁徙鸟繁殖地分布

Map 3.2.8.2.1 Distribution of Summer Breeding Areas of Migrant Scolopacidae Species of China

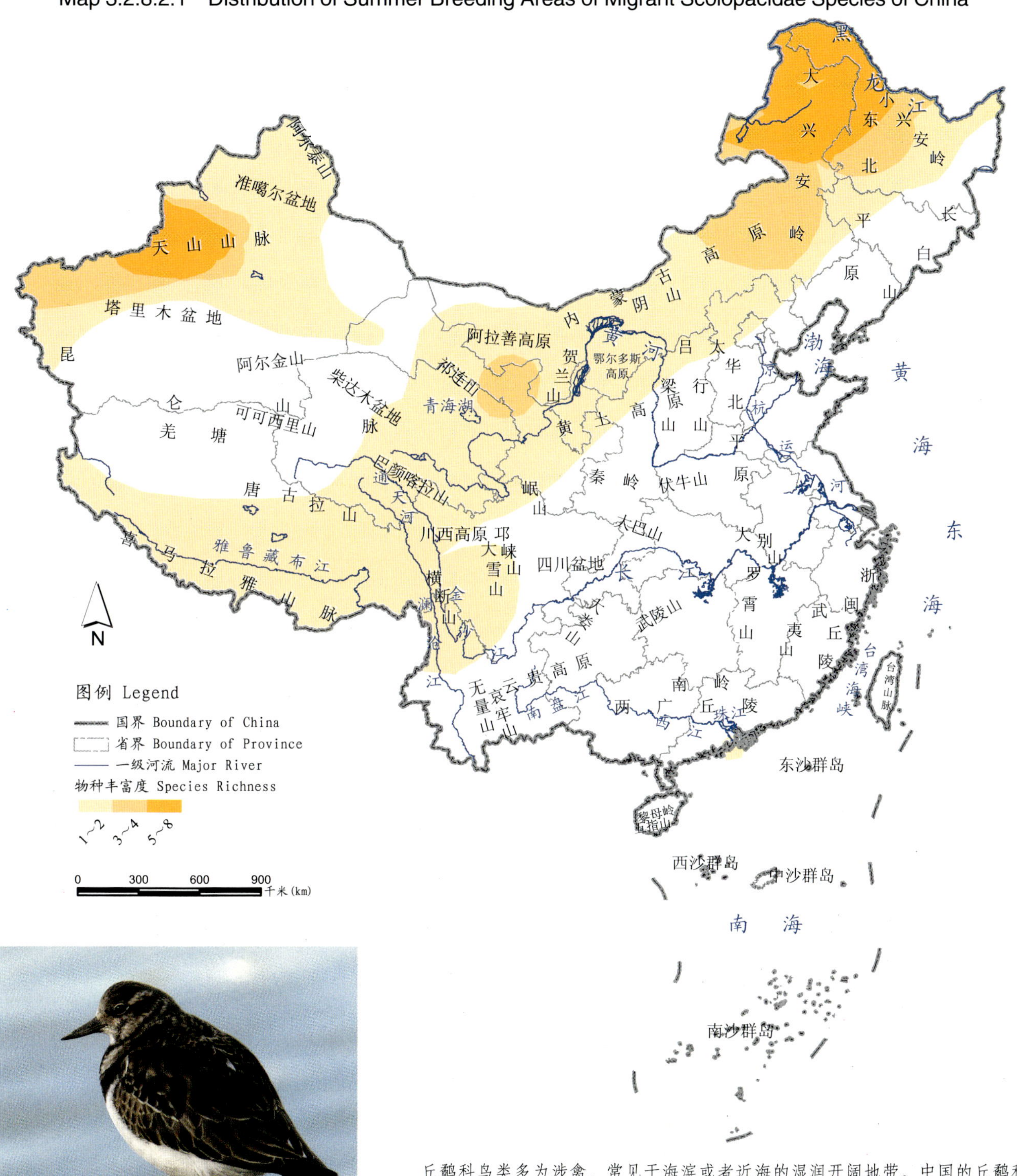

图3.44 翻石鹬 *Arenaria interpres* 无危（LC）

丘鹬科鸟类多为涉禽，常见于海滨或者近海的湿润开阔地带。中国的丘鹬科共52种，为鹬形目中的第一大科，其中仅孤沙锥 *Gallinago solitaria* 在大小兴安岭北部、喜马拉雅山脉和西北部分地区为留鸟，其余均为迁徙鸟。迁徙鸟在中国繁殖的有14种，主要在东北平原、太行山、黄土高原、秦岭、横断山一线以北、以西的地区繁殖，但不包括昆仑山周边及羌塘在内的广大区域，其中大兴安岭北部以及天山地区是较多丘鹬类迁徙鸟的繁殖地。

地图 3.2.8.2.2 中国丘鹬科迁徙鸟越冬地分布

Map 3.2.8.2.2 Distribution of wintering Areas of Migrant Scolopacidae Species of China

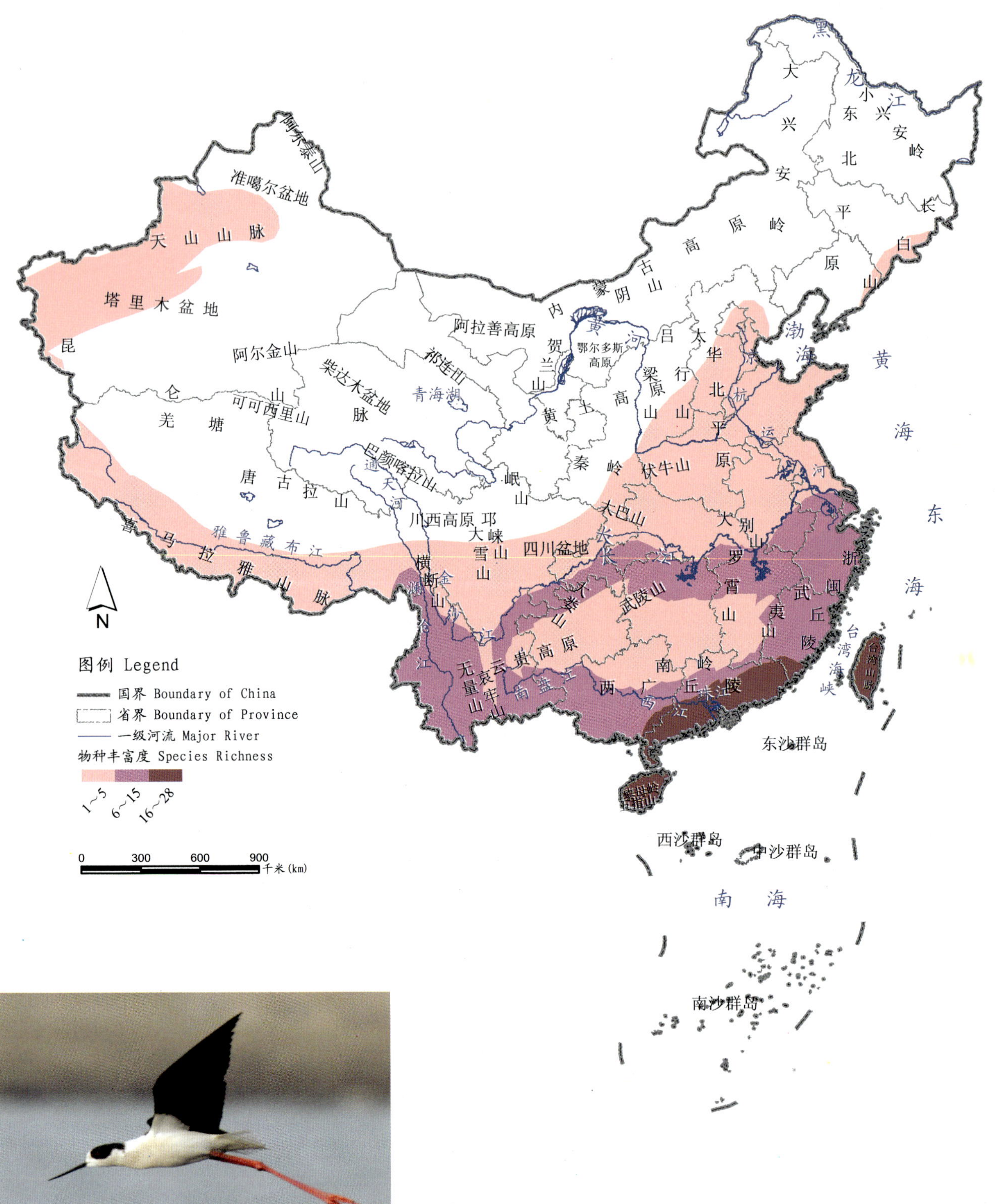

图3.45 黑翅长脚鹬 *Himantopus himantopus* 无危（LC）

有35种迁徙丘鹬科鸟类在中国越冬，这些鸟类的越冬区域主要为太行山、大巴山、大雪山、横断山、喜马拉雅山一线以南的地区，以及新疆西部的部分区域。广东沿海及台湾岛、海南岛是该类群的主要越冬地。

3.2.9 中国雀形目鸟类

雀形目鸟类又名栖禽，大多营树栖生活，是鸟纲中种类最多的一个目。中国的雀形目鸟类记录有 738 种，占中国鸟类总数的一半以上。雀形目的鸟类鸣肌、鸣管发达，啼声婉转，也被称为鸣禽。雀形目鸟善于筑巢，多为晚成雏，常有复杂的占区、营巢、求偶行为。体型大小不一，大者如鸦科部分种类体长可达 50 厘米以上，小者如莺科部分种类体长仅 6~7 厘米。

图 3.46 纹胸巨鹛 *Macronous gularis* 无危 (LC)

图 3.47 白颊噪鹛 *Garrulax sannio* 无危 (LC)

图 3.48 棕颈钩嘴鹛 *Pomatorhinus ruficollis* 无危 (LC)

3.2.9.1 中国莺科鸟类

地图 3.2.9.1.1 中国莺科居留地分布

Map 3.2.9.1.1 Distribution of Resident Areas of Sylviidae of China

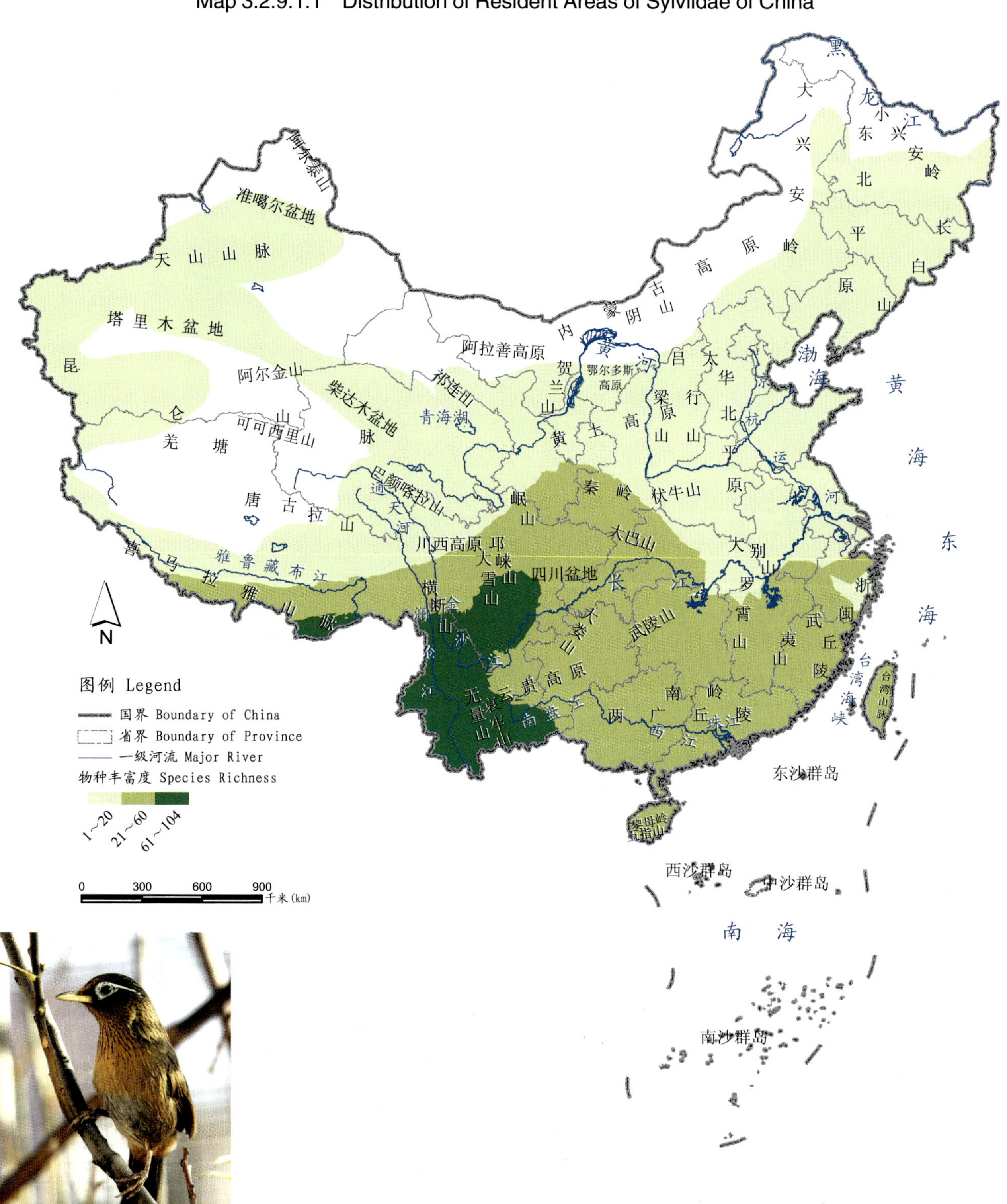

图3.49 画眉 *Garrulax canorus* 近危（NT）

莺科鸟类体型较小而显细长，是我国雀形目的第一大科，共计236种，其中有居留行为的达166种。在长江以南、华北和华中均有居留，在喜马拉雅山脉和新疆西部也有少量居留，长江以南的种类明显多于北方，横断山和云南省的西部及南部是该类群留鸟集中分布的地区。

地图 3.2.9.1.2 中国莺科迁徙鸟繁殖地分布

Map 3.2.9.1.2 Distribution of Summer Breeding Areas of Migrant Sylviidae Species of China

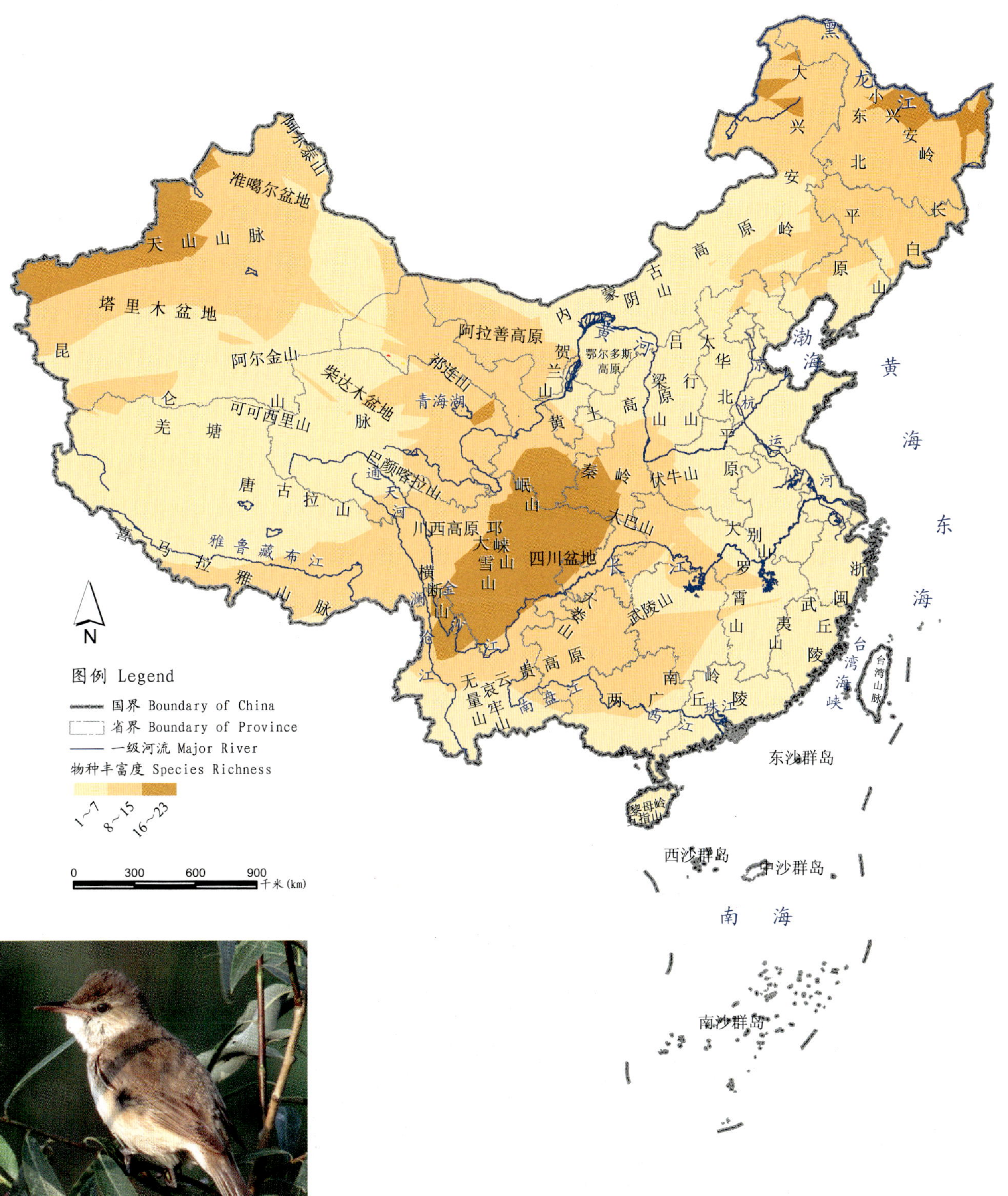

图3.50 东方大苇莺 *Acrocephalus orientalis* 无危（LC）

在中国繁殖的莺科迁徙鸟共计62种，其繁殖地涵盖中国的各个地区。从秦岭、岷山向南，经四川中部直到横断山区、天山西部以及东北最北部，是该类群鸟类最主要的繁殖地。

地图 3.2.9.1.3 中国莺科迁徙鸟越冬地分布

Map 3.2.9.1.3 Distribution of wintering Areas of Migrant Sylviidae Species of China

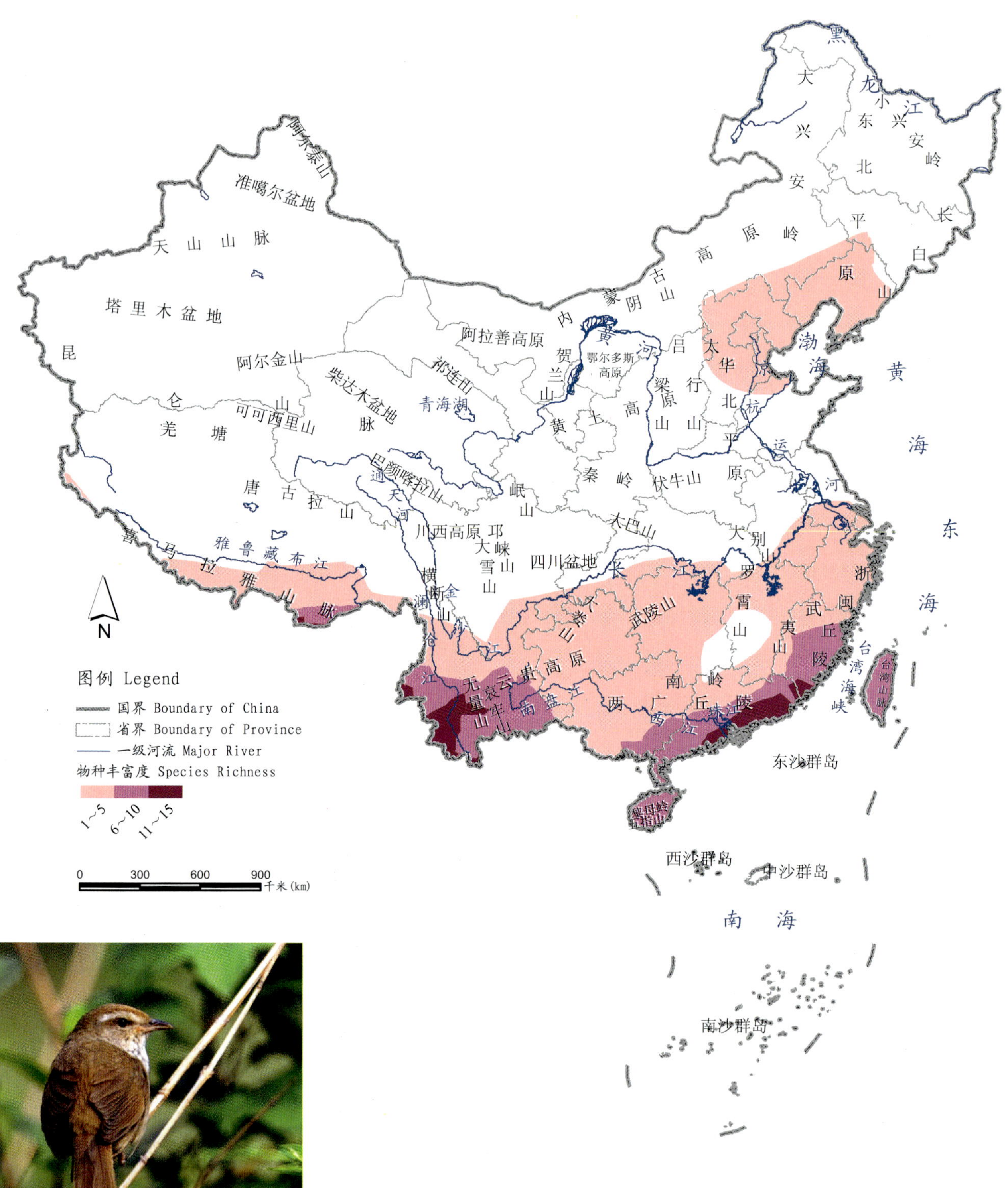

图 3.51 远东树莺 *Cettia canturians* 无危（LC）

在中国越冬的莺科鸟类相对较少，计有 35 种。该类群的越冬地基本在我国长江以南的广大地区，另外在喜马拉雅山脉和河北、辽宁的部分地区也有分布，在云南南部澜沧江流域及广东沿海越冬的最多。

3.2.9.2 中国鹟科鸟类

地图 3.2.9.2.1 中国鹟科居留地分布

Map 3.2.9.2.1 Distribution of Resident Areas of Muscicapidae Species of China

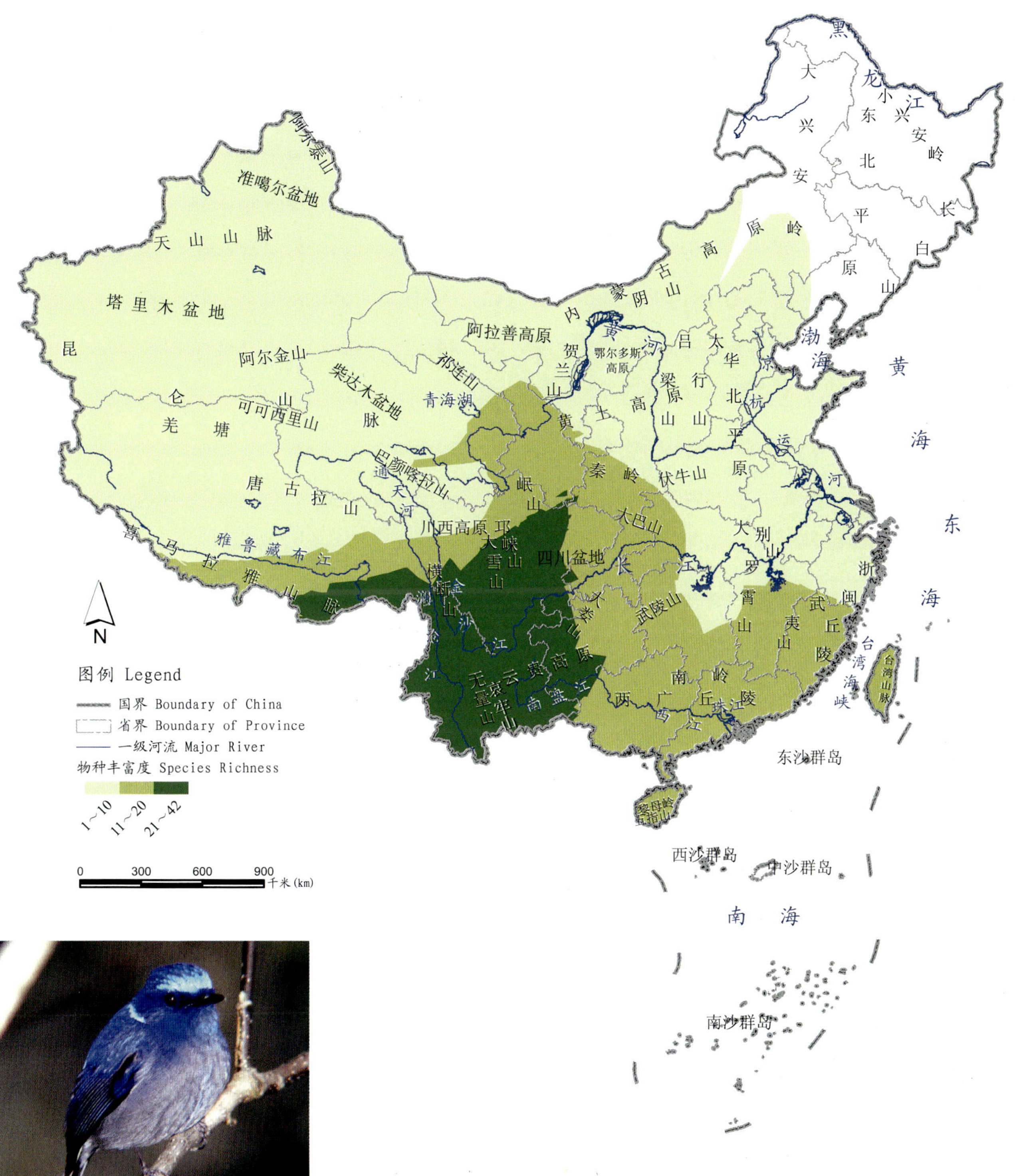

图3.52 小仙鹟 *Niltava macgrigoriae* 无危（LC）

鹟科鸟类多是小型鸣禽，善鸣叫，飞行灵便，常捕食昆虫。中国记录有鹟科鸟类共125种，是雀形目中仅次于莺科的一大类群。该类群在中国居留的计有69种，除东北地区外的其余地区均有居留，在云南、云贵高原、横断山、四川中部和南部以及藏东南地区，鹟科留鸟种类最多，并以此为中心分别向东北、北、西北递减。

地图 3.2.9.2.2 中国鹟科迁徙鸟繁殖地分布

Map 3.2.9.2.2 Distribution of Summer Breeding Areas of Migrant Muscicapidae Species of China

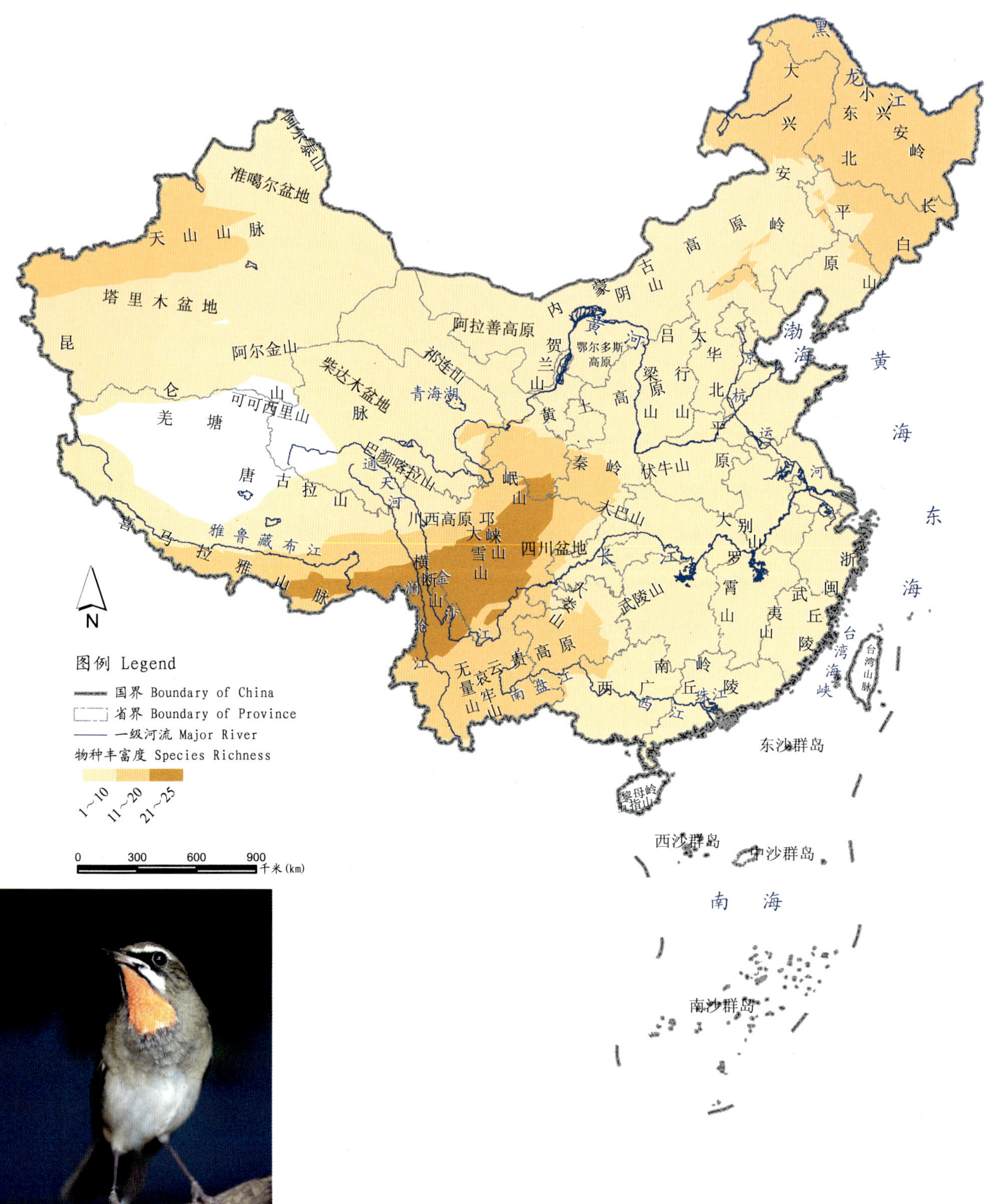

图3.53 红喉歌鸲 *Luscinia calliope* 无危（LC）

鹟科迁徙鸟在中国繁殖的有63种。除青藏高原腹地以及台湾、海南两岛外，其繁殖地广布于我国其他各地区。在西南地区、新疆天山山脉和东北繁殖较多，尤其集中在我国西南部的岷山、邛崃山、大雪山、横断山区以及藏东南。

地图 3.2.9.2.3 中国鹟科迁徙鸟越冬地分布

Map 3.2.9.2.3 Distribution of Wintering Areas of Migrant Muscicapidae Species of China

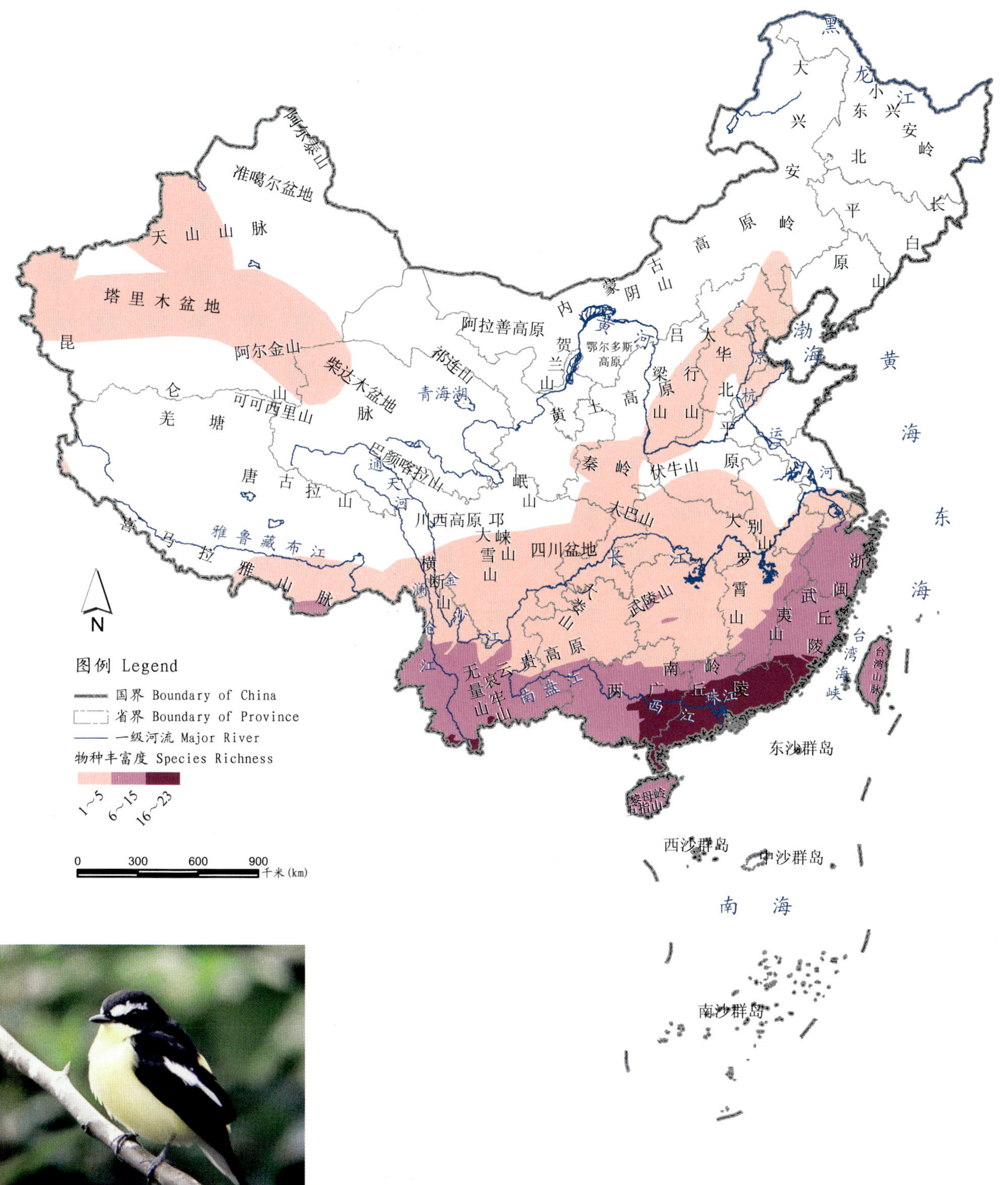

图3.54 白眉[姬]鹟 *Ficedula zanthopygia* 无危（LC）

在中国越冬的鹟科迁徙鸟共计有49种，其越冬地主要包括秦岭以南的广大区域，尤其是东南沿海一带、南岭、两广丘陵和云南等地区，在广东沿海地区最为丰富，此外在新疆南部以及太行山区也有少量种类越冬。

3.2.9.3 中国燕雀科鸟类

地图 3.2.9.3.1 中国燕雀科居留地分布

Map 3.2.9.3.1 Distribution of Resident Areas of Fringillidae Species of China

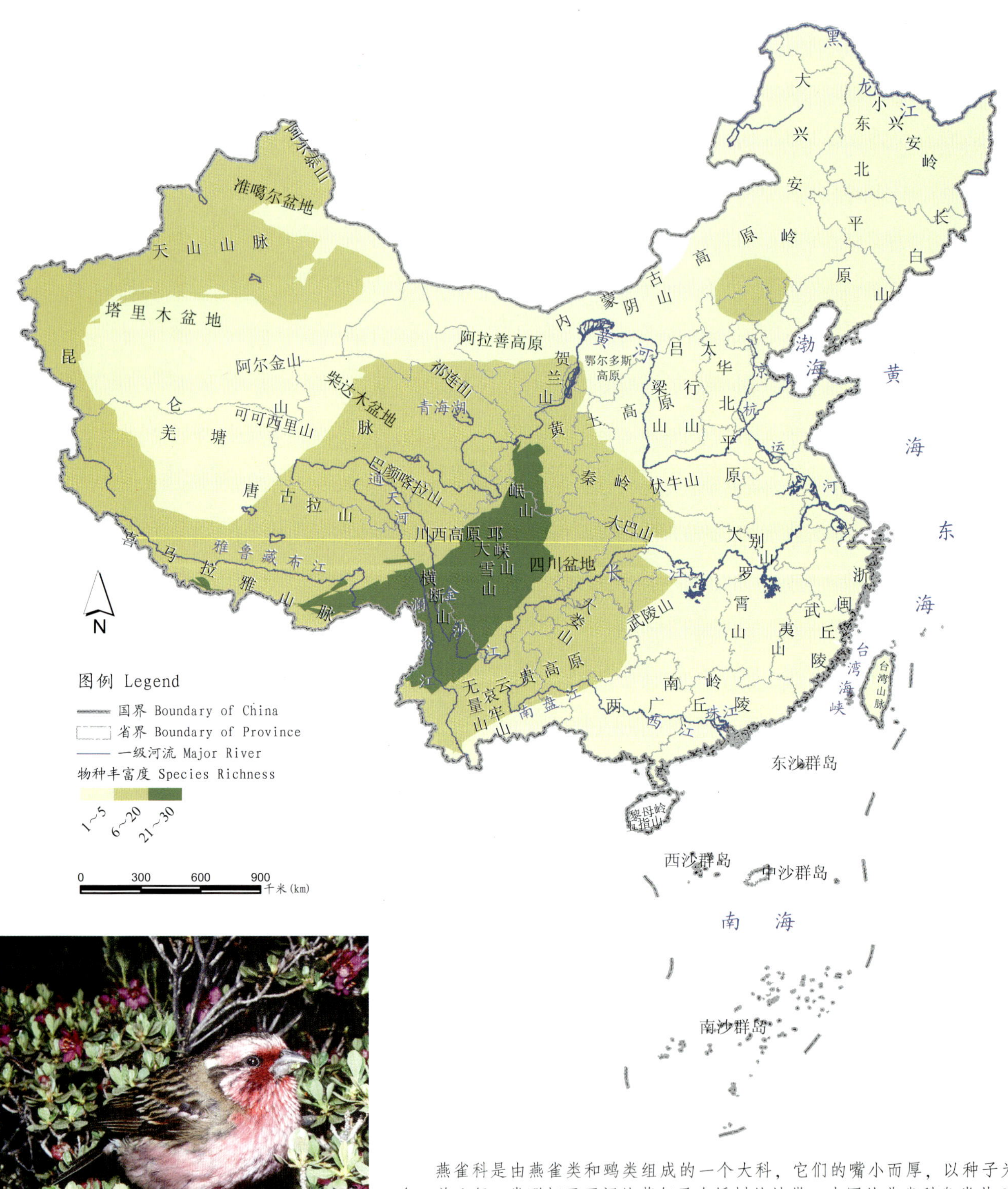

图3.55 白眉朱雀 *Carpodacus thura* 无危（LC）

燕雀科是由燕雀类和鹀类组成的一个大科，它们的嘴小而厚，以种子为食，善飞行，常群栖于开阔的草甸及有矮树的地带。中国的燕雀科鸟类共87种，有居留行为的有51种。其居留型鸟遍布全国除海南岛以外的各地区，在西南部和西北部物种的丰富度较高，集中分布在岷山、邛崃山、大雪山、横断山和藏东南一带。

地图 3.2.9.3.2　中国燕雀科迁徙鸟繁殖地分布

Map 3.2.9.3.2　Distribution of Summer Breeding Areas of Migrant Fringillidae Species of China

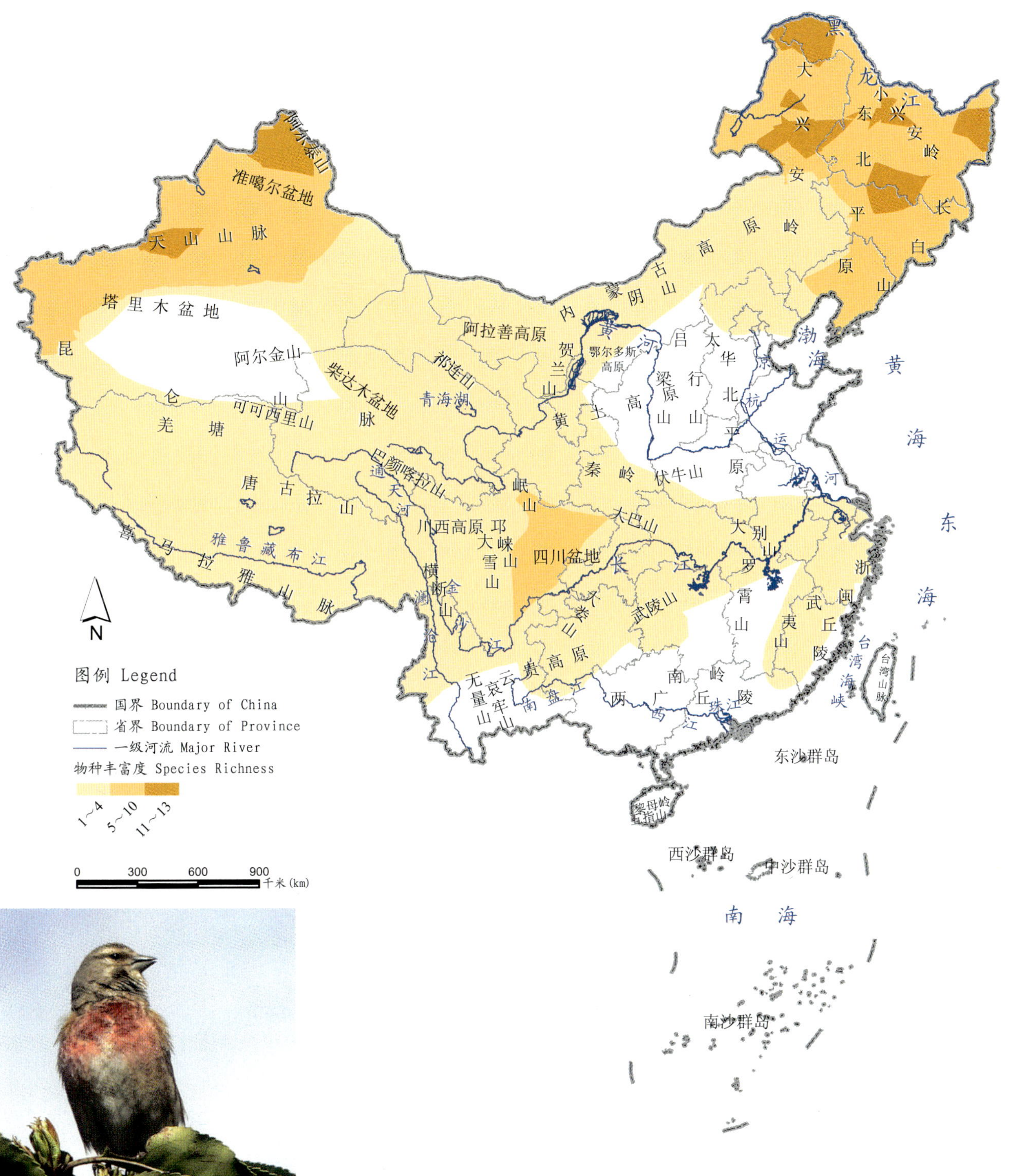

图3.56　赤胸朱顶雀 *Carduelis cannabina* 无危（LC）

燕雀科迁徙鸟在中国繁殖的有30种。其繁殖地广布于我国的东北、西北和华中的大部分地区，另外在长江流域一带、西藏以及浙闽丘陵和武夷山等地方也有少量分布，集中分布在东北北部、新疆阿尔泰山和天山西段。

地图 3.2.9.3.3 中国燕雀科迁徙鸟越冬地分布

Map 3.2.9.3.3 Distribution of Wintering Areas of Migrant Fringillidae Species of China

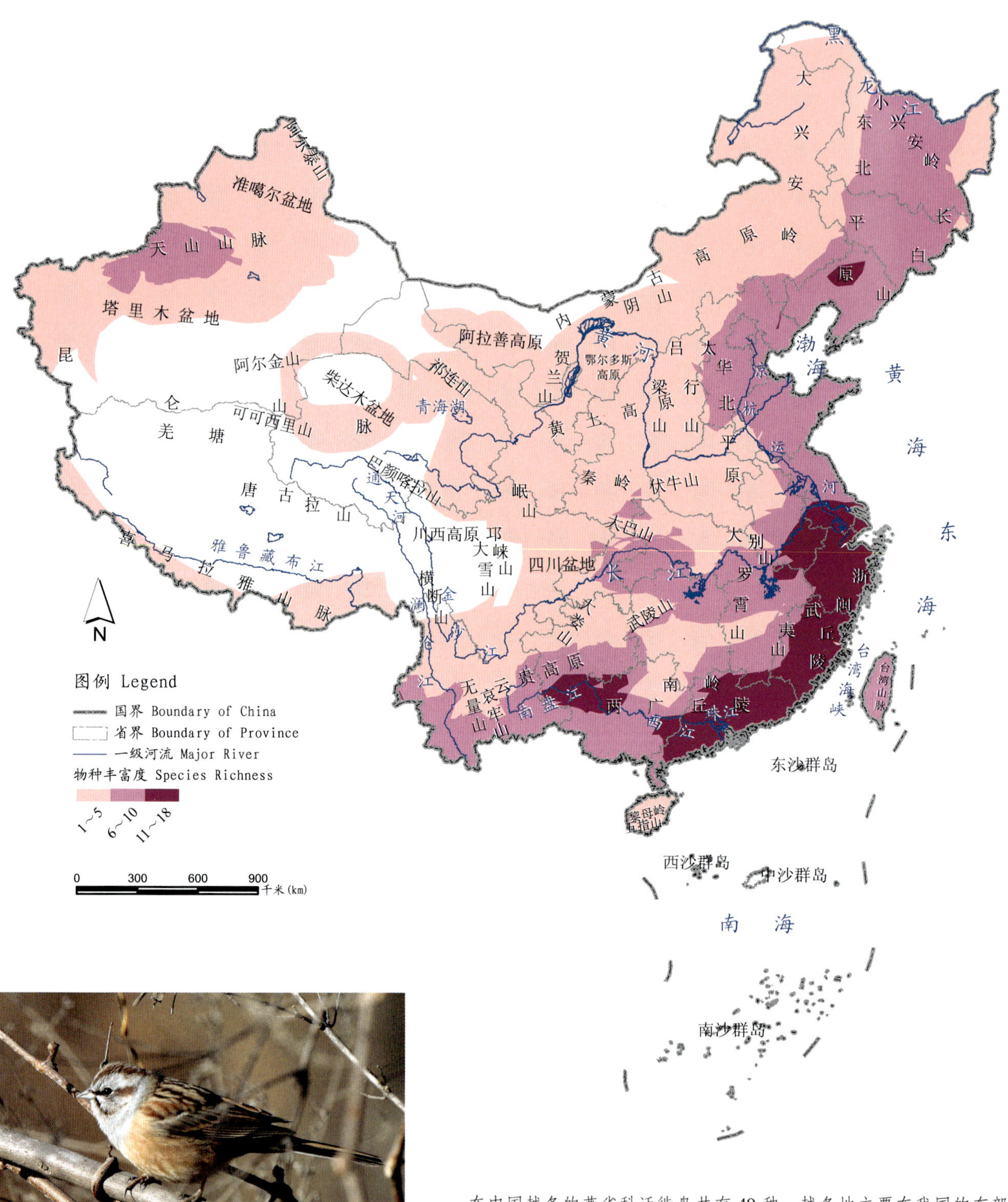

图3.57 戈氏岩鹀 *Emberiza godlewskii* 无危（LC）

在中国越冬的燕雀科迁徙鸟共有49种，越冬地主要在我国的东部、中部和西北等地区，在江苏以南沿海省份和云南南部的丰富度高于内地省份，另外在天山山脉和长江中下游地区也有较多分布，东南沿海地带以及广西的西北部地区是燕雀科最为集中的越冬地。

3.2.9.4 中国鸦科鸟类

地图 3.2.9.4.1 中国鸦科居留地分布

Map 3.2.9.4.1 Distribution of Resident Areas of Corvidae of China

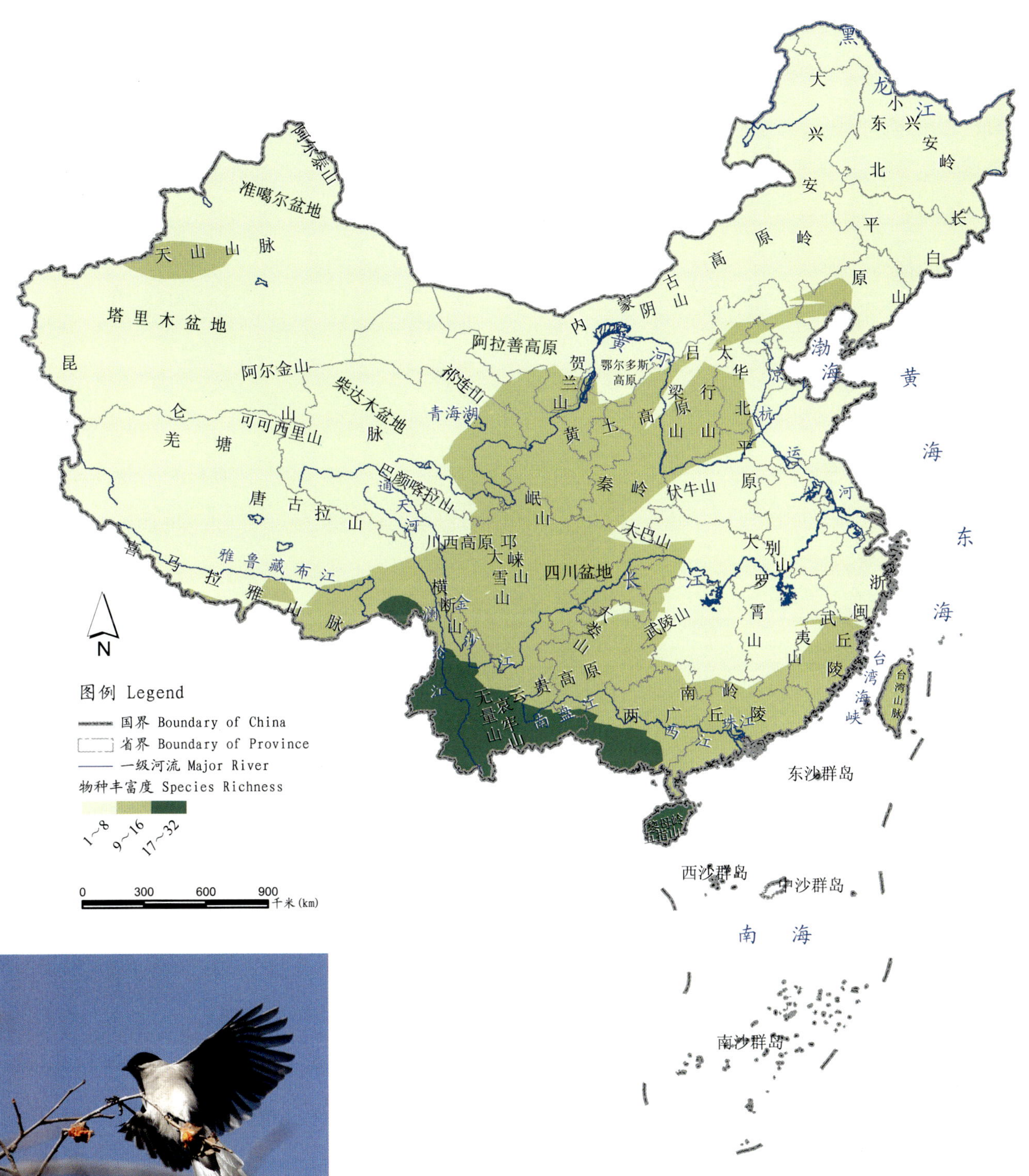

图3.58 灰喜鹊 *Cyanopica cyana* 无危（LC）

鸦科包括常见的鸦、黄鹂和卷尾等类群的鸟类，是体型最大的鸣禽，食性杂，在鸟类中智力水平最高，适应能力非常强，是最常见的鸟类之一，有几个种类已能与人类共栖。中国的鸦科鸟类共计64种，有居留行为的有56种，遍布全国各地。在我国南方和秦岭、岷山、黄土高原及其周边地区、天山西段丰富度较高，集中分布在海南岛、广西南部、云南西部和南部以及西藏墨脱等地区。

地图 3.2.9.4.2 中国鸦科迁徙鸟繁殖地分布

Map 3.2.9.4.2 Distribution of Summer Breeding Areas of Migrant Corvidae Species of China

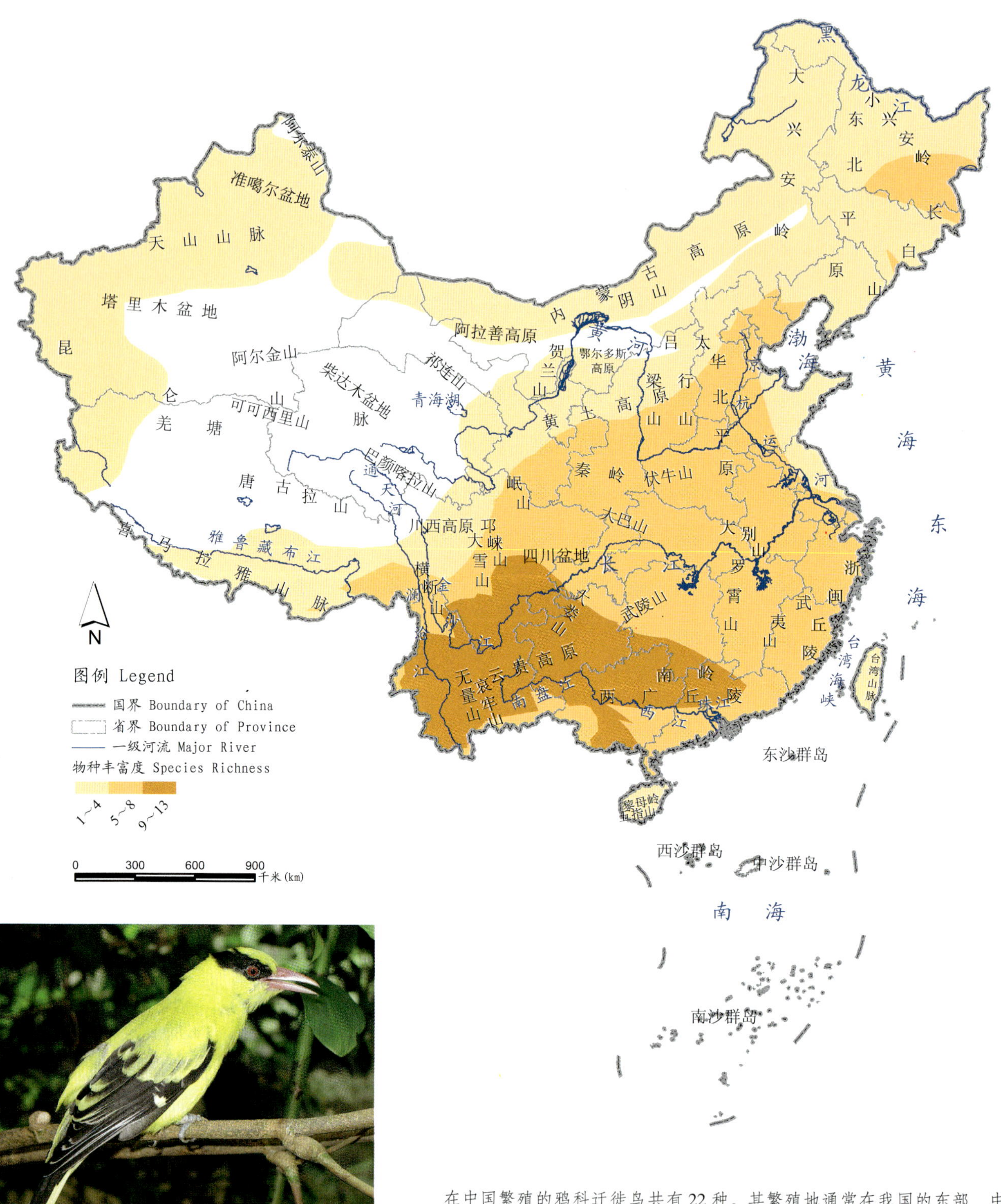

图3.59 黑枕黄鹂 *Oriolus chinensis* 无危（LC）

在中国繁殖的鸦科迁徙鸟共有22种。其繁殖地通常在我国的东部、中部及西南等地区，在大兴安岭、内蒙古高原、天山山脉以及昆仑山脉的西部地区也有少量分布，在云南、云贵高原、两广丘陵以及南岭的部分地区分布最多，而在青藏高原、柴达木盆地以及祁连山等地区则鲜有分布。

地图 3.2.9.4.3 中国鸦科迁徙鸟越冬地分布

Map 3.2.9.4.3 Distribution of Wintering Areas of Migrant Corvidae Species of China

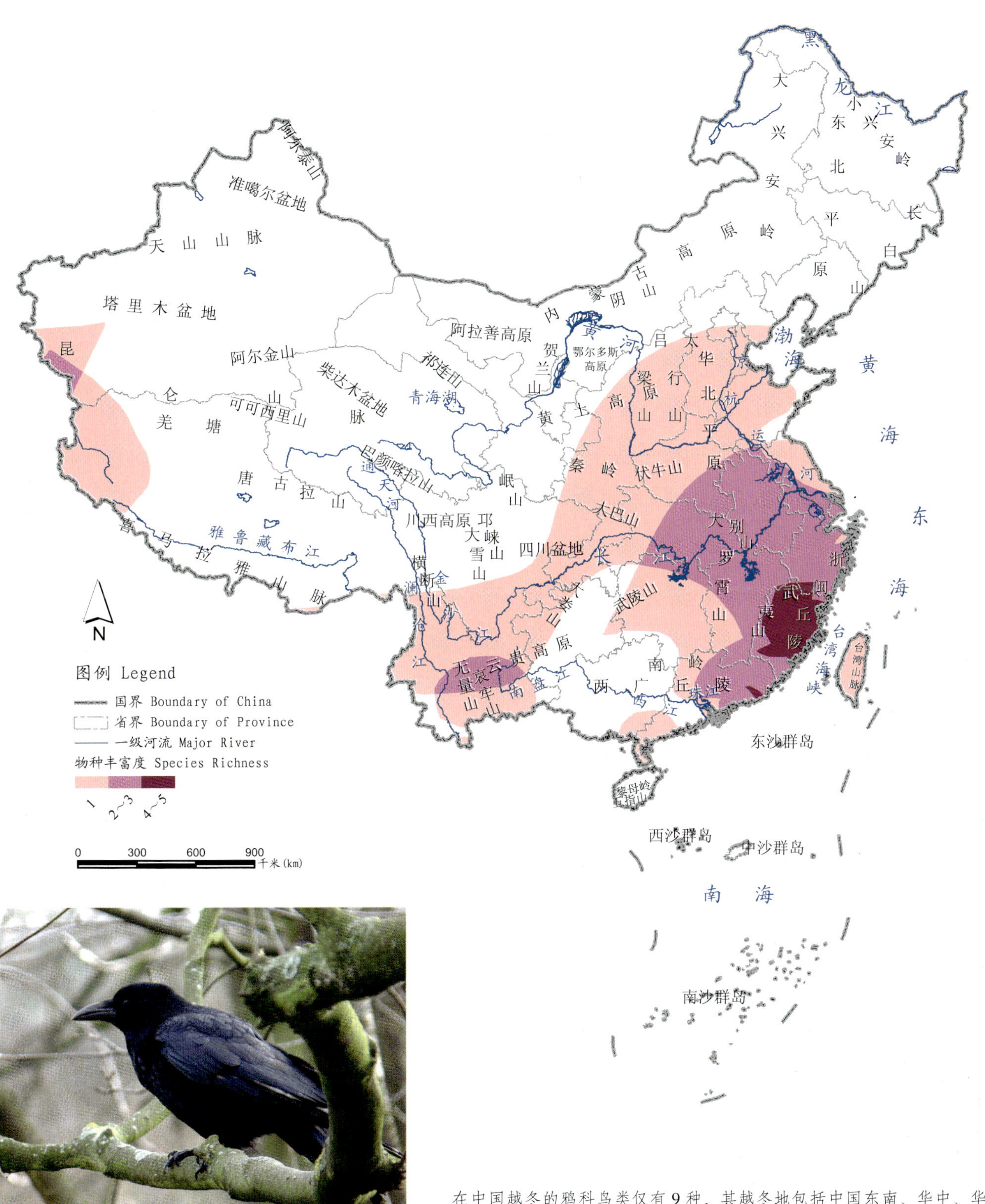

图3.60 小嘴乌鸦 *Corvus corone* 无危（LC）

在中国越冬的鸦科鸟类仅有9种，其越冬地包括中国东南、华中、华东以及云南、四川南部地区，另外在台湾岛、昆仑山和羌塘西部地区也有少量分布，在武夷山和福建大部分地区越冬的最多。

3.2.9.5 中国麻雀科鸟类

地图 3.2.9.5.1 中国麻雀科居留地分布

Map 3.2.9.5.1 Distribution of Resident Areas of Passeridae of China

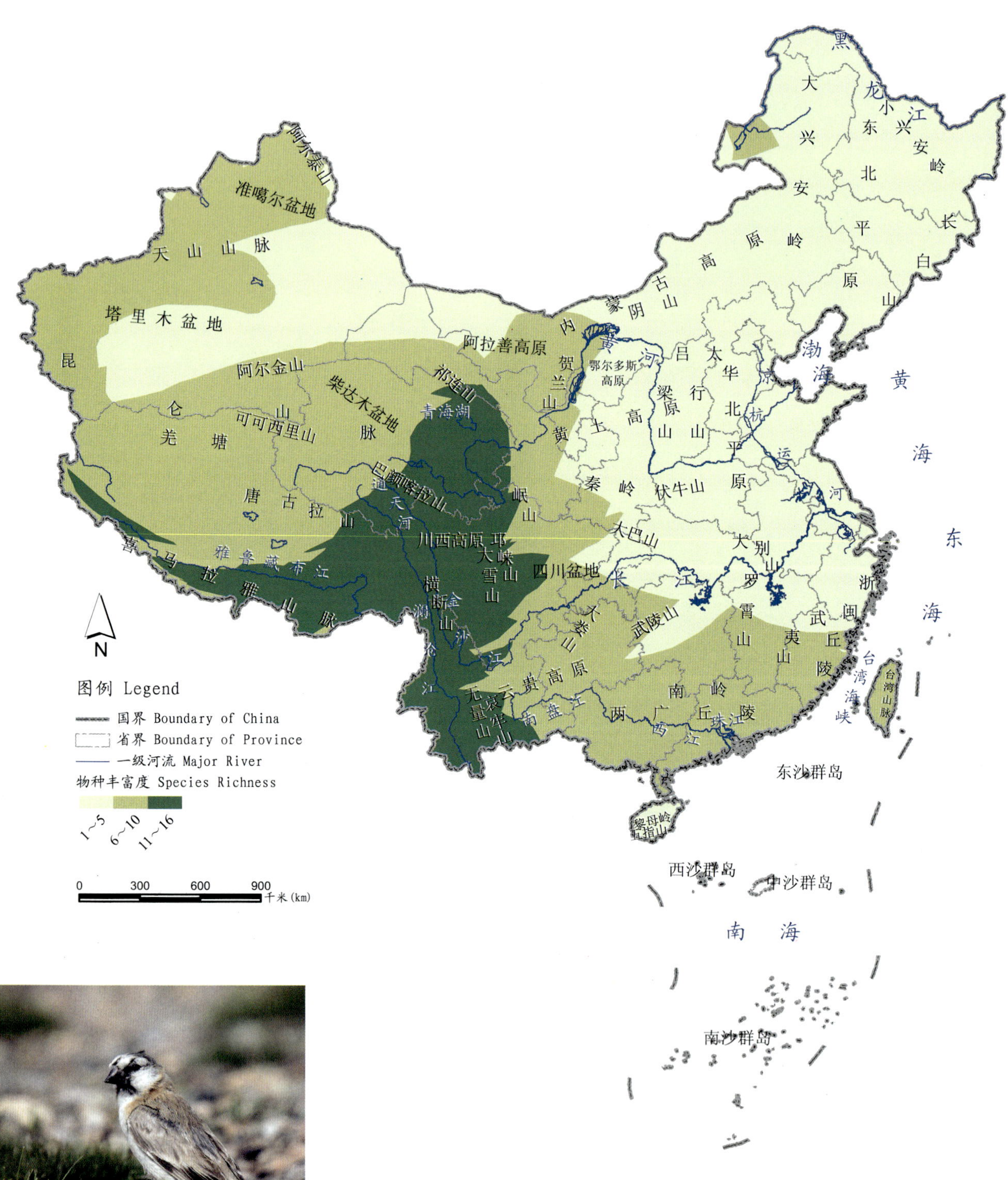

图3.61 棕颈雪雀 *Pyrgilauda ruficollis* 无危（LC）

麻雀科由各种麻雀、鹡鸰、岩鹨、织布鸟等类群组成，多为小型群栖雀类，常以种子或小型无脊椎动物为食。中国有49种麻雀科鸟类，有居留行为的有33种，遍布全国各地。在我国西部和南部的分布要多于北部和东部，从喜马拉雅山脉向东、向北，云南最南端向北，经横断山区、川西高原直到祁连山南部，留鸟种类最为丰富。

地图 3.2.9.5.2 中国麻雀科迁徙鸟繁殖地分布

Map 3.2.9.5.2 Distribution of Summer Breeding Areas of Migrant Passeridae Species of China

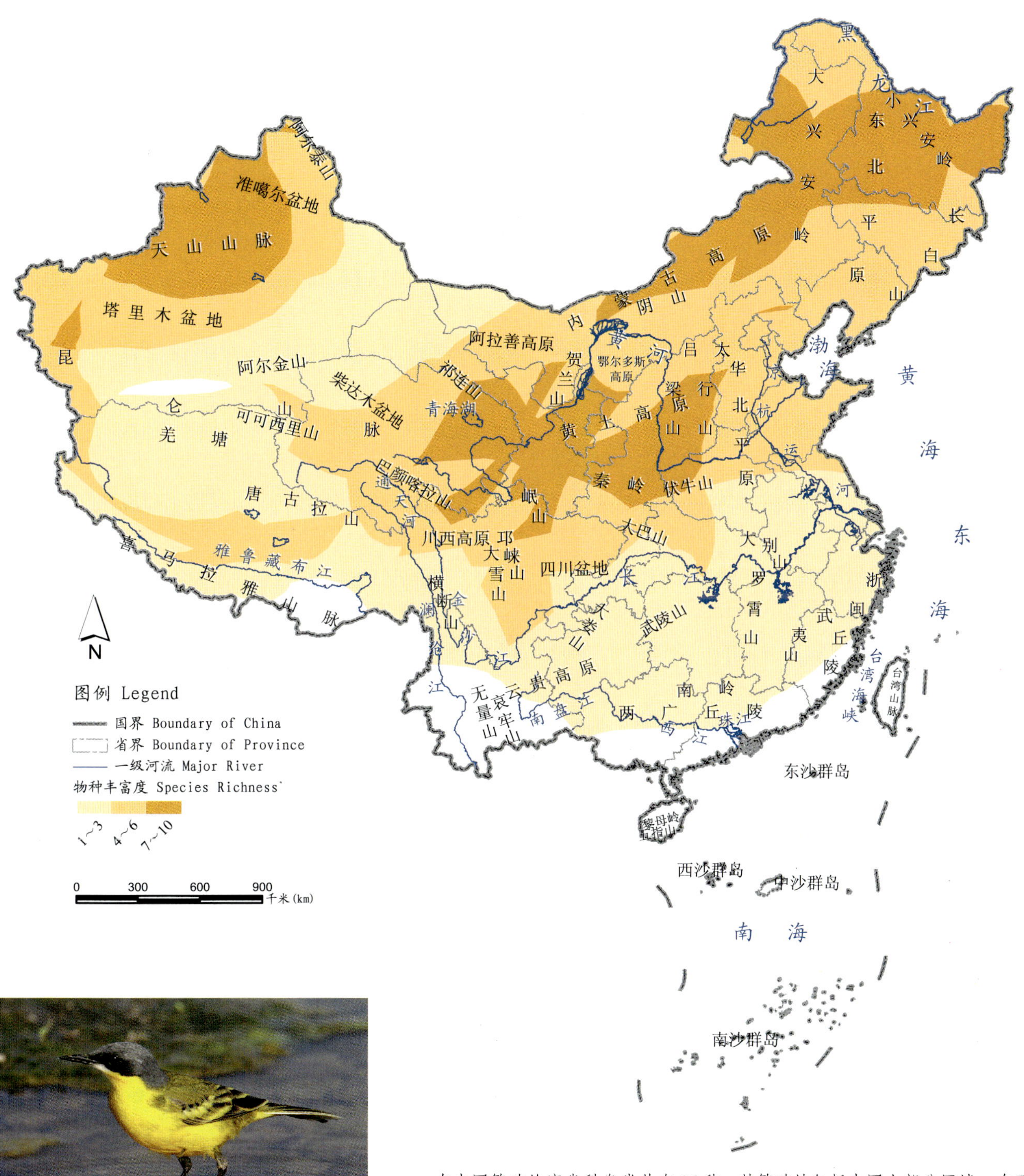

图3.62 黄鹡鸰 *Motacilla flava* 无危（LC）

在中国繁殖的麻雀科鸟类共有16种。其繁殖地包括中国大部分区域，在西北、华北和东北地区分布较多，而南方较少；在北回归线以南的云南、广东、广西以及海南和台湾等热带地区几乎没有该类群繁殖，而在西北的天山地区、祁连山、秦岭、岷山、黄土高原、内蒙古高原以及东北的平原地带和大、小兴安岭等地区，有较多该类群繁殖。

地图 3.2.9.5.3　中国麻雀科迁徙鸟越冬地分布
Map 3.2.9.5.3　Distribution of Wintering Areas of Migrant Passeridae Species of China

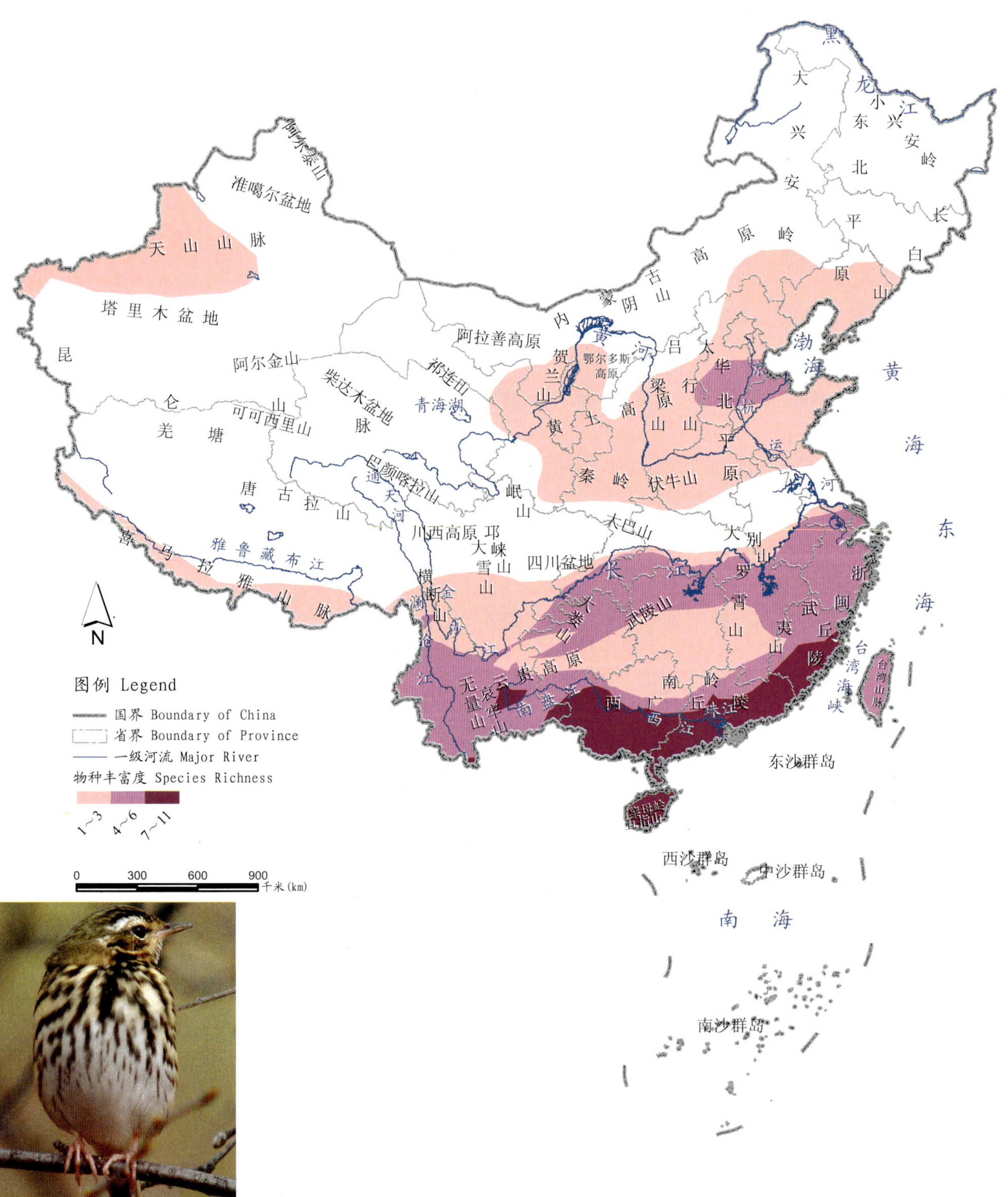

图3.63　树鹨 *Anthus hodgsoni* 无危（LC）

在中国越冬的麻雀科迁徙鸟共有21种。其越冬地主要为长江以南的广大区域，尤其是两广、福建及海南岛。也有少量物种以我国北方的部分地区作为越冬地，包括天山西部、黄土高原、华北平原等。

3.2.10 中国鸟类受威胁种类的分布

地图 3.2.10.1 中国受威胁鸟类居留地分布

Map 3.2.10.1 Distribution of Resident Areas of Threatened Birds in China

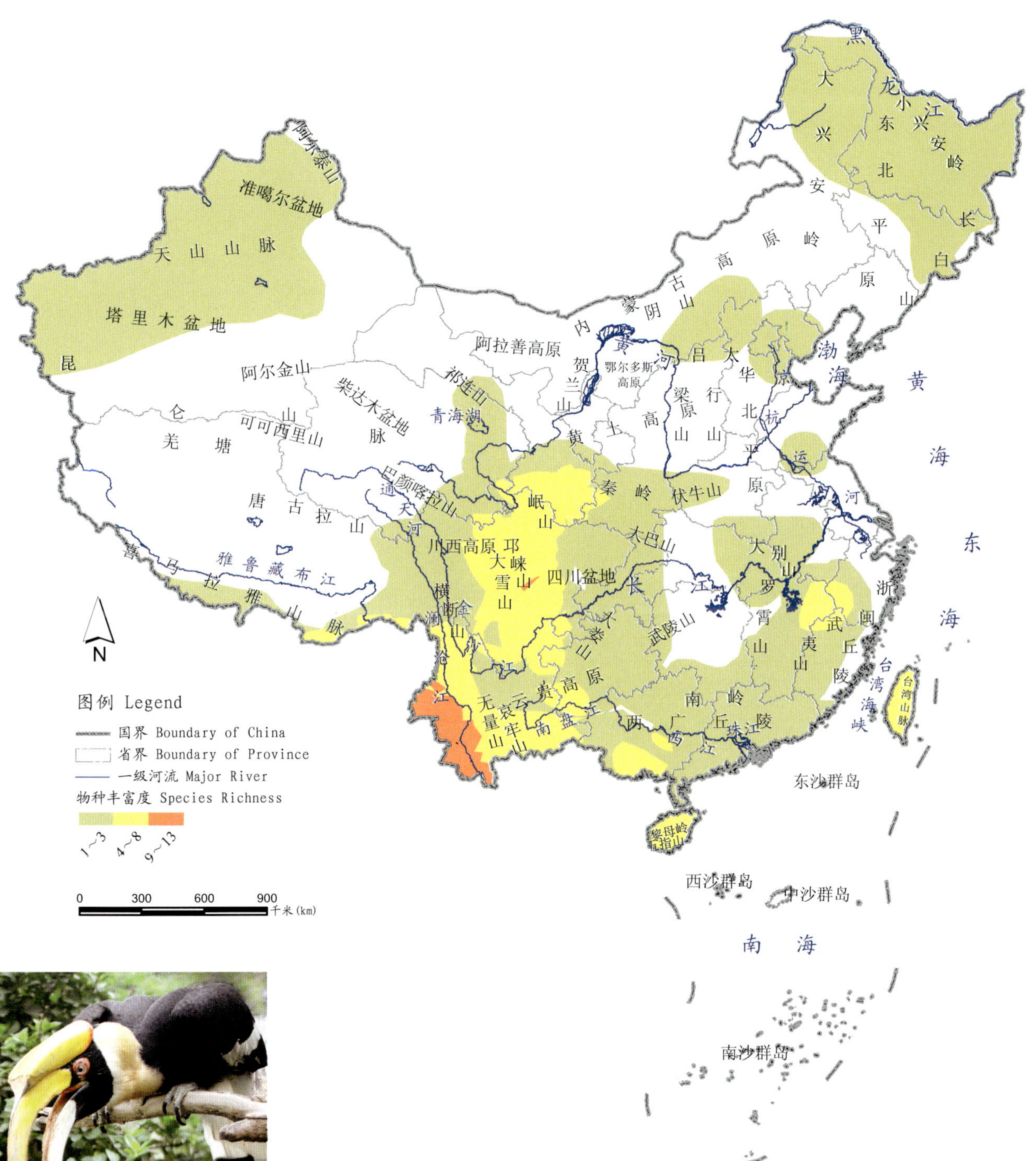

图 3.64 双角犀鸟 *Buceros bicornis* 易危 (VU)

《中国物种红色名录》评估的中国受威胁的鸟类包括鸡形目、鸽形目、犀鸟目、鹦形目、雁形目、鹤形目、鹳形目以及雀形目共 8 目 24 科 100 种（极危 6 种，濒危 20 种，易危 74 种），其中有居留行为的有 55 种。它们在南方居留较多而北方较少，主要分布在台湾、海南以及西南的岷山、邛崃山、大雪山、横断山南部和云南大部分地区，尤以云南、西南边境一带最多。

地图 3.2.10.2 中国受威胁迁徙鸟的繁殖地分布

Map 3.2.10.2 Distribution Summer Breeding Area of Threatened Migrant Species in China

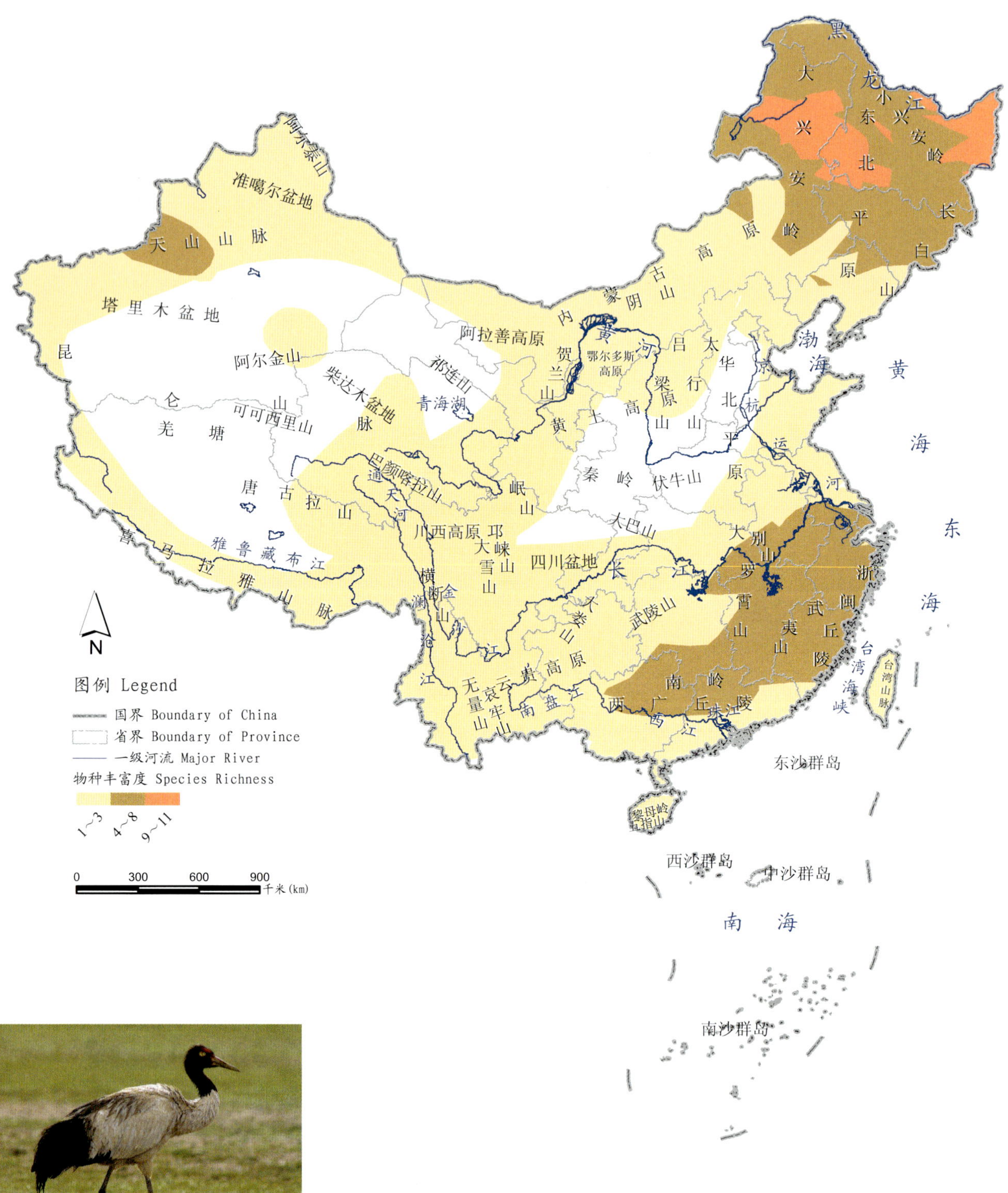

图 3.65 黑颈鹤 *Grus nigricollis* 易危（VU）

《中国物种红色名录》评估的在中国繁殖的迁徙鸟有 31 种受威胁物种。鸟类在我国大部分地区的繁殖地都受到不同程度的威胁，在东北、东南及天山西段繁殖的受威胁迁徙鸟种类较多，大兴安岭、东北平原以及三江平原的部分地区是其最为集中的繁殖地。

地图 3.2.10.3　中国受威胁迁徙鸟越冬地分布

Map 3.2.10.3　Distribution of Wintering Areas of Threatened Migrant Species in China

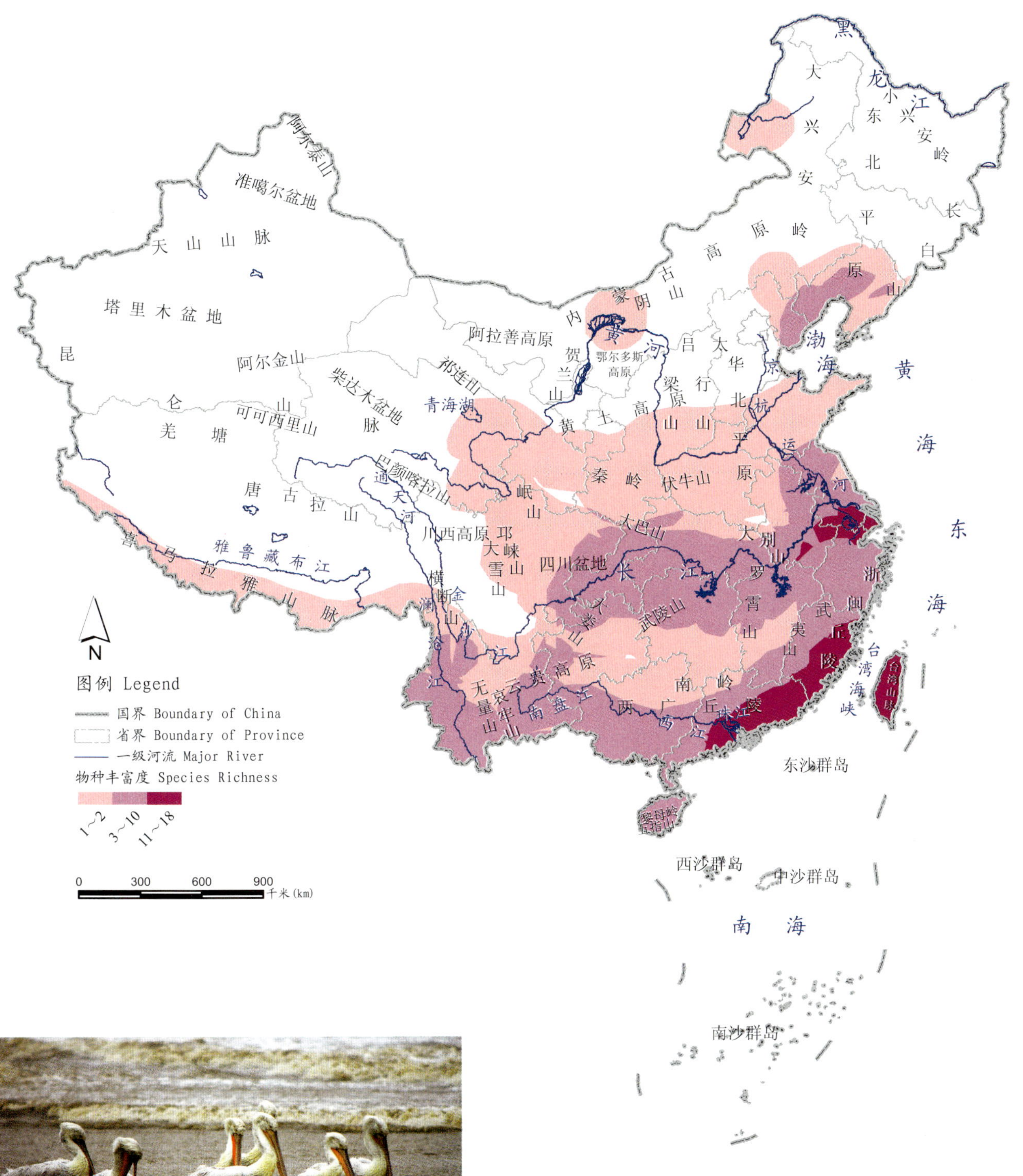

图3.66　卷羽鹈鹕 *Pelecanus crispus* 易危（VU）

《中国物种红色名录》评估的在中国越冬的鸟类中有33种受威胁的物种。受威胁迁徙鸟类在黄河以南广大地区的越冬地较多，最多的为长江三角洲地区、东南沿海省份以及台湾岛。此外，在辽东半岛、内蒙古河套地区和呼伦贝尔高原，也有少量受威胁鸟类越冬。

3.3 中国陆生爬行动物分布

地图 3.3.0.1 中国陆生爬行动物在各县的丰富度
Map 3.3.0.1 Species Richness of Terrestrial Reptiles in Counties of China

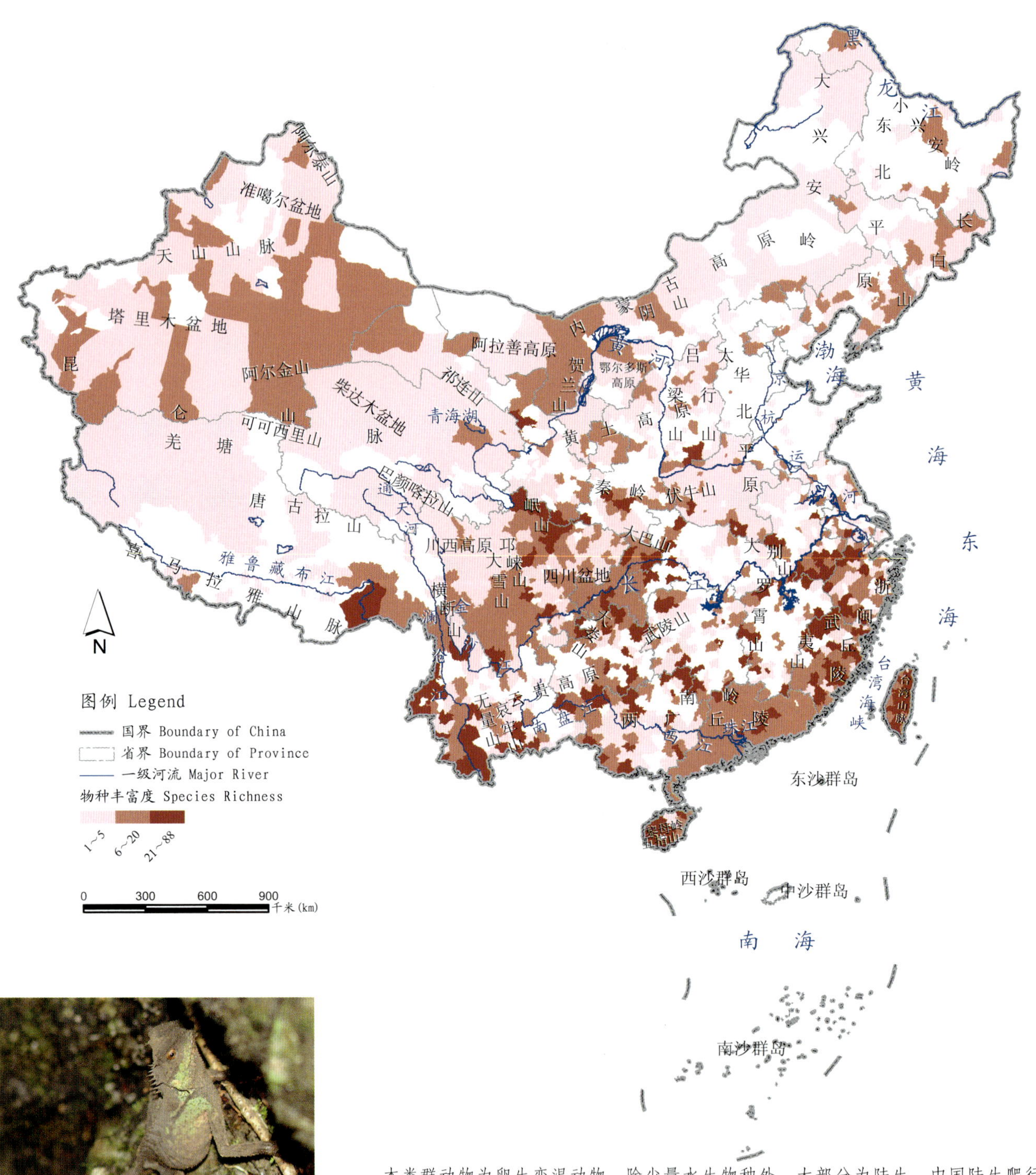

图3.67 丽棘蜥 *Acanthosaura lepidogaster* 无危（LC）

本类群动物为卵生变温动物，除少量水生物种外，大部分为陆生。中国陆生爬行动物分龟鳖目和有鳞目，CSIS 中记录了全部的 25 科 354 种。它们基本遍布全国，但多呈零星片段化分布，集中分布于秦岭—淮河以南，尤以四川、云南南部、广西和贵州交界的喀斯特地貌、南岭、武夷山、安徽和浙江交界地区为最，台湾岛与海南岛的该种类亦十分丰富。在华北平原、东北、青藏高原的一些地区，其分布记录极少。陆生爬行类动物零散分布的状况与人类活动长期干扰、大量捕捉有重要关系。

地图 3.3.0.2　中国陆生爬行动物受威胁物种在各县的丰富度
Map 3.3.0.2　Species Richness of Threatened Terrestrial Reptiles in Counties of China

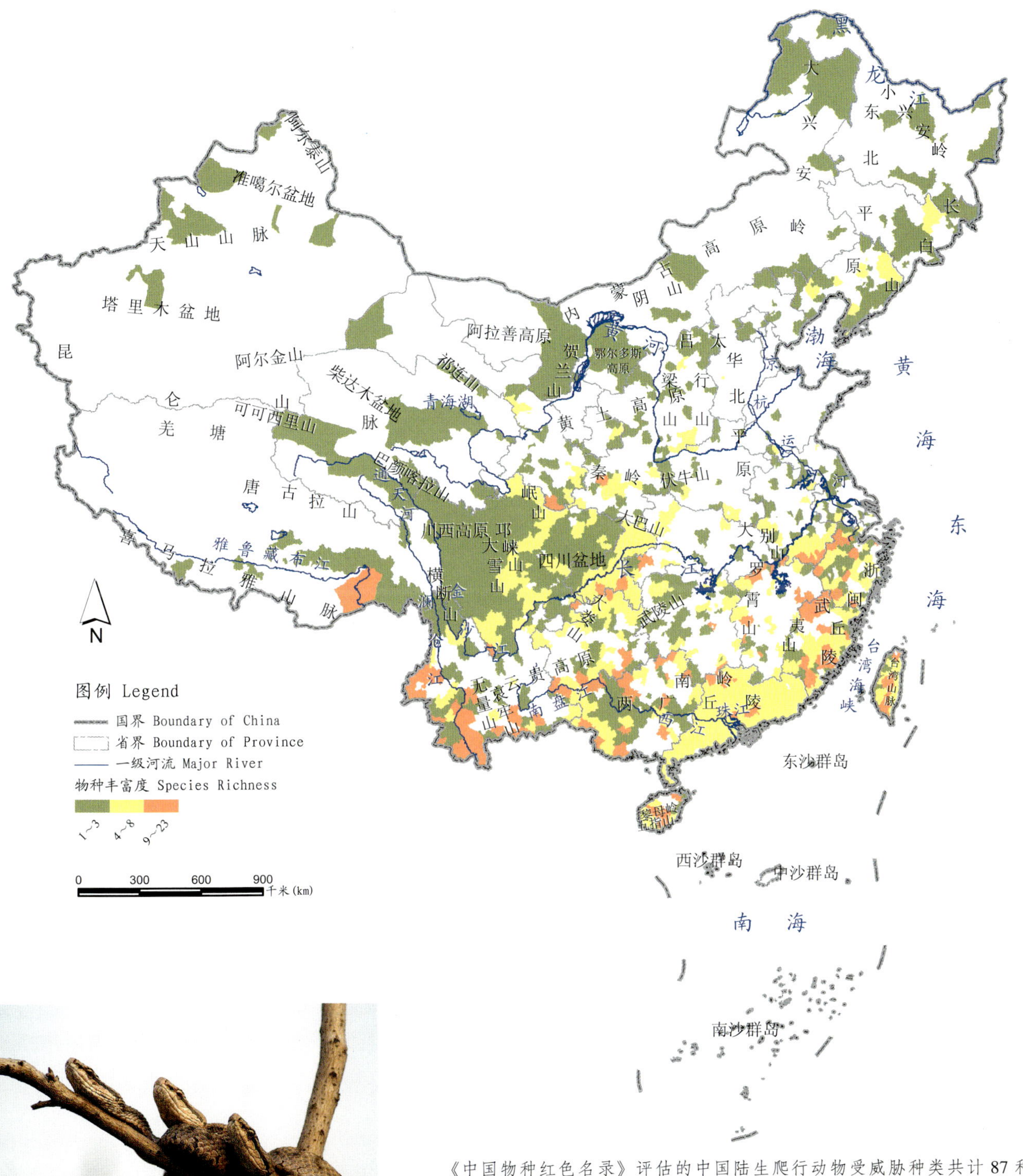

图3.68　蛇岛蝮 *Gloydius shedaoensis* 极危（CR）中国特有

《中国物种红色名录》评估的中国陆生爬行动物受威胁种类共计 87 种（极危 7 种，濒危 10 种，易危 70 种），占该类群总数的 1/4 左右。它们主要分布在我国的南方，在天山、长白山、黄土高原以及黄河河套等地区也有零星分布，在秦岭、岷山、重庆、云南西部和南部、江苏以南沿海省份、台湾岛、海南岛等地区的丰富度较高。

地图 3.3.0.3 中国陆生爬行动物特有种在各县的丰富度
Map 3.3.0.3 Species Richness of Endemic Terrestrial Reptiles in Counties of China

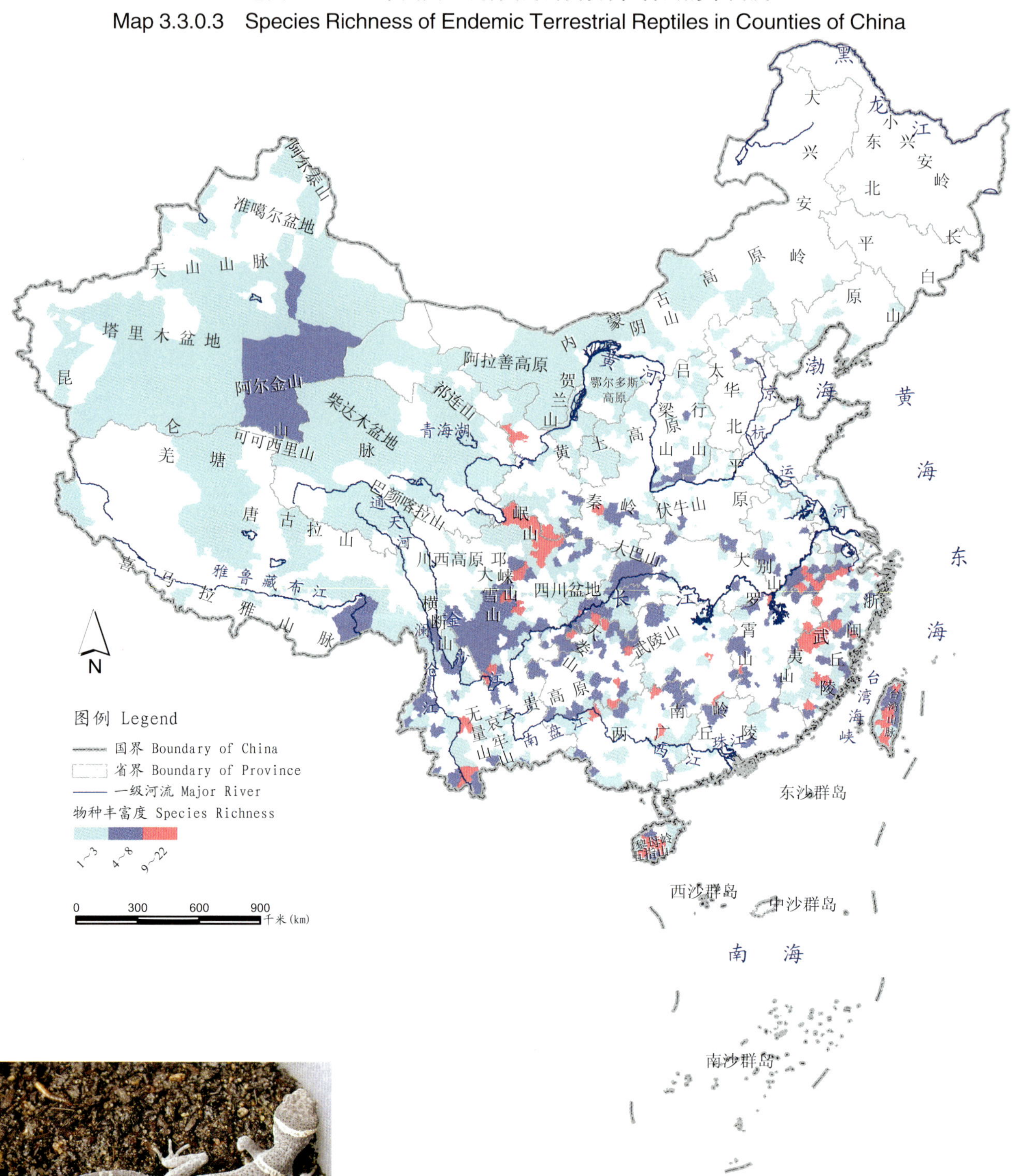

图 3.69 海南睑虎 *Goniurosaurus hainanensis* 近危（NT）中国特有

CSIS 中记录中国近 40%的陆生爬行动物是我国特有，共计 137 种（极危 4 种，易危 28 种）。该类群特有种在除东北地区以外的大部分地区都有分布，在秦岭—岷山—邛崃山到横断山一带、西双版纳、四川盆地以南的山地、安徽与浙江交界山地以及武夷山地区最为丰富；台湾岛与海南岛由于与大陆长期分隔，在这些地区亦有较多；在华北平原、江汉平原等人类开发程度较高的地区，受人类活动的影响则分布较少。

3.3.1 中国陆生龟类

地图 3.3.1 中国陆生龟类分布记录点

Map 3.3.1 Occurrence Locations of Terrestrial Tortoises in China

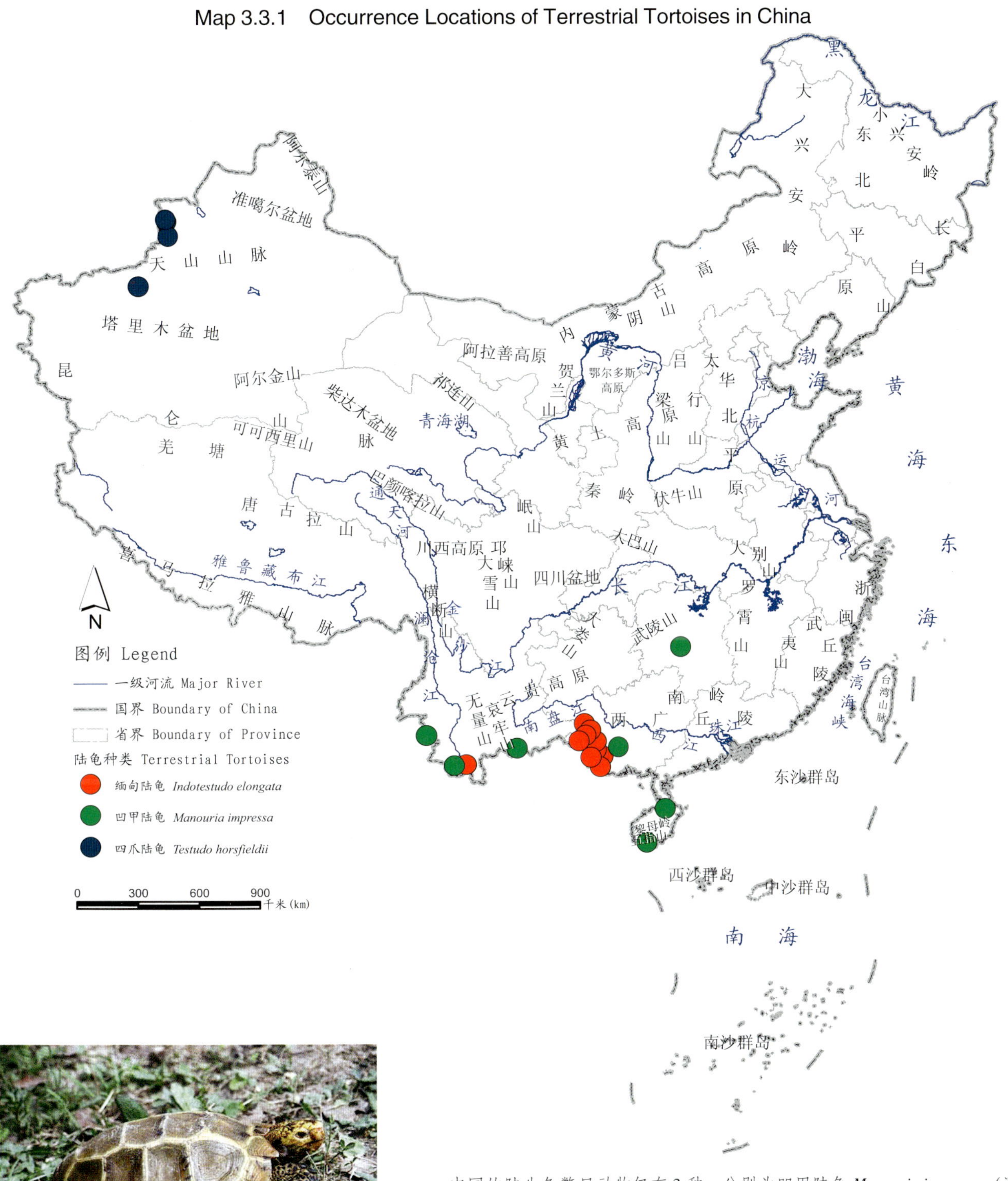

图3.70 凹甲陆龟 *Manouria impressa* 濒危（EN）

中国的陆生龟鳖目动物仅有3种，分别为凹甲陆龟 *Manouria impressa*（濒危）、四爪陆龟 *Testudo horsfieldii*（极危）及缅甸陆龟 *Indotestudo elongata*（濒危），均为受威胁物种。它们仅分布在中国极小的范围内，凹甲陆龟在海南、云南和广西的南部以及湖南中部的个别地区有少量分布；四爪陆龟仅分布于新疆的天山山脉一带；缅甸陆龟在广西西南部的边境地带有较多分布，云南的西双版纳也有发现。该类群分布现状与人类活动的干扰与大量捕捉有很大关系。

3.3.2 中国陆生蛇类

地图 3.3.2.1 中国陆生游蛇科动物在各县的丰富度

Map 3.3.2.1 Species Richness of Terrestrial Colubridae in Counties of China

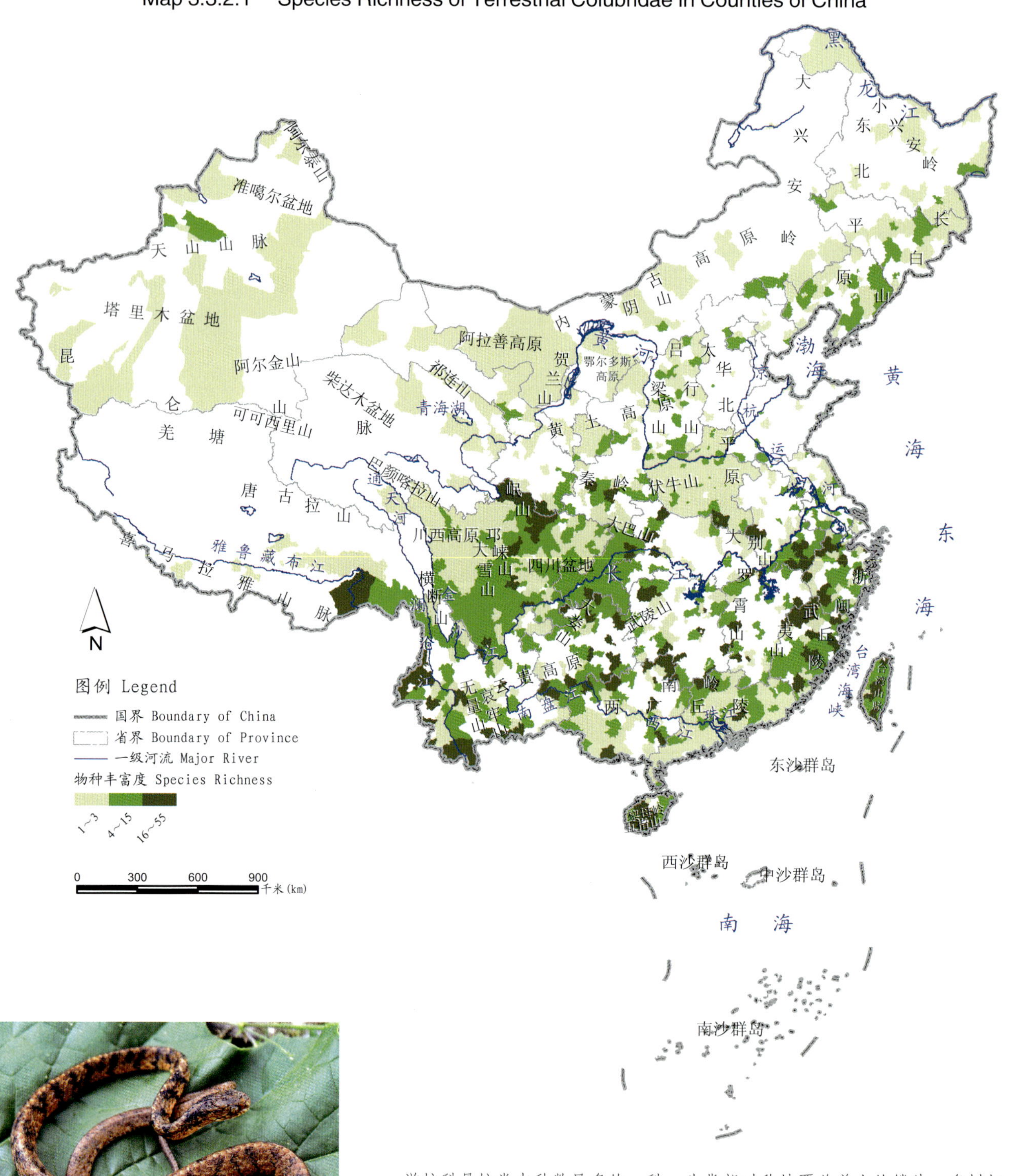

图3.71 喜山钝头蛇 *Pareas monticola* 近危（NT）

游蛇科是蛇类中种数最多的一科，头背部对称地覆盖着大的鳞片，多树栖，少数水栖或半水栖。中国陆生有鳞目动物共350种，其中游蛇科149种，有145种为陆生，其中大部分为无毒蛇。该类群在我国大部分地区都有分布，在东北和青藏高原等干旱、寒冷的地区分布较少，主要分布在秦岭—淮河以南，集中分布在海南岛、南岭、武夷山、云贵高原、云南的无量山及西双版纳、岷山等地区。

地图 3.3.2.2　中国陆生游蛇科受威胁物种在各县的丰富度
Map 3.3.2.2　Species Richness of Threatened Terrestrial Colubridae in Counties of China

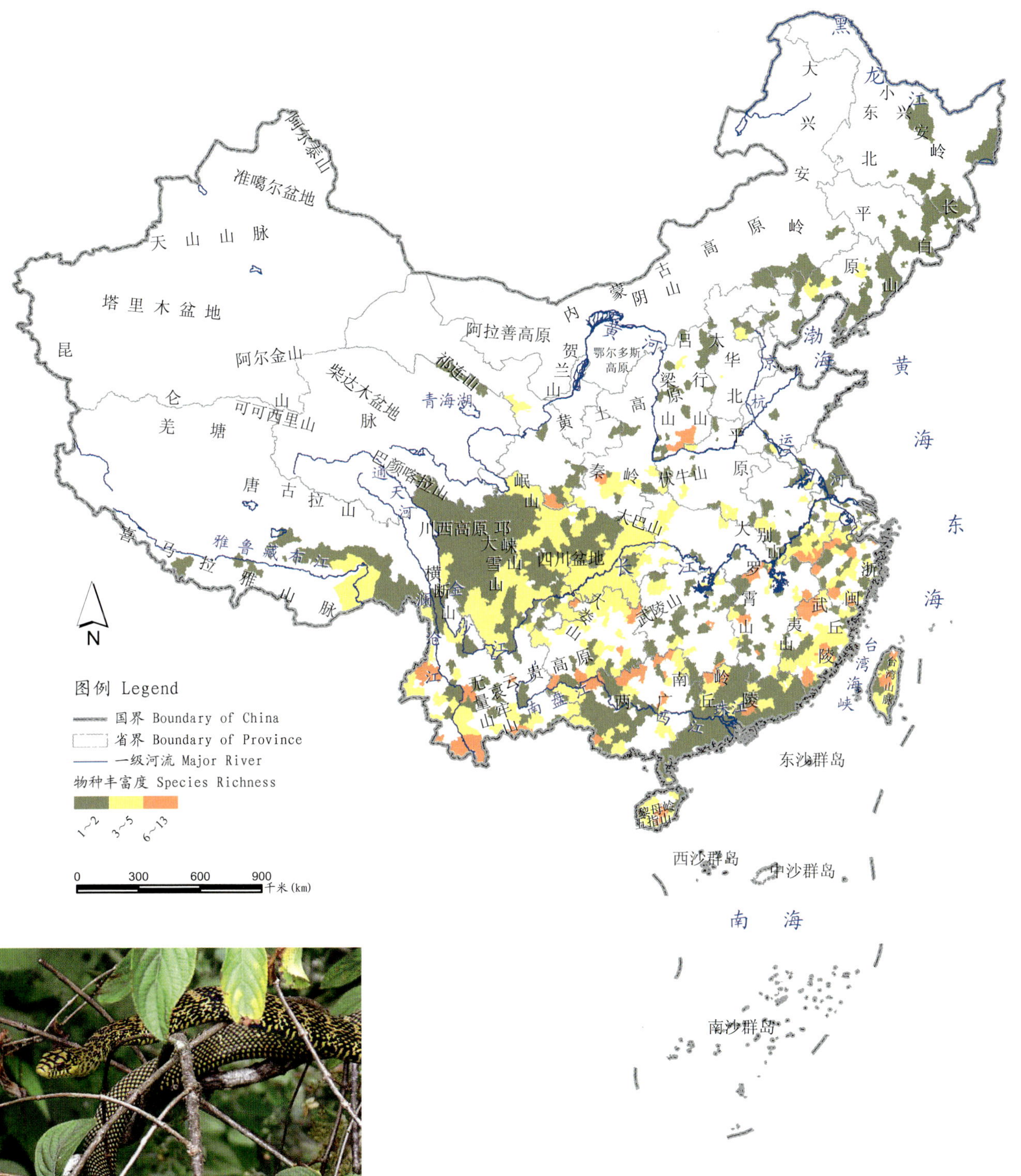

图 3.72　王锦蛇　*Elaphe carinata* 易危（VU）

《中国物种红色名录》评估的中国游蛇科的受威胁种类共 49 种（极危 1 种，濒危 2 种，易危 46 种）。它们主要分布于长江以南和四川、青藏高原东南地区。在云南南部、广西与贵州交界的喀斯特地貌、南岭、武夷山、秦岭和太行山南端的部分地区呈集中分布；而在中国北方仅片段分布于小兴安岭、长白山、太行山及祁连山的少数地区。

地图 3.3.2.3 中国陆生游蛇科特有种在各县的丰富度
Map 3.3.2.3 Species Richness of Endemic Terrestrial Colubridae in Counties of China

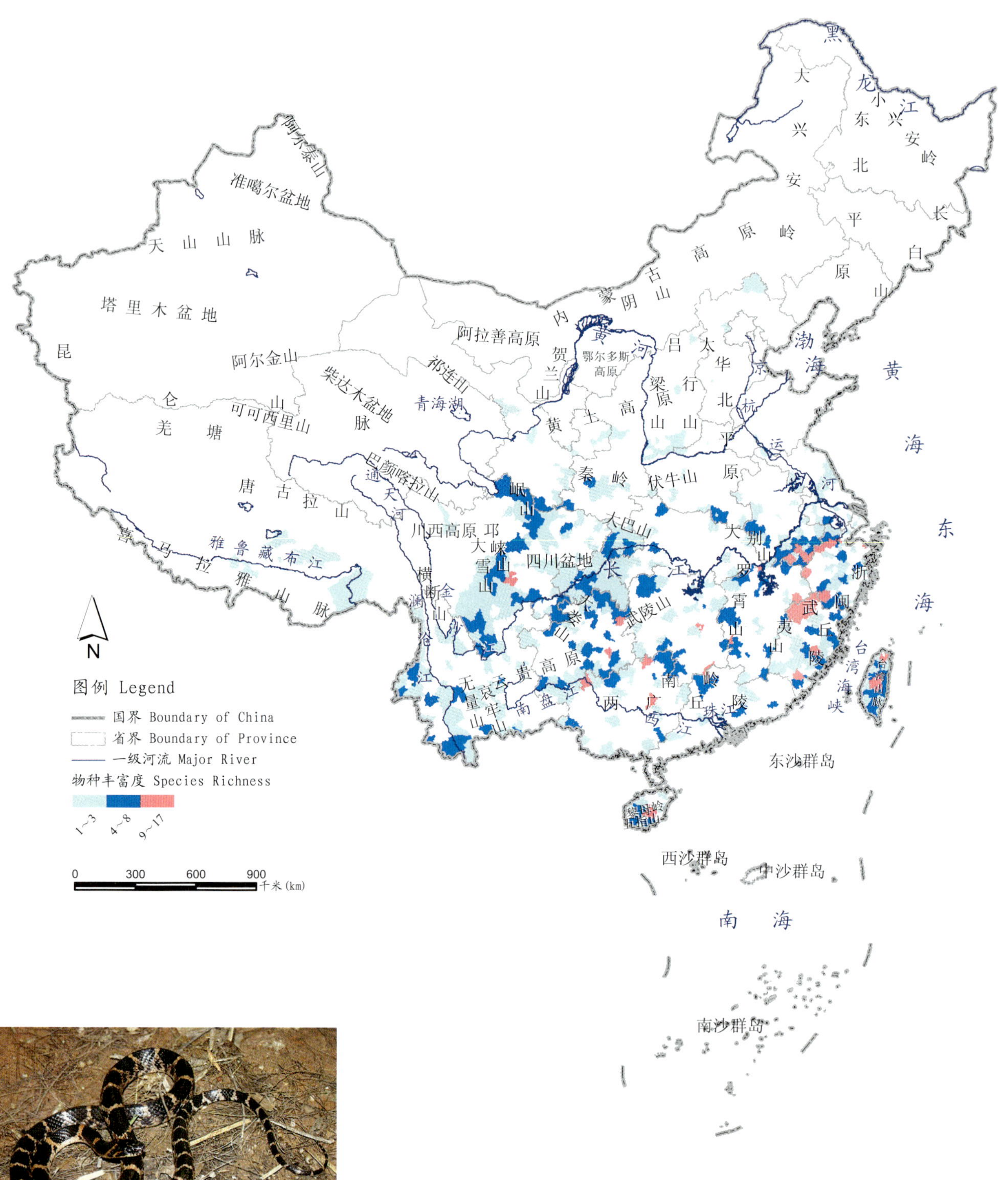

图 3.73 粉链蛇 *Dinodon rosozonatum* 易危（VU）中国特有

CSIS 中记录的中国游蛇科的特有物种有 53 种（极危 1 种，易危 20 种）。它们主要分布于长江以南，在中国北方的分布记录很少。在安徽与浙江交界山地、武夷山、南岭、邛崃山的部分地区呈集中分布；台湾岛与海南岛由于长期与大陆隔离，亦是它们的集中分布地。

3.4 中国两栖动物分布

地图 3.4.0.1 中国两栖动物在各县的丰富度

Map 3.4.0.1 Species Richness of Amphibians in Counties of China

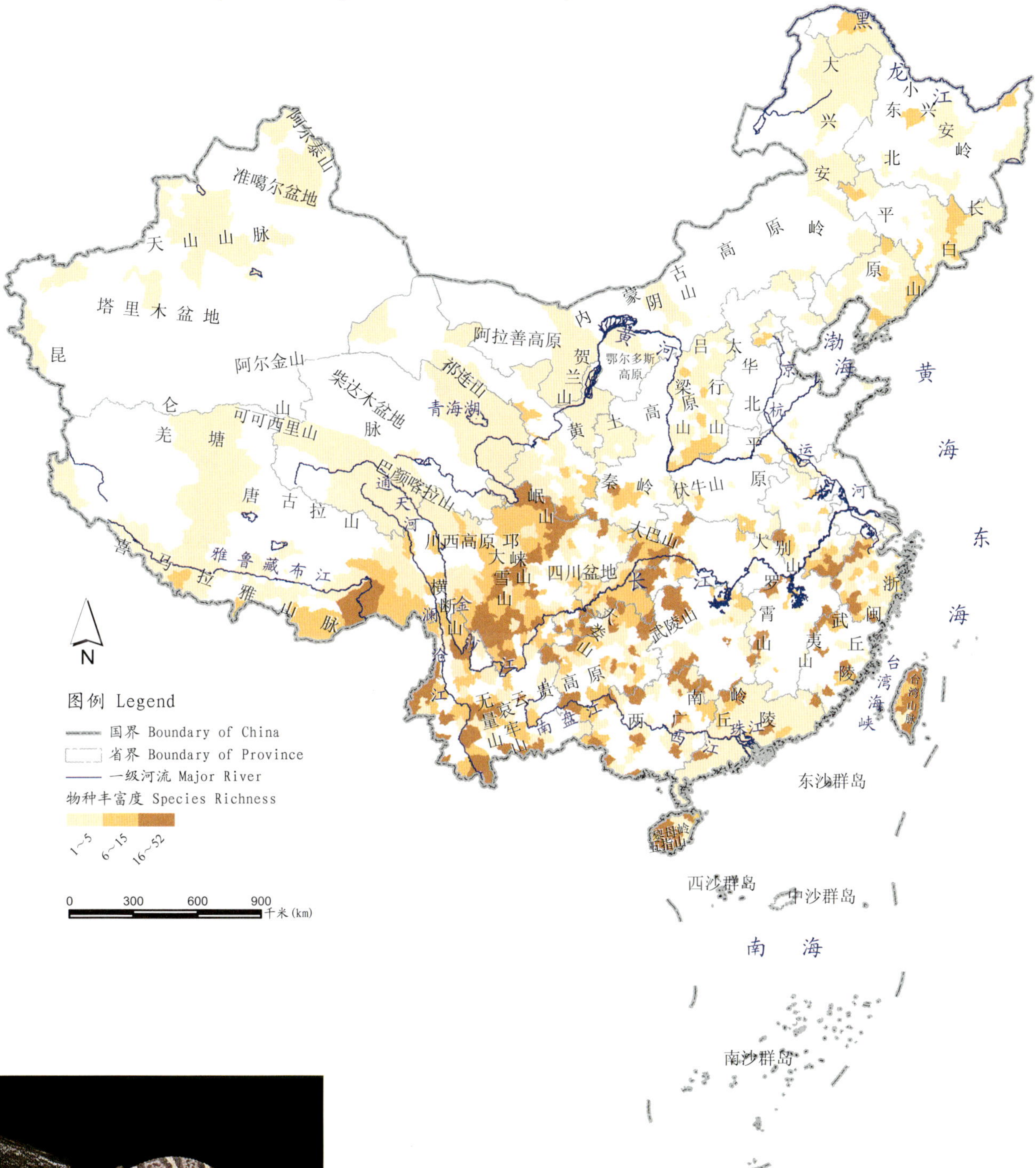

图例 Legend

国界 Boundary of China

省界 Boundary of Province

一级河流 Major River

物种丰富度 Species Richness

1~5 6~15 16~52

0 300 600 900 千米(km)

图 3.74 凭祥睑虎 *Goniurosaurus luii* 无危（LC）中国特有

两栖动物是最早登陆的四足动物，体温不恒定；卵生，幼体在水中生活，经变态后成体可适应陆地生活，用肺呼吸；皮肤裸露而湿润，无鳞片、毛发等皮肤衍生物；黏液腺丰富，具有辅助呼吸功能。中国的两栖动物包括无尾目、蚓螈目、有尾目共 3 目 11 科 320 种。两栖动物在中国大部分地区皆有分布，集中分布在岷山—邛崃山—横断山一带。在四川盆地以东、以南山地和台湾、海南、武夷山、安徽与浙江交界山地、南岭、西藏东南、云贵高原等部分地区也有较多；而在新疆、青海、西藏、内蒙古等省份的干旱及高海拔地区，以及华北、华东等人类开发程度较高的地区很少。

地图 3.4.0.2 中国两栖动物受威胁物种在各县的丰富度

Map 3.4.0.2 Species Richness of Threatened Terrestrial Amphibians in Counties of China

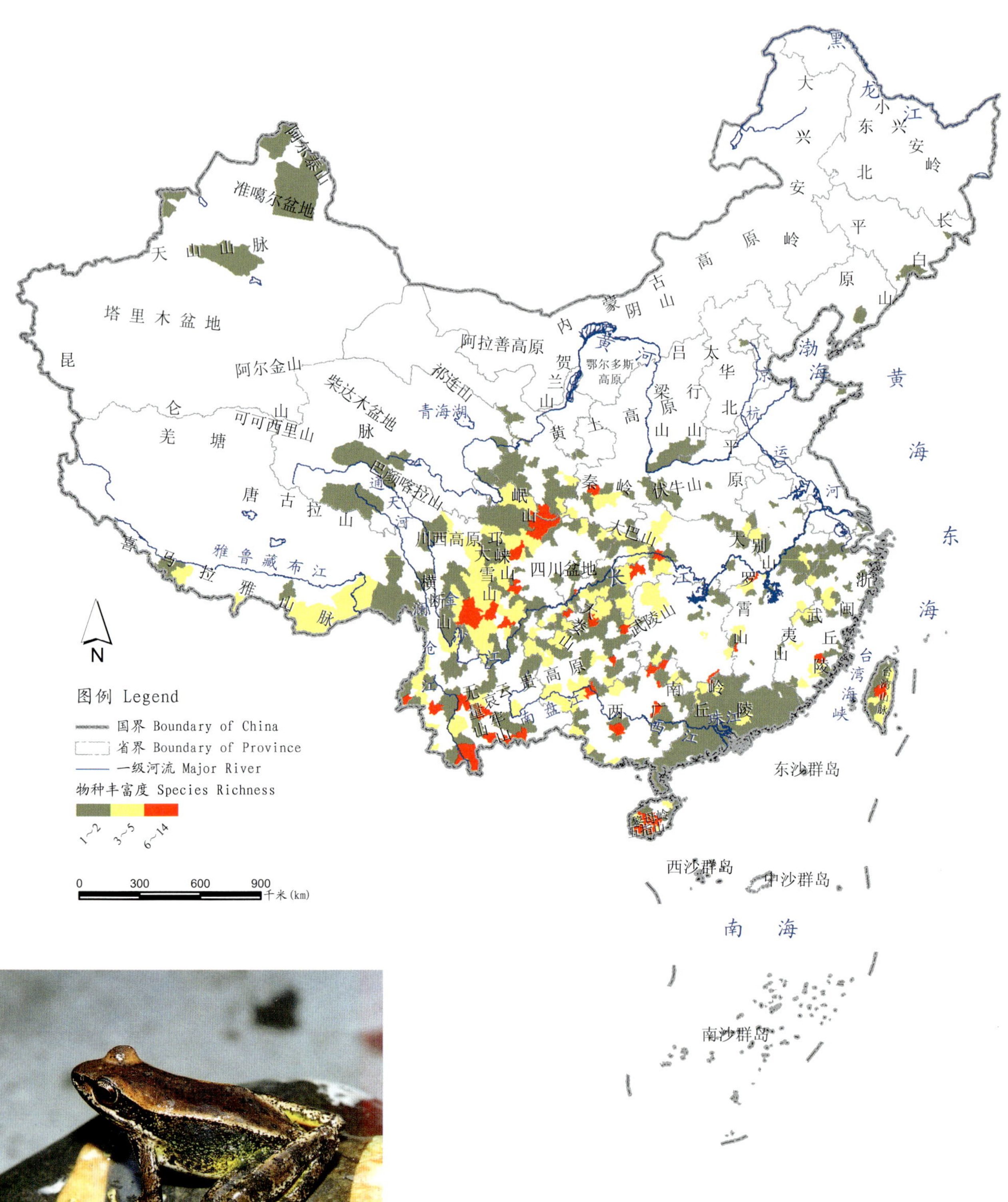

图3.75 美丽湍蛙 *Amolops bellulus* 易危（VU）中国特有

《中国物种红色名录》评估的中国受威胁的两栖动物共130种（极危10种，濒危41种，易危79种），接近全部物种数的一半。它们主要分布于中国南方，尤以四川盆地周边山脉、云南西部和南部、广西与贵州和湖南交界的山地为最，另外在海南岛、台湾岛也有较多分布。

地图 3.4.0.3 中国两栖动物特有种在各县的丰富度

Map 3.4.0.3 Species Richness of Endemic Terrestrial Amphibians in Counties of China

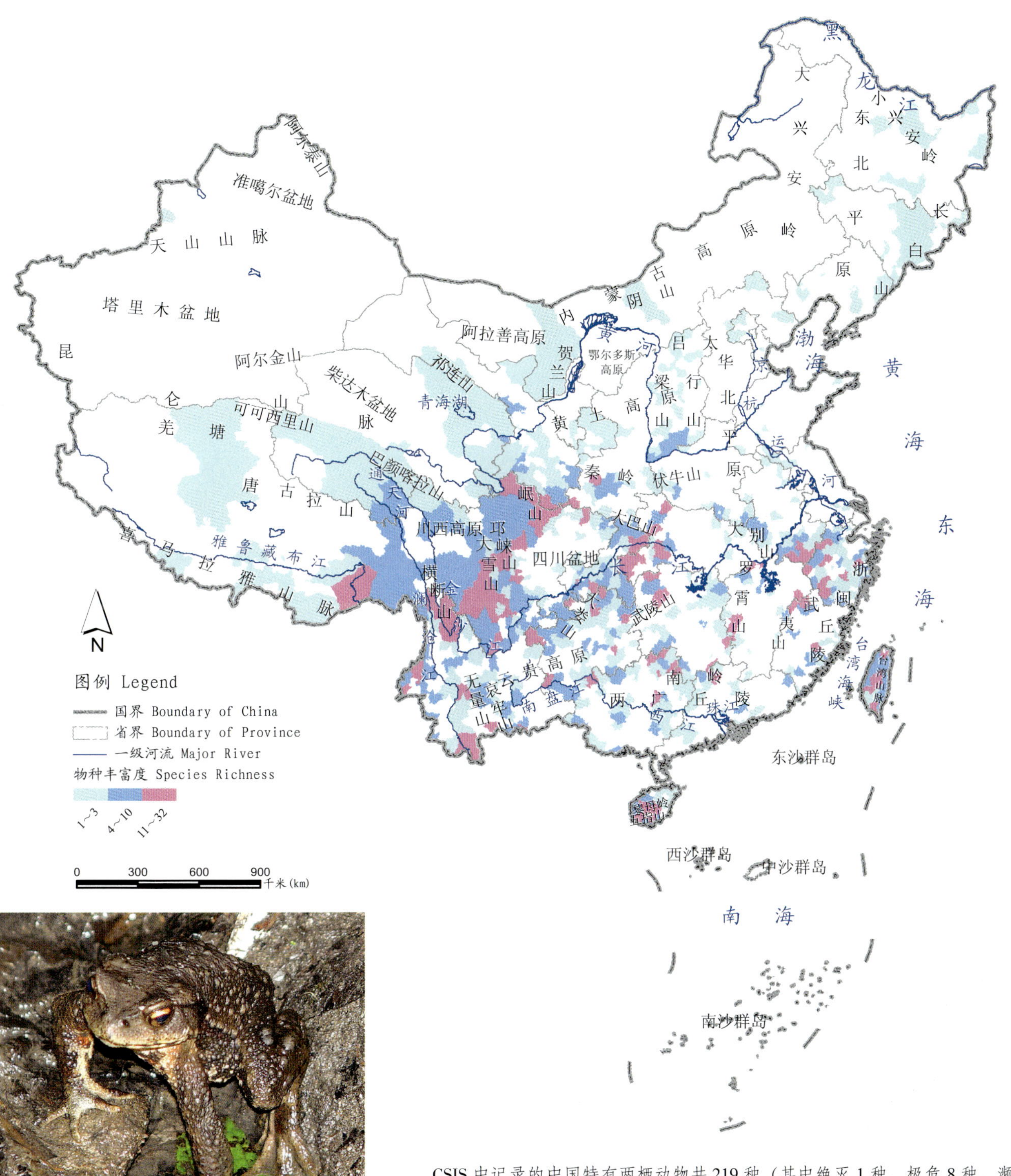

图 3.76 华西蟾蜍 *Bufo andrewsi* 无危（LC）中国特有

CSIS 中记录的中国特有两栖动物共 219 种（其中绝灭 1 种，极危 8 种，濒危 39 种，易危 53 种），接近该类群全部种类的 3/4。它们零星分布于中国大部分地区，核心分布区为四川盆地周边山脉、横断山及青藏高原东南地区。此外，在武陵山、南岭、武夷山、安徽与浙江交界山地的一些地区也有较多分布。由于与大陆的长期分离，台湾岛与海南岛亦生活有多种该特有种。

3.4.1 中国有尾目两栖动物

地图 3.4.1.1 中国特有有尾目动物在各县的丰富度

Map 3.4.1.1 Species Richness of Endemic Urodela in Counties of China

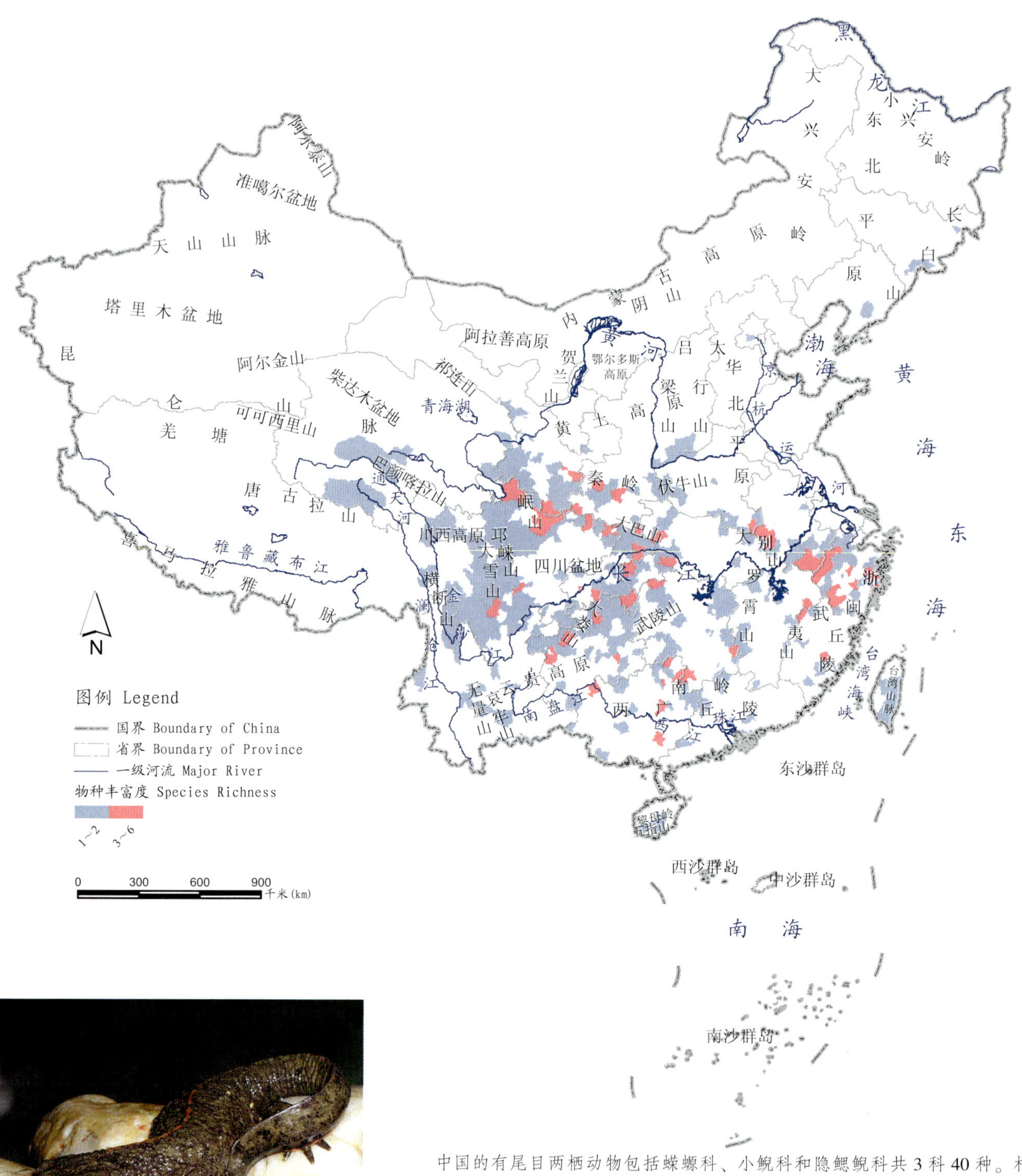

图 3.77 中国瘰螈 *Paramesotriton chinensis* 近危（NT）中国特有

中国的有尾目两栖动物包括蝾螈科、小鲵科和隐鳃鲵科共 3 科 40 种。相对于无尾目类群，它们对水更有依赖性，某些种类的成体仍保留多种幼态性状。我国的有尾目动物基本都是特有种，共 34 种（其中绝灭 1 种，极危 3 种，濒危 9 种，易危 10 种），主要分布于秦岭、四川盆地周边山脉、广西东部、武夷山、安徽与浙江交界山地、大别山等地区；在北方和西部的绝大部分地区没有分布记录，在南方的经济发达地区也非常稀少。

地图 3.4.1.2 中国有尾目受威胁物种在各县的丰富度
Map 3.4.1.2 Species Richness of Threatened Urodela in Counties of China

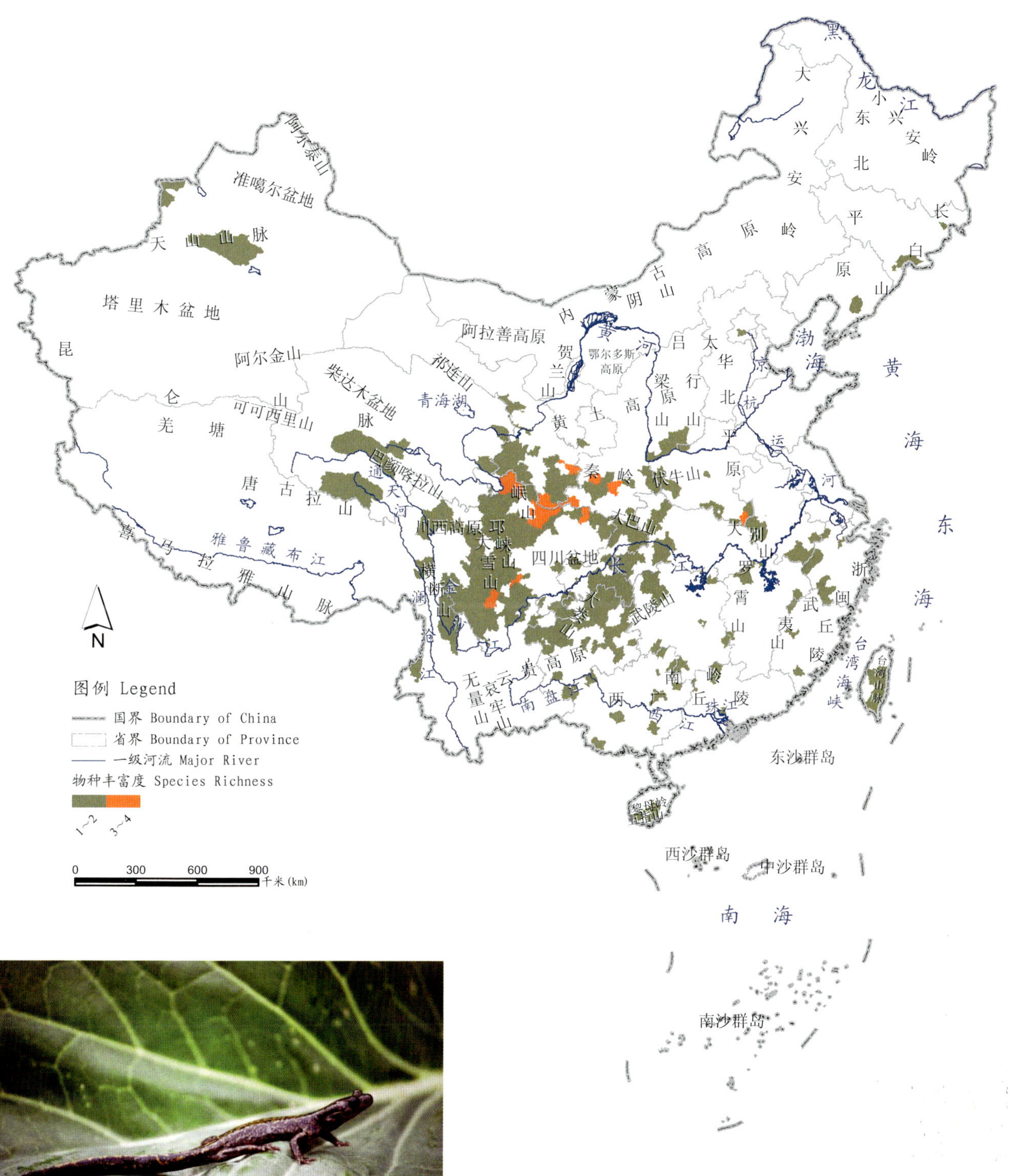

图3.78 秦巴拟小鲵 *Pseudohynobius tsinpaensis* 易危（VU）中国特有

《中国物种红色名录》评估的中国有尾目的受威胁动物共有23种（极危4种，濒危9种，易危10种）。它们集中分布在长江的中上游流域、四川盆地的周边地区，尤其是秦岭及岷山一带；在海南、台湾以及北方的天山、长白山等地区也有少量分布。

3.4.2 中国蛙科两栖动物

地图 3.4.2.1 中国蛙科动物在各县的丰富度

Map 3.4.2.1 Species Richness of Frogs in Counties of China

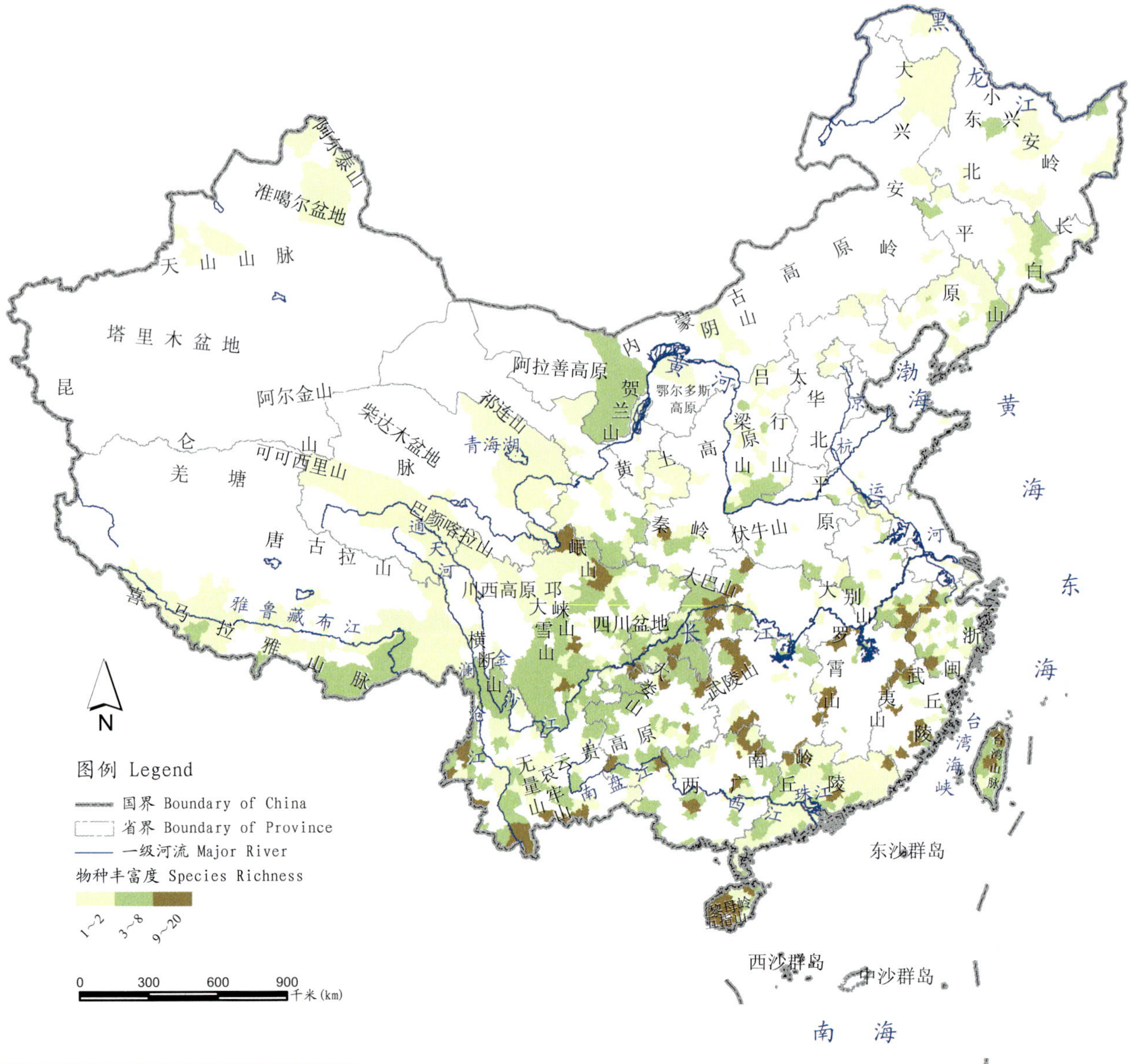

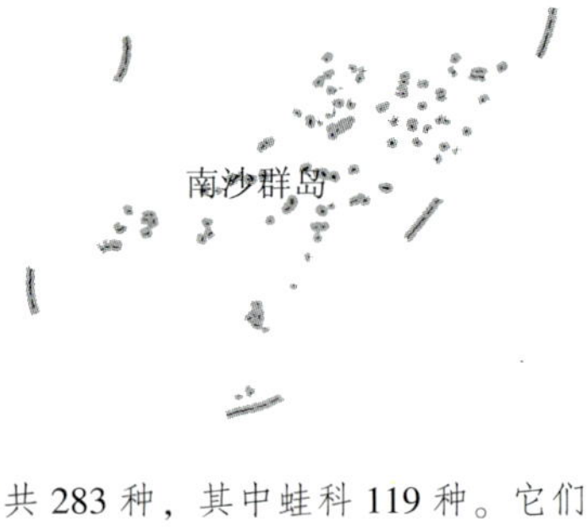

图例 Legend

国界 Boundary of China

省界 Boundary of Province

一级河流 Major River

物种丰富度 Species Richness

1~2 3~8 9~20

0 300 600 900 千米(km)

图3.79 黑斑蛙 *Rana nigromaculata* 近危（NT）

中国无尾目两栖动物分为7科共283种，其中蛙科119种。它们多数都经历蝌蚪阶段，幼体与成体差异较大，成体的陆地适应性较强。蛙科动物主要分布在秦岭、长江以南，四川盆地周边的大巴山、岷山、武陵山等地区，另外在西双版纳、南岭、武夷山、安徽与浙江交界处、海南和台湾等地区也呈斑块状分布，在西部以及内蒙古、华北、东北等地区分布较少，在贺兰山和长白山相对较多。

地图 3.4.2.2　中国蛙科受威胁物种在各县的丰富度
Map 3.4.2.2　Species Richness of Threatened Frogs in Counties of China

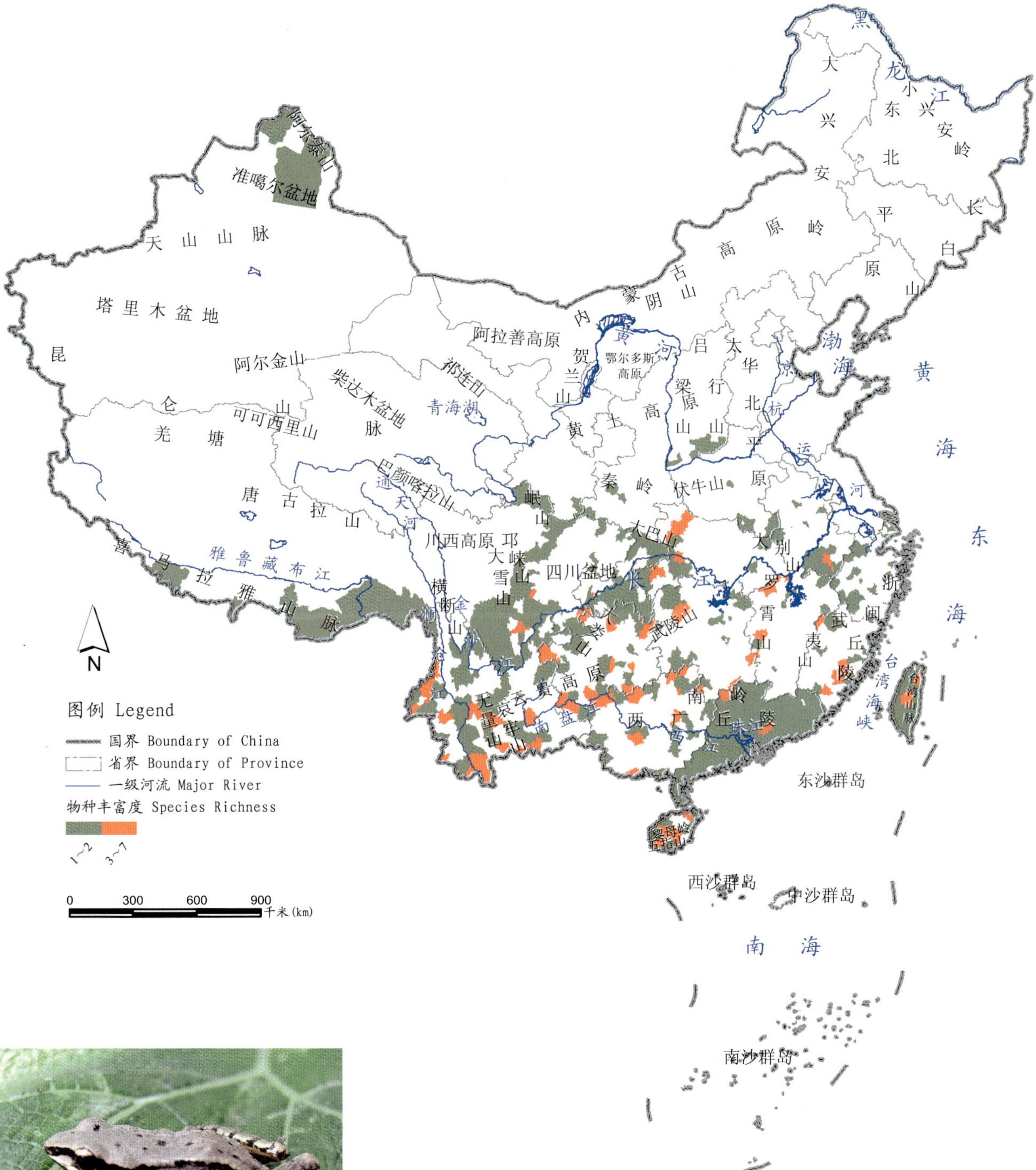

图例 Legend
国界 Boundary of China
省界 Boundary of Province
一级河流 Major River
物种丰富度 Species Richness
1~2　3~7

0　300　600　900 千米 (km)

图 3.80　凹耳湍蛙 *Amolops tormotus* 易危（VU）中国特有

《中国物种红色名录》评估的中国受威胁的蛙类共有 51 种（极危 3 种，濒危 10 种，易危 38 种）。它们主要分布在中国长江以南地区。从云南最西部向东，经云贵高原、两广丘陵、南岭、武陵山，到武夷山、安徽与浙江交界处，都有较丰富的蛙科受威胁物种呈斑块状分布，海南和台湾也有较多分布。值得注意的是阿尔泰林蛙 *Rana altaica*（易危）在我国仅分布于阿尔泰山一带，是我国最北方的受威胁的蛙科动物。

地图 3.4.2.3 中国蛙科特有种在各县的丰富度
Map 3.4.2.3 Species Richness of Endemic Frogs in Counties of China

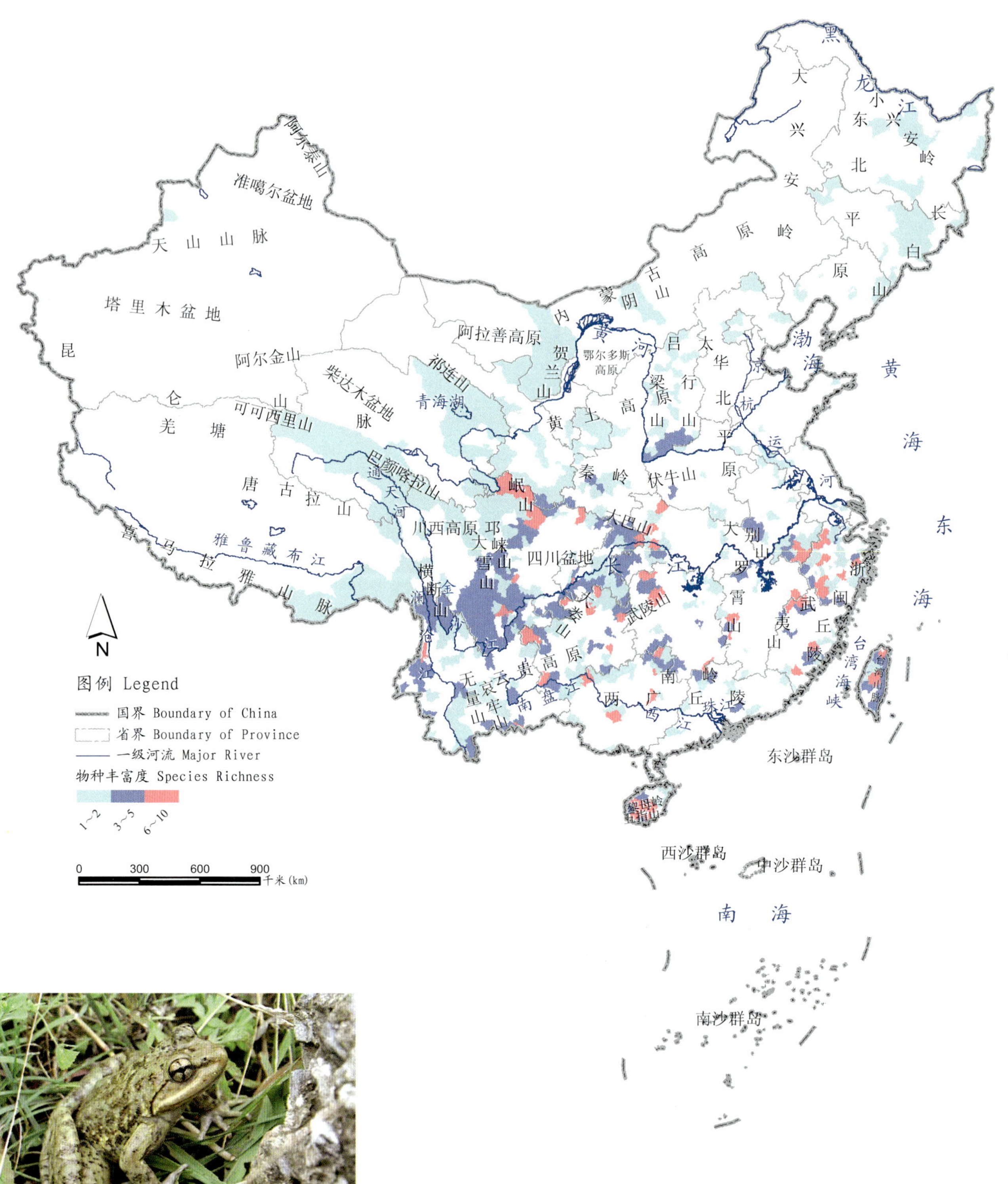

图3.81 隆肛蛙 *Feirana quadranus* 近危（NT）中国特有

CSIS 中记录的中国蛙科的特有种共 75 种（其中极危 2 种，濒危 9 种，易危 23 种）。它们分布于南方的种类明显多于北方，北方仅长白山、贺兰山、祁连山以及黄土高原等地区有零星分布。该特有种主要分布在四川盆地周边的山脉、两广丘陵、南岭到武夷山、安徽与浙江交界处、台湾岛和海南岛等地区。

第四章 中国陆生无脊椎动物地图——以蝶类物种为代表

现在一般将动物划分为10个门，分别为刺胞动物门、扁形动物门、线虫动物门、软体动物门、环节动物门、节肢动物门、苔藓动物门、棘皮动物门、肠鳃动物门和脊索动物门。其中脊索动物门又可分为3个亚门，分别为尾索动物亚门、头索动物亚门和脊椎动物亚门。而无脊椎动物则是除脊椎动物亚门外的所有动物门类的总称。

无脊椎动物种类繁多，目前现存的动物物种中90%以上都是无脊椎动物，多数个体较小。昆虫是无脊椎动物中数量最多的一类，蜘蛛、多足类等绝大多数都是陆生动物，其他的无脊椎动物多以水体尤其是海水为主要生存环境。这使得无脊椎动物的调查、分类和编目成为漫长的工作，为我们整理每个物种的分布信息带来了很大的难度。蝶类是陆生的无脊椎动物中人类研究较早、研究成果较多、物种标本记录和文献记录也相对较多的类群之一。CSIS中关于陆生无脊椎动物主要记录了蛛形纲84种（其中濒危15种，易危6种），昆虫纲1 323种（其中1 227种为蝶类）。因此本地理图集以蝶类作为代表，对其中物种数量较多的类群进行了我国丰富度分布状况的制图。内陆水生无脊椎动物分布图以田螺为例在第六章中介绍。

蝶类是动物界节肢动物门昆虫纲鳞翅目中的一个类群。昆虫纲是生物分类中最大的一个纲，而鳞翅目是昆虫纲的第二大目，包括了各种蝶类及蛾类，其中蛾类的种数要远远多于蝶类，但由于蝴蝶具有绚丽多彩的色泽，吸引了更多研究者和业余爱好者的目光。中国是世界上蝴蝶资源较为丰富的国家之一，拥有许多在世界上视为珍稀和具有很高观赏价值的蝴蝶种类，蝴蝶的分布也很广。然而近年来由于人类活动对大自然生态环境的改变和破坏，越来越多的蝴蝶的生存条件受到了威胁。另外人们大量捕捉各种颜

图4.1 串珠环蝶 *Faunis eumeus* 无危（LC） 原产华南，入侵台湾

图 4.2 大尾大蚕蛾 *Actias maenas* 易危（VU） 中国特有

色绚丽的、珍稀的蝴蝶物种，使得本来就稀少的一些类别已濒临灭绝的危险。我们都怀念孩提时代追逐的蝴蝶上下翻飞的身影，然而它们已经很难在当前高楼林立的大城市出现，甚至在郊外的田野上也越来越难以见到。

CSIS 中记录在中国分布的蝴蝶种类为 11 科共 1 227 种，其中种类超过 100 种的有 6 科，分别为粉蝶科、凤蝶科、弄蝶科、眼蝶科、灰蝶科和蛱蝶科。本地理图集以省为单位（其中四川和重庆作为一个省），对数据库中所记录的蝶类在中国的分布格局以及受威胁物种和特有类群的丰富度现状进行了统计、分析和制图，同时对这 6 科拥有较多物种的类群也分别进行了分析，以便人们更为直观地了解我国蝴蝶的现状，对保护工作应针对的重点地区和重点物种心中有数。

4.1 中国蝶类分布

图 4.1.1 中国蝶类动物在各省的丰富度

Map 4.1.1 Species Richness of Butterflies in Provinces of China

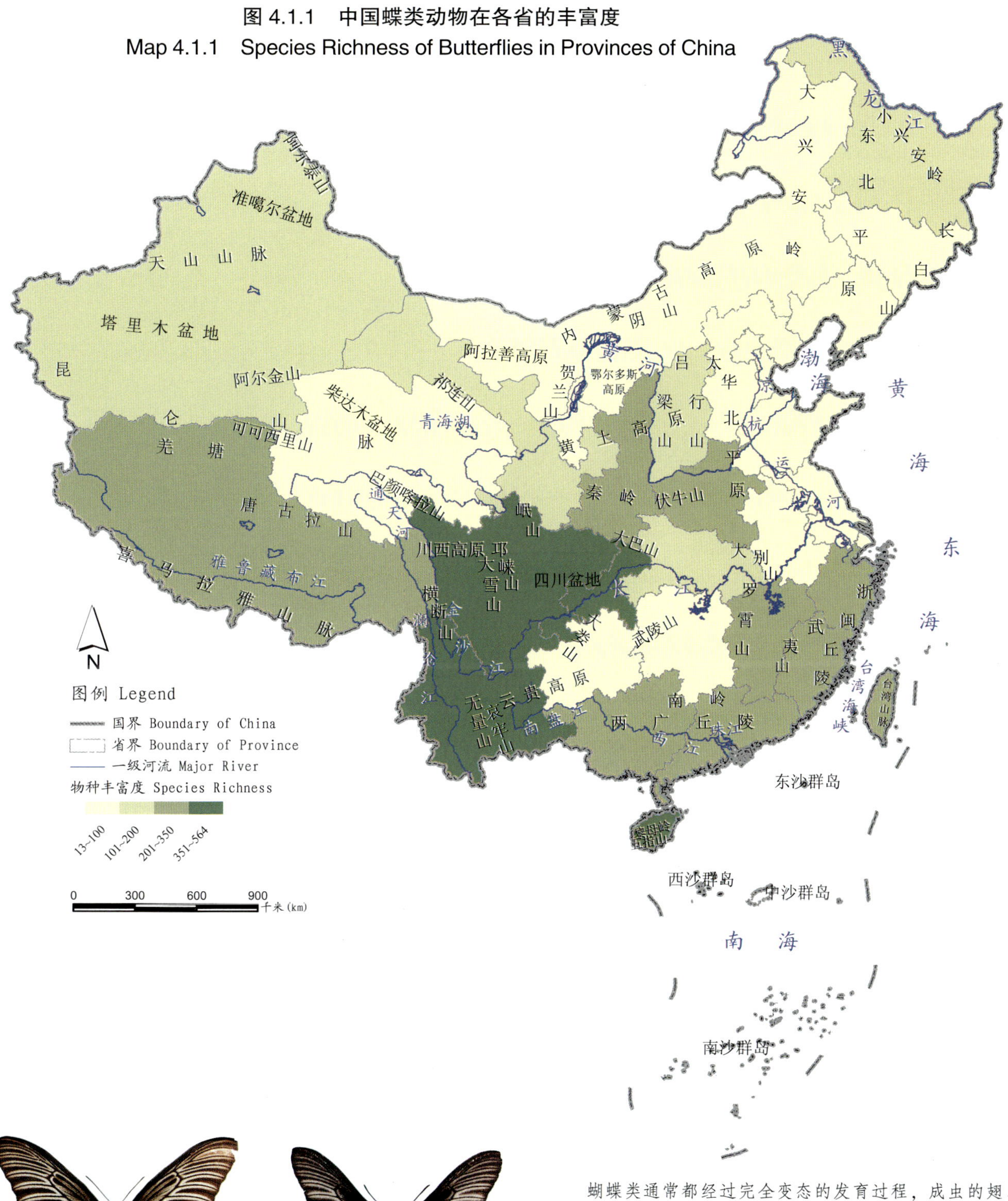

图 4.3 金裳凤蝶 *Troides aeacus*（左雌右雄） 近危（NT）

蝴蝶类通常都经过完全变态的发育过程，成虫的翅、体及附肢上布满鳞片。CSIS 中记录的中国蝶类 1 227 种在全国各省均有分布，但南方各省的数量要多于北方，尤其在四川（包括重庆）、云南和海南均超过 350 种，是我国蝴蝶的集中分布地，这与南方的气候、降水以及森林较多的生境有密切关联；另外在北方的河南和陕西有超过 200 种的蝶类，而在东北、华北和华东的大部分省份则相对较少。

地图 4.1.2 中国蝶类受威胁物种在各省的丰富度
Map 4.1.2 Species Richness of Threatened Butterflies in Provinces of China

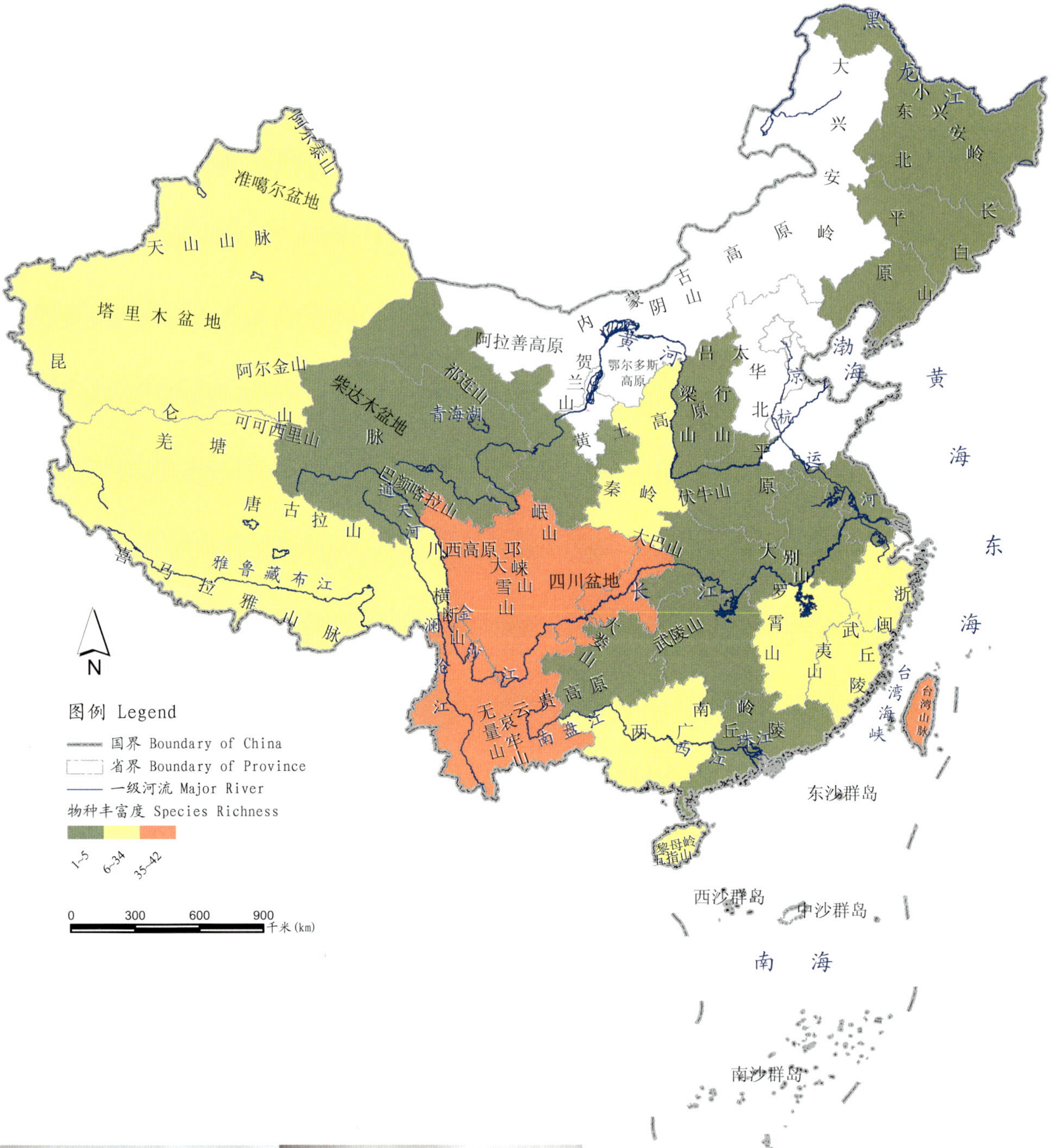

图例 Legend

国界 Boundary of China
省界 Boundary of Province
一级河流 Major River
物种丰富度 Species Richness
1–5
6–34
35–42

0 300 600 900 千米(km)

图4.4 阿波罗绢蝶 *Parnassius apollo*（左雌右雄） 濒危（EN）

《中国物种红色名录》评估的中国受威胁的蝴蝶共有9科157种（其中濒危9种，这9种都是凤蝶科的蝴蝶），另外还有易危148种。受威胁物种在四川（包括重庆）、云南和台湾数量最多，都在35种以上，尤以云南和四川最为集中；而在内蒙古、宁夏、河北、北京、天津、山东、上海则基本没有。

地图 4.1.3 中国蝶类特有种在各省的丰富度

Map 4.1.3 Species Richness of Endemic Butterflies in Provinces of China

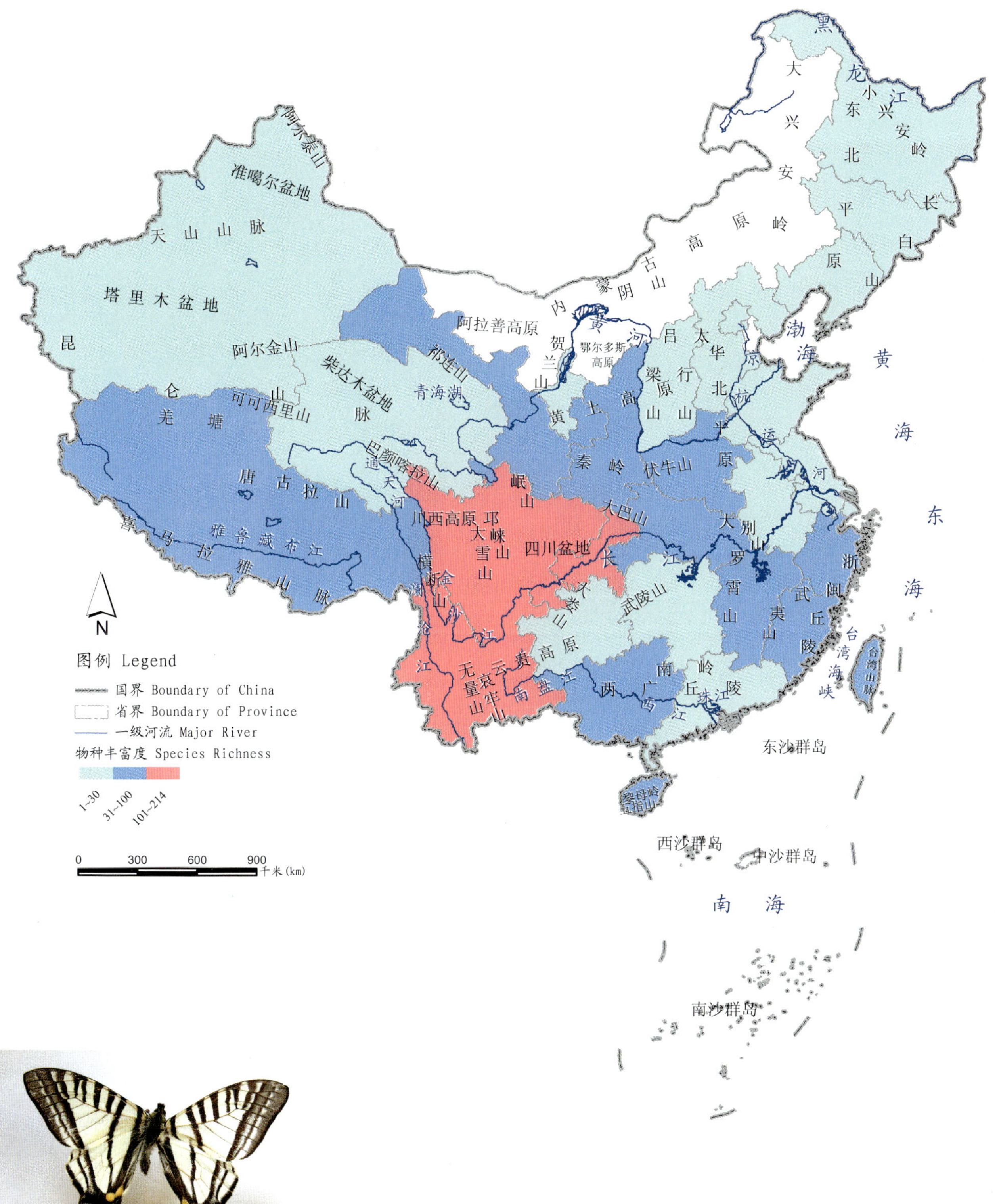

图 4.5 乌克兰剑凤蝶 *Pazala tamerlana* 近危（NT） 中国特有

CSIS 中记录的中国特有蝴蝶共 397 种（其中濒危 4 种，易危 129 种），占我国全部记录的蝴蝶种类的 1/3 左右。除内蒙古外，其余省市均有，南方分布的种类比北方多，在四川（包括重庆）和云南都超过 100 种，其中四川（包括重庆）共记录有 214 种，为全国之最。

4.2 中国蛱蝶科分布

地图 4.2.1 中国蛱蝶科动物在各省的丰富度

Map 4.2.1 Richness of Nymphalidae Species in Provinces of China

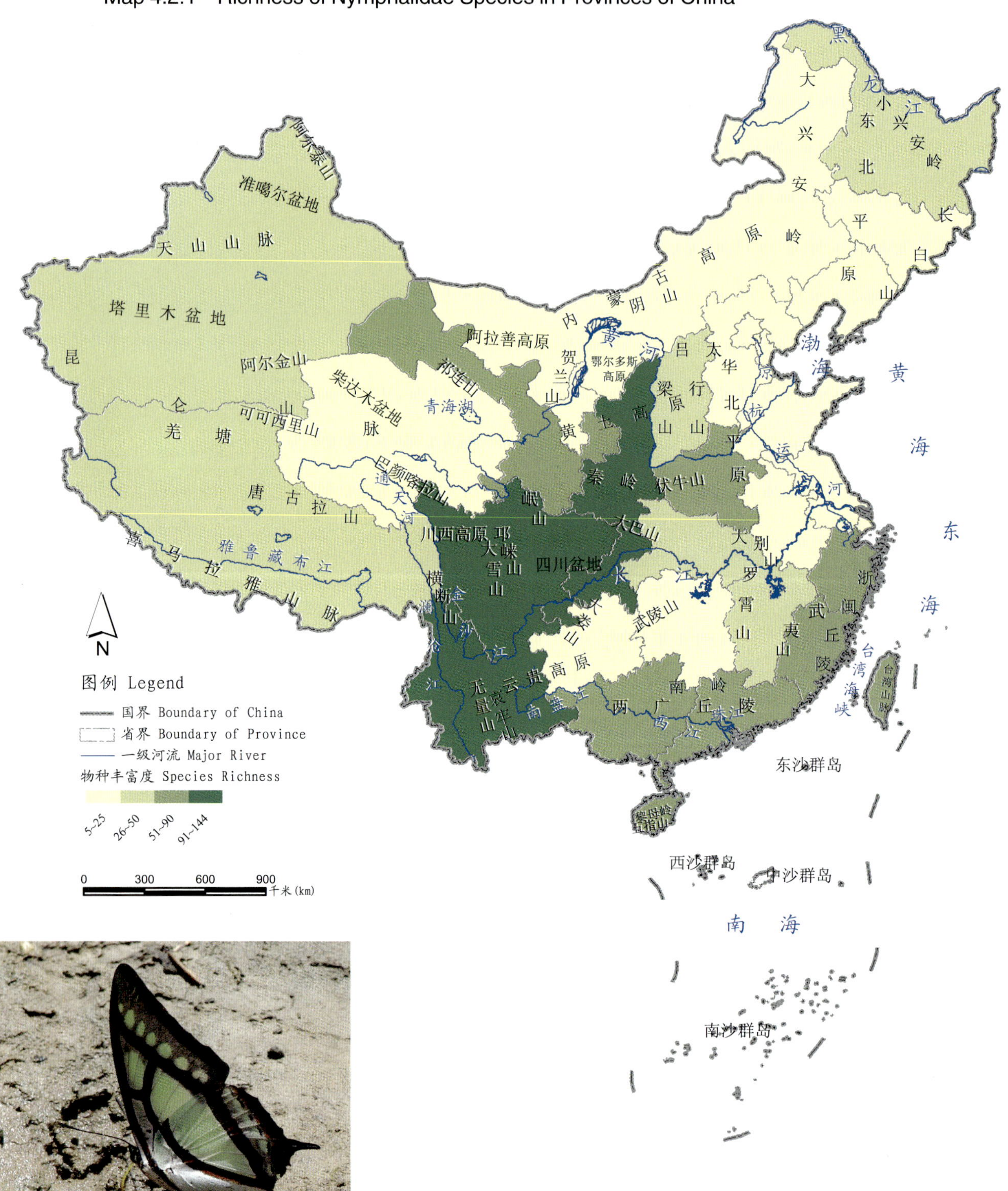

图4.6 二尾蛱蝶 *Polyura narcaea* 无危（LC）

蛱蝶科物种多为中大型，少数为小型蝴蝶，色彩丰富，翅色斑纹多变，较有观赏价值。CSIS 中共记录我国蛱蝶科物种 285 种，是我国蝶类种数最多的一科。全国各省均有分布，在中部、西南和东南沿海各省相对较多，其中云南、四川（包括重庆）、陕西数量最多，均有 90 种以上。

地图 4.2.2　中国蛱蝶科受威胁物种在各省的丰富度
Map 4.2.2　Richness of Threatened Nymphalidae Species in Provinces of China

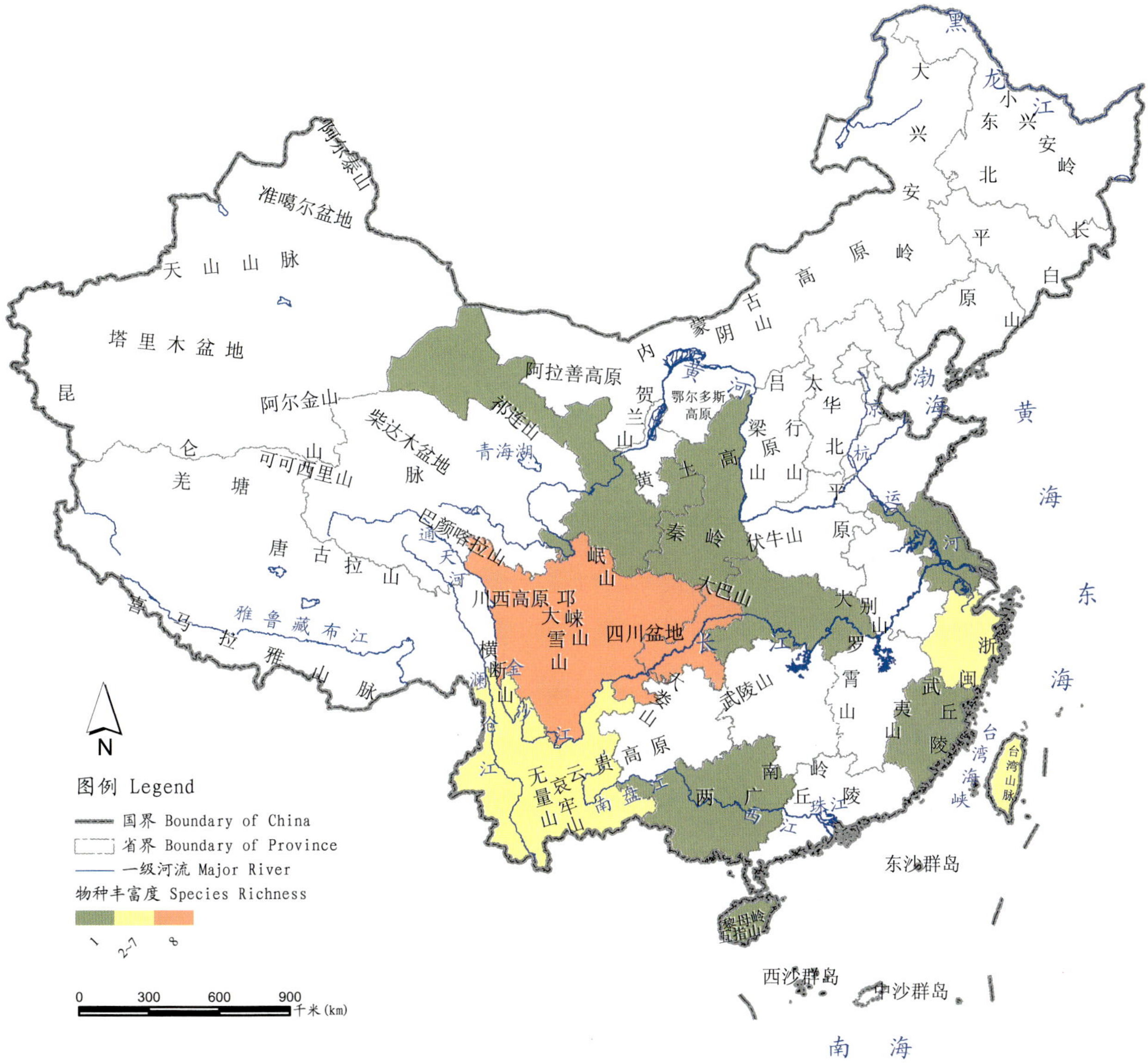

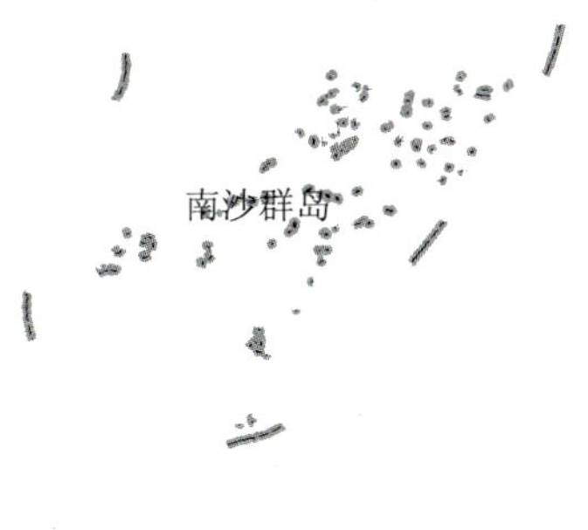

图例 Legend

国界 Boundary of China

省界 Boundary of Province

一级河流 Major River

物种丰富度 Species Richness

1　2-7　8

0　300　600　900 千米 (km)

图4.7　散纹盛蛱蝶　*Symbrenthia lilaea*　无危（LC）

《中国物种红色名录》评估的中国蛱蝶科受威胁物种共27种（均为易危）。它们主要分布在甘肃、陕西、四川（包括重庆）、广西和东部沿海省份，其中四川（包括重庆）数量最多，目前记录有8种。

地图 4.2.3　中国蛱蝶科特有种在各省的丰富度

Map 4.2.3　Richness of Endemic Nymphalidae Species in Provinces of China

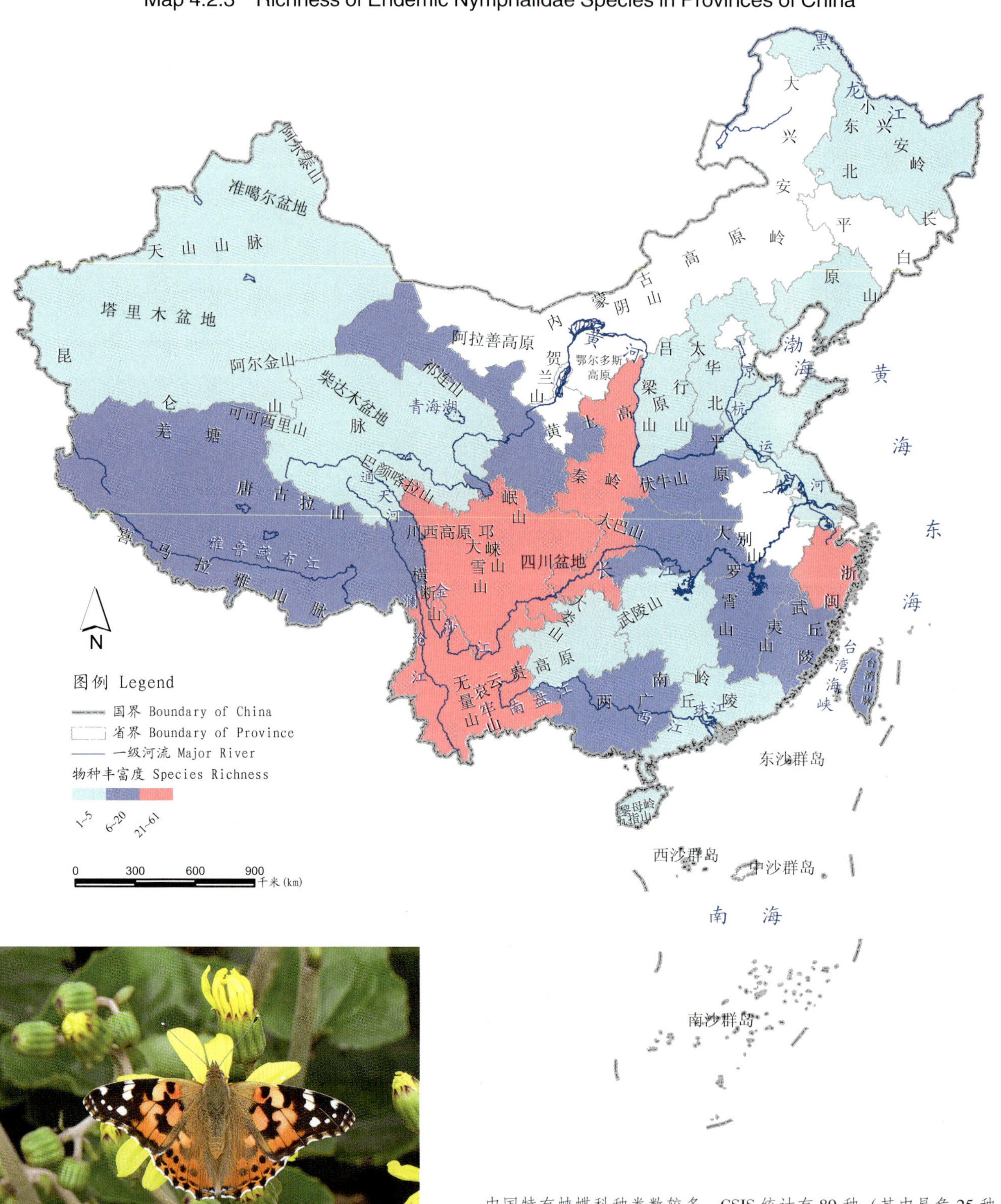

图4.8　小红蛱蝶　*Vanessa cardui*　无危（LC）　中国为次要分布区

中国特有蛱蝶科种类数较多，CSIS统计有89种（其中易危25种，近危20种）。除宁夏、内蒙古、吉林、安徽等地区外，其余各地均有该类群特有种的分布，以陕西、四川（包括重庆）、云南、浙江较为集中，尤其是四川（包括重庆）记录有61种。

4.3 中国弄蝶科分布

地图 4.3.1 中国弄蝶科动物在各省的丰富度

Map 4.3.1 Richness of Hesperiidae Species in Provinces of China

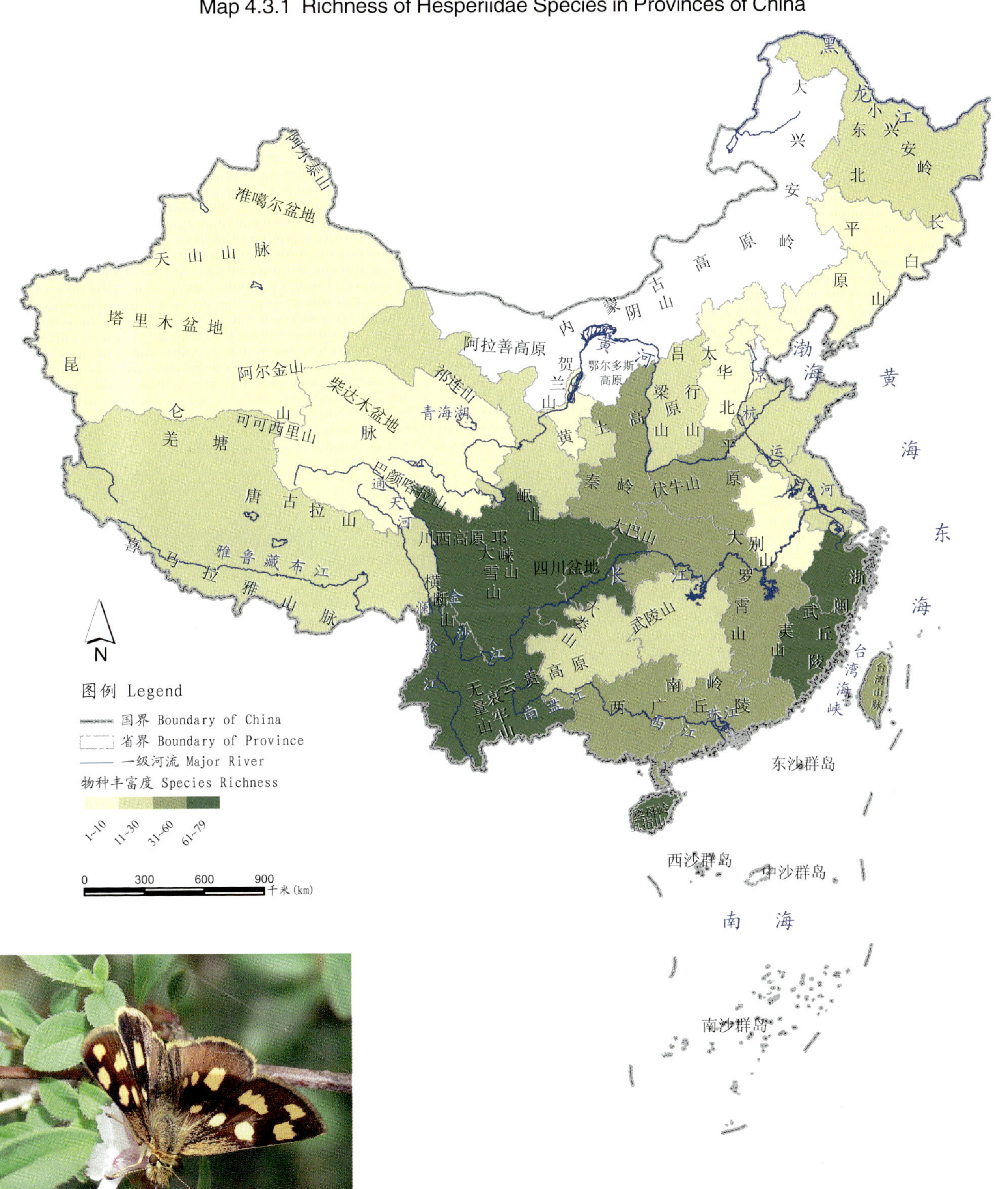

图4.9 黄斑银弄蝶 *Carterocephalus alcinoides* 无危（LC）

弄蝶科属鳞翅目昆虫的小型品种，种类较多，外形朴素，并不华丽耀眼。据CSIS统计，中国共有该类物种192种，除内蒙古和天津没有分布的记录外，其余各地都有分布，主要分布在南方各省。集中分布在四川（包括重庆）、云南、海南、浙江、福建，这些地区的记录均超过60种，尤其是海南记录有79种之多。

地图 4.3.2　中国弄蝶科受威胁物种在各省的丰富度
Map 4.3.2 Richness of Threatened Hesperiidae Species in Provinces of China

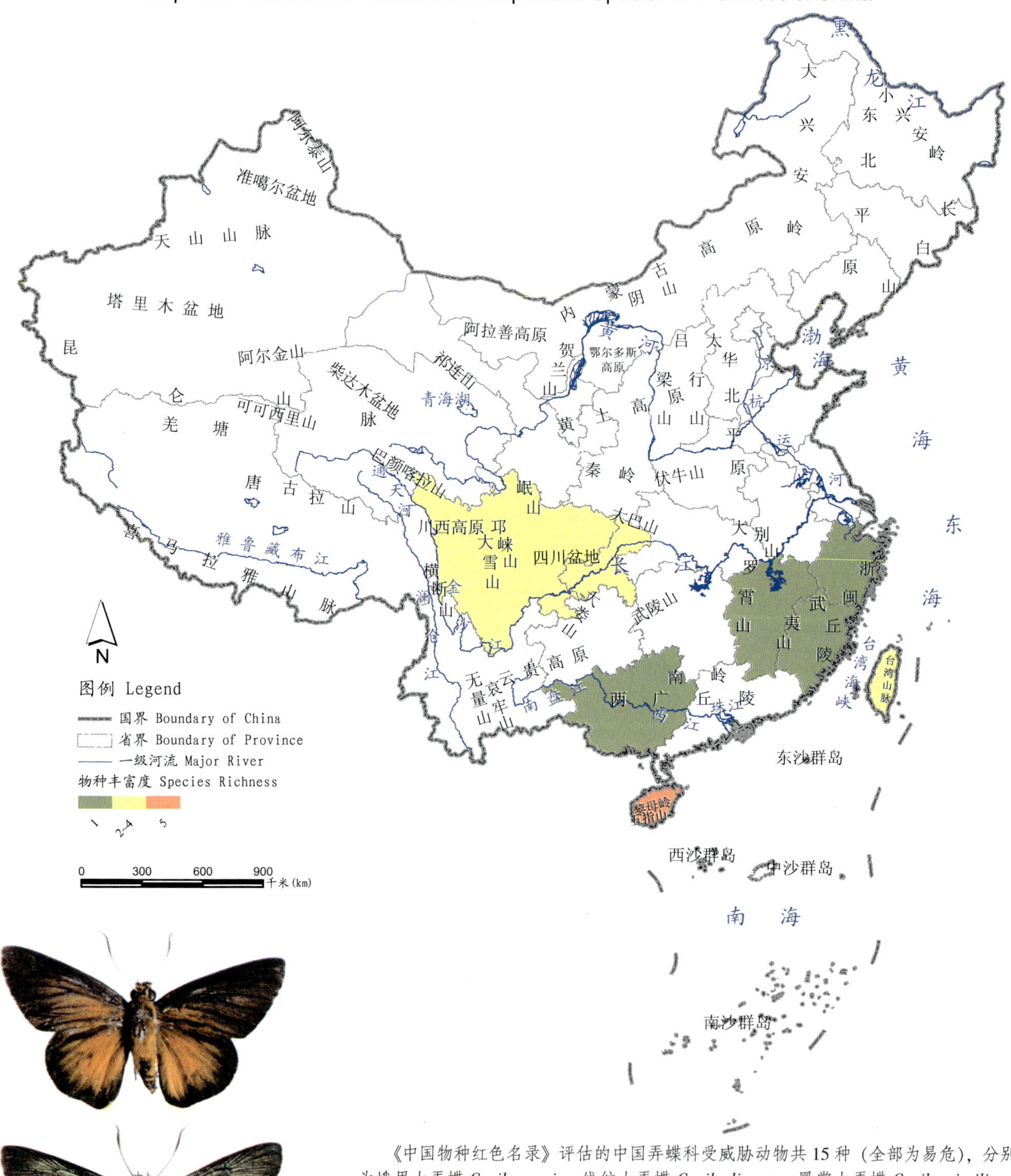

图4.10　大伞弄蝶　*Bibasis miracula*　近危（NT）　中国特有

《中国物种红色名录》评估的中国弄蝶科受威胁动物共15种（全部为易危），分别为峨眉大弄蝶 *Capila omeia*、线纹大弄蝶 *Capila lineata*、黑裳大弄蝶 *Capila nigrilima*、束带弄蝶 *Lobocla contracta*、周氏星弄蝶 *Celaenorrhinus choui*、粉白弄蝶 *Abraximorpha pieridoides*、台湾飒弄蝶 *Satarupa formosibia*、台湾瑟弄蝶 *Seseria formosana*、黄条陀弄蝶 *Thoressa horishana*、黄脉孔弄蝶 *Polytremis flavinerva*、周氏孔弄蝶 *Polytremis choui*、须弄蝶 *Scobura coniata*、金铠蛱蝶 *Chitoria chrysolora*、森下袖弄蝶 *Notocrypta morishitai*、微点大弄蝶 *Capila pauripunetata*。仅在广西、江西、福建、浙江、四川（包括重庆）、台湾、海南有分布，以海南最多，有5种。

地图 4.3.3 中国弄蝶科特有种在各省的丰富度
Map 4.3.3 Richness of Endemic Hesperiidae Species in Provinces of China

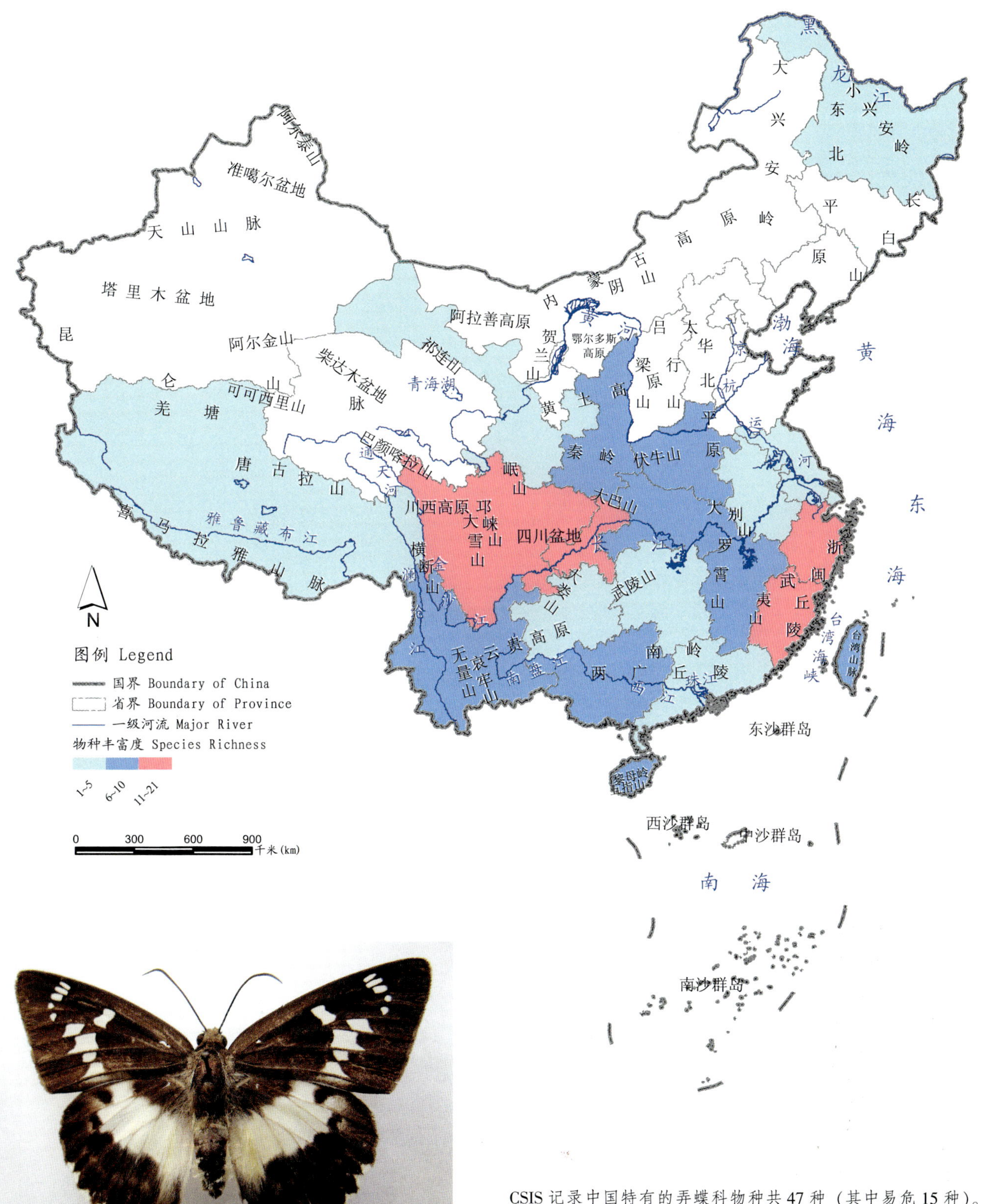

图4.11 密纹飒弄蝶 *Satarupa monbeigi* 无危（LC） 中国特有

CSIS 记录中国特有的弄蝶科物种共 47 种（其中易危 15 种）。它们分布于黄河以南除山东外的各省市，此外西藏与黑龙江也有少量分布。四川（包括重庆）、浙江及福建较多，均有 10 种以上，尤其是四川（包括重庆）记录有 21 种。

4.4 中国灰蝶科分布

地图 4.4.1 中国灰蝶科动物在各省的丰富度

Map 4.4.1 Richness of Lycaenidae Species in Provinces of China

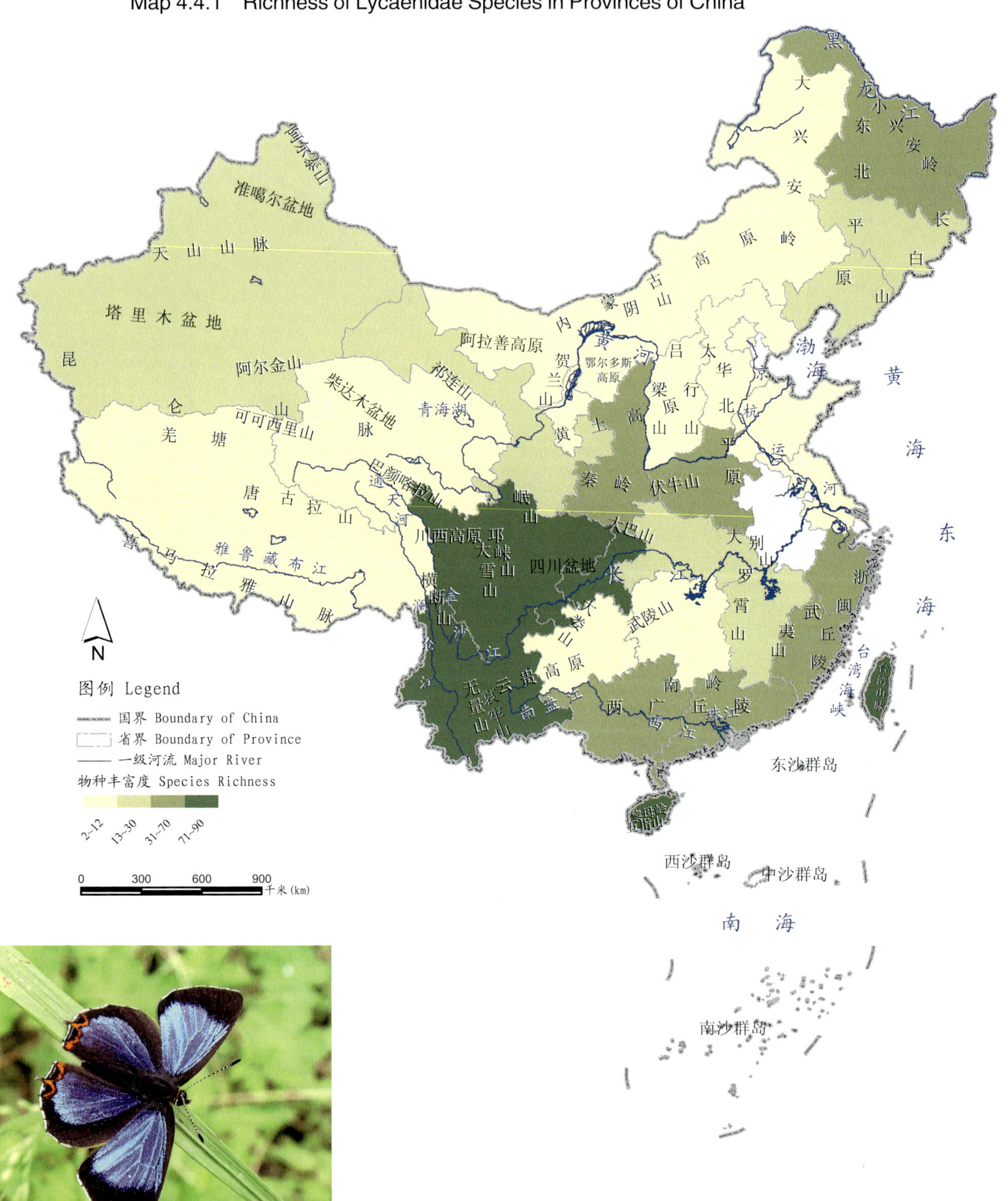

图 4.12 摩来彩灰蝶 *Heliophorus moorei* 无危（LC）

灰蝶科物种为小型蝴蝶，通常其翅两面色彩斑纹差异悬殊。CSIS 记录中国共有灰蝶科物种 235 种，它是我国蝶类的第二大科。除安徽和天津没有分布记录外，中国其他地区均有记录，尤以台湾、海南、四川（包括重庆）和云南的灰蝶种类数量最多，都在 70 种以上，台湾的灰蝶物种高达 90 种。

地图 4.4.2　中国灰蝶科的受威胁物种在各省的丰富度
Map 4.4.2　Richness of Threatened Lycaenidae Species in Provinces of China

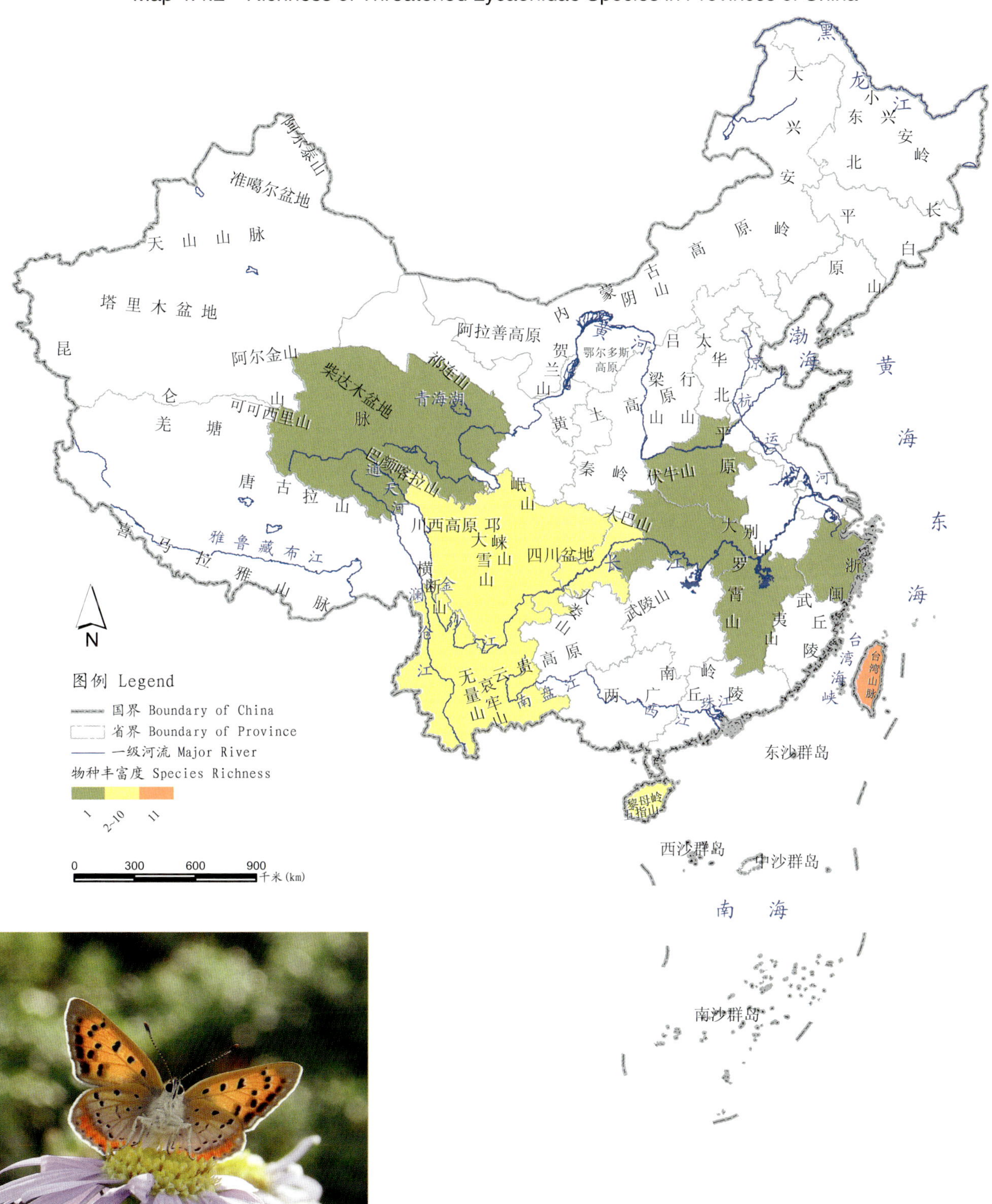

图4.13　红灰蝶 *Lycaena phlaeas*　无危（LC）

《中国物种红色名录》评估的中国灰蝶科受威胁物种共32种（全部是易危），见于9个省。其中在青海、湖北、河南、江西、浙江仅记录有1种；台湾最多，有11种；此外，在四川（包括重庆）、海南与云南种类也较多。

地图 4.4.3 中国灰蝶科特有种在各省的丰富度
Map 4.4.3 Richness of Endemic Lycaenidae Species in Provinces of China

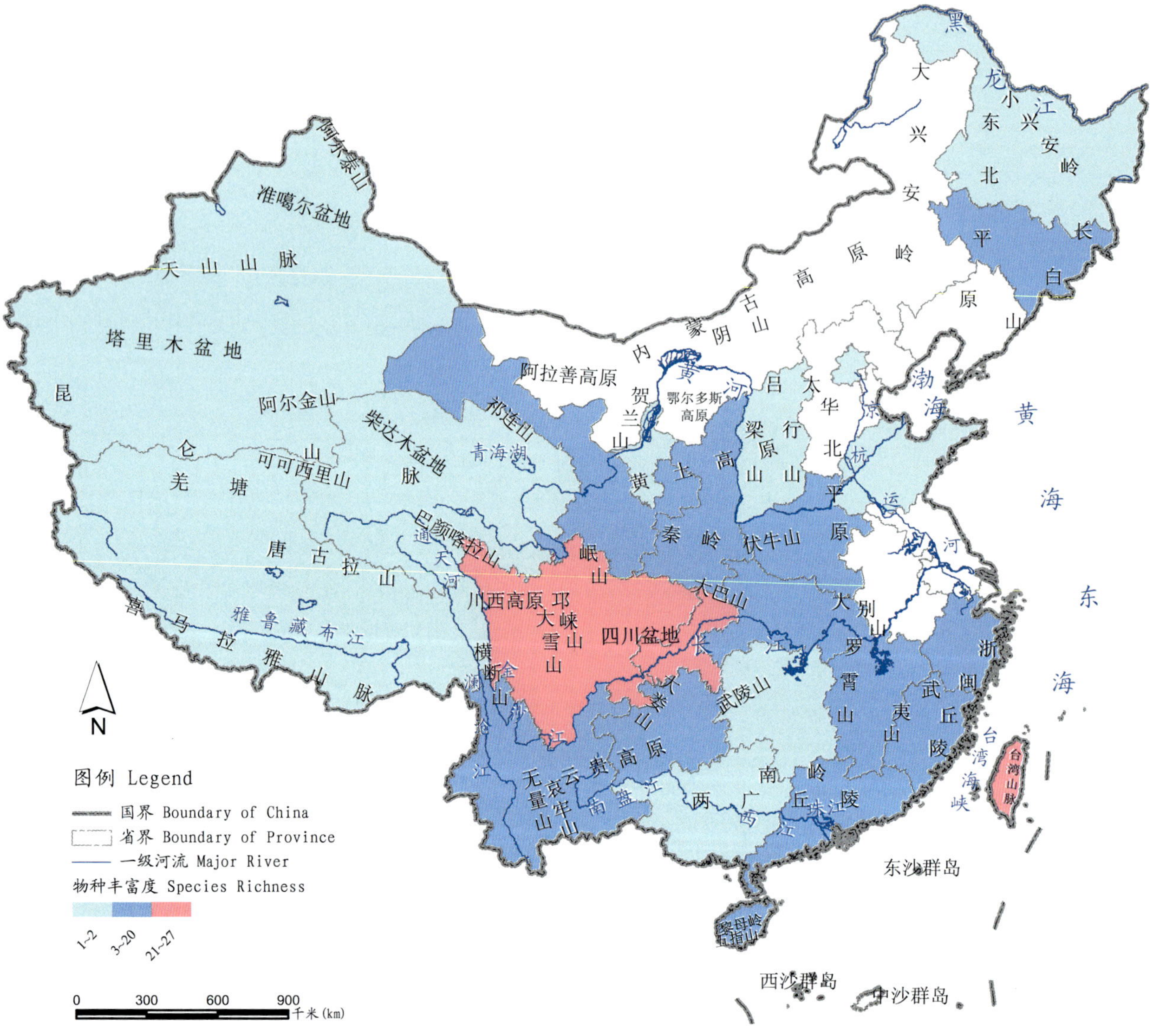

图例 Legend

国界 Boundary of China
省界 Boundary of Province
一级河流 Major River
物种丰富度 Species Richness
1~2 3~20 21~27

0 300 600 900 千米(km)

图 4.14 陕西灰蝶 *Shaanxiana takashimai* 近危（NT） 中国特有

CSIS 记录的中国灰蝶科特有种较多，共 73 种（其中 32 种易危物种都是我国的特有种，还包括近危 5 种和无危 36 种）。在南方的种类多于北方，主要分布在我国西南、东南和中部各地区。以四川（包括重庆）和台湾最多，分别为 24 种和 27 种，在内蒙古、河北、辽宁、天津、安徽、上海、江苏等地区未见记录。

4.5 中国凤蝶科分布

地图 4.5.1 中国凤蝶科动物在各省的丰富度

Map 4.5.1 Richness of Papilionidae Species in Provinces of China

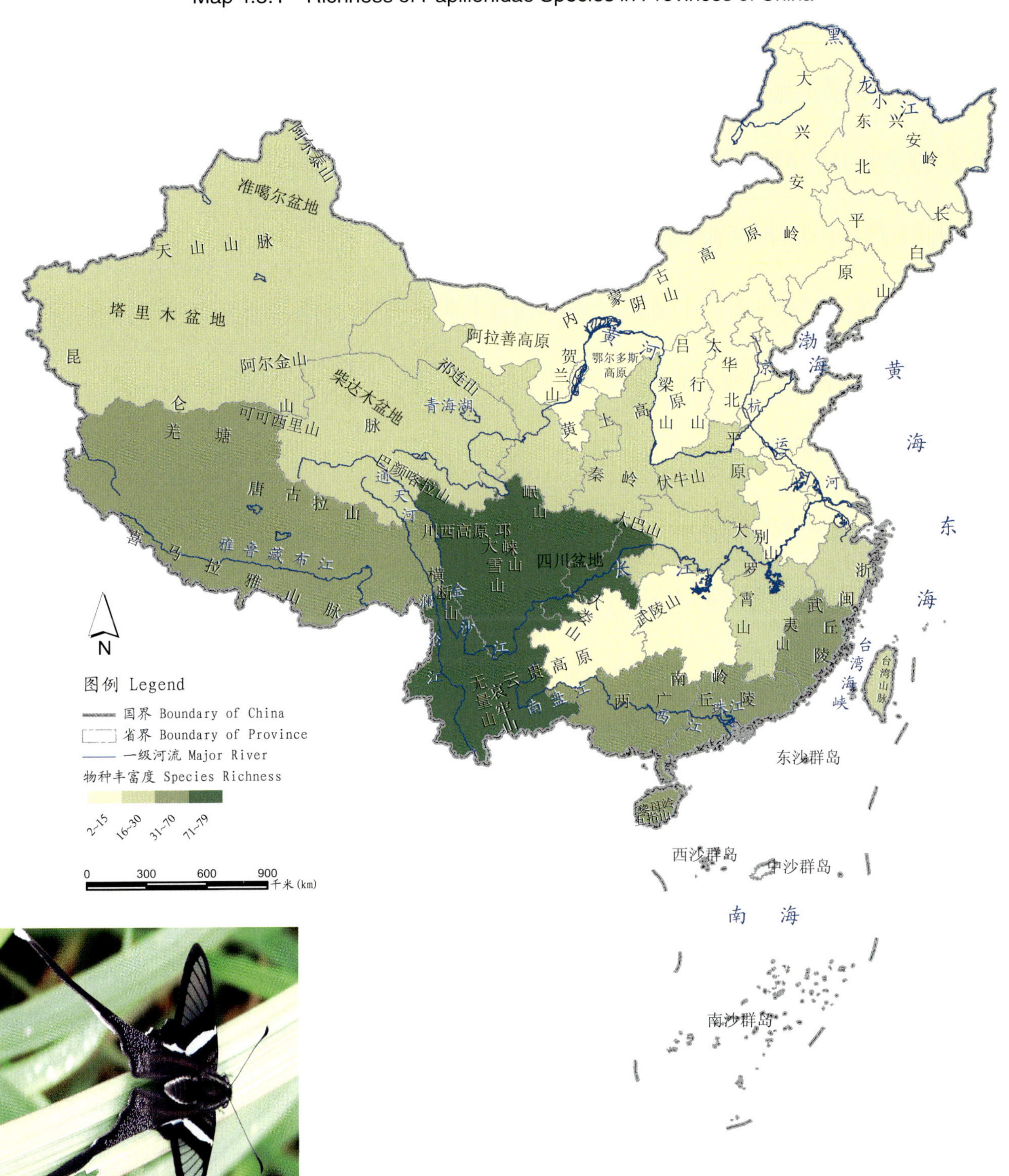

图4.15 燕凤蝶 *Lamproptera curia* 近危（NT）

凤蝶科是蝶类中体型较大的一个类群，其形态优美，色彩艳丽，有的种类甚至有夺目的金属光泽。CSIS 共记录有中国凤蝶 131 种。它们广泛分布于全国各省，主要分布在西南和华南各地，东北、华北和华东相对较少，基本呈西南向东北递减的趋势。在云南与四川（包括重庆）记录的种类最多，分别为 73 种和 79 种。

地图 4.5.2 中国凤蝶科受威胁物种在各省的丰富度

Map 4.5.2 Richness of Threatened Papilionidae Species in Provinces of China

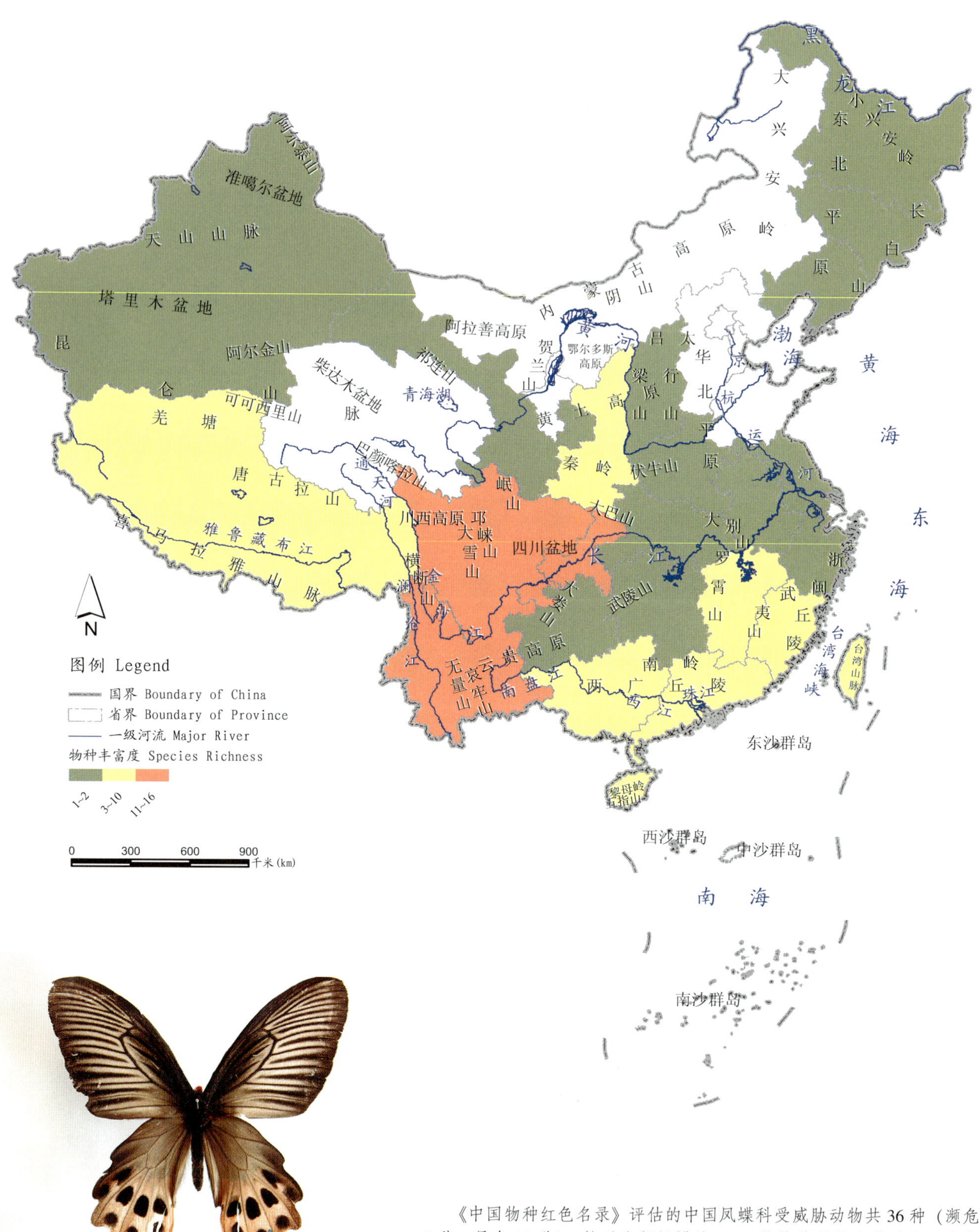

图4.16 曙凤蝶 *Atrophaneura horishana* 易危(VU)

《中国物种红色名录》评估的中国凤蝶科受威胁动物共36种（濒危9种，易危27种），接近全部凤蝶的1/3，是收藏者最为钟爱的一类蝴蝶。它们在我国大部分省份都有分布，在华南和西南部记录的种类较多，云南与四川（包括重庆）都超过10种，其中云南有16种之多。

地图 4.5.3 中国凤蝶科特有种在各省的丰富度
Map 4.5.3 Richness of Endemic Papilionidae Species in Provinces of China

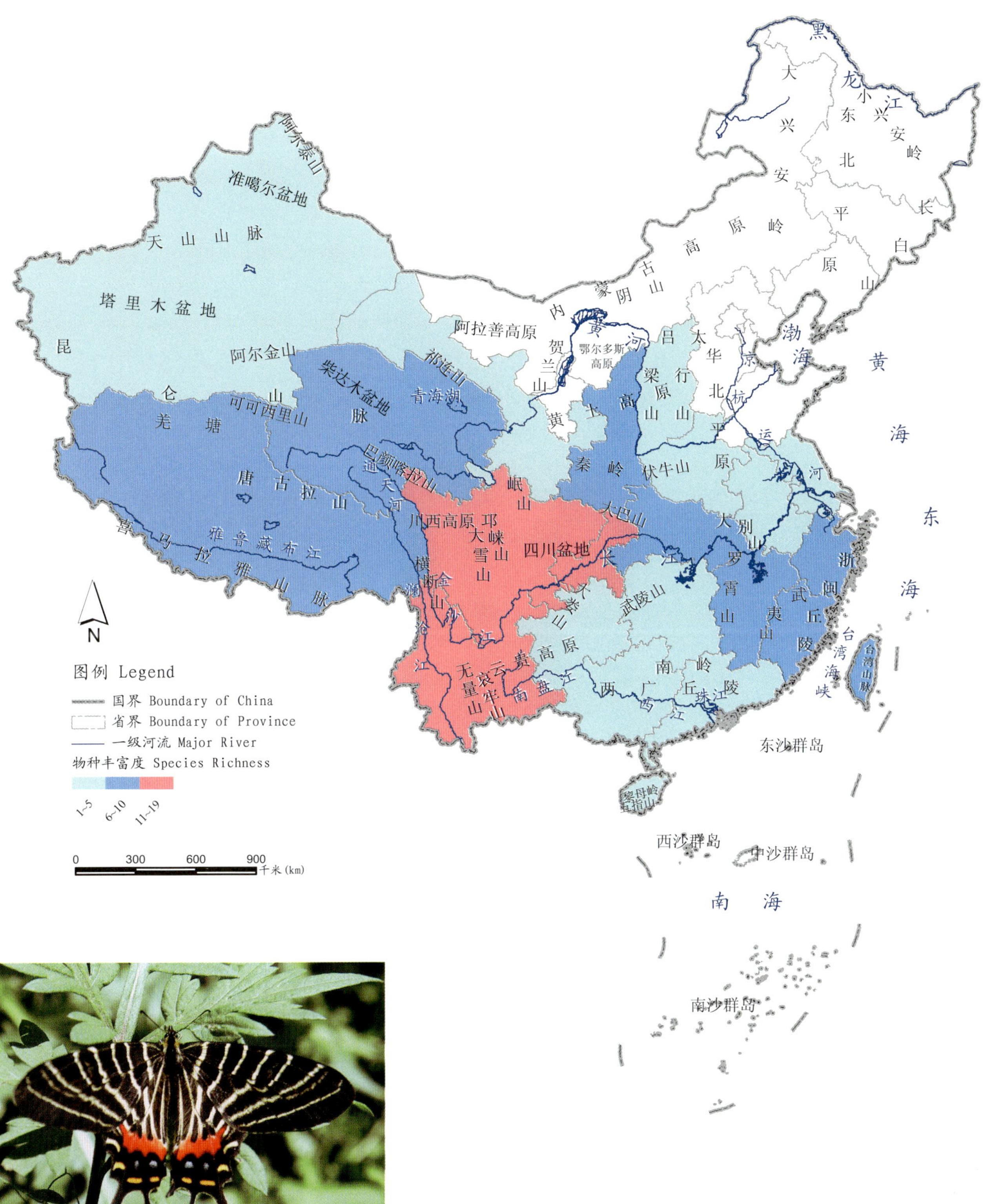

CSIS 记录的中国特有的凤蝶共 32 种（其中濒危 4 种，易危 11 种）。除东北、华北的一些地区未见记录外，中国其余各地均有分布，主要在西南和东南地区，青海和陕西也有较多记录，以四川（包括重庆）与云南分布种类最多，都记录有 10 种以上。

图 4.17 三尾凤蝶 *Bhutanitis thaidina* 易危（VU）中国特有

4.6 中国眼蝶科分布

地图 4.6.1 中国眼蝶科动物在各省的丰富度

Map 4.6.1 Richness of Satyridae Species in Provinces of China

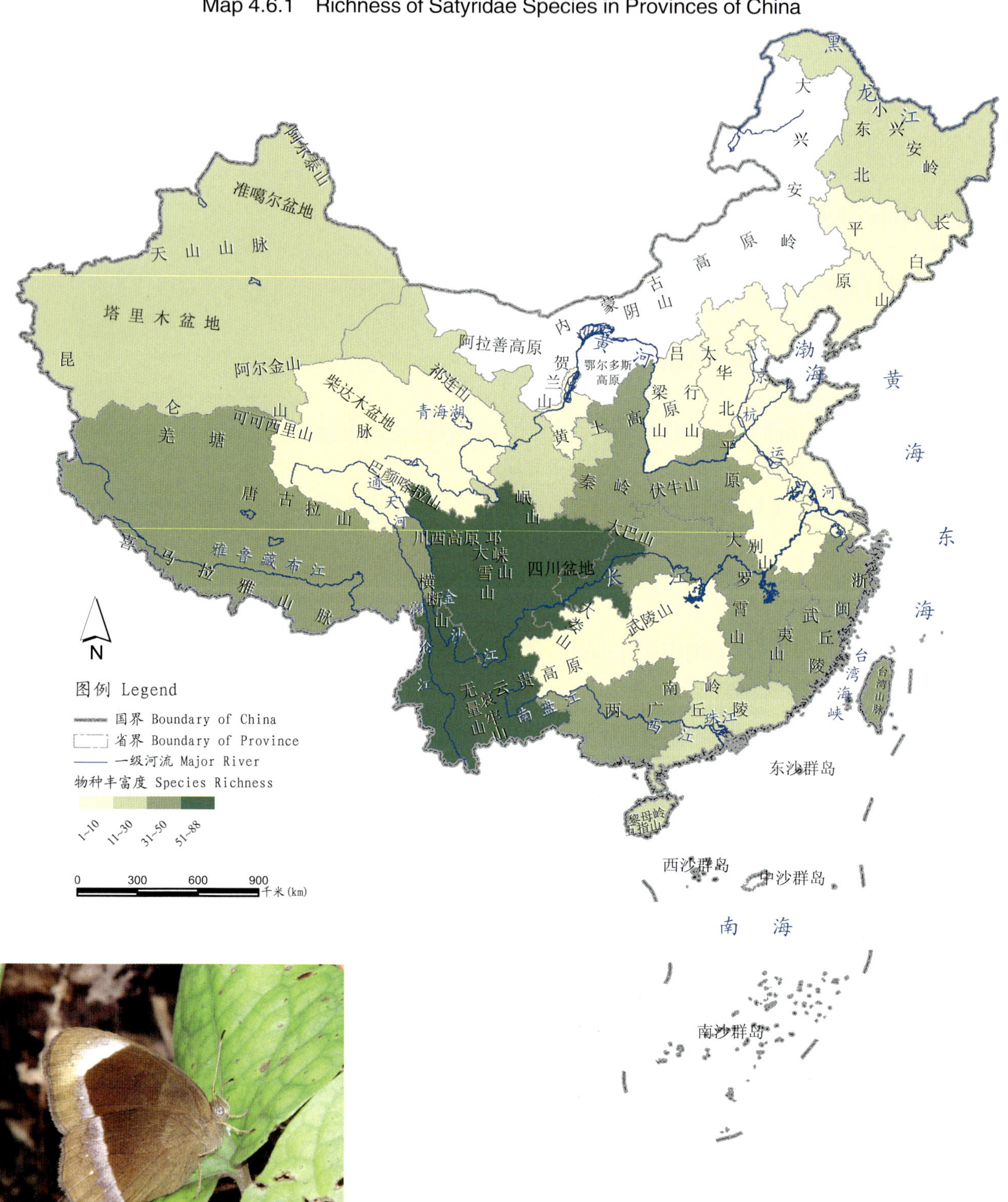

图4.18 君主眉眼蝶 *Mycalesis anaxias* 近危（NT）

眼蝶类多属小型至中型的蝶种，两翅反面近外缘常具多数眼状的环形斑纹，故而得名。CSIS记录有中国眼蝶科物种207种，为蝶类的第三大科。我国除内蒙古外，其余各地均有分布，主要在西南和东南地区。其中四川（包括重庆）眼蝶科种类最多，记录有88种；云南次之，记录有59种。

地图 4.6.2　中国眼蝶科受威胁物种在各省的丰富度
Map 4.6.2　Richness of Threatened Satyridae Species in Provinces of China

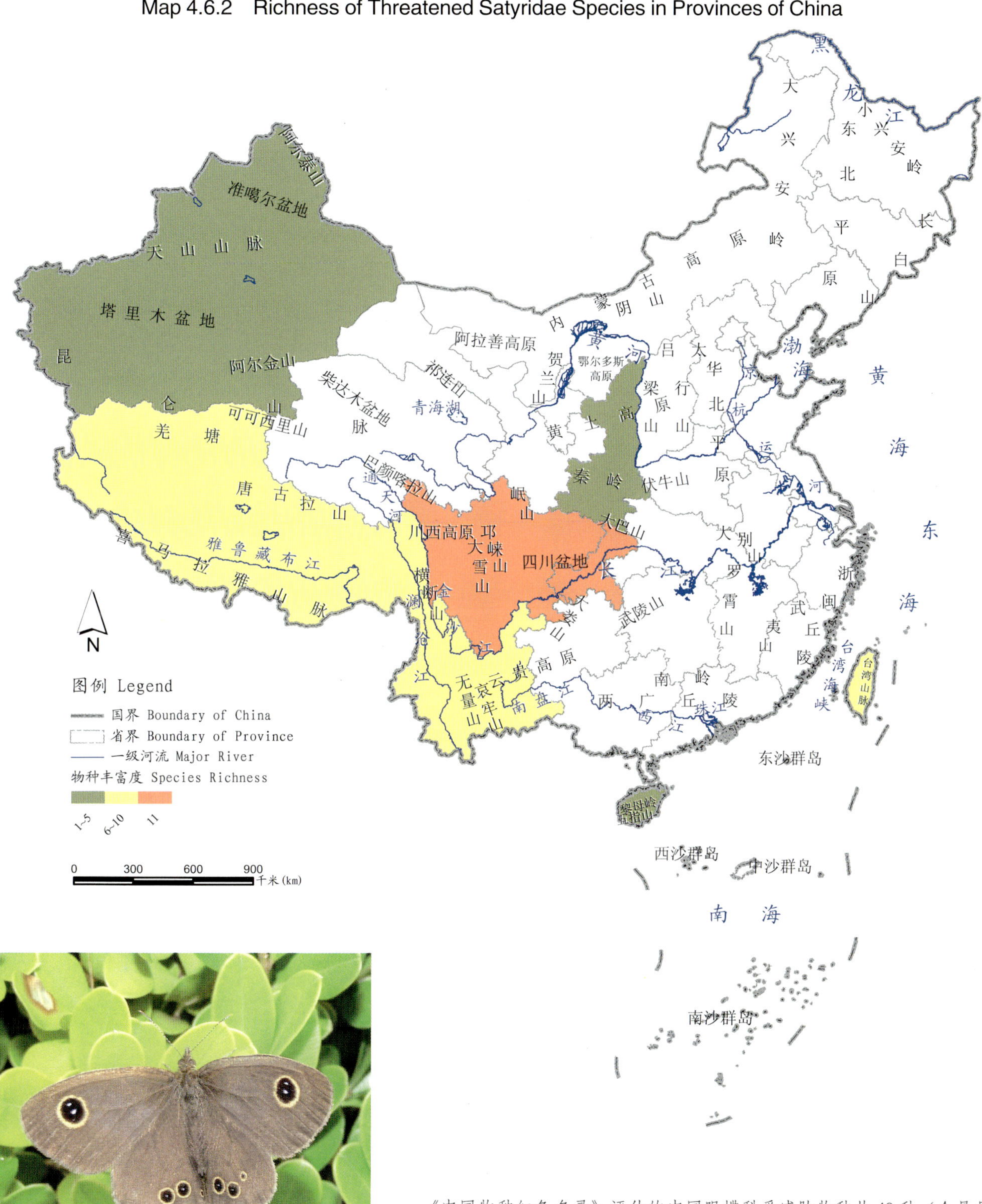

图 4.19　台湾矍眼蝶　*Ypthima formosana*　易危（VU）　中国特有

《中国物种红色名录》评估的中国眼蝶科受威胁物种共 40 种（全是易危），主要分布在我国西部的新疆、西藏、云南、四川（包括重庆）、陕西、海南和台湾，集中分布在我国西南地区和台湾，四川（包括重庆）记录有 11 种，为最多。

地图 4.6.3　中国眼蝶科特有种在各省的丰富度
Map 4.6.3　Richness of Endemic Satyridae Species in Provinces of China

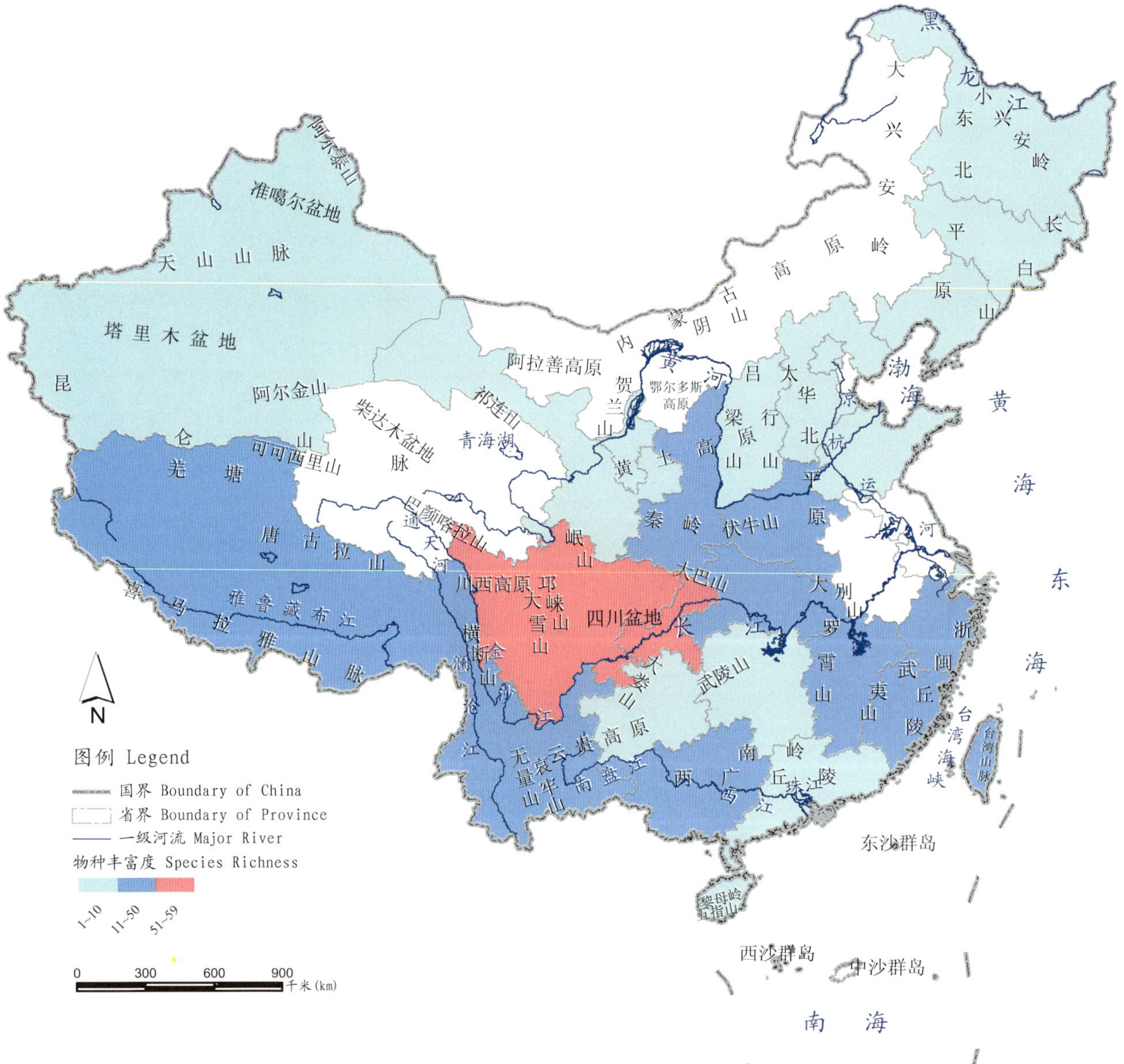

图4.20　玳眼蝶　*Ragadia crisilda*　无危（LC）　中国特有

CSIS 统计的中国特有的眼蝶类共 111 种（其中易危 39 种），占全部眼蝶种类的一半以上。我国除青海、内蒙古、江苏及安徽外，其余各地均有分布，主要集中在西南、东南沿海各省以及秦岭一带，以四川（包括重庆）分布最多，共记录有 59 种。

4.7 中国粉蝶科分布

地图 4.7.1 中国粉蝶科动物在各省的丰富度

Map 4.7.1 Richness of Pieridae Species in Provinces of China

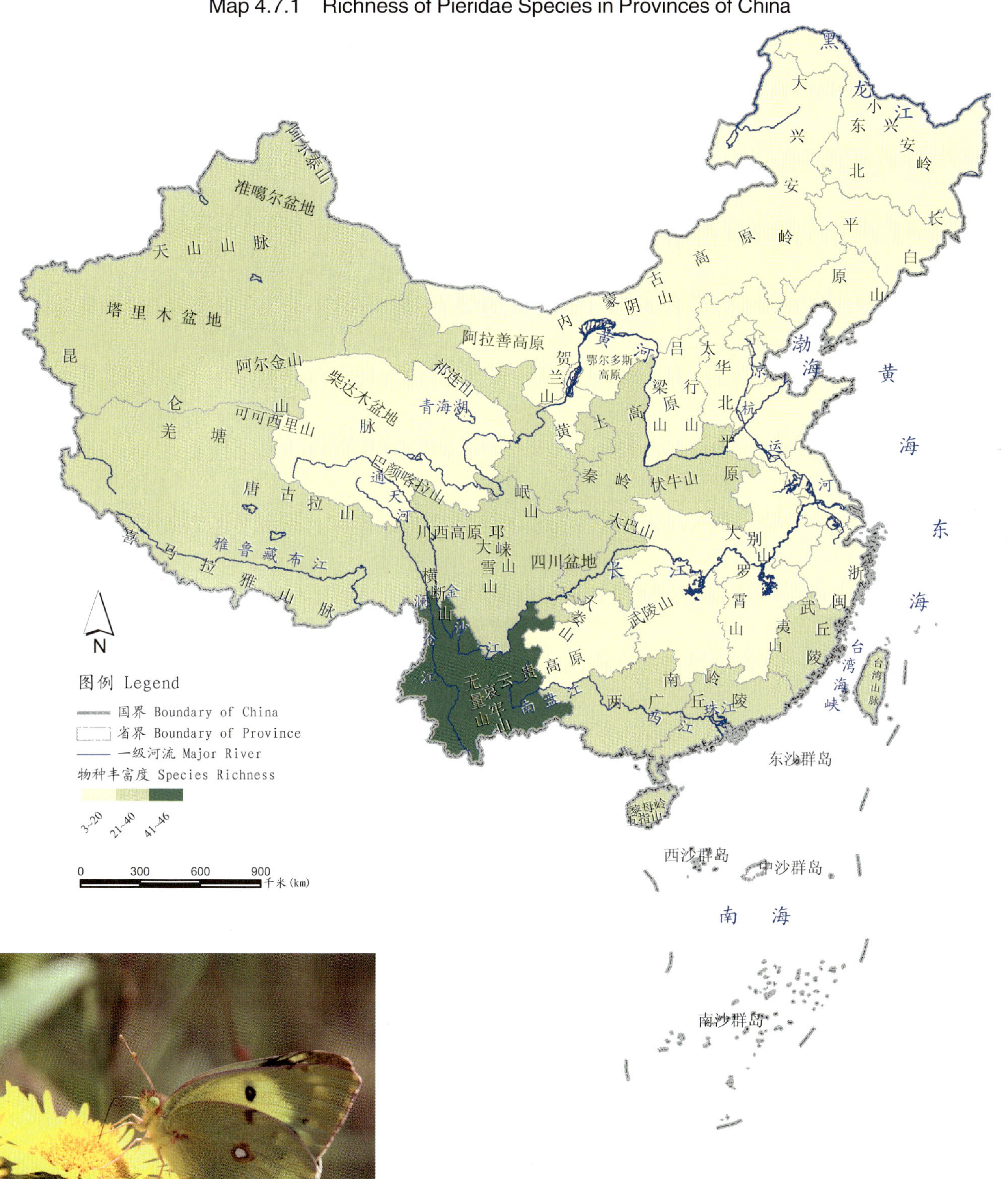

图4.21 斑缘豆粉蝶 *Colias erate* 无危（LC）

粉蝶多为中小型蝴蝶，翅多为白底缀有黑斑，间有鲜黄乃至橙红色，少数有深红色斑。CSIS统计的中国粉蝶科物种共106种，全国各省都有分布，以西部和南部较多，基本呈西南向东北递减的趋势。其中在云南记录有46种粉蝶物种，为该类群最为集中的省份。

地图 4.7.2 中国粉蝶科受威胁物种在各省的丰富度
Map 4.7.2 Richness of Threatened Pieridae Species in Provinces of China

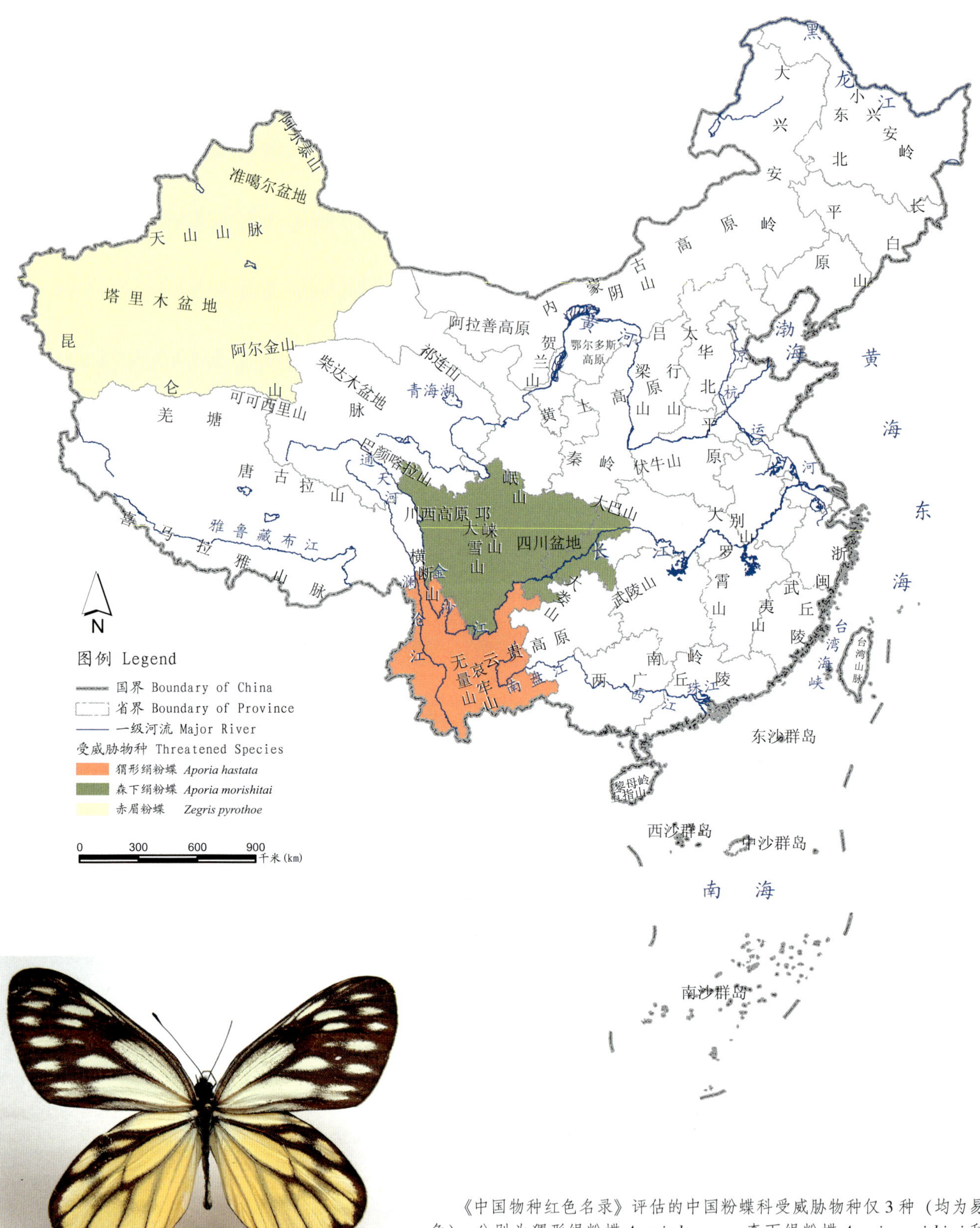

图4.22 森下绢粉蝶 *Aporia morishitai* 易危（VU） 中国特有

《中国物种红色名录》评估的中国粉蝶科受威胁物种仅3种（均为易危），分别为猬形绢粉蝶 *Aporia hastata*、森下绢粉蝶 *Aporia morishitai* 和赤眉粉蝶 *Zegris pyrothoe*。其中猬形绢粉蝶仅分布于云南，森下绢粉蝶目前仅在四川米易县有记录，赤眉粉蝶分布于新疆。

地图 4.7.3　中国粉蝶科特有种在各省的丰富度

Map 4.7.3　Richness of Endemic Pieridae Species in Provinces of China

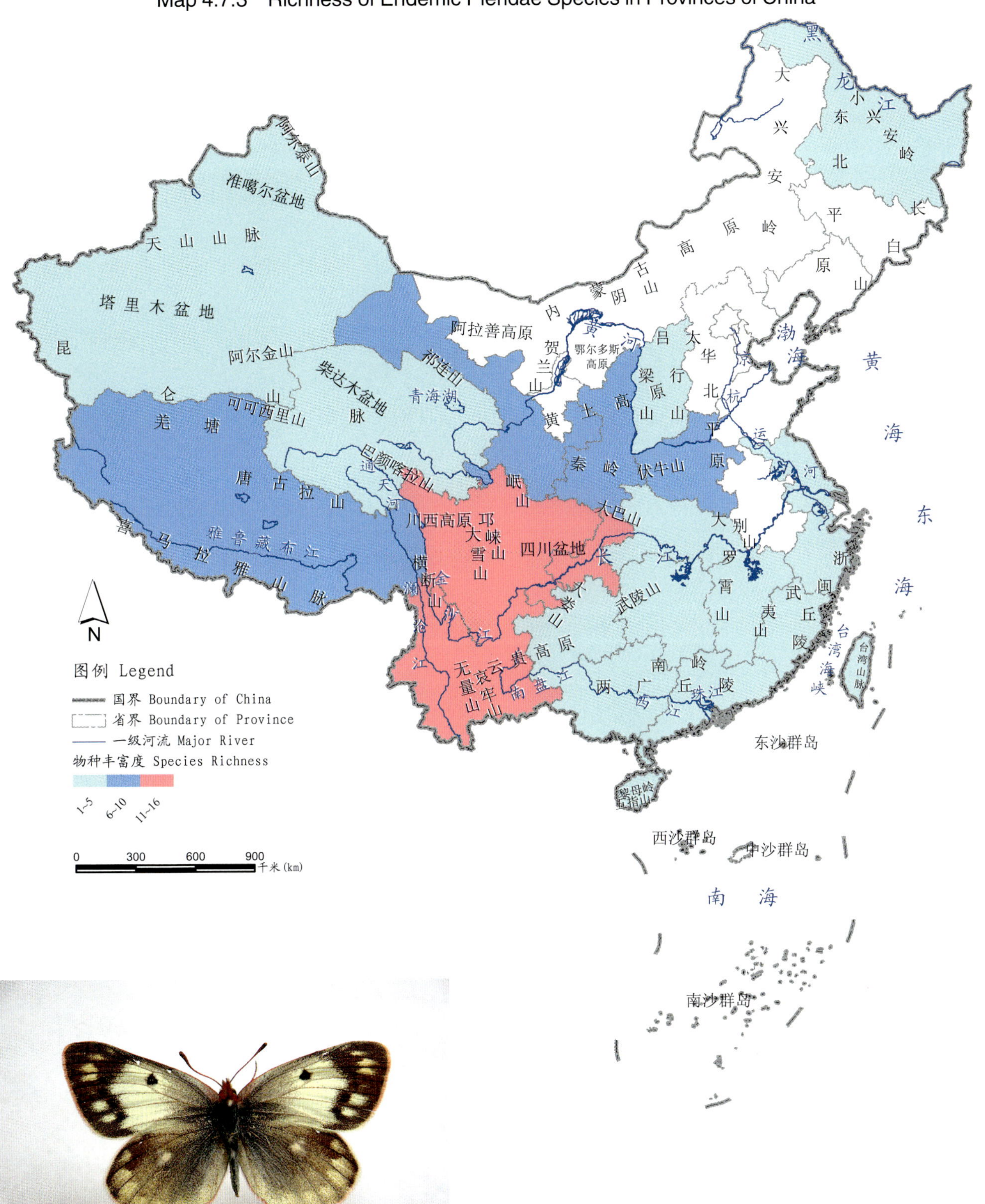

图4.23　山豆粉蝶　*Colias montium*　近危（NT）　中国特有

CSIS统计的中国特有的粉蝶共31种（其中易危3种），主要分布在我国的西部和南部，分布最多的是四川（包括重庆）和云南，均有超过10种的记录，而在东北和华北的分布记录较少。

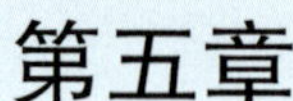

第五章 中国陆生植物地图

植物是自然生态系统中的生产者，是人类和其他生物赖以生存的物质基础。植物的代谢、合成和分解，在维护地球的生态环境和物质循环中起着重要的作用。植物界通常包括以下几大类群：种子植物、蕨类植物、苔藓植物、藻类植物、菌类及地衣类等。其中种子植物又可分为裸子植物和被子植物，而被子植物又常划分成双子叶植物和单子叶植物。维管植物是指具有维管系统（木质部和韧皮部）的植物类型，是从水生到陆生长期适应环境的结果，维管系统的有效输导，使维管植物成为最繁茂的陆生植物，包括蕨类植物、种子植物和极少的苔藓类。通常我们所说的高等植物则包括苔藓植物和所有的维管植物。

我国幅员辽阔，自然条件复杂，孕育了丰富的植物资源。我国具有泛北极和古热带两大植物区系，地理成分复杂，分布交错混杂。植被类型多样，从低海拔的阔叶林至高海拔的暗针叶林及高山灌丛与高山草甸等均有。《中国植物志》从1959年开始编写，至2004年历经45年，记载了我国超过3万种植物，分为301科3 408属共31 142种。通常对高等植物类型如裸子植物和被子植物的调查和研究比较完善，对于低等的类群如藻类植物、菌类、地衣类、蕨类植物和苔藓植物等，长期以来还未能对其种质资源和分布现状有全面详尽的研究。然而在这些较为低等的生物中还包括很多在北半球其他地区早已灭绝的古老孑遗属种，它们多数是古老的和原始的类群，是研究植物系统发育和植物地理的宝贵材料。由于数据量较少，本地理图集也未能涵盖这些类群的植物。

近几十年来，由于人口的剧增，农业、工业、交通、城镇的建设发展和社会消费需求的增加，人类向自然界索取植物资源（如森林、药用、经济、观赏等）的行为越来越多，导致森林面积急剧缩减，植被破坏，生境恶化，许多植物失去了赖以生存的自然环境，处于濒临灭绝的境地（傅立国等，1992）。很多对人类有价值的植物资源，甚至还未能得到人类的详细研究就已经从地球上消失了。因此，分析各植物类群在中国分布的丰

图 5.1a 西双版纳望天树林

富度格局，对了解我国植物的资源分布现状，在濒临灭绝的和特有的植物分布较为集中的地区进行保护工作，都有一定的参考价值和指导意义。

本地理图集统计了 CSIS 中记录的 226 种（变种）裸子植物和4 178 种被子植物，共计 169 科 4 404 种，通过这些植物的分布信息，以县为单位对它们在中国分布的丰富度格局进行了分析，并对每个类群中的受威胁物种和中国特有种进行了统计。CSIS 中记录了全部在中国分布的裸子植物、槭树科和兰科的物种，杜鹃花科也记录了 751 种中的 496 种，占其绝大部分，所以对这几个类群，我们对它们各自以县为单位的丰富度进行了制图。至于其他的门类，CSIS 中统计的以受威胁植物为主，因此对被子植物及其中的菊科、豆科、樟树科、山茶科等，本地理图集只分析了它们的受威胁物种在中国分布的丰富度格局。

图 5.1b 望天树 *Parashorea chinensis* 濒危（EN） 中国特有

5.1 中国陆生裸子植物分布

地图 5.1.0.1 中国陆生裸子植物在各县的丰富度

Map 5.1.0.1 Richness of Terrestrial Gymnosperm Species in Counties of China

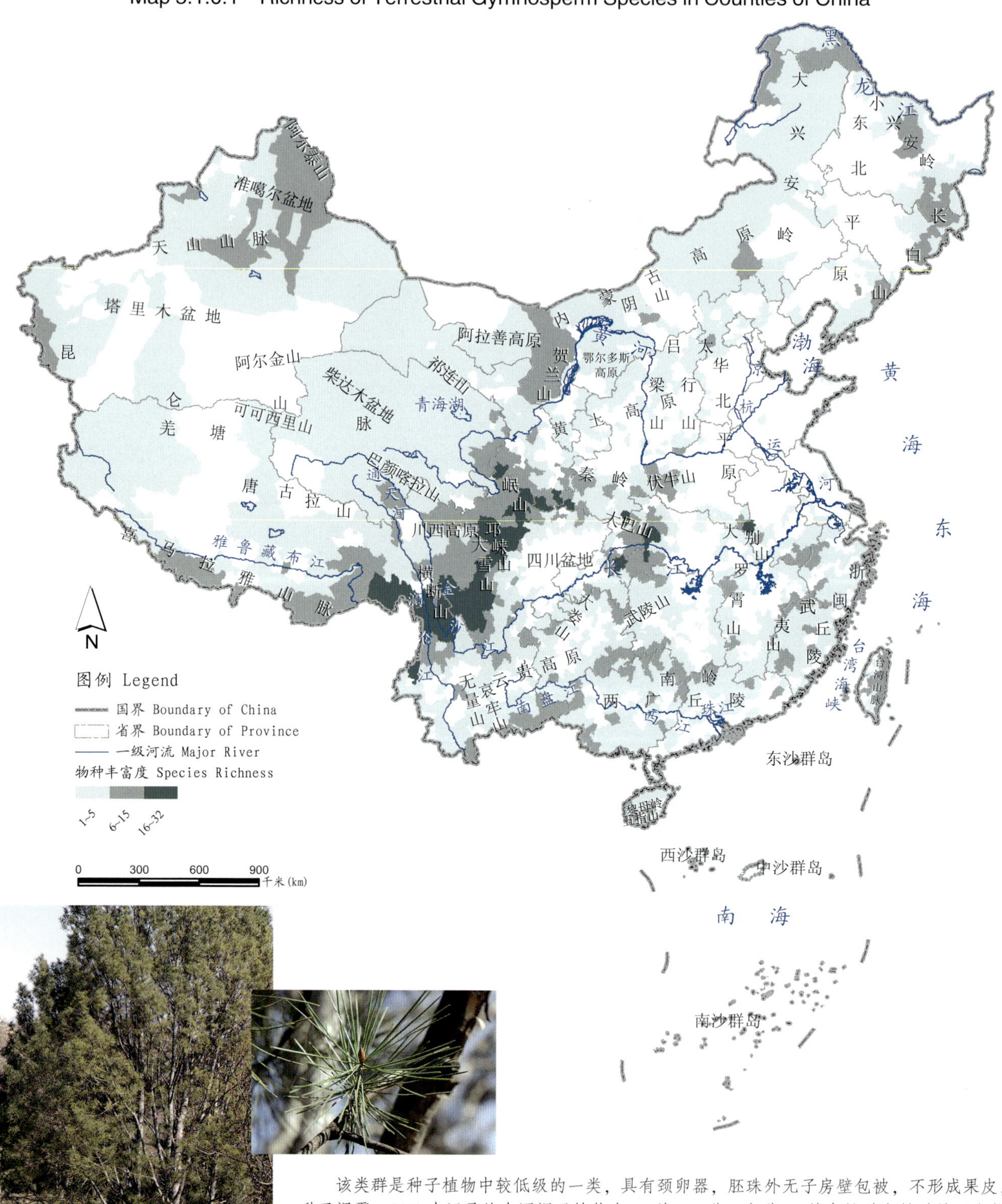

图 5.2 白皮松 *Pinus bungeana*
易危（VU） 中国特有

该类群是种子植物中较低级的一类，具有颈卵器，胚珠外无子房壁包被，不形成果皮，种子裸露。CSIS 中记录的中国裸子植物有 10 科 226 种（变种），其中松科和柏科是两个较大的类群。裸子植物在全国都有分布记录，西部的种类多于东部，集中在岷山—邛崃山—大雪山—横断山—藏东南一带，该区域可视为我国裸子植物的中心，大巴山和大别山也有较多分布。

地图 5.1.0.2　中国陆生裸子植物受威胁物种在各县的丰富度
Map 5.1.0.2　Richness of Threatened Terrestrial Gymnosperm Species in Counties of China

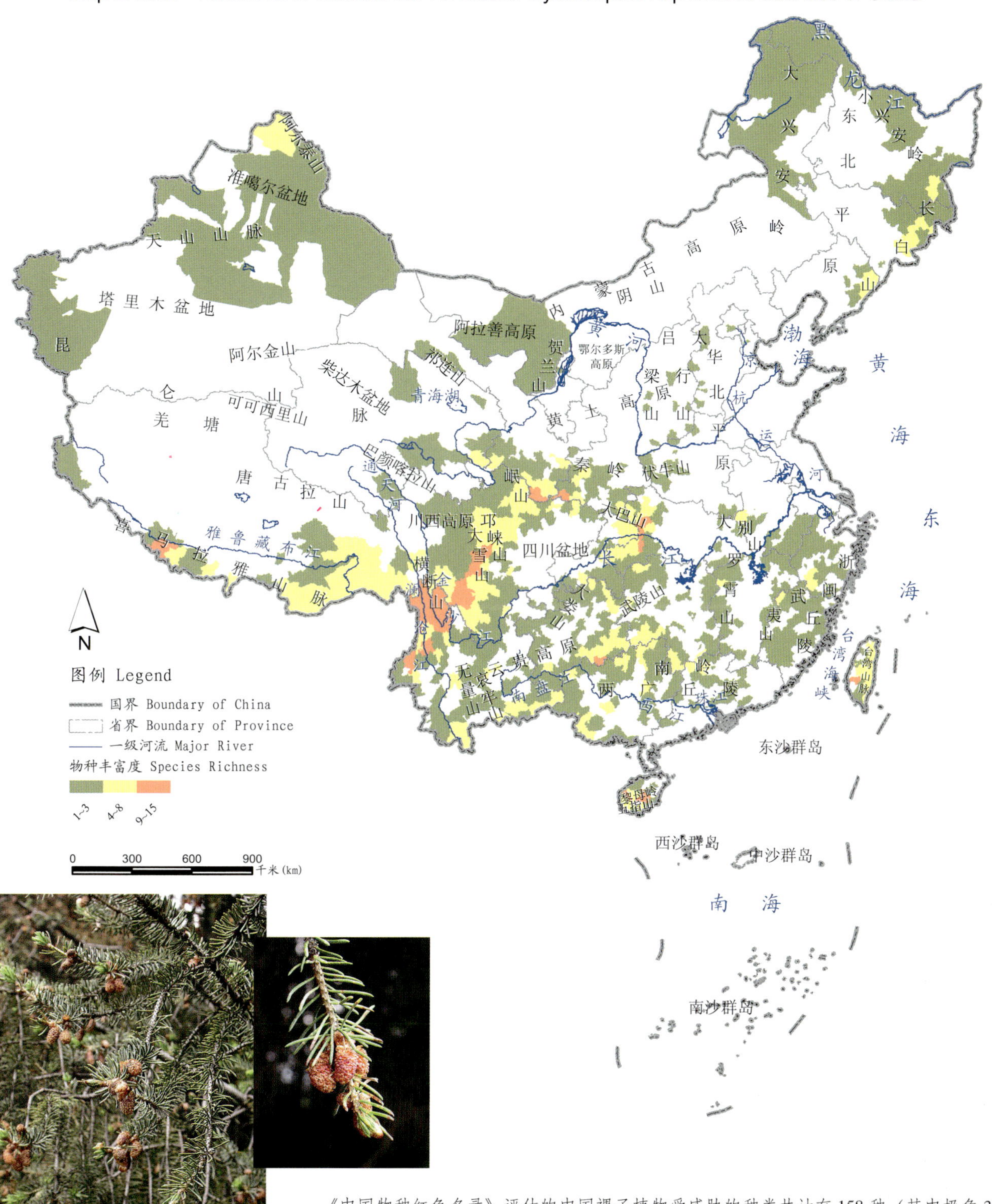

图5.3　西伯利亚云杉　*Picea obovata*　易危（VU）

《中国物种红色名录》评估的中国裸子植物受威胁的种类共计有158种（其中极危33种，濒危41种，易危84种）。我国大部分地区的裸子植物都受到不同程度的威胁，南方分布的种类比北方多，横断山区是分布最为集中的地方，另外在岷山、大巴山以及海南和台湾的部分地区也有较多分布，北方主要分布于东北的长白山和西北的阿尔泰山等地区。

地图 5.1.0.3 中国陆生裸子植物特有种在各县的丰富度
Map 5.1.0.3 Richness of Endemic Terrestrial Gymnosperm Species in Counties of China

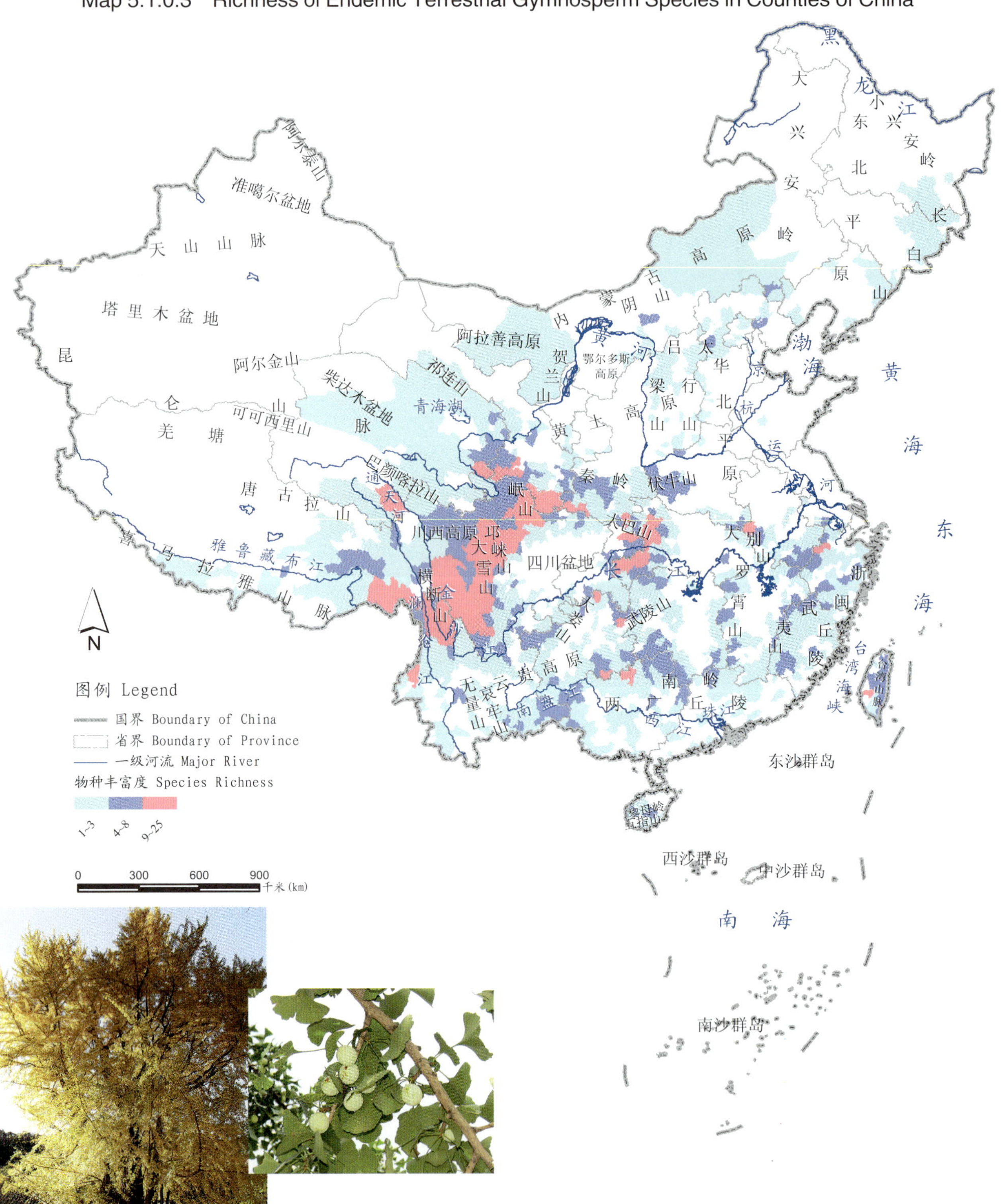

图5.4 银杏 *Ginkgo biloba* 濒危（EN） 中国特有

CSIS 统计的中国特有裸子植物共计 127 种（其中极危 27 种，濒危 25 种，易危 44 种）。它们主要分布在我国西南、华南和东南的大部分地区，集中分布在横断山区、四川盆地周围山地，在大别山、广西与贵州交界山地、安徽与浙江交界山地、台湾呈斑块状分布，东北和西北仅个别地区有少量分布。

5.1.1 中国松科植物

地图 5.1.1.1 中国松科植物在各县的丰富度

Map 5.1.1.1 Richness of Pinaceae Species in Counties of China

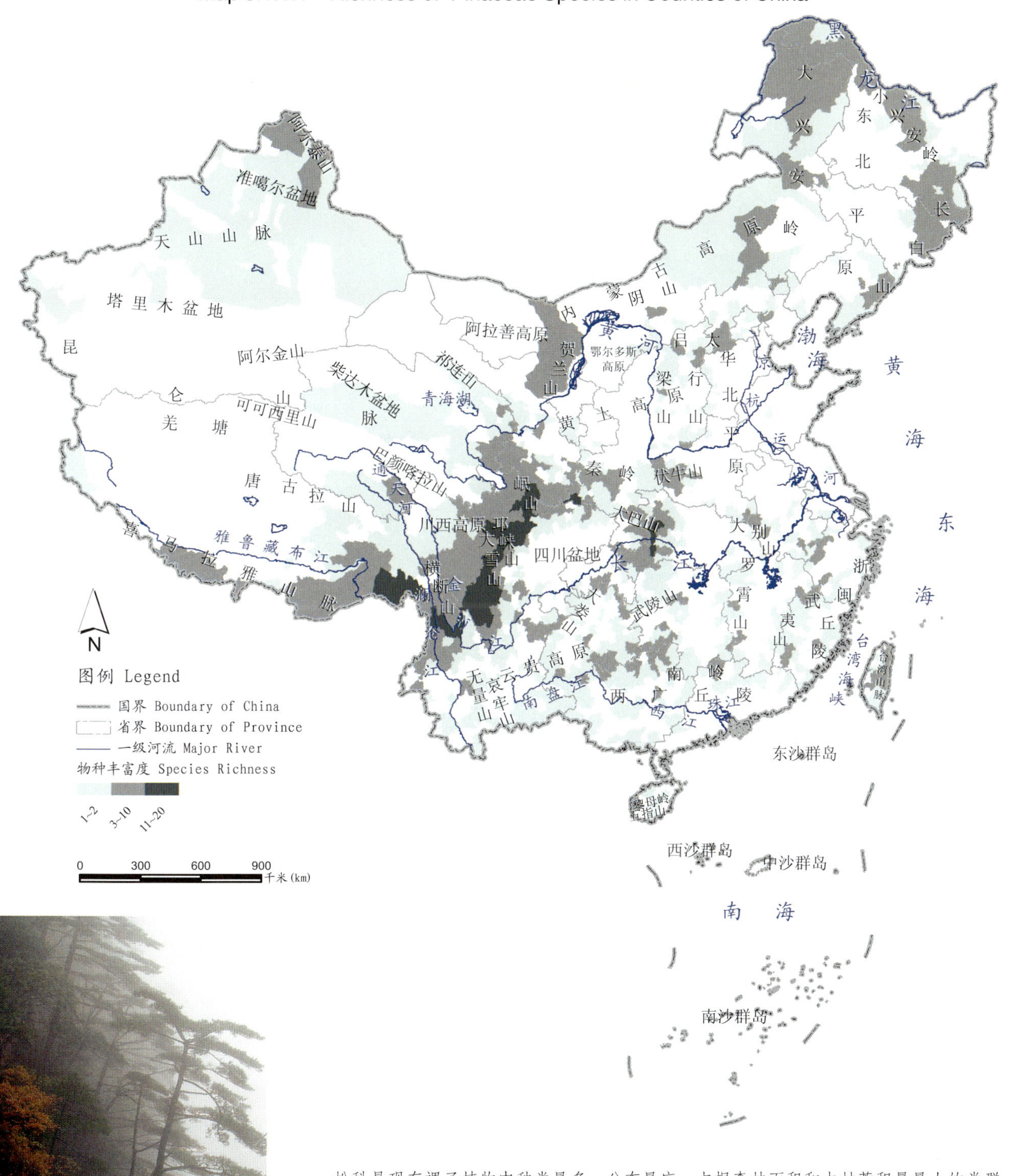

图5.5 黄山松 *Pinus taiwanensis* 近危（NT）

松科是现存裸子植物中种类最多、分布最广、占据森林面积和木材蓄积量最大的类群，是目前北半球高纬度和高、中海拔地带森林植被的主体成分之一。我国是松科分布最丰富的国家，CSIS记录有105种物种，主要分布在我国的西南、东北和西北的广大地区，藏东南—横断山—大雪山—邛崃山—岷山一带地区是松科最为集中、重要的分布中心；在青藏高原北部、新疆南部和华北平原的部分地区，松科种类记录较少。

地图 5.1.1.2 中国松科植物受威胁物种在各县的丰富度
Map 5.1.1.2 Richness of Threatened Pinaceae Species in Counties of China

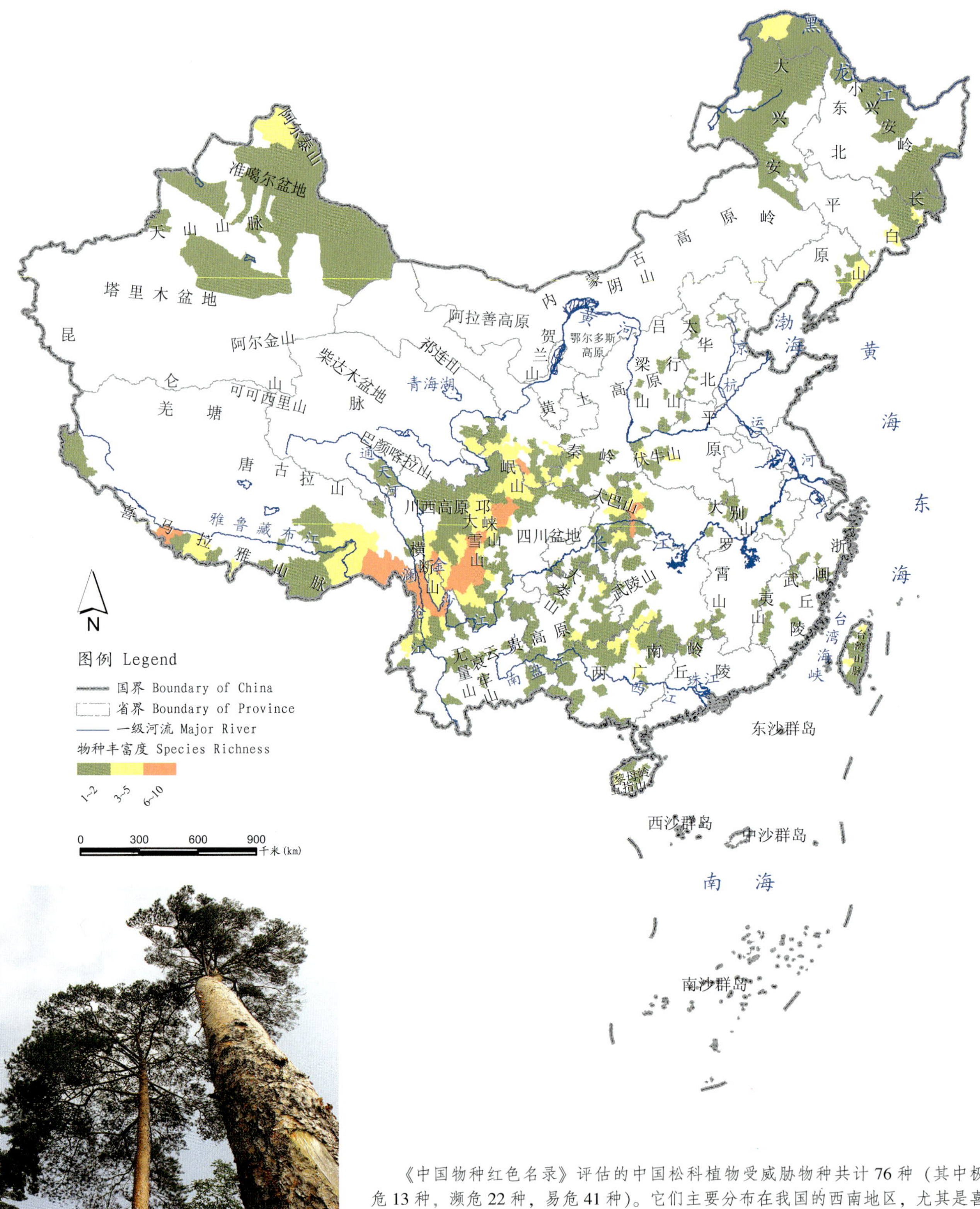

图 5.6 长白松 *Pinus sylvestris* L.var.*sylvestriformis* 濒危(EN)

《中国物种红色名录》评估的中国松科植物受威胁物种共计76种（其中极危13种，濒危22种，易危41种）。它们主要分布在我国的西南地区，尤其是喜马拉雅山脉、横断山区、大雪山、邛崃山、岷山和大巴山的部分地区，另外在新疆北部的天山、阿尔泰山和东北的大兴安岭、小兴安岭、长白山地区以及海南岛、台湾岛也有较多分布。

地图 5.1.1.3 中国松科植物特有种在各县的丰富度
Map 5.1.1.3 Richness of Endemic Pinaceae Species in Counties of China

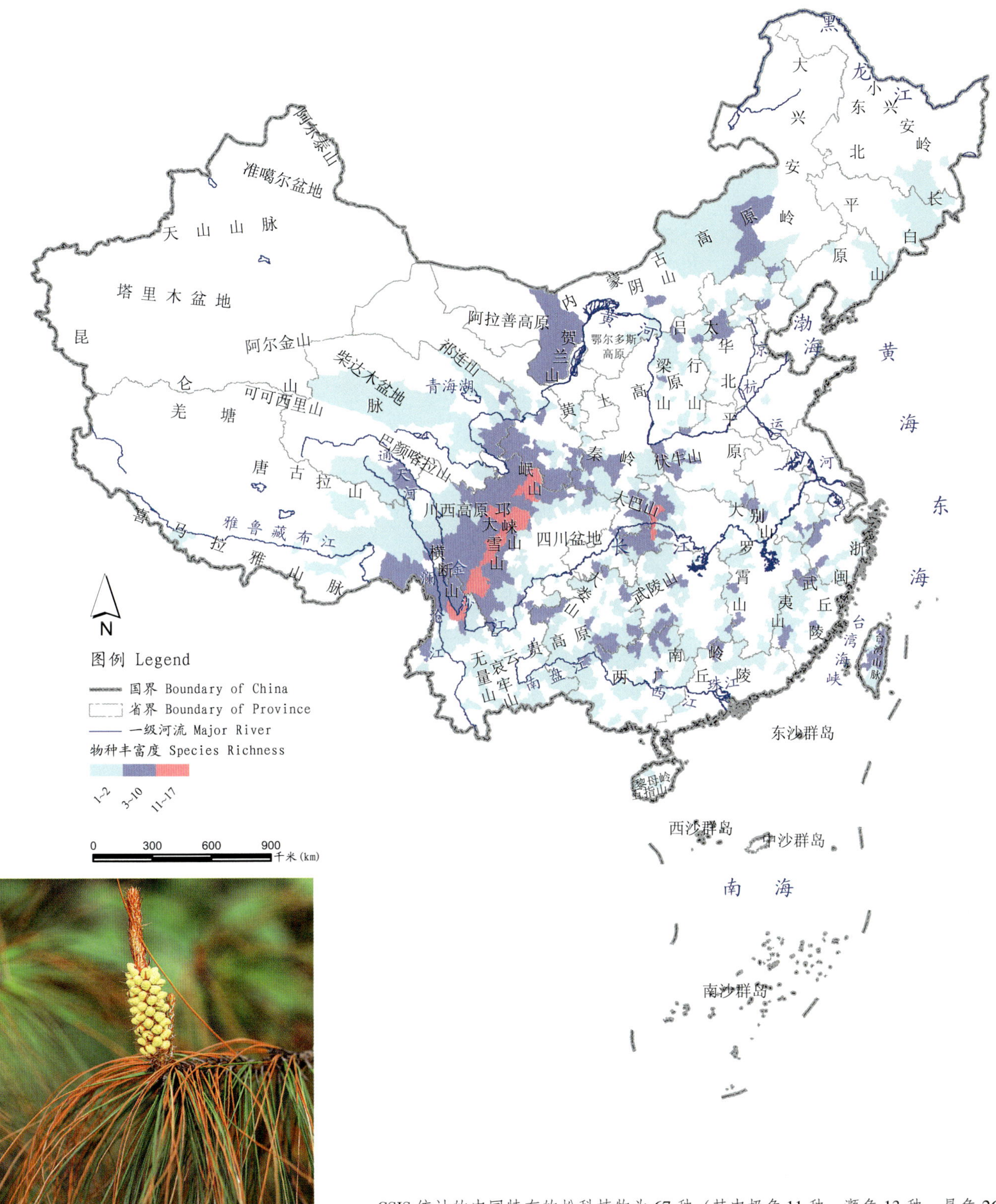

CSIS 统计的中国特有的松科植物为 67 种（其中极危 11 种，濒危 13 种，易危 26 种）。它们主要分布在我国的南方，在北方的贺兰山及华北平原以北地区也有较多分布，在东北、西北和华北则基本没有分布的记录。以大巴山、岷山、邛崃山、大雪山、横断山的部分地区分布最为集中，均有 10 种以上。

图 5.7 马尾松 *Pinus massoniana* 无危（LC） 中国特有

5.1.2 中国柏科植物

地图 5.1.2.1 中国柏科植物在各县的丰富度

Map 5.1.2.1 Richness of Cupressaceae Species in Counties of China

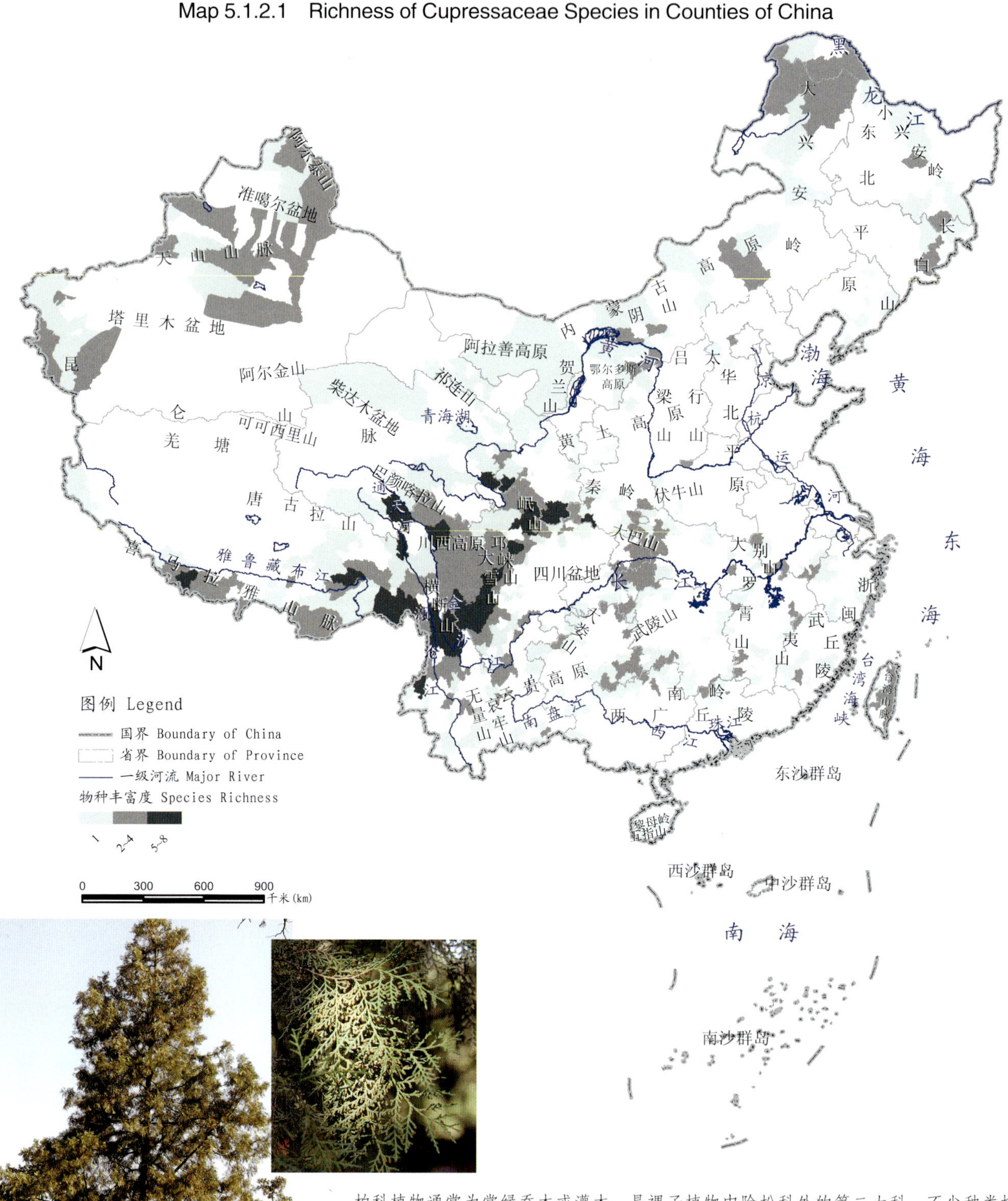

图 5.8 侧柏 *Platycladus orientalis* 无危（LC）

柏科植物通常为常绿乔木或灌木，是裸子植物中除松科外的第二大科。不少种类树形优美，叶色翠绿或浓绿，常被栽培用于园林绿化或庭园观赏。CSIS 中记录中国有柏科植物 42 种，在我国各地多呈零散状分布，西部和北部较多而东南较少。以喜马拉雅山脉、横断山区向东北直到岷山以及青藏高原东部的部分地区最为集中，新疆北部的天山和阿尔泰山、东北的大兴安岭等地区也有较多分布。

地图 5.1.2.2 中国柏科植物受威胁物种在各县的丰富度
Map 5.1.2.2 Richness of Threatened Cupressaceae Species in Counties of China

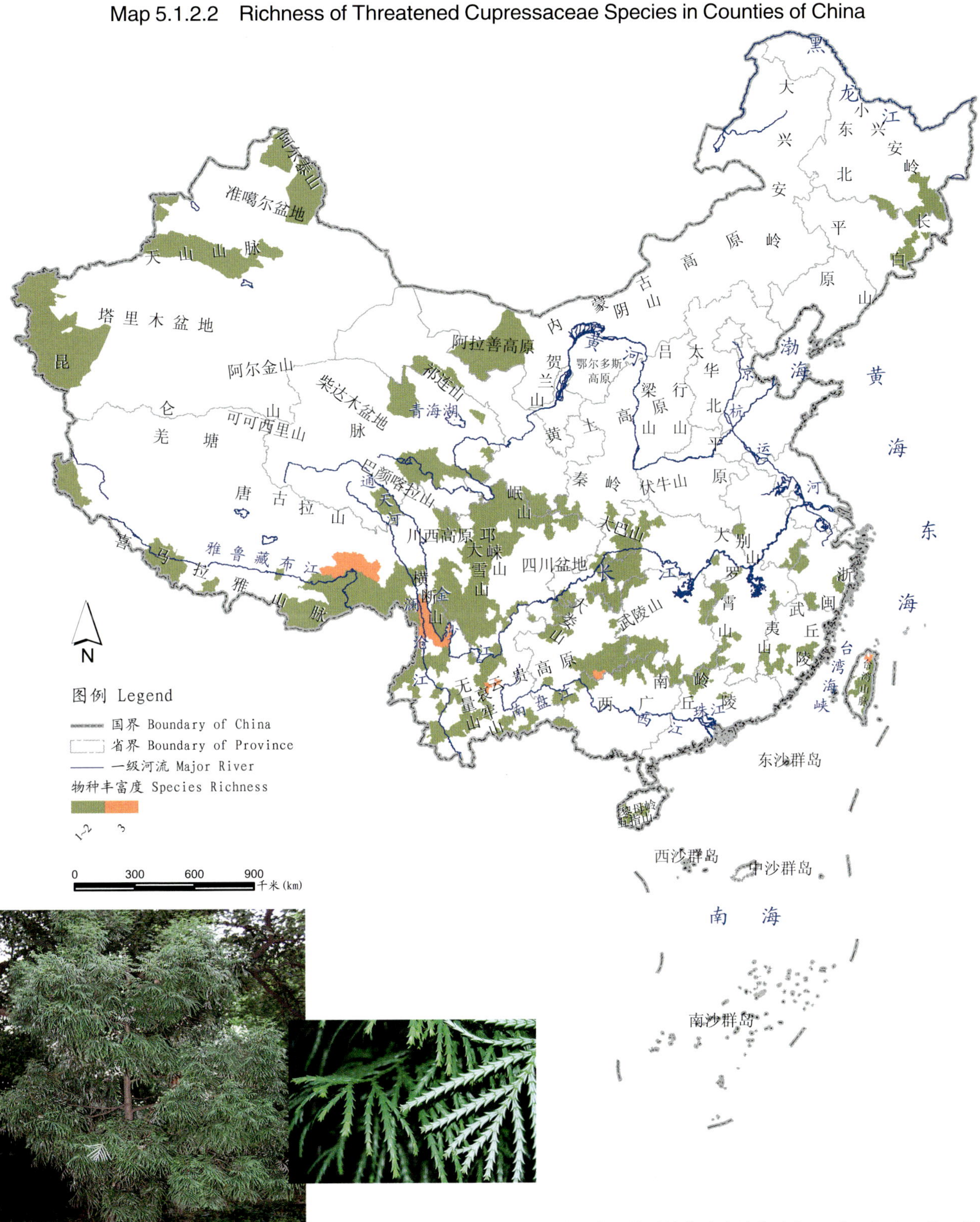

《中国物种红色名录》评估的中国柏科植物受威胁物种有27种（极危4种，濒危6种，易危17种），基本分布在我国西部和南部，东北长白山有个别物种，分布地多片段化而不连续，以横断山区和藏东南种类最多。

图5.9 福建柏 *Fokienia hodginsii* 易危（VU）

地图 5.1.2.3 中国柏科特有种在各县的丰富度

Map 5.1.2.3 Richness of Endemic Cupressaceae Species in Counties of China

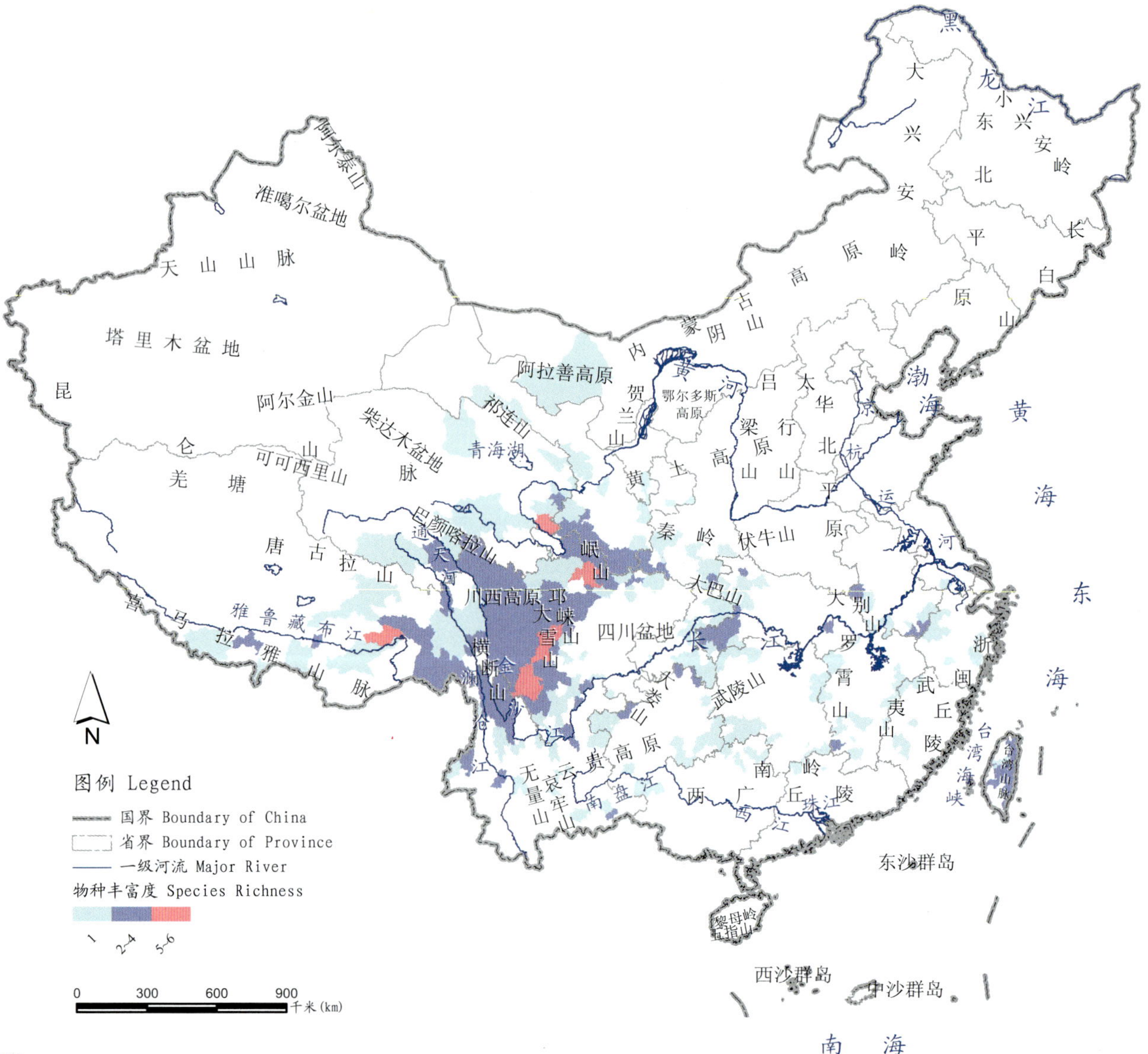

图例 Legend

国界 Boundary of China

省界 Boundary of Province

一级河流 Major River

物种丰富度 Species Richness

1 2-4 5-6

0 300 600 900 千米(km)

图5.10 崖柏 *Thuja sutchuenensis* 极危（CR） 中国特有

CSIS 中记录中国柏科植物特有种为 22 种（其中极危 4 种，濒危 4 种，易危 8 种），基本分布在我国西南，北方只有阿拉善高原、祁连山等地有记录，在台湾岛东部、大巴山和西南地区分布较多，以横断山、大雪山、邛崃山、岷山的部分地区最多。

5.2 中国陆生被子植物分布

地图 5.2.0.1 中国陆生被子植物受威胁物种在各县的丰富度

Map 5.2.0.1 Richness of Threatened Terrestrial Angiosperm Species in Counties of China

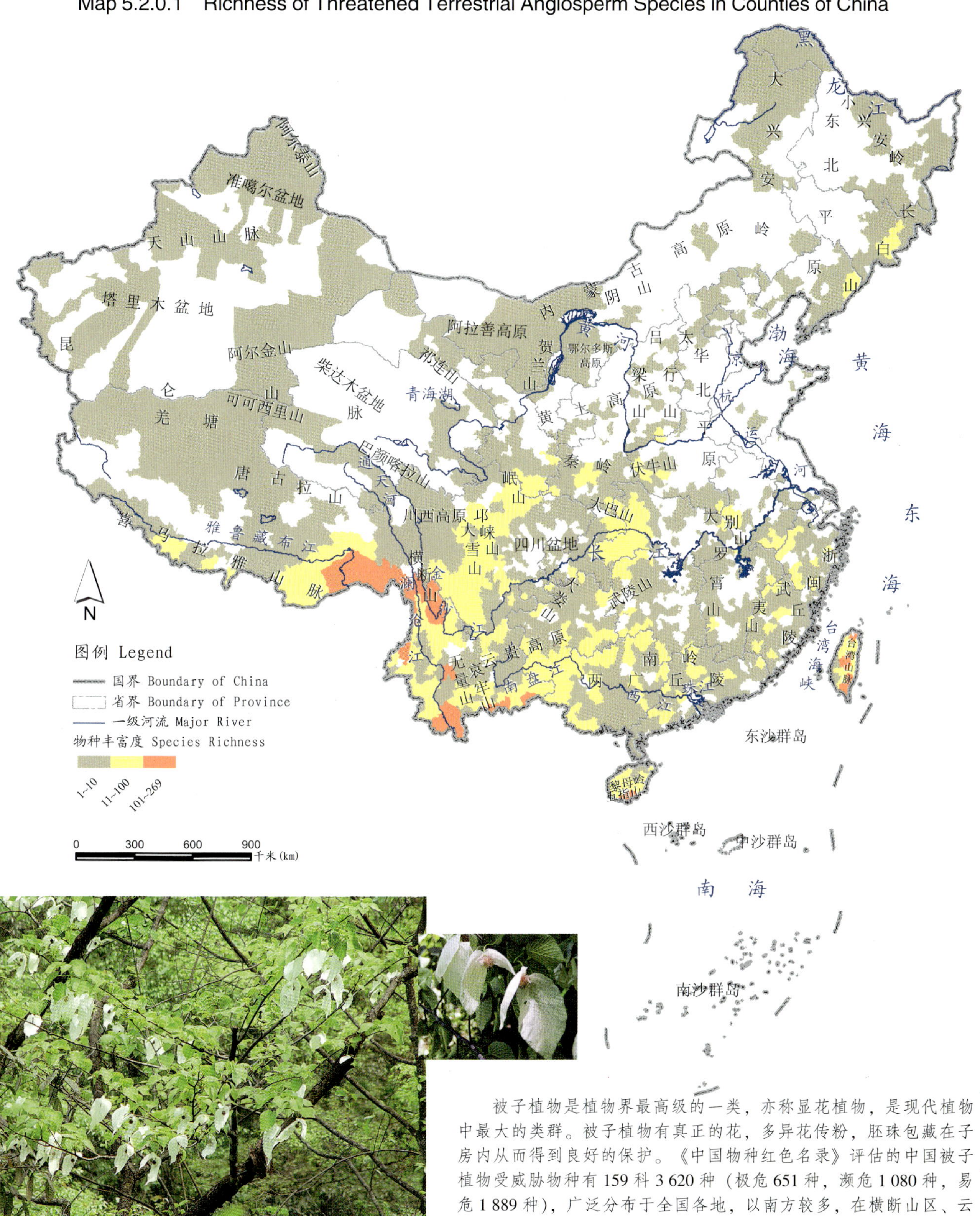

图 5.11 珙桐 *Davidia involucrata* var. *involucerata* 易危（VU） 中国特有

被子植物是植物界最高级的一类，亦称显花植物，是现代植物中最大的类群。被子植物有真正的花，多异花传粉，胚珠包藏在子房内从而得到良好的保护。《中国物种红色名录》评估的中国被子植物受威胁物种有159科3 620种（极危651种，濒危1 080种，易危1 889种），广泛分布于全国各地，以南方较多，在横断山区、云南西双版纳地区和台湾、海南的部分地区最为集中，均超过100种；而在华北、东北等人口密集地区较少。

地图 5.2.0.2 中国陆生被子植物特有种在各县的丰富度

Map 5.2.0.2 Richness of Endemic Terrestrial Angiosperm Species in Counties of China

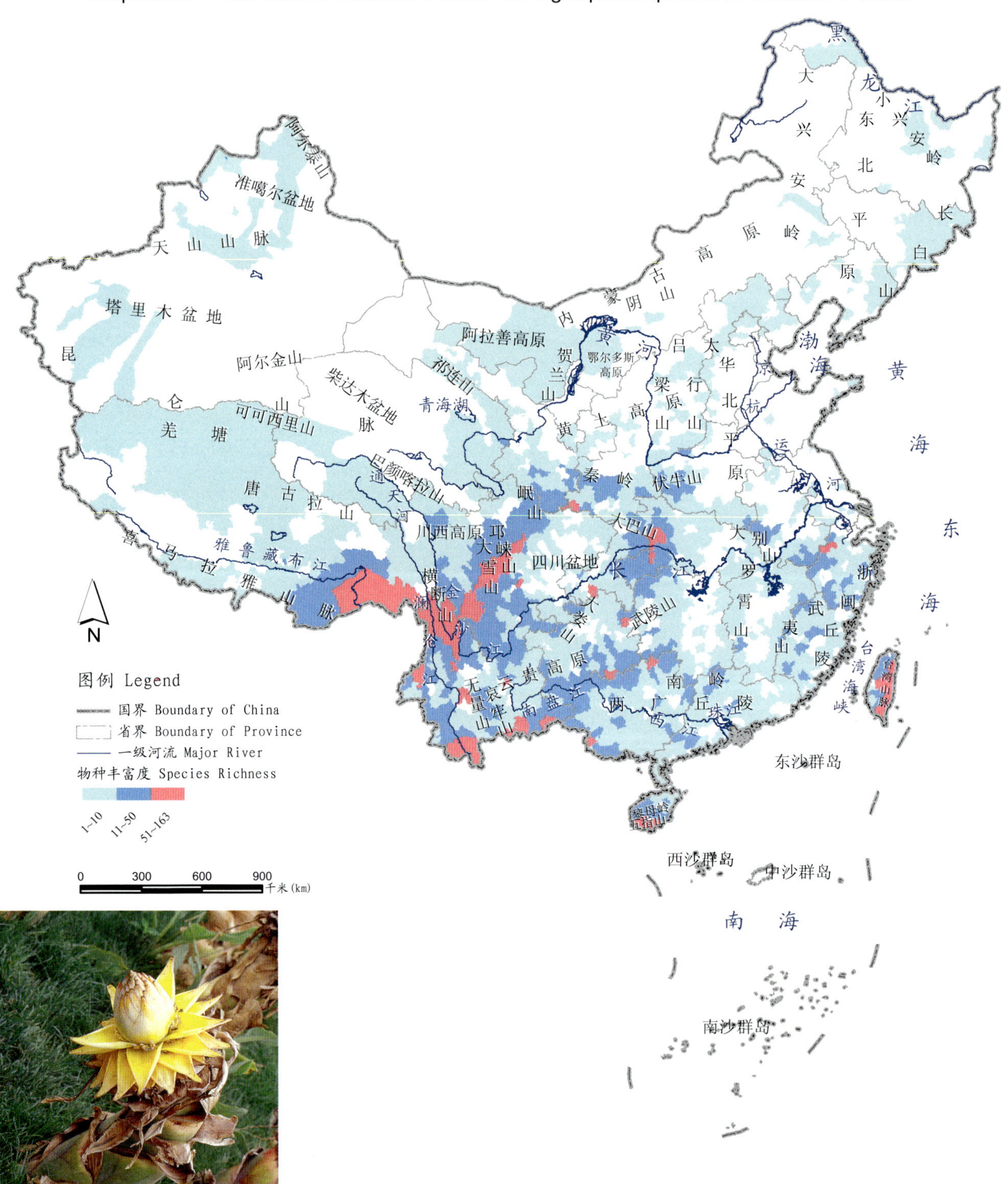

图 5.12 地涌金莲 *Musella lasiocarpa* 易危（VU）中国特有

CSIS 中记录的中国被子植物特有种为 2 855 种（其中绝灭 2 种，野外绝灭 2 种，极危 554 种，濒危 752 种，易危 1 278 种），广泛分布于我国南方，在西北的天山、羌塘、祁连山、贺兰山、阿拉善高原、太行山及东北部分地区有少量分布，以横断山区、云南西双版纳地区、大巴山地区和台湾、海南的部分地区最多。

5.2.1 中国兰科植物

地图 5.2.1.1 中国兰科植物在各县的丰富度

Map 5.2.1.1 Richness of Orchidaceae Species in Counties of China

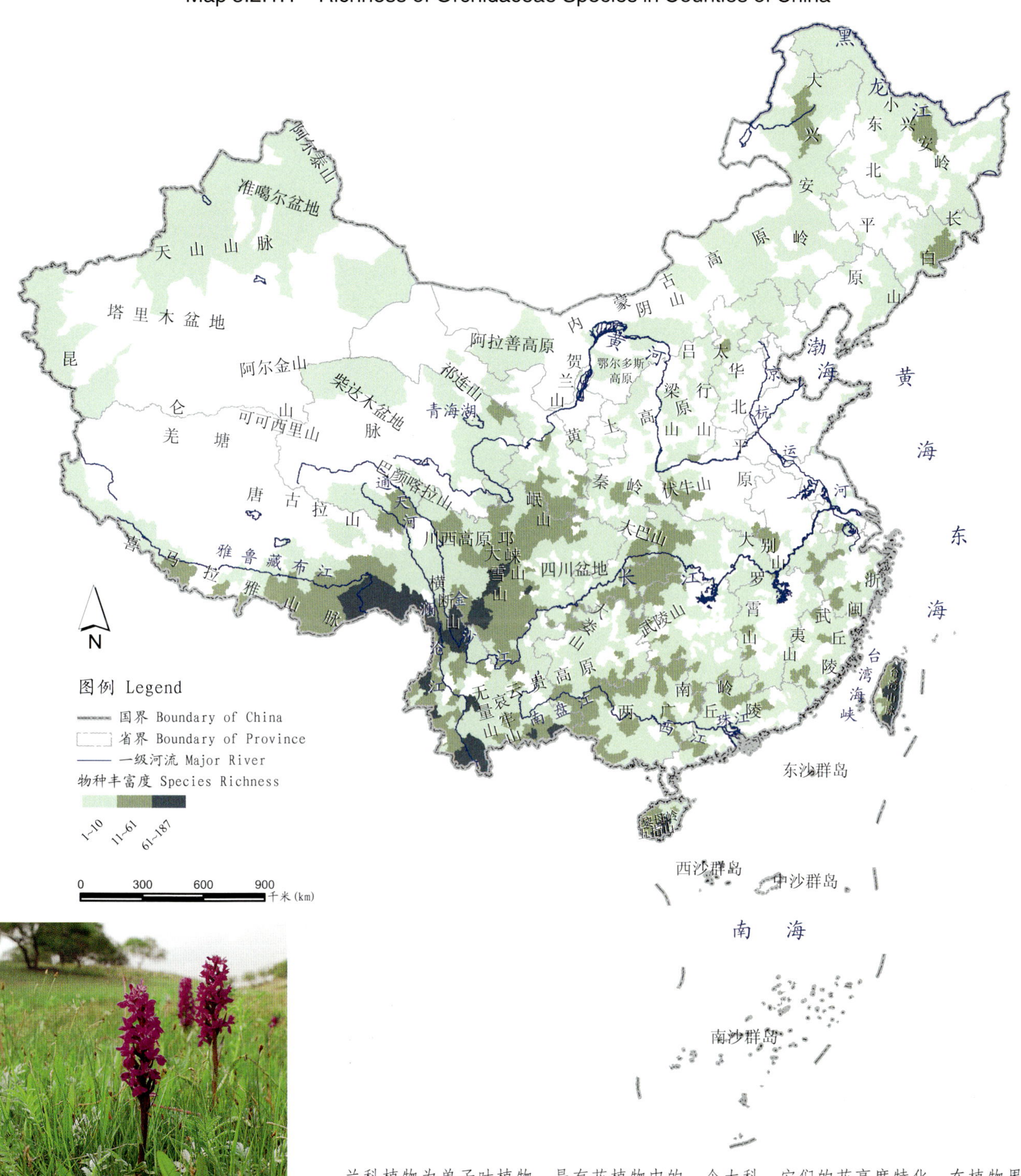

图 5.13 宽叶红门兰 *Orchis latifolia* 近危（NT）

兰科植物为单子叶植物，是有花植物中的一个大科，它们的花高度特化，在植物界的系统演化上属于最进化、最高级的类群。CSIS 中记录有中国全部的兰科植物共计 1 210 种，主要分布在秦岭—淮河以南的地区，西南地区的横断山区—大雪山—邛崃山一带有较为广泛的分布，其种类也最为丰富，可以看作兰科植物最为集中的区域。另外，在无量山—西双版纳地区、海南岛南部和台湾东部的丰富度也较高，在东北平原、华北平原及西部的广大地区分布较少。

地图 5.2.1.2 中国兰科植物受威胁物种在各县的丰富度

Map 5.2.1.2 Richness of Threatened Orchidaceae Species in Counties of China

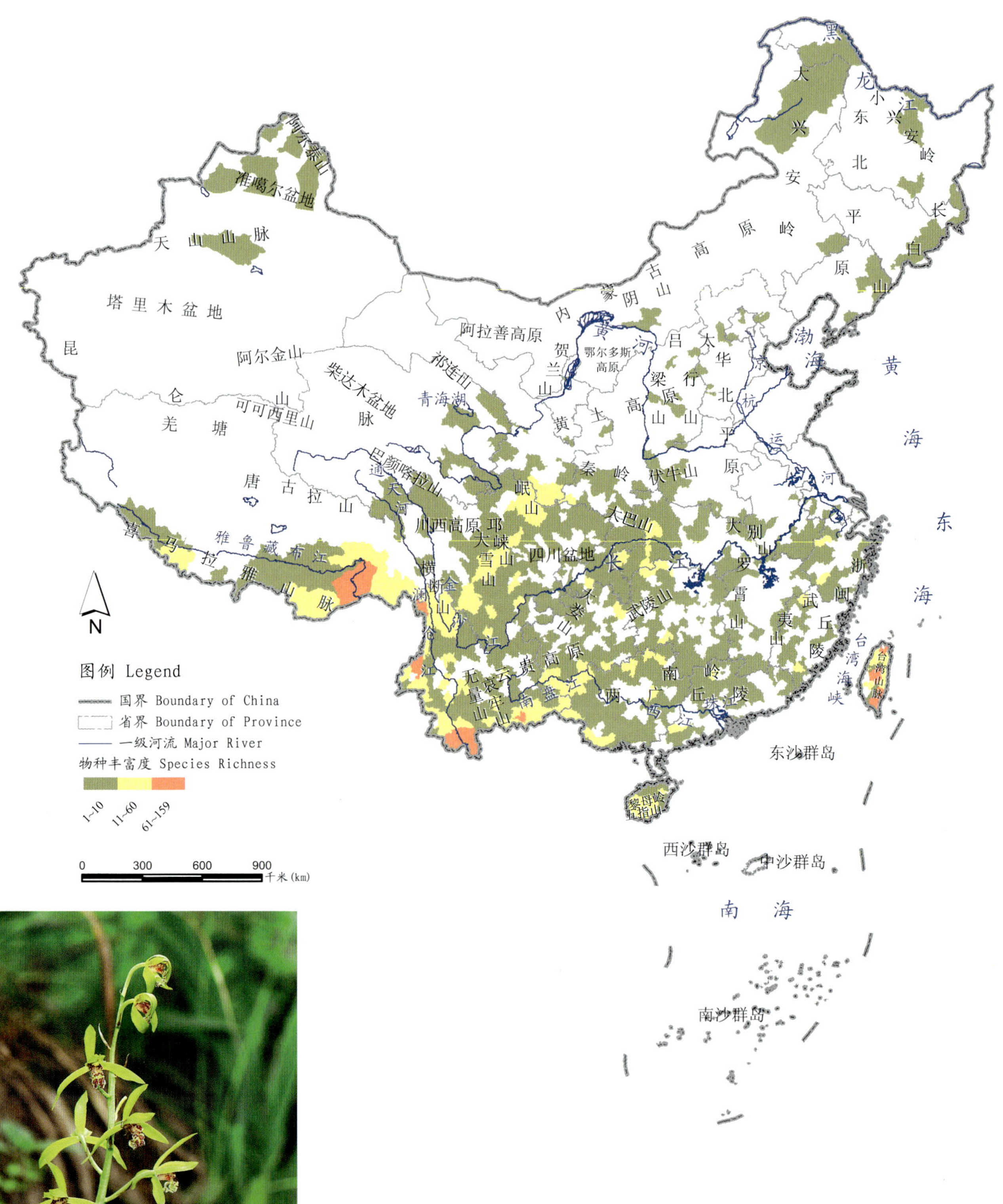

图5.14 惠兰 *Cymbidium faberi* 易危（VU）

《中国物种红色名录》评估的我国兰科受威胁物种为947种（其中极危164种，濒危314种，易危469种）。它们广泛分布于我国南方，在北方只有东北的大、小兴安岭和长白山地区以及西北的天山和新疆北部有少量分布，集中分布在喜马拉雅山脉的东南部、高黎贡山、云南南部的西双版纳以及台湾中部等地区。

地图 5.2.1.3　中国兰科植物特有种在各县的丰富度
Map 5.2.1.3　Richness of Endemic Orchidaceae Species in Counties of China

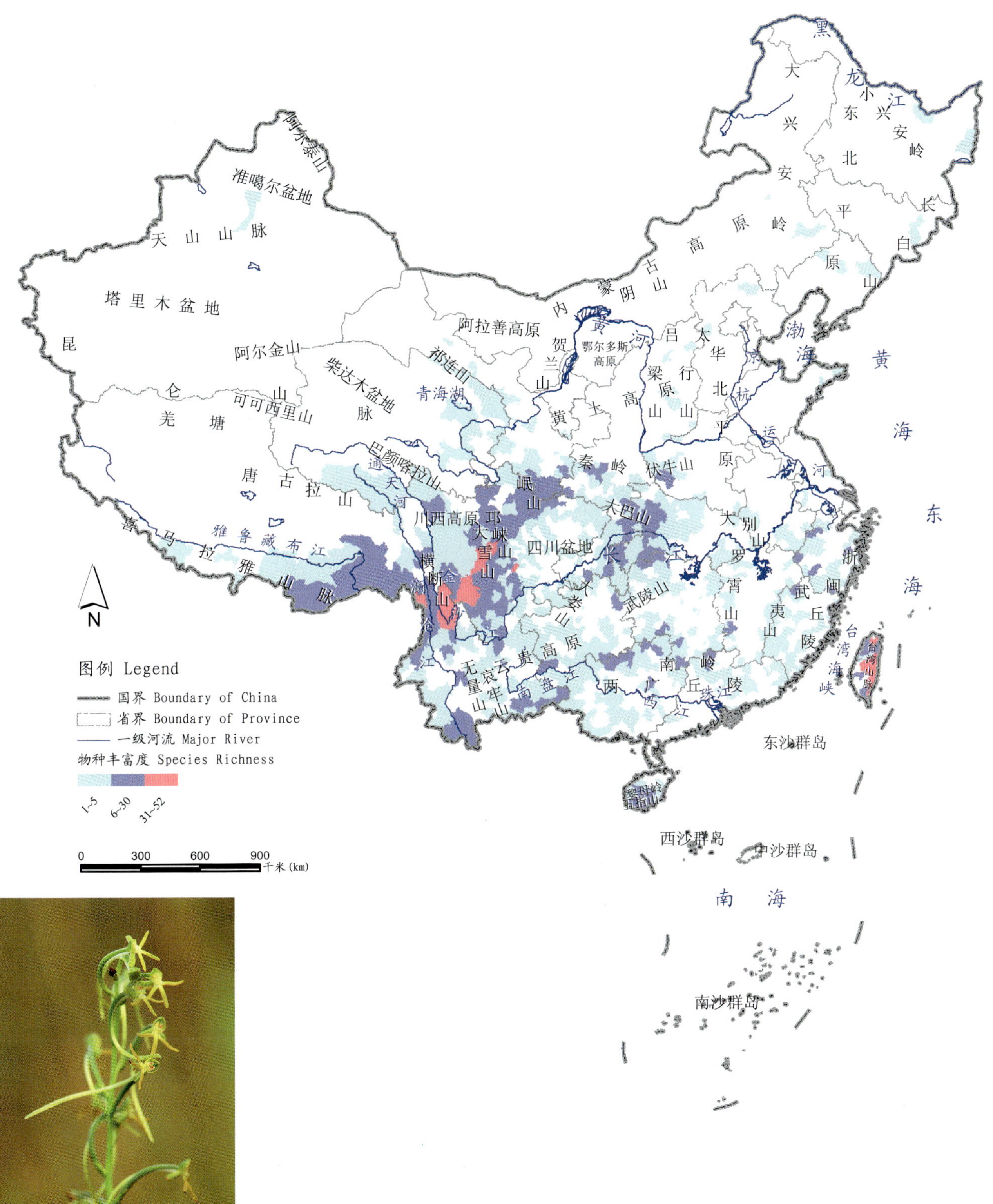

图 5.15　细裂玉凤花　*Habenaria leptoloba*
易危（VU）　中国特有

CSIS 中记录有中国兰科特有植物 458 种（其中极危 118 种，濒危 129 种，易危 144 种）。它们主要分布在我国的南方，在喜马拉雅山脉东段、横断山区向北、向东直到岷山、秦岭、大巴山、云贵高原、南岭以及海南和台湾的部分地区分布较多，尤以横断山区到邛崃山一带最为集中，该区域是我国特有兰科植物的分布中心。

5.2.2 中国杜鹃花科植物

地图 5.2.2.1 中国杜鹃花科植物在各县的丰富度

Map 5.2.2.1 Richness of Ericaceae Species in Counties of China

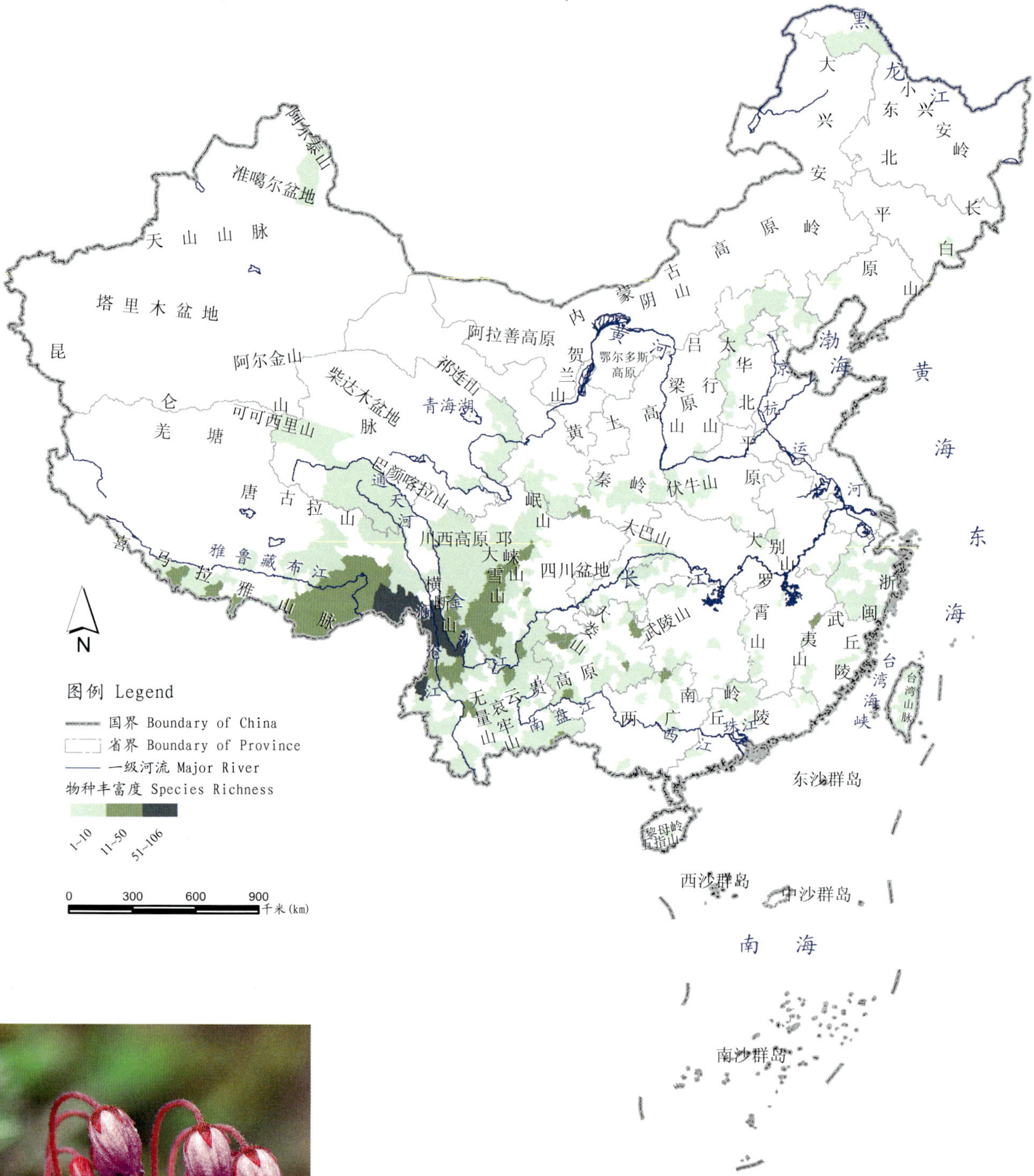

图例 Legend

国界 Boundary of China

省界 Boundary of Province

一级河流 Major River

物种丰富度 Species Richness

1~10 11~50 51~106

0 300 600 900 千米(km)

图5.16 松毛翠 *Phyllodoce caerullea* 无危(LC)

杜鹃花科是双子叶植物中种类较多的一科，多数种类是高山、亚高山针叶林、常绿阔叶林生态系统中重要的组成部分，也是横断山区与东喜马拉雅山脉这两个具有世界意义的生物多样性关键区域的代表种属，多数种类是构成当地高山、亚高山灌丛生态系统的关键种，并为亚高山针叶林、针阔混交林下层优势种或主要伴生种。中国的杜鹃花有751种，CSIS中记录的中国杜鹃花科植物有496种。它们主要集中在我国西南，以横断山区丰富度最高；在喜马拉雅山脉、大雪山、邛崃山等地区也有较多；仅有少量分布于大兴安岭北部、华北平原、阿尔泰山、东南沿海及台湾等地。

地图 5.2.2.2 中国杜鹃花科植物受威胁物种在各县的丰富度

Map 5.2.2.2 Richness of Threatened Ericaceae Species in Counties of China

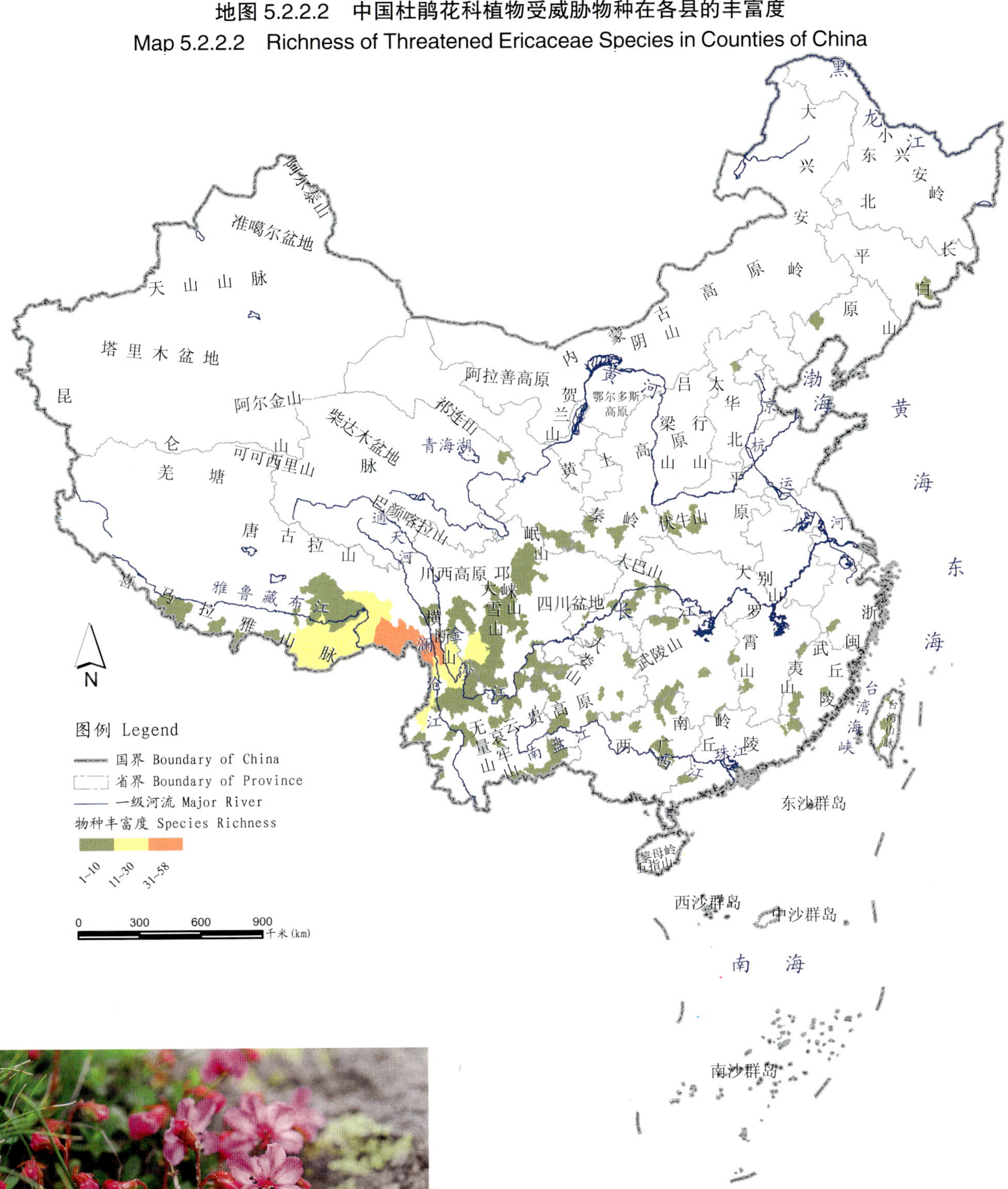

图5.17 苞叶杜鹃 *Rhododendron bracteatum* 易危（VU） 中国特有

《中国物种红色名录》评估的中国杜鹃花科植物受威胁物种有274种（其中极危2种，濒危4种，易危268种）。它们零散分布在我国的南方各地，北方分布极少；在西南地区分布的范围较广，集中在横断山区和喜马拉雅山脉的东段地区。

地图 5.2.2.3 中国杜鹃花科植物特有种在各县的丰富度
Map 5.2.2.3 Richness of Endemic Ericaceae Species in Counties of China

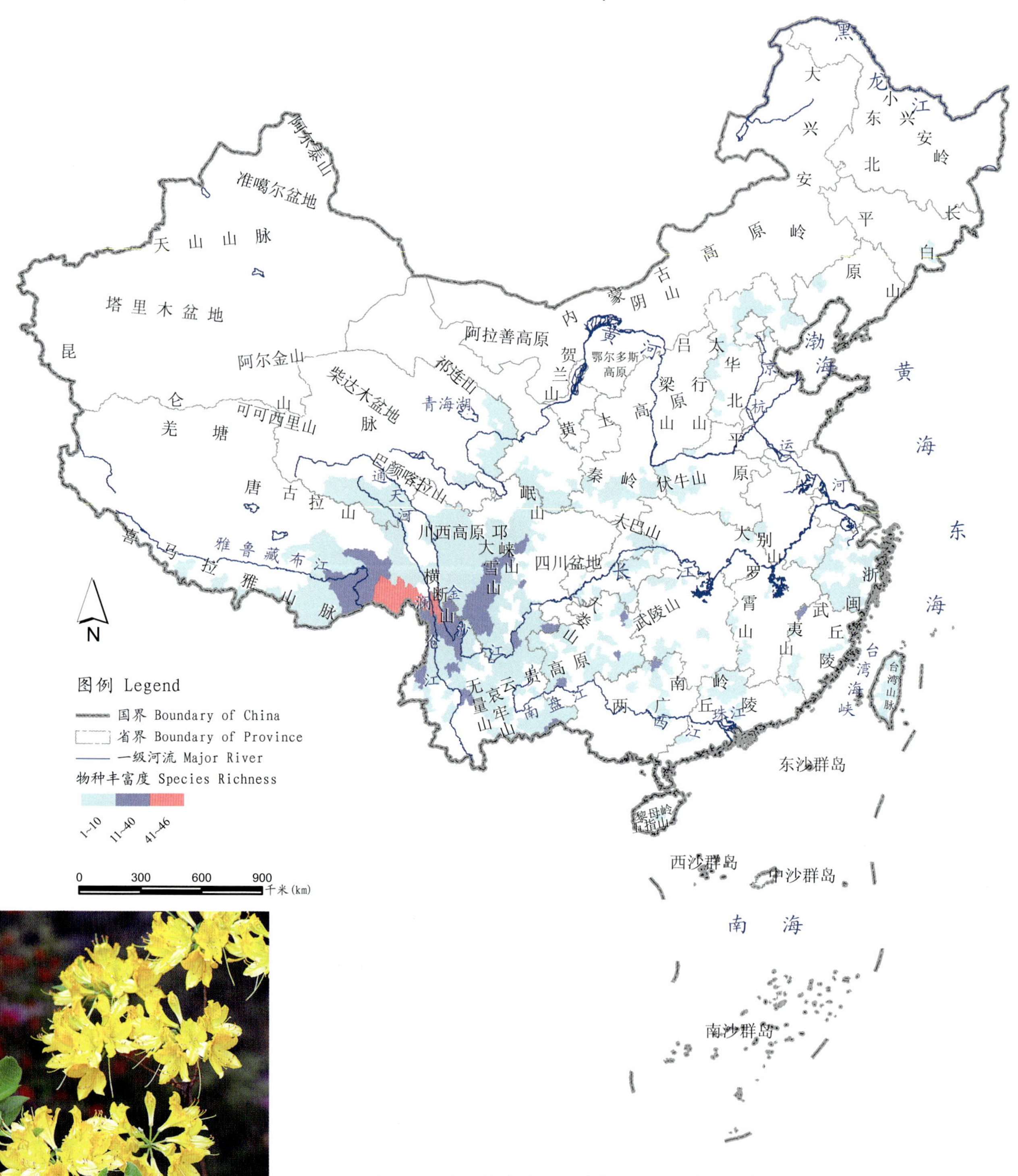

图 5.18 羊踯躅 *Rhododendron molle* 无危（LC）
中国特有

CSIS 中记录的中国特有杜鹃花科物种为 339 种（其中野外绝灭 1 种，濒危 4 种，易危 181 种）。杜鹃花科的特有种在南方数量较多，在北方分布区域不大，仅在祁连山南段、秦岭、伏牛山、太行山、长白山等地有记录；在西南地区的川西高原、横断山区向东北直到岷山以及云贵高原等地有较大面积的分布区域，集中在横断山区西部和喜马拉雅山脉的东南部交界的地区。

5.2.3 中国槭树科植物

地图 5.2.3.1 中国槭树科植物在各县的丰富度

Map 5.2.3.1 Richness of Aceraceae Species in Counties of China

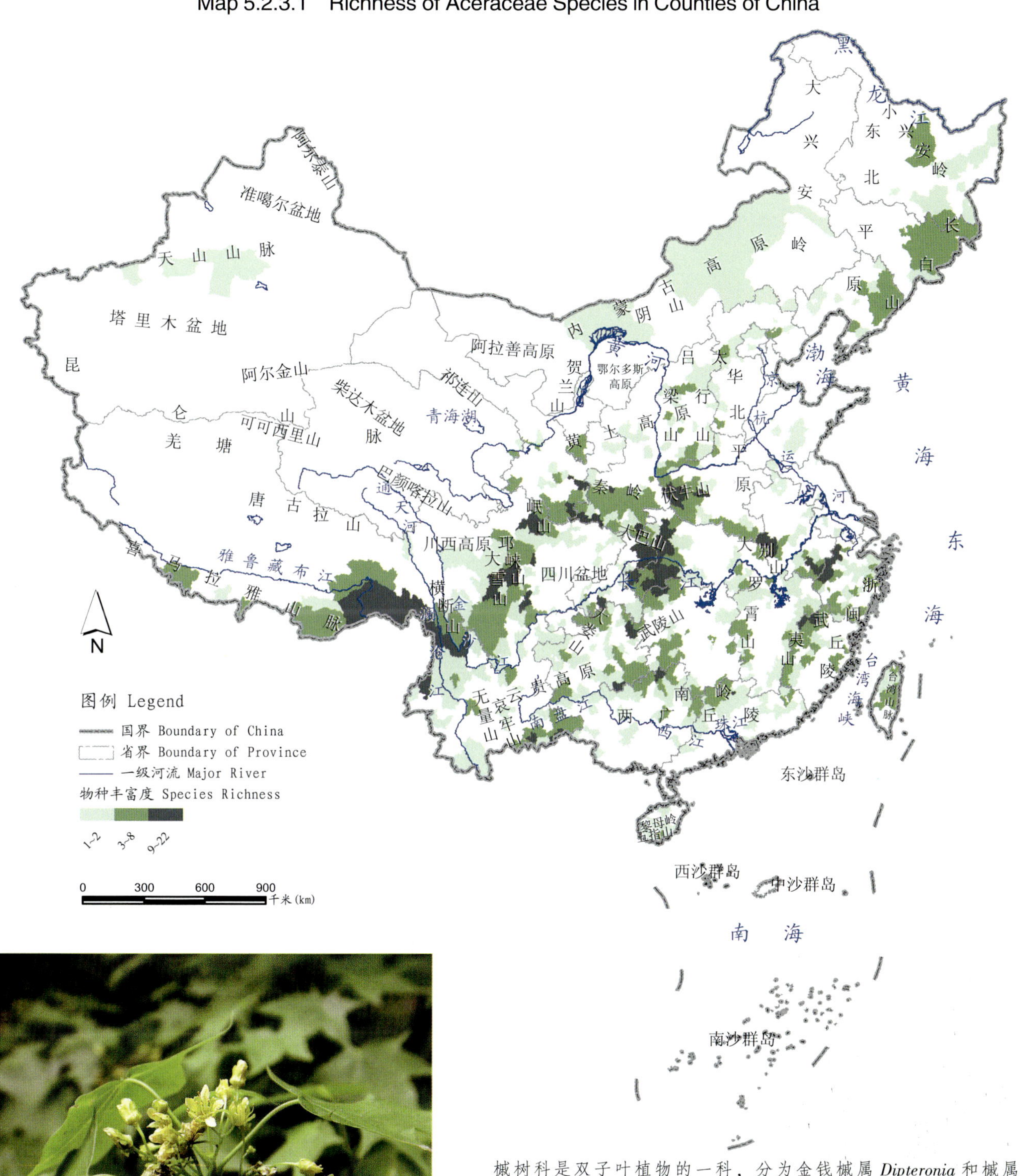

图 5.19 色木槭 *Acer pictum* 无危（LC）

槭树科是双子叶植物的一科，分为金钱槭属 *Dipteronia* 和槭属 *Acer*，其中绝大部分为槭属，俗称枫；落叶乔木，春季开花，多为黄褐色、红色颗粒状；叶子常成掌状三裂，秋季变成红色。CSIS 中记录有我国几乎全部的槭树科物种 115 种。它们主要分布在我国东北、西南、华南和东南各地，以喜马拉雅山东段、横断山区、四川盆地周边山脉、秦岭、伏牛山、大别山、安徽与浙江交界山地等地区丰富度最高。

地图 5.2.3.2 中国槭树科植物受威胁物种在各县的丰富度

Map 5.2.3.2 Richness of Threatened Aceraceae Species in Counties of China

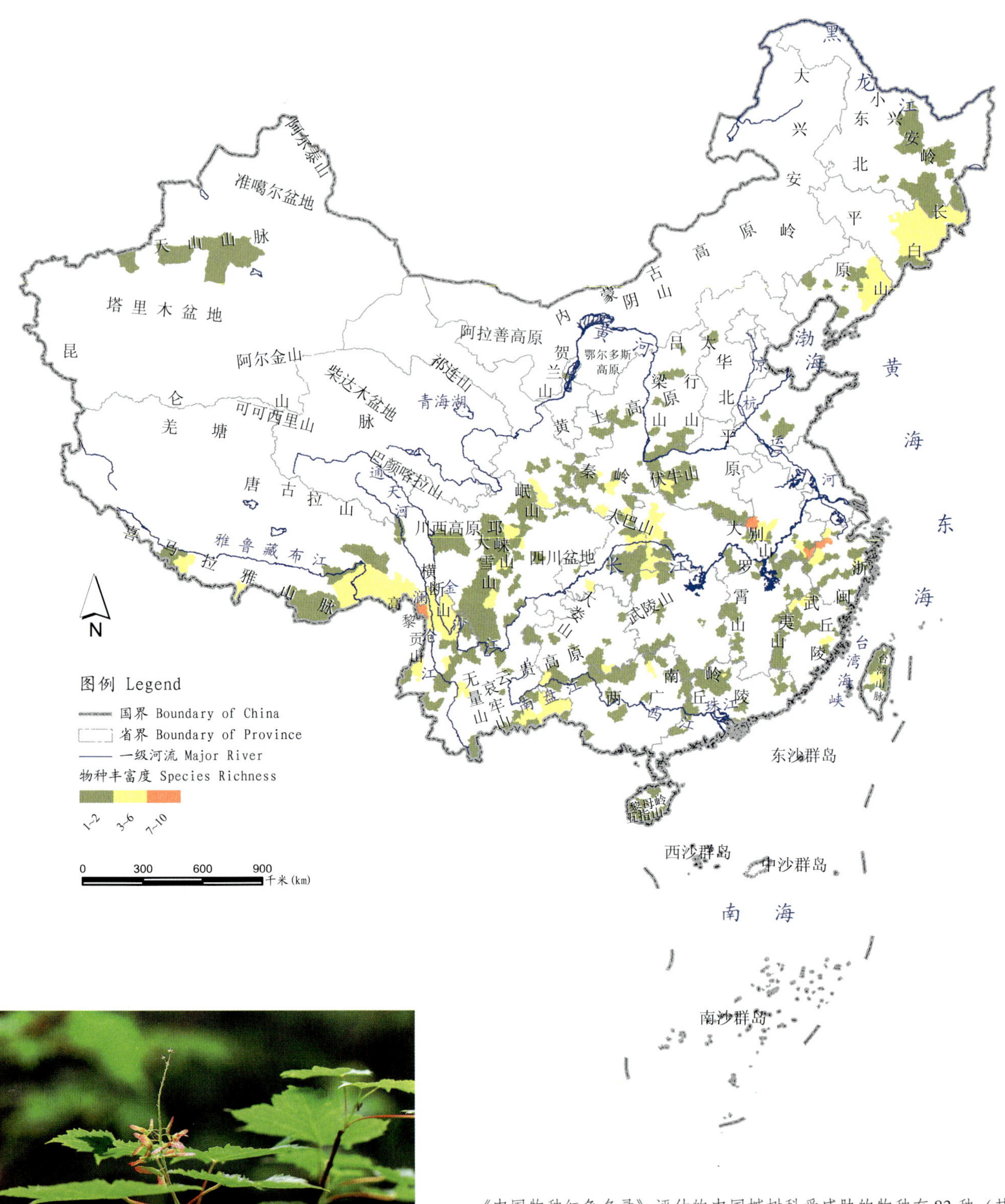

图5.20 花楷槭 *Acer ukurunduense* 易危（VU）

《中国物种红色名录》评估的中国槭树科受威胁的物种有83种（其中极危13种，濒危26种，易危44种），主要分布在我国的东北、西南、华南和东南各地，分布于南方的物种比北方要多。以高黎贡山北段、大别山以及安徽与浙江交界山地种类最多，北方主要在东北长白山地区有较多的分布记录。

地图 5.2.3.3 中国槭树科植物特有种在各县的丰富度

Map 5.2.3.3 Richness of Endemic Aceraceae Species in Counties of China

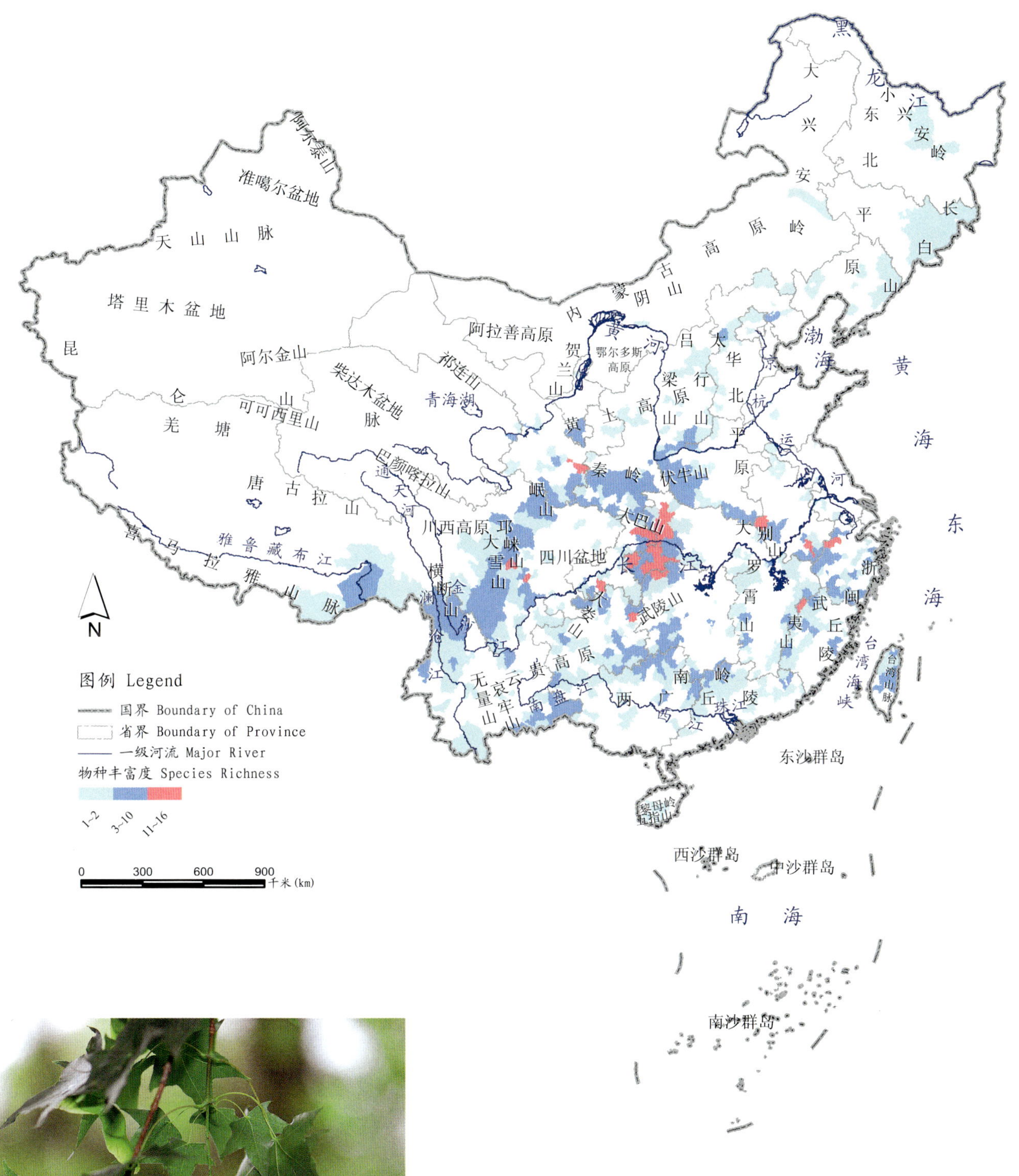

图5.21 元宝槭 *Acer truncatum* 近危（NT） 中国特有

CSIS中记录的中国槭树科的特有植物有86种（其中极危12种，濒危23种，易危28种），主要分布在我国的南方，以大巴山—武陵山一带种类最多，是其分布中心。另外，在邛崃山、岷山、秦岭、伏牛山、大别山、安徽与浙江交界山地和武夷山等地区也有较多分布；而在我国西北部则基本没有分布记录。

5.2.4 中国豆科植物

地图 5.2.4 中国豆科植物受威胁物种在各县的丰富度

Map 5.2.4 Richness of Threatened Leguminosae Species in Counties of China

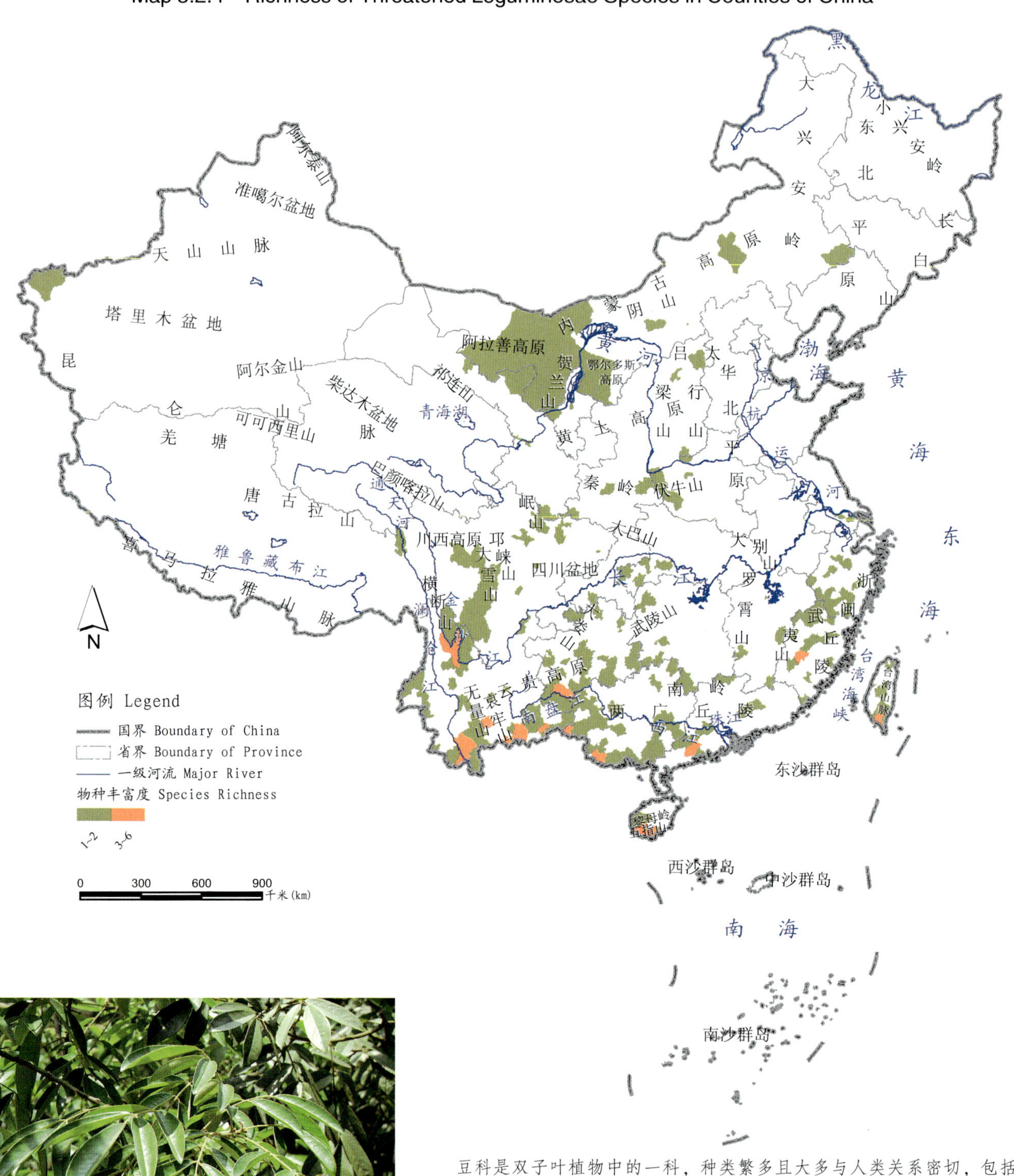

图 5.22 花榈木 *Ormosia henryi* 易危（VU）

豆科是双子叶植物中的一科，种类繁多且大多与人类关系密切，包括多种食用蔬菜和重要的油料植物。我国约有豆科 1 300 多种，CSIS 对该科的记录主要为 86 种受威胁的物种(极危 24 种，濒危 29 种，易危 33 种，其中 70 种为中国特有)。受威胁物种在我国南方多呈零散分布，而在北方的阿拉善高原—贺兰山一带有较为广袤的连续分布区域；在横断山区南部、云南南部边境地区、两广丘陵南部、台湾和海南的南部地区种类较多。

5.2.5 中国菊科植物

地图 5.2.5 中国菊科植物受威胁物种在各县的丰富度

Map 5.2.5 Richness of Threatened Compositae Species in Counties of China

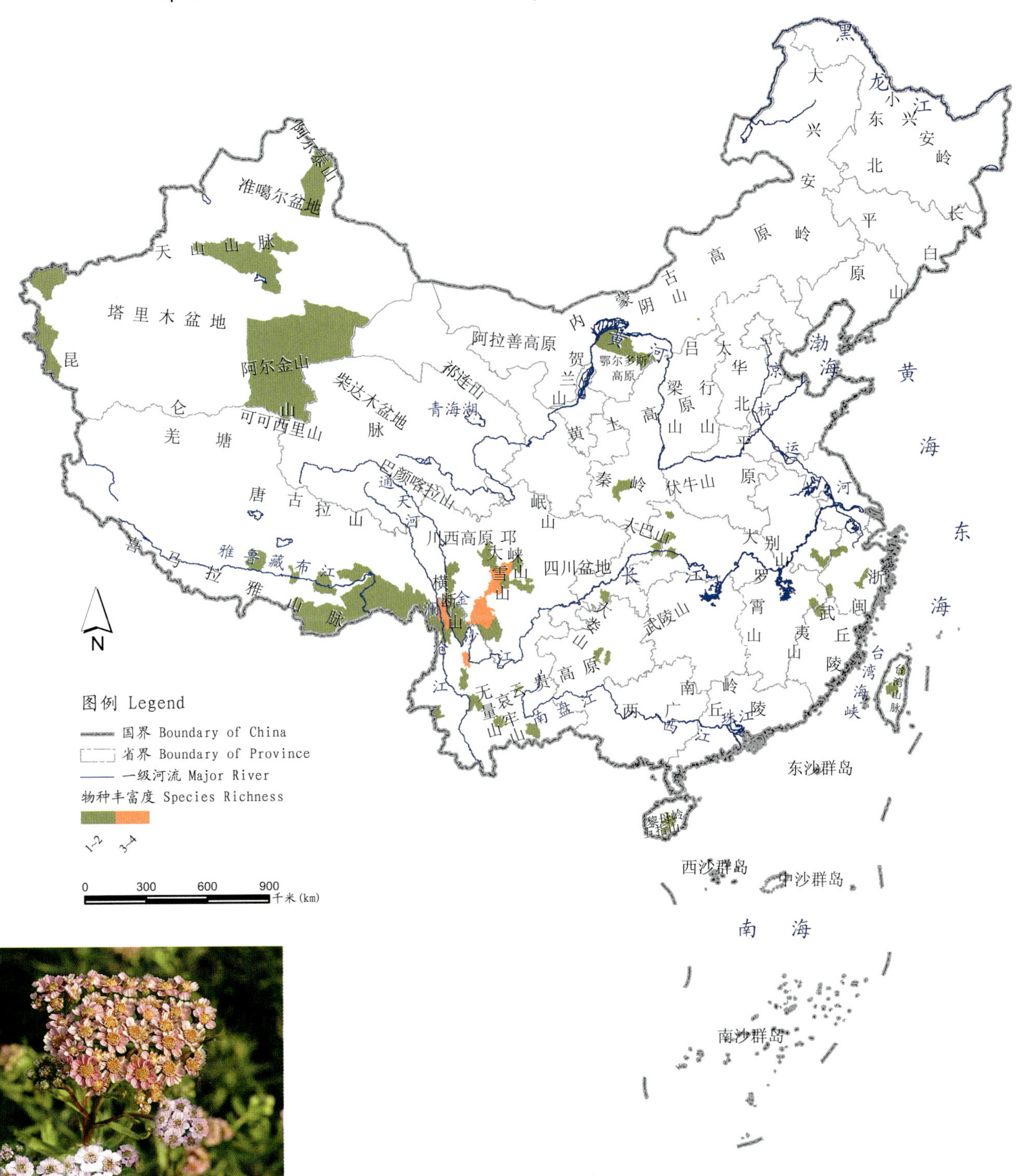

图5.23 蓍草 *Achillea sibirca* 未予评估(NE)

菊科是双子叶植物中种类最多的一科，常为草本植物，花序为头状花序，果实为瘦果，多有冠毛；该科有大量的药用、观赏和经济植物。中国可能有接近 3 000 种该科的物种，CSIS 记录的主要为 53 种受威胁物种（极危 1 种，濒危 6 种，易危 46 种，其中 48 种为中国特有）。它们仅在我国少数地区零星分布，较大的分布地有新疆阿尔金山和天山一带、喜马拉雅山脉东段、横断山区、大雪山等，横断山区相对较多。

5.2.6 中国山茶科植物

地图 5.2.6 中国山茶科植物受威胁物种在各县的丰富度

Map 5.2.6 Richness of Threatened Theaceae Species in Counties of China

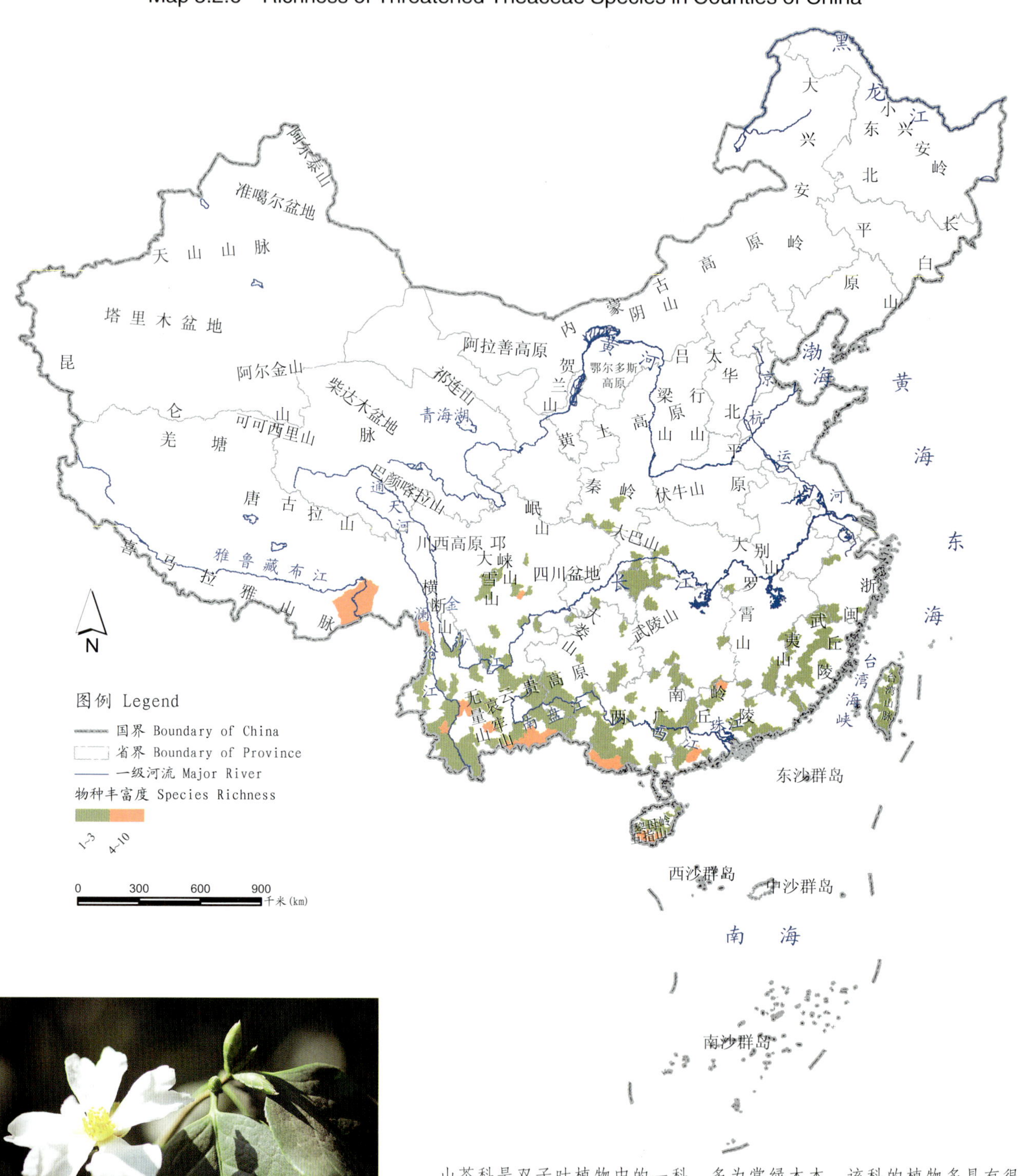

山茶科是双子叶植物中的一科，多为常绿木本，该科的植物多具有很高的经济价值和观赏价值。茶叶原产我国，中国约有750种该科植物，CSIS记录的主要为115种受威胁物种（极危26种，濒危44种，易危45种，其中105种为中国特有）。它们基本都在长江以南分布，长江以北仅在秦岭、大巴山等地有少量记录，在喜马拉雅山脉东段和云贵高原以南及海南南部种类较多。

图5.24 攸县油茶 *Camellia grijsii* 易危（VU） 中国特有

5.2.7 中国樟科植物

地图 5.2.7 中国樟科植物受威胁物种在各县的丰富度

Map 5.2.7 Richness of Threatened Lauraceae Species in Counties of China

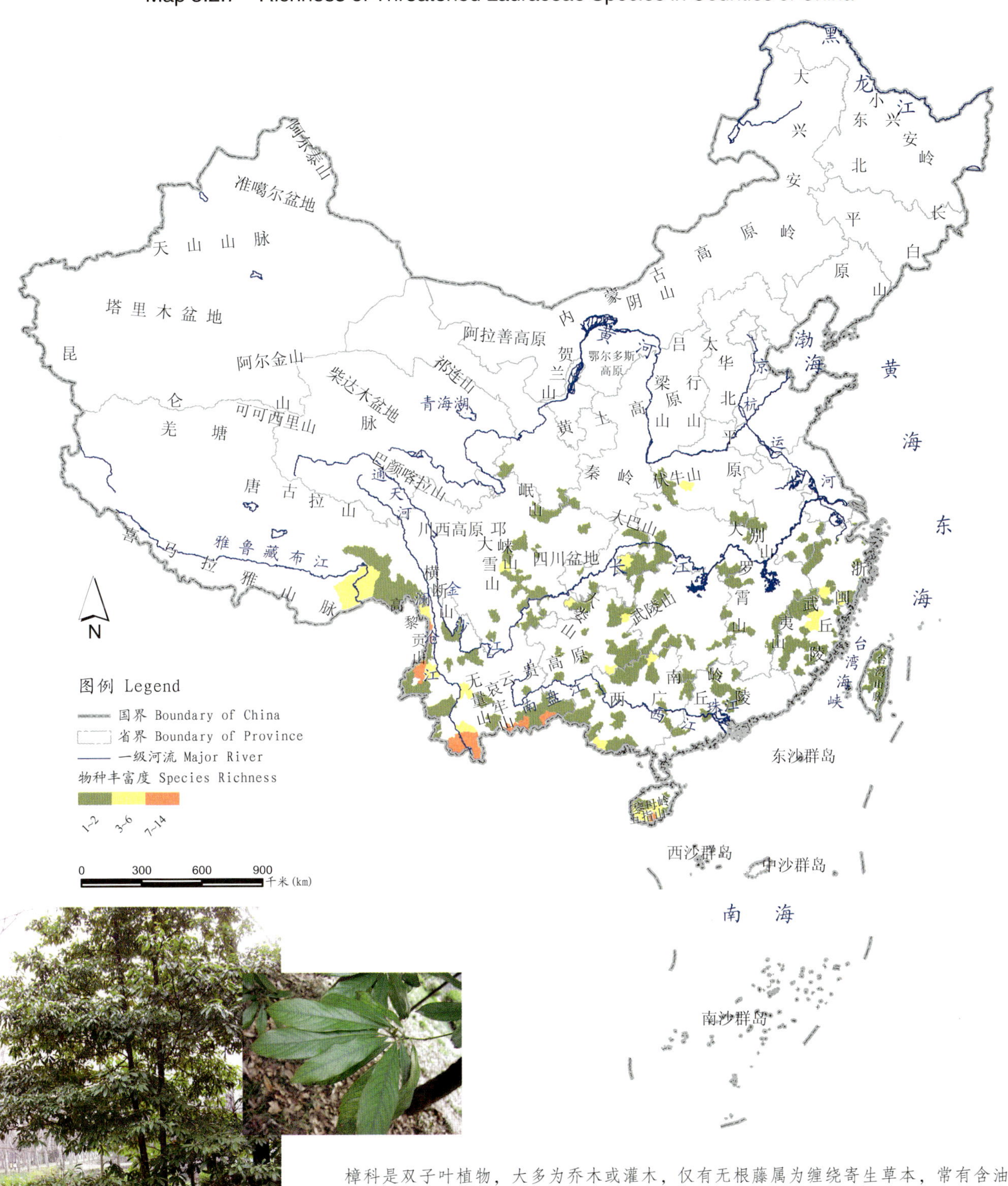

图5.25 楠木 *Phoebe zhennan* 易危(VU)

樟科是双子叶植物，大多为乔木或灌木，仅有无根藤属为缠绕寄生草本，常有含油或黏液的细胞；樟科大多是热带雨林地区的典型植物，为山地森林的重要成分。中国约400余种樟科植物，CSIS中记录的主要为受威胁的109种（极危29种，濒危57种，易危23种，其中100种为中国特有）。它们主要分布在我国南方各地，集中在云南南部边境和高黎贡山等地区；西北、华北和东北则基本没有记录。

5.2.8 中国木兰科植物

地图 5.2.8 中国木兰科植物在各县的丰富度

Map 5.2.8 Richness of Magnoliaceae Species in Counties of China

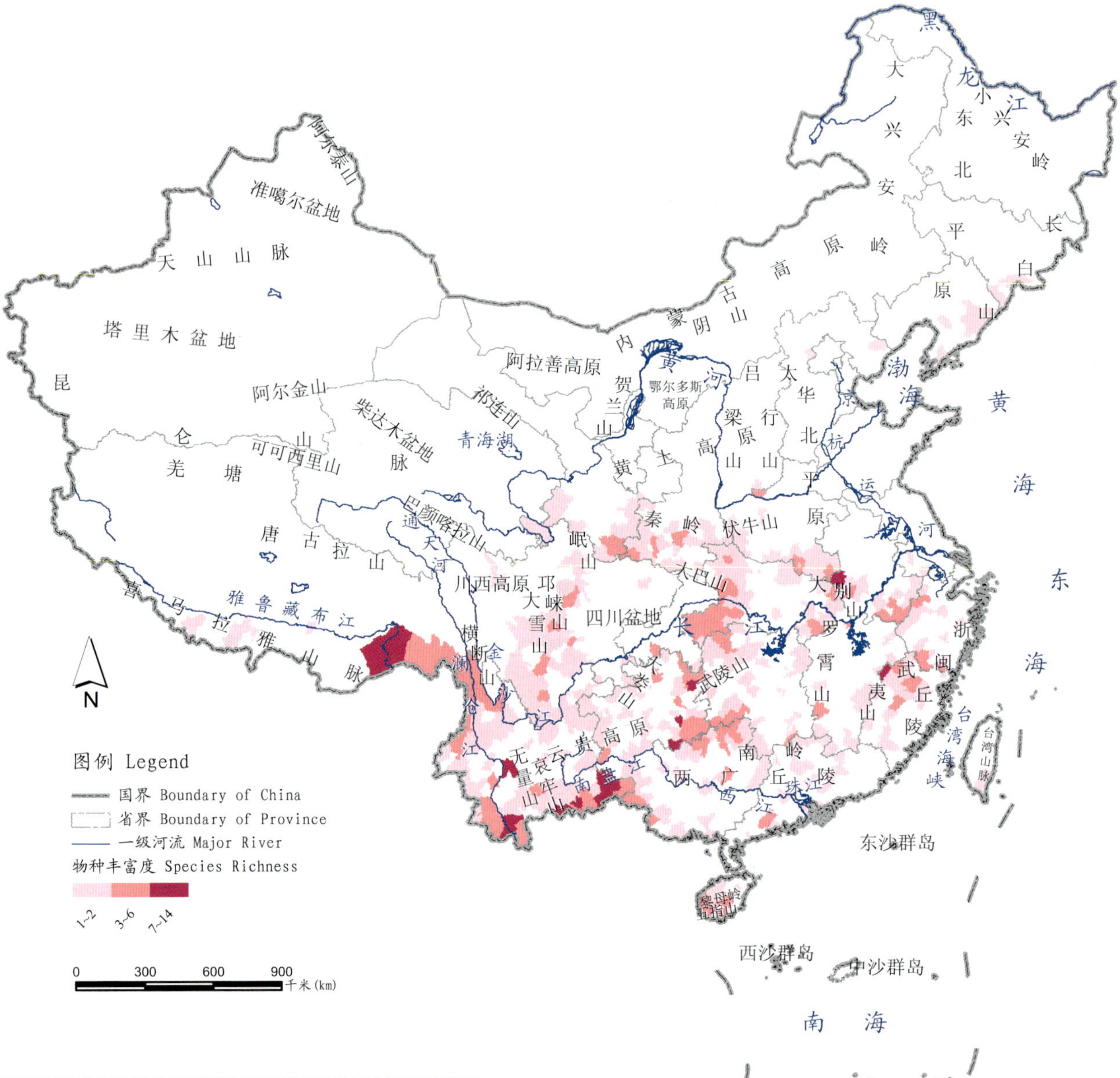

图例 Legend

国界 Boundary of China

省界 Boundary of Province

一级河流 Major River

物种丰富度 Species Richness

1~2 3~6 7~14

0 300 600 900 千米 (km)

图 5.26 香子含笑 *Michelia hedyosperma* 濒危（EN） 中国特有

木兰科是双子叶植物中较为低等的一类，通常为落叶或常绿的乔木或灌木。较为常见的有木兰、含笑、鹅掌楸等。该科在中国分布的物种约 130~140 种，CSIS 中记录有该科的 100 种（极危 16 种，濒危 31 种，易危 26 种）。由于该科分布记录较多，可以大致看出其物种主要分布在我国南方的大部分地区，北方较少；在喜马拉雅山脉东段、无量山、云贵高原南部、武陵山、大别山、武夷山等地区丰富度最高。

5.2.9 中国毛茛科植物

地图 5.2.9 中国毛茛科植物在各县的丰富度

Map 5.2.9 Richness of Ranunculaceae Species in Counties of China

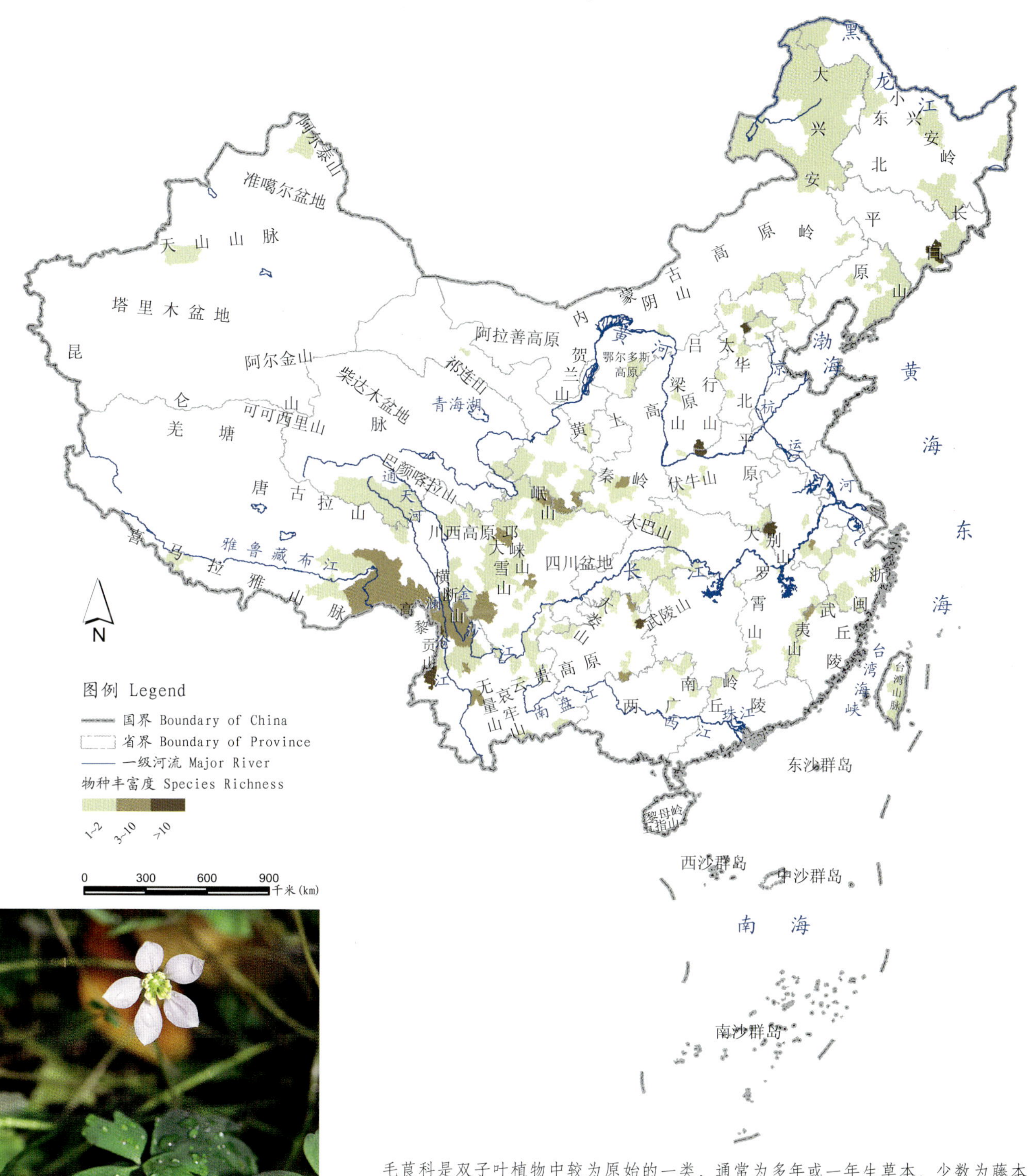

图 5.27 距瓣尾囊草 *Urophysa rockii* 易危 (VU)
中国特有

毛茛科是双子叶植物中较为原始的一类，通常为多年或一年生草本，少数为藤本或灌木。本科有多种经济植物，包括芍药、牡丹等观赏性植物以及其他药用植物。我国的毛茛科植物共有 725 种，CSIS 中记录有 246 种（包括 51 种受威胁物种，分别为极危 10 种，濒危 21 种，易危 20 种）。该科植物基本分布在全国各地，以西南地区种类最多，在横断山区中部、高黎贡山南端、大别山、武陵山、长白山以及华北平原的部分地区最为集中。

6

第六章 中国内陆水生动物地图

地球上 70%的面积被水体所覆盖，大到海洋、湖泊，小到江河、溪流等。生活于水中的生物根据其类型通常分为水生动物和水生植物两大类，种类繁多，有各种藻类、水生维管束植物、无脊椎动物和脊椎动物；其生活方式也多种多样，有漂浮、浮游、游泳、固着和穴居等。我国的内陆水生动物包括大部分淡水动物和少量分布于咸水湖中的物种(如分布于我国最大的咸水湖——青海湖中的青海湖裸鲤 *Gymnocypris przewalskii*，又名湟鱼)，另外还包括一些生活于河口或近海、经常上溯至各大江河干流中的物种。本地理图集根据 CSIS 数据库中的信息，以我国流域的详细区划为基本单元，主要对中国内陆水生动物中的高等类群，包括主要生活在内陆水体尤其是淡水中的哺乳动物、爬行动物以及

图 6.1 三线闭壳龟 *Cuora trifasciata* 极危（CR）

鱼类，进行了统计和分析，制作了包括田螺类软体动物的丰富度地图；对于淡水鱼类中的几个重要类群也单独进行了分析和制图。而海洋生物则由于信息量较少，特别是分布信息粗糙，难以进行叠加分析，本地理图集未能涵盖。

软体动物为动物界的第二大门，海水、淡水和陆地均有产，分为 7 个纲：单板纲、多板纲、无板纲、腹足纲、双壳纲、掘足纲和头足纲。其中仅腹足纲及双壳纲有淡水生活的种类。由于软体动物种类繁多，这里仅对受威胁及特有的田螺类进行了制图，为我国受威胁淡水软体动物的基本格局提供一些信息。

七鳃鳗是脊椎动物中较为原始的一类，属于脊索动物门圆口纲，是地球上某种最早期的脊椎动物——无颌类的一种极度特化了的孑遗。它们的成熟体通常营寄生生活，并没有骨质的骨骼或骨甲，这些为适应寄生生活已经退化。本地理图集对于这类奇特的水生动物的分布单独进行了制图。

图 6.2 瓦氏雅罗鱼 *Leuciscus waleckii* 未予评估（NE）

图 6.3 山瑞鳖 *Palea steindachneri* 濒危（EN）

鱼类一般分为圆口纲、软骨鱼纲和硬骨鱼纲，也可分为盲鳗纲、圆口纲、软骨鱼纲和硬骨鱼纲。软骨鱼通常生活在海水中，而硬骨鱼则在海水和内陆水体中均有分布。内陆水体中的鱼类主要为淡水鱼类，另有少数种类能适应盐碱性环境，可在内陆咸水湖中生存。CSIS 重点统计了我国内陆水生鱼类中受威胁的和特有的物种，其中种类最多的为鲤形目。本地理图集分析了鲤形目物种及其受威胁、特有物种的分布格局。

爬行动物中也有部分物种生活在淡水中或河口附近，主要为龟鳖类，也有少数水蛇类。其中值得注意的是我国特有的扬子鳄 *Alligator sinensis*，目前仅分布于皖南山系以北丘陵地带的各种水体，即分布于安徽省的宣城、南陵、泾县、郎溪、广德等县的一些乡，仅呈点状分布。本地理图集对全部内陆水生的爬行动物以及淡水龟类的分布格局进行了分析和制图。

哺乳动物中仅有两种在我国内陆水体中有分布的记录，分别为江豚 *Neophocaena phocaenoides* 和白鱀豚 *Lipotes vexillifer*。本地理图集试图通过直观的分布图，让读者更为容易地了解它们在中国几乎面临灭绝的现实，也希冀以此呼唤更多的人来关注我国的水生野生生物。

6.1 中国田螺类分布

图 6.1.1 中国田螺类动物在各流域的丰富度

Map 6.1.1 Richness of Viviparidae Species in River Basins of China

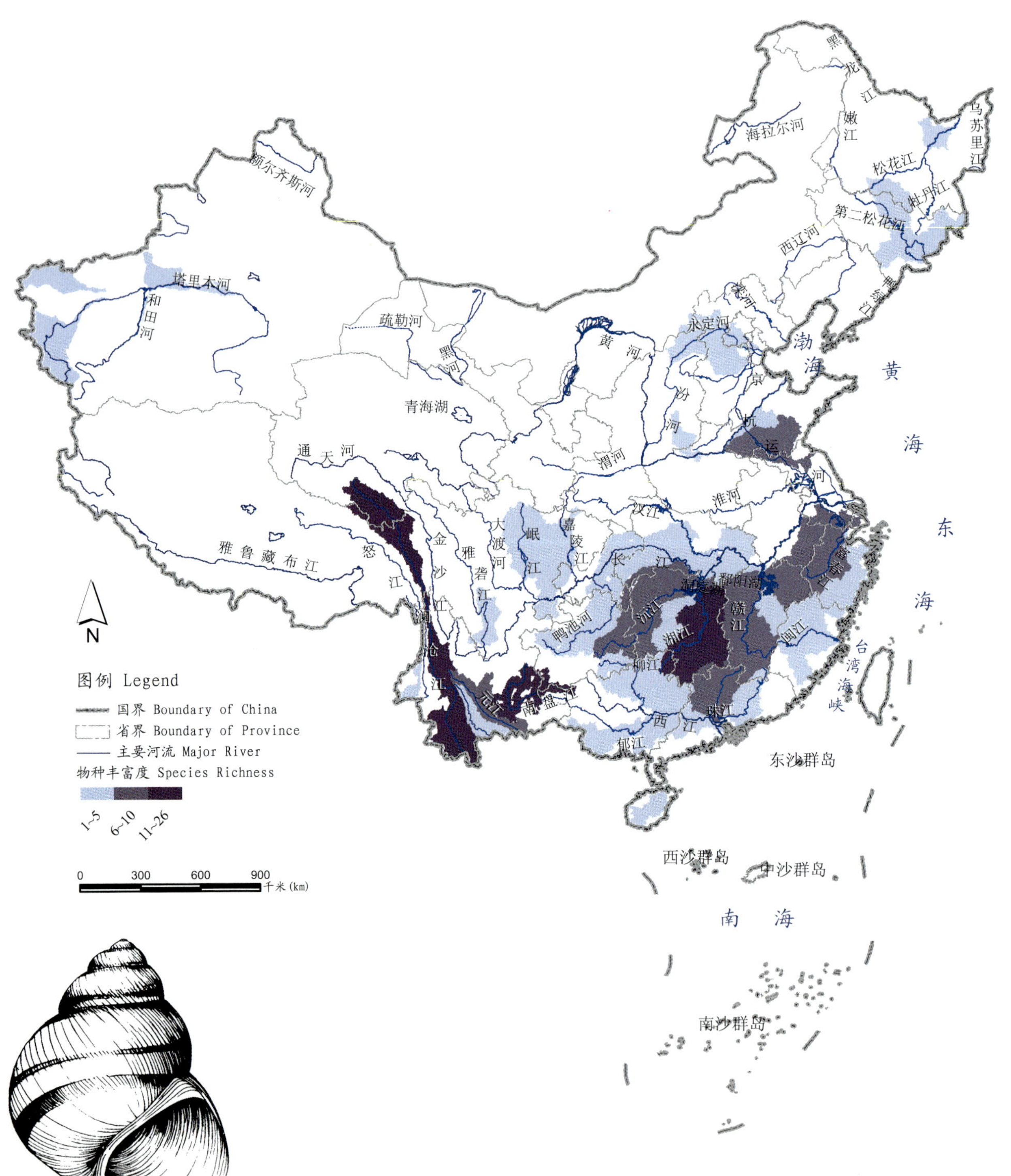

图 6.4 三带田螺 *Viviparus tricinctus*
濒危（EN） 中国特有

田螺类为软体动物门腹足纲腹足目田螺科，该科动物群栖于江河、湖泊、池塘和水田的淡水中，以宽大的腹足爬行，肉可供人类食用。CSIS 中记录有我国全部 70 种田螺科动物（绝灭 12 种，极危 6 种，濒危 22 种，易危 12 种，近危 4 种，无危 14 种）。它们在我国南方各流域分布的种类多于北方，以西南澜沧江水系、南盘江水系及湘江水系分布的种类最多。

地图 6.1.2　中国田螺类动物受威胁物种在各流域的丰富度
Map 6.1.2　Richness of Threatened Viviparidae Species in River Basins of China

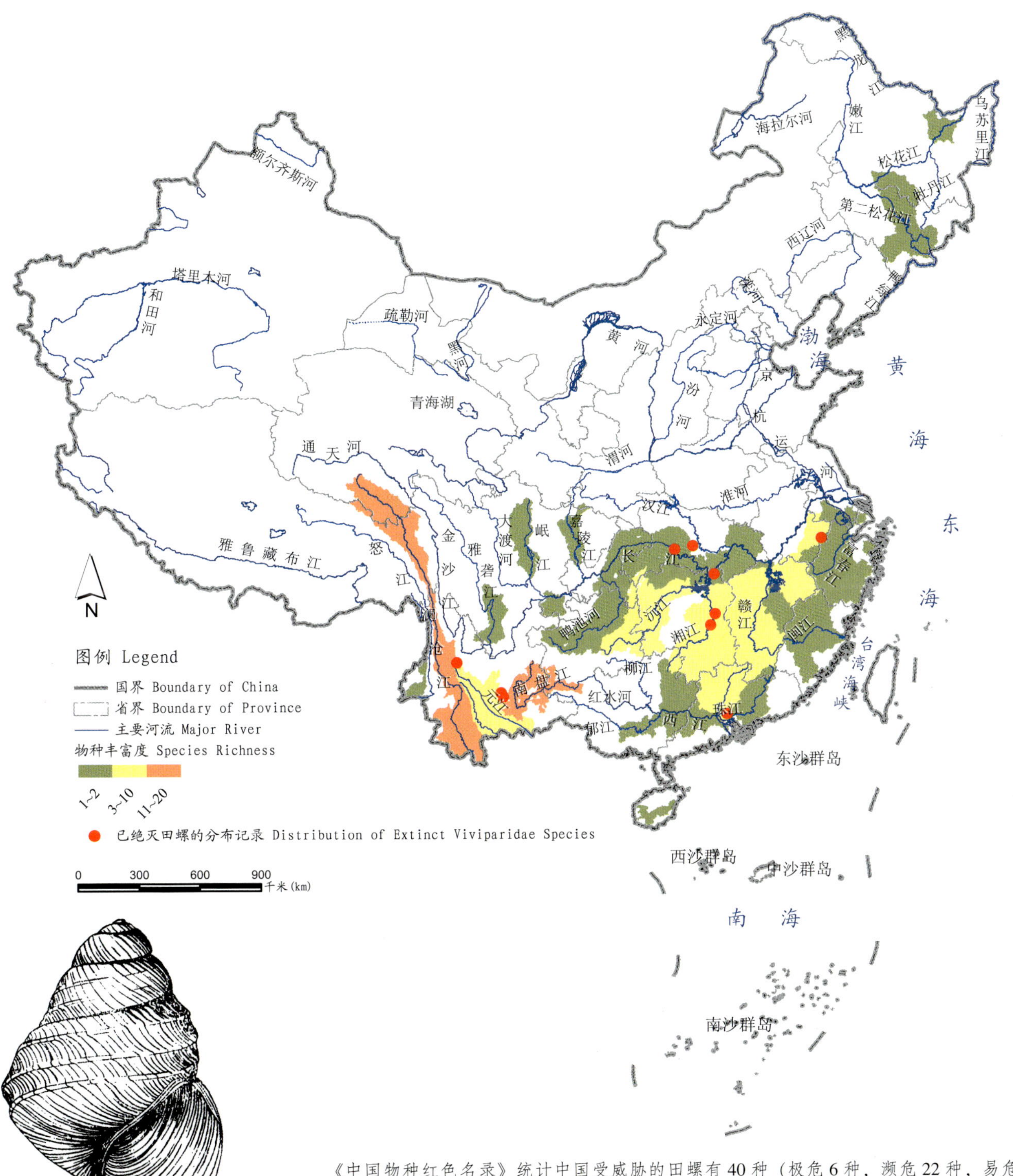

图 6.5　乳顶环棱螺　*Bellamya papillapicala*
极危（CR）　中国特有

《中国物种红色名录》统计中国受威胁的田螺有 40 种（极危 6 种，濒危 22 种，易危 12 种）。它们主要分布在我国南方各流域，尤其是长江流域的干流或各支流水系以及西南地区的部分水系，以西南澜沧江水系和南盘江水系分布的种类最多；北方仅在东北的松花江和第二松花江水系有分布记录。另外，该图还包含了 12 种已绝灭的田螺物种在我国分布的记录点，其在长江流域的干流和支流以及元江水系有较多记录，在珠江下游也有过记录。

图 6.1.3 中国田螺类动物特有种在各流域的丰富度

Map 6.1.3 Richness of Endemic Viviparidae Species in River Basins of China

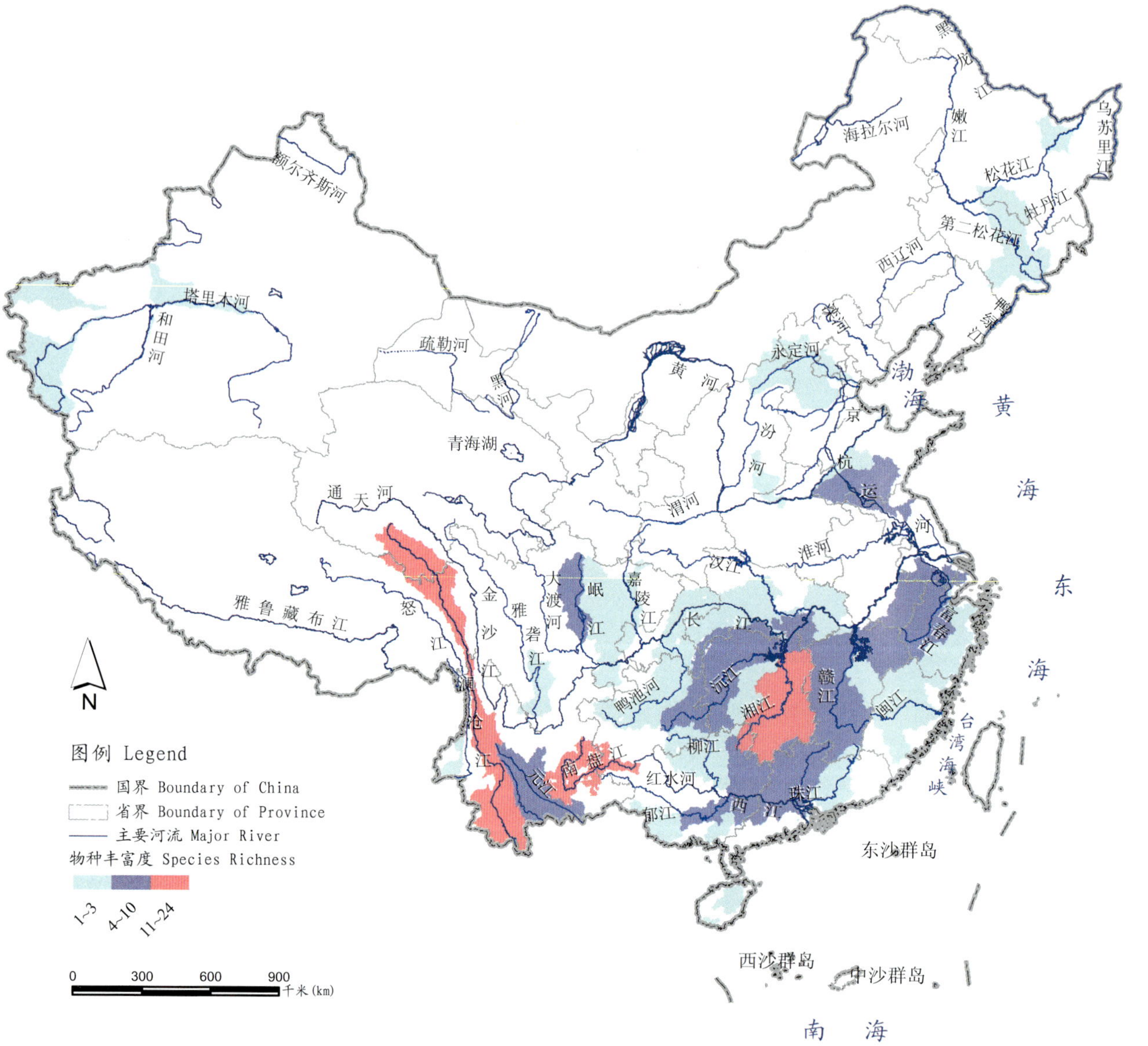

图例 Legend

国界 Boundary of China

省界 Boundary of Province

主要河流 Major River

物种丰富度 Species Richness

1~3　4~10　11~24

0　300　600　900 千米 (km)

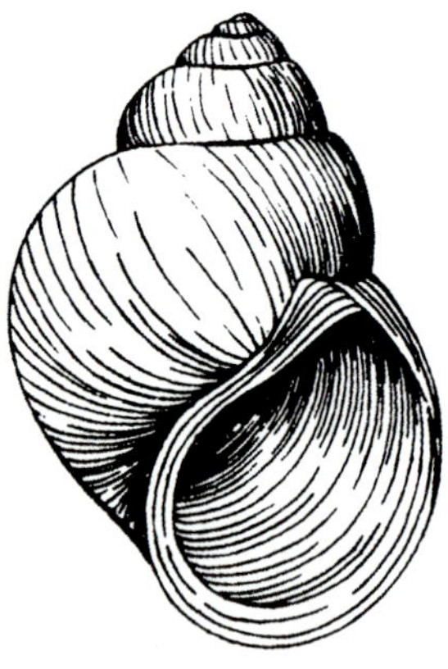

图 6.6 瓶圆田螺 *Cipangopaludina lecythi*
极危（CR） 中国特有

CSIS 中记录中国特有的田螺科动物有 63 种（绝灭 12 种，极危 4 种，濒危 21 种，易危 11 种，近危 3 种，无危 12 种）。它们在我国南方各流域分布的数量多于北方，集中在西南地区的澜沧江水系、南盘江水系和长江流域的湘江水系；在我国北方的塔里木河水系以及东北和华北的部分水系也有少量分布。

6.2 中国七鳃鳗分布

地图 6.2 中国七鳃鳗在各流域的丰富度

Map 6.2 Richness of Petromyzoniformes Species in River Basins of China

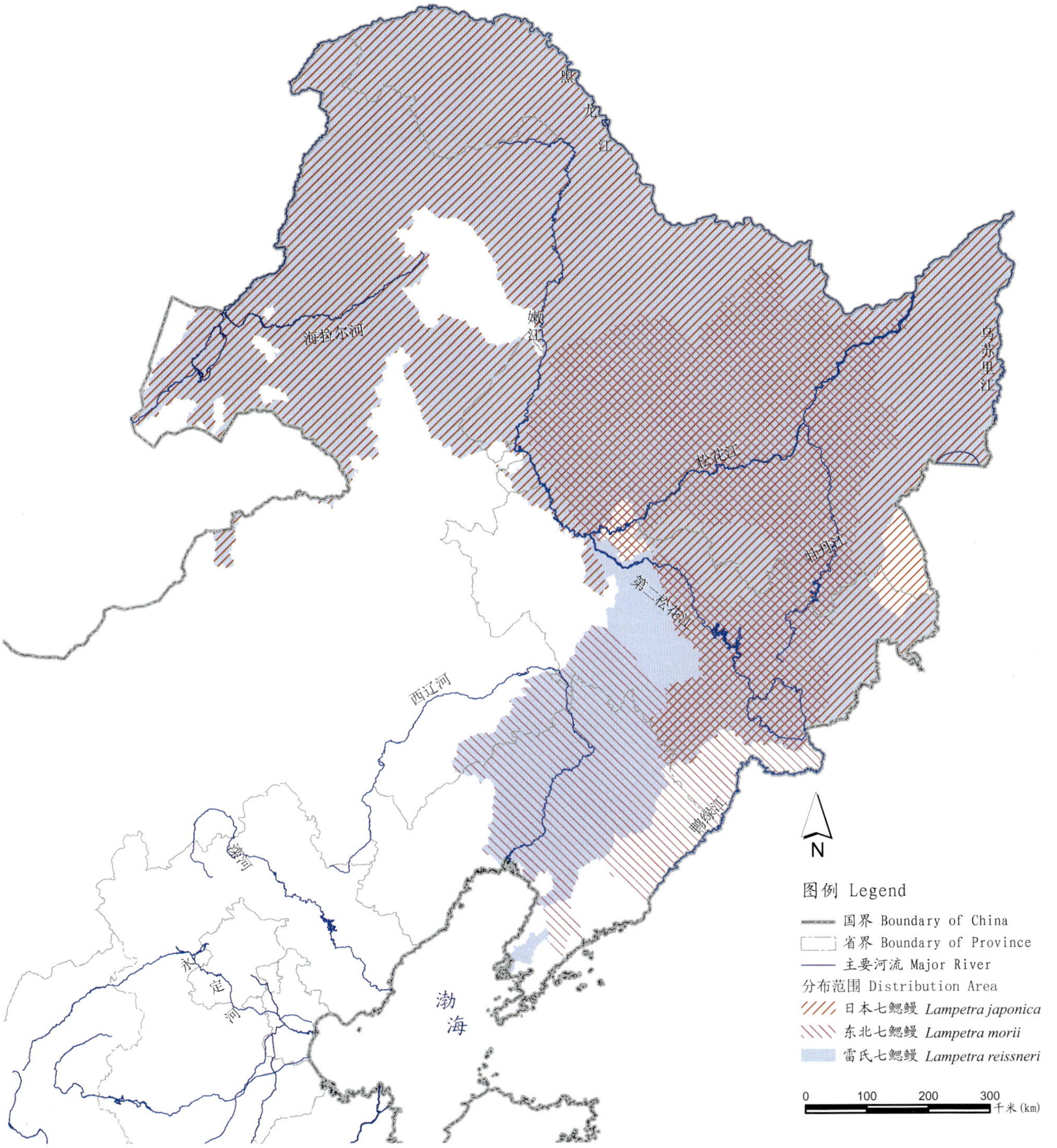

黑龙江
乌苏里江
嫩江
海拉尔河
松花江
牡丹江
第二松花江
西辽河
鸭绿江
滦河
永定河
渤海

N

图例 Legend

国界 Boundary of China

省界 Boundary of Province

主要河流 Major River

分布范围 Distribution Area

日本七鳃鳗 *Lampetra japonica*

东北七鳃鳗 *Lampetra morii*

雷氏七鳃鳗 *Lampetra reissneri*

0 100 200 300 千米(km)

图6.7 日本七鳃鳗 *Lampetra japonica* 易危（VU）

七鳃鳗属脊索动物门圆口纲，成体通常营寄生生活，没有骨质的骨骼或骨甲，这些为适应寄生生活已经退化。我国的七鳃鳗有日本七鳃鳗 *Lampetra japonica*、东北七鳃鳗 *Lampetra morii* 和雷氏七鳃鳗 *Lampetra reissneri* 3 种。主要分布于东北各流域。在嫩江、松花江、第二松花江及牡丹江水系，这 3 种七鳃鳗均有分布记录。近几年来在江苏的新沂骆马湖、建湖、如东的河川采到日本七鳃鳗（伍汉霖，专家意见），但由于没有具体文献，故未在此图标示。

6.3 中国内陆水生鱼类分布

地图 6.3.0.1 中国内陆水生鱼类受威胁物种在各流域的丰富度

Map 6.3.0.1 Richness of Threatened Inland Aquatic Fish in River Basins of China

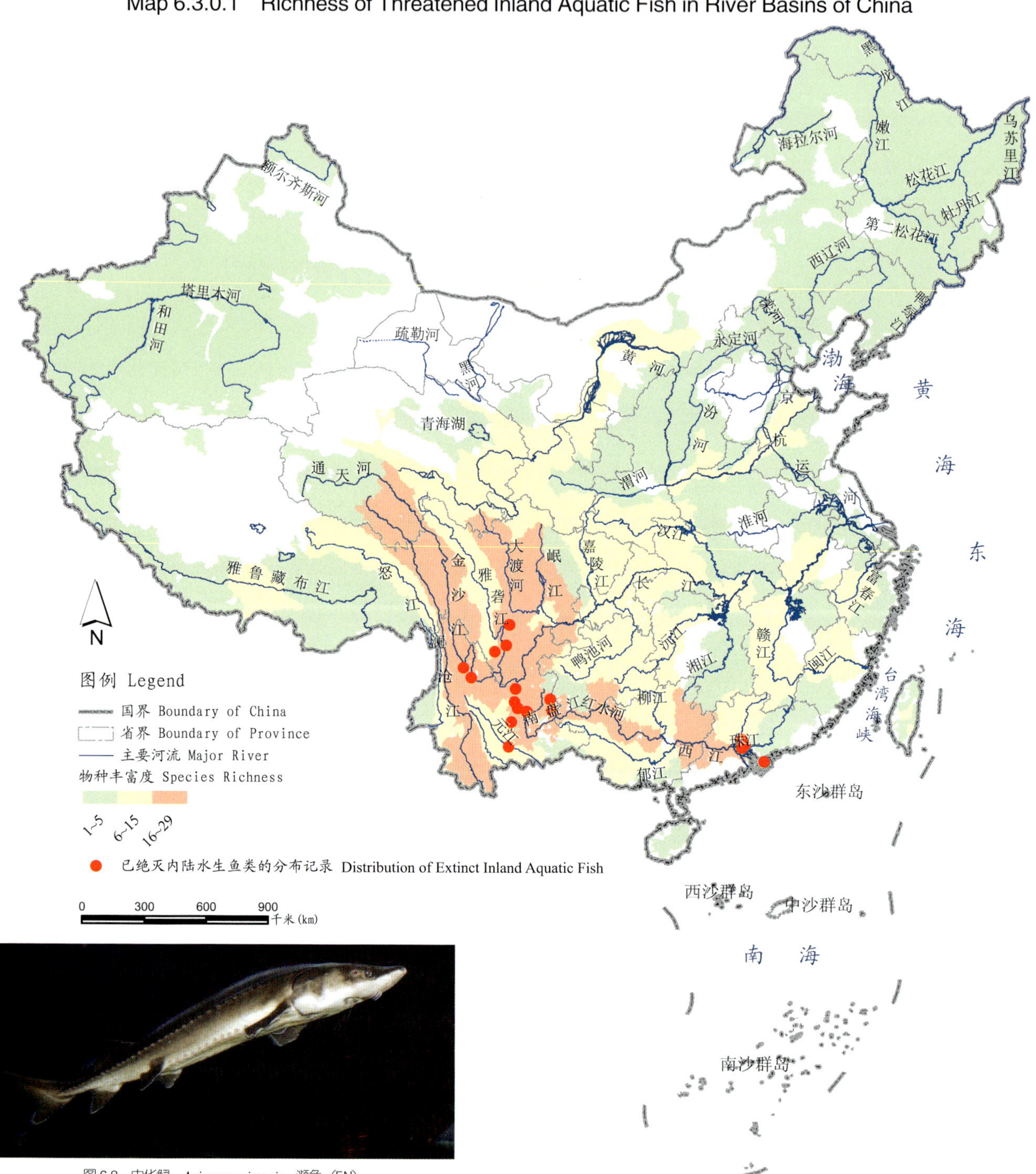

图6.8 中华鲟 *Acipenser sinensis* 濒危 (EN)

内陆水生鱼类基本都是硬骨鱼类，仅西江的赤魟为软骨鱼。《中国物种红色名录》评估的受威胁物种有179种（极危11种，濒危81种，易危87种），除青藏高原及内蒙古的少数干旱地区外，它们在我国绝大部分地区都有分布，西部和南部各大水系的上游地区种类较多，尤以澜沧江、金沙江、大渡河、岷江以及珠江—南盘江水系最多。我国4种已绝灭的鱼类（大鳞黑线鳌*Atrilinea roulei*、西昌白鱼*Anabarilius liui*、大鳞白鱼*Anabarilius macrolepis*和异龙鲤*Cyprinus yilongensis*）和4种野外绝灭鱼类（唐鱼*Tanichthys albonubes*、林氏细鲫*Aphyocypris lini*、多鳞白鱼*Anabarilius polylepis*和小裂腹鱼*Schizothorax parvus*）主要出现在金沙江、雅砻江、元江、南盘江及珠江等水系。

地图 6.3.0.2 中国内陆水生鱼类特有种在各流域的丰富度
Map 6.3.0.2 Richness of Endemic Inland Aquatic Fish in River Basins of China

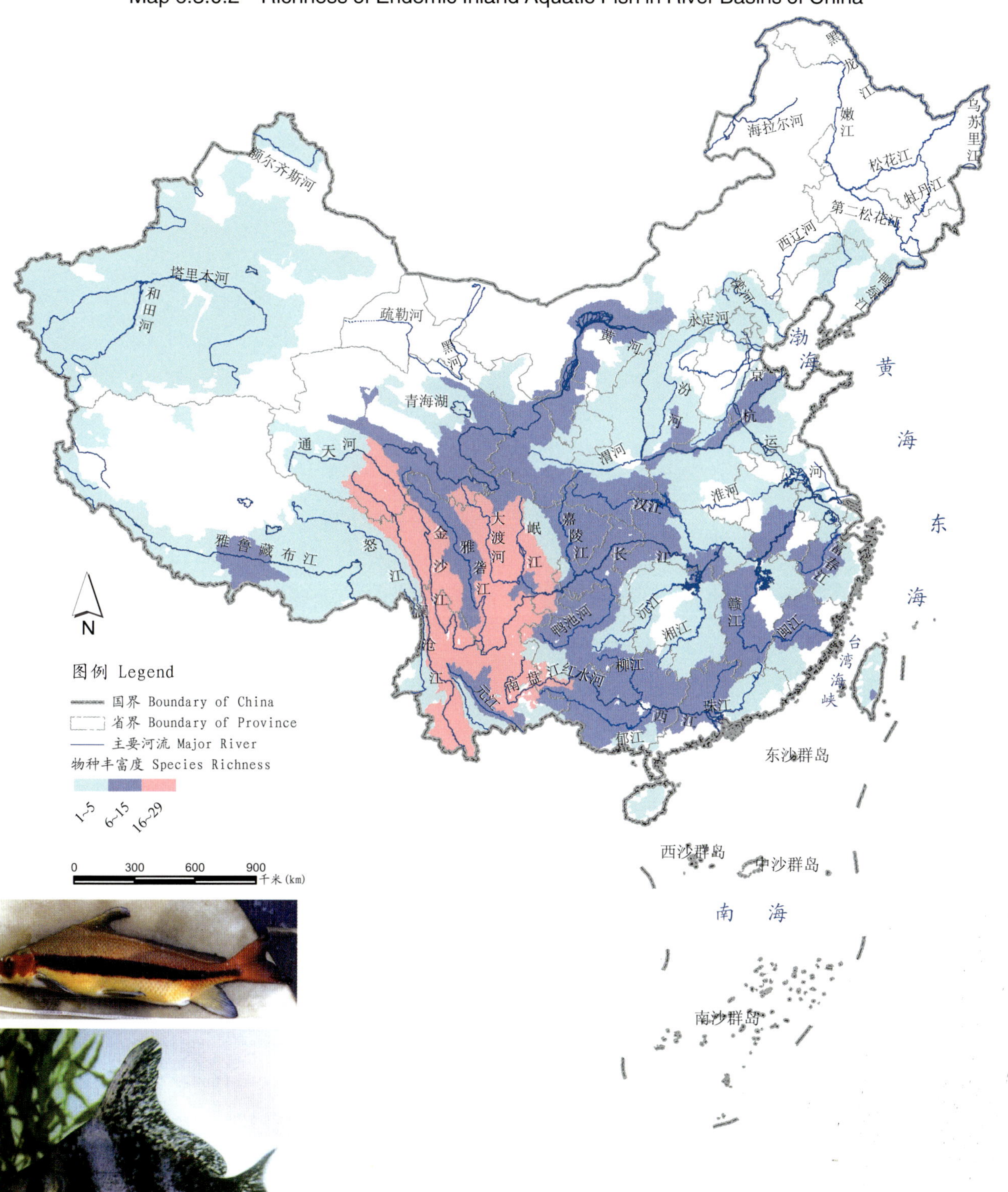

图6.9 胭脂鱼 *Myxocyprinus asiaticus* 易危（VU）
中国特有（上成下幼）

CSIS 中记录的我国内陆水生鱼类的特有种共计 158 种（绝灭 4 种，野外绝灭 4 种，极危 10 种，濒危 71 种，易危 65 种），它们基本分布于全国各地大部分的水系中，在我国南方和西部各大水系的上游地区物种较多，以澜沧江、金沙江、大渡河、岷江和南盘江水系中的分布记录最多。

6.3.1　中国鲤形目鱼类

地图 6.3.1.1　中国鲤形目鱼类受威胁物种在各流域的丰富度

Map 6.3.1.1　Richness of Threatened Cypriniformes Species in River Basins of China

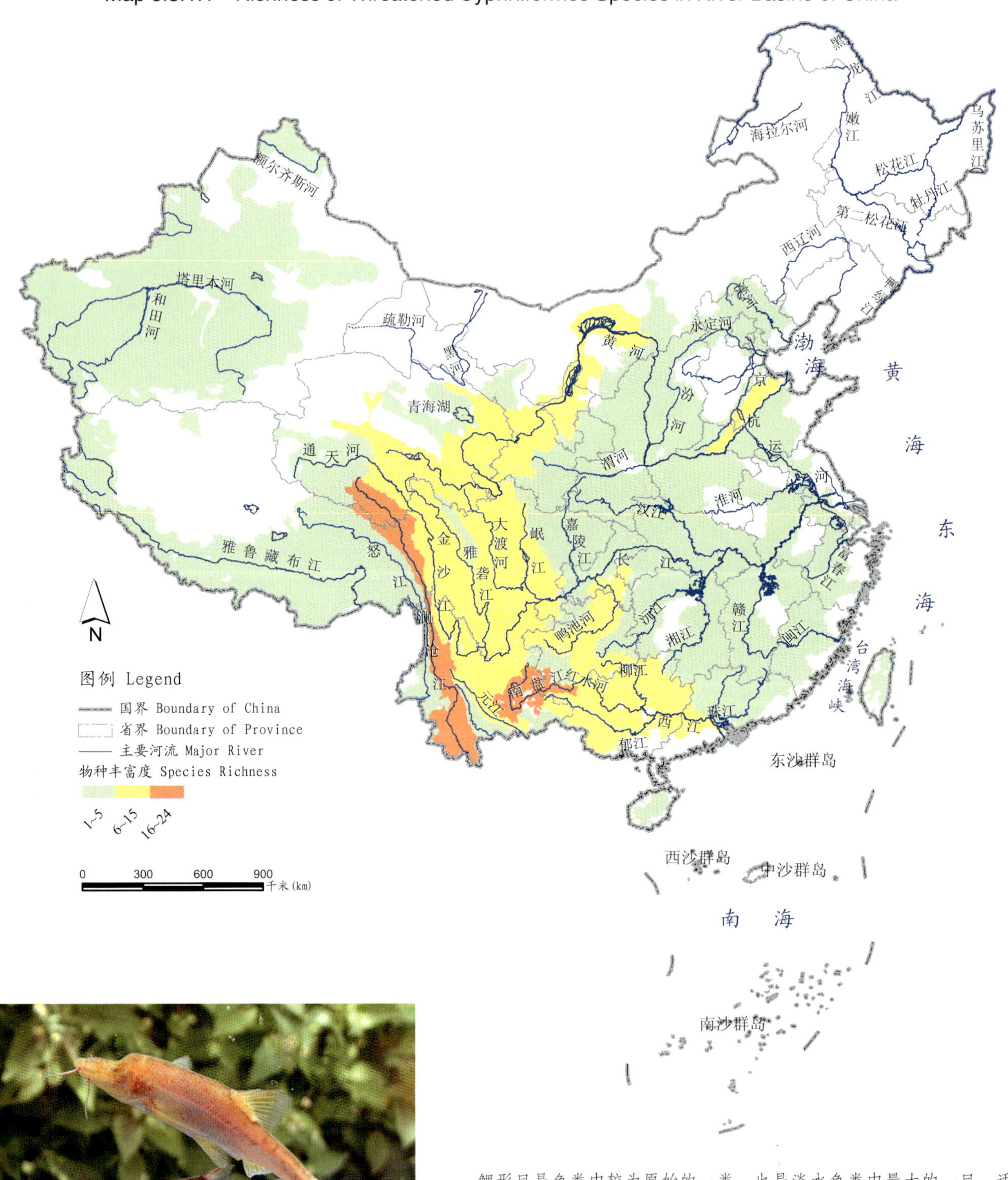

图 6.10　无眼金线鲃　*Sinocyclocheilus anophthaslmua*　易危（VU）　中国特有

鲤形目是鱼类中较为原始的一类，也是淡水鱼类中最大的一目，适应性很强，多分布在温带和热带淡水水域。《中国物种红色名录》评估的我国鲤形目鱼类受威胁物种有 107 种（极危 5 种，濒危 40 种，易危 62 种）。它们在我国绝大部分水域都有分布，在西部各大水系的中上游地区种类较多，其中以澜沧江和南盘江水系的物种最多。

地图 6.3.1.2 中国鲤形目鱼类特有种在各流域的丰富度

Map 6.3.1.2 Richness of Endemic Cypriniformes Species in River Basins of China

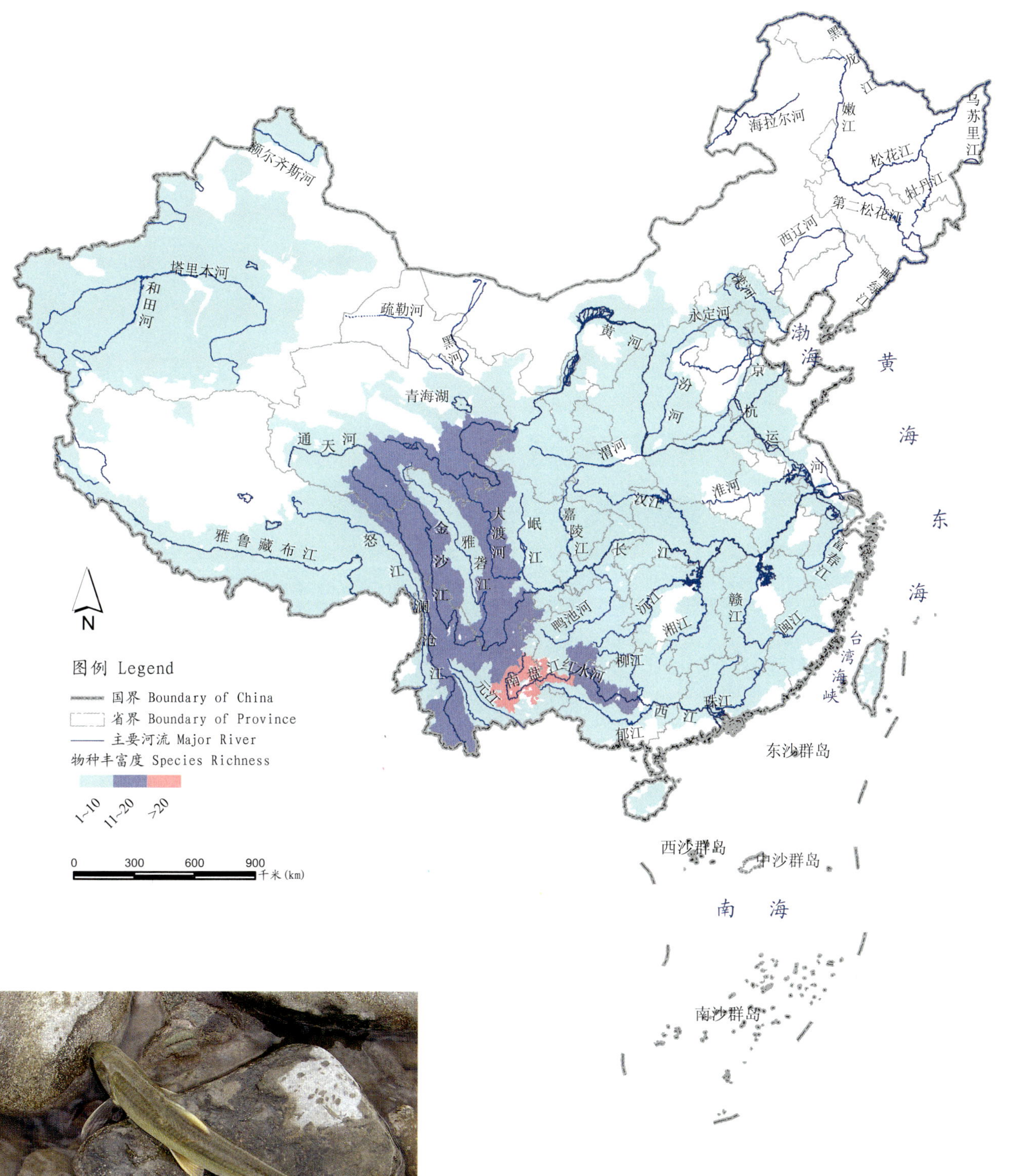

图6.11 青海湖裸鲤 *Gymnocypris przewalskii* 濒危（EN） 中国特有

CSIS 中记录中国鲤形目特有鱼类共 105 种（绝灭 4 种，野外绝灭 4 种，极危 5 种，濒危 37 种，易危 55 种）。它们在我国绝大部分水域都有分布，在西部各大水系的中上游地区如澜沧江、金沙江、大渡河等流域种类较多；以南盘江流域最多，有 20 种以上的记录。

6.4 中国内陆水生爬行动物分布

地图 6.4.0.1 中国内陆水生爬行动物在各流域的丰富度

Map 6.4.0.1 Richness of Inland Aquatic Reptiles in River Basins of China

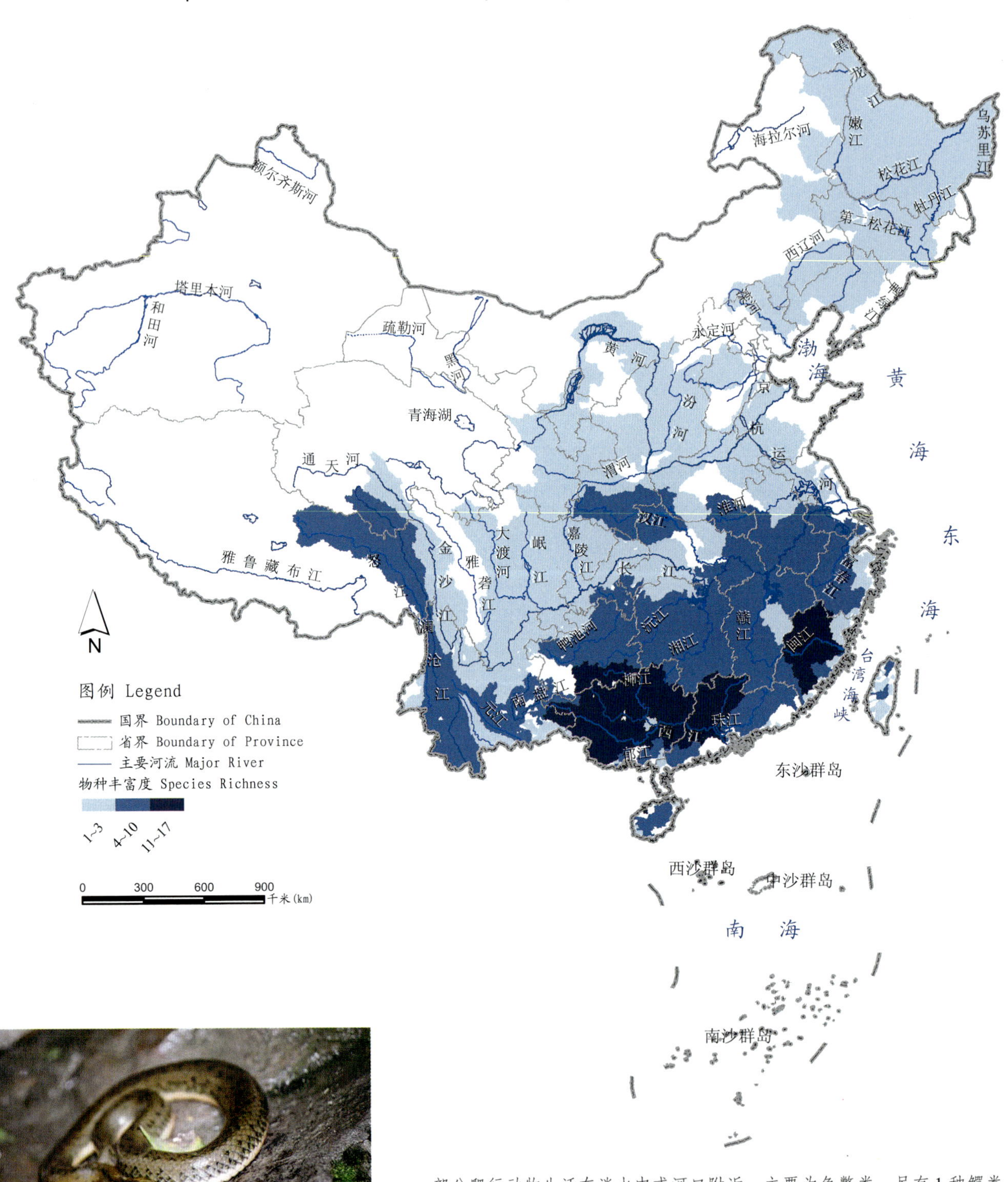

图6.12 中国水蛇 *Enhydris chinensis* 近危（NT）

部分爬行动物生活在淡水中或河口附近，主要为龟鳖类，另有1种鳄类，4种水蛇类，它们多是在演化过程中由陆生再次适应水生或半水生环境的物种。CSIS中记录有我国全部的内陆水生爬行动物34种，它们主要分布在我国的东部和南部，长江中下游流域和东南部各大水系的种类较多，以珠江—西江—柳江水系及闽江下游地区最多。

地图 6.4.0.2　中国内陆水生爬行动物受威胁物种在各流域的丰富度

Map 6.4.0.2　Richness of Threatened Inland Aquatic Reptiles in River Basins of China

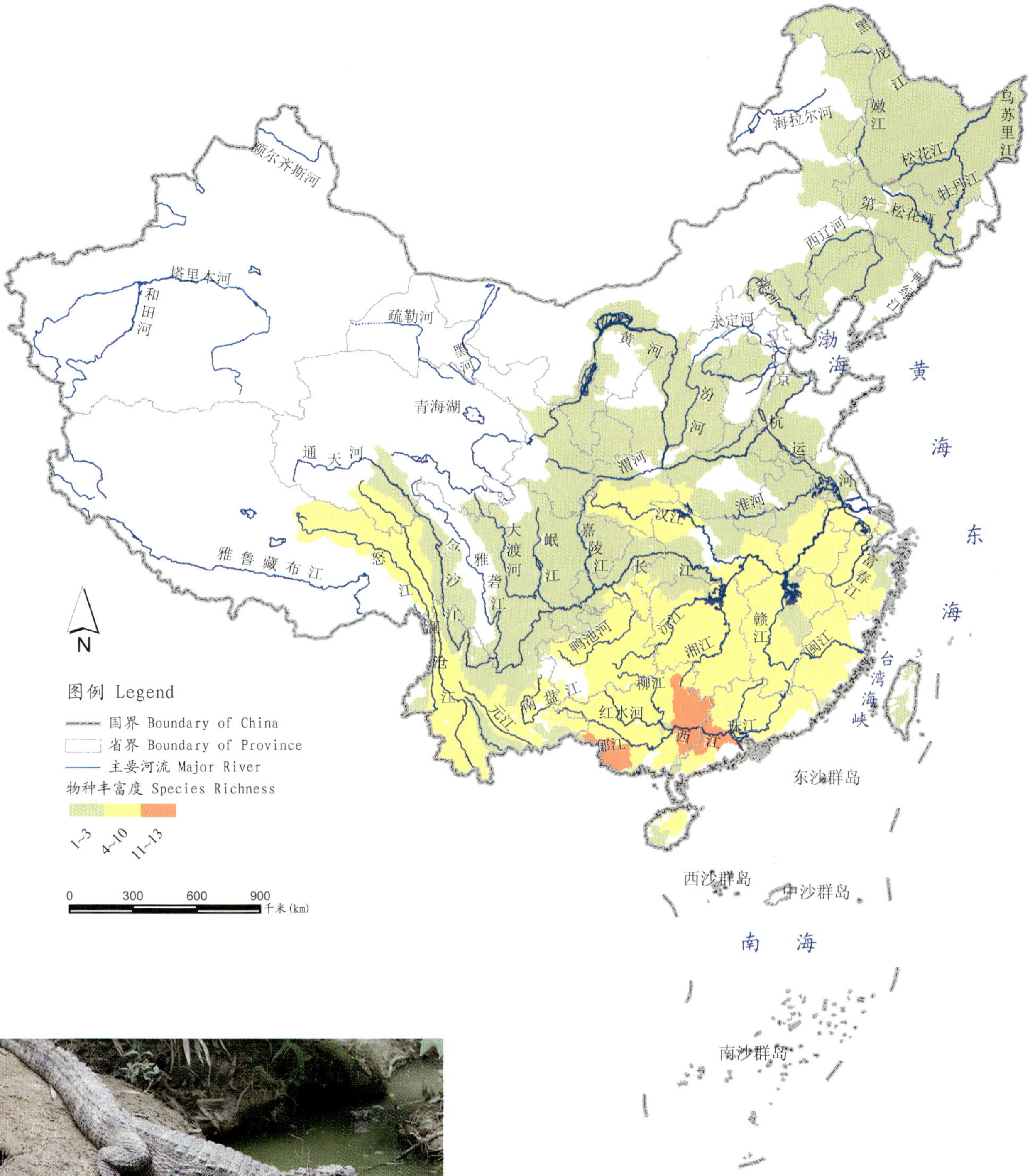

图例 Legend

国界 Boundary of China

省界 Boundary of Province

主要河流 Major River

物种丰富度 Species Richness

1~3　4~10　11~13

0　300　600　900 千米 (km)

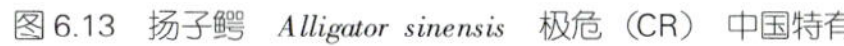

图6.13　扬子鳄　*Alligator sinensis*　极危（CR）　中国特有

《中国物种红色名录》评估的我国内陆水生爬行动物受威胁物种有20种（极危6种，濒危12种，易危2种）。它们主要分布在我国的东部和南部，尤其在东南和华南的各大水系种类较多。在珠江—西江—郁江水系记录最多，而在西北的广大地区则基本没有分布。

地图 6.4.0.3 中国内陆水生爬行动物特有种在各流域的丰富度
Map 6.4.0.3 Richness of Endemic Inland Aquatic Reptiles in River Basins of China

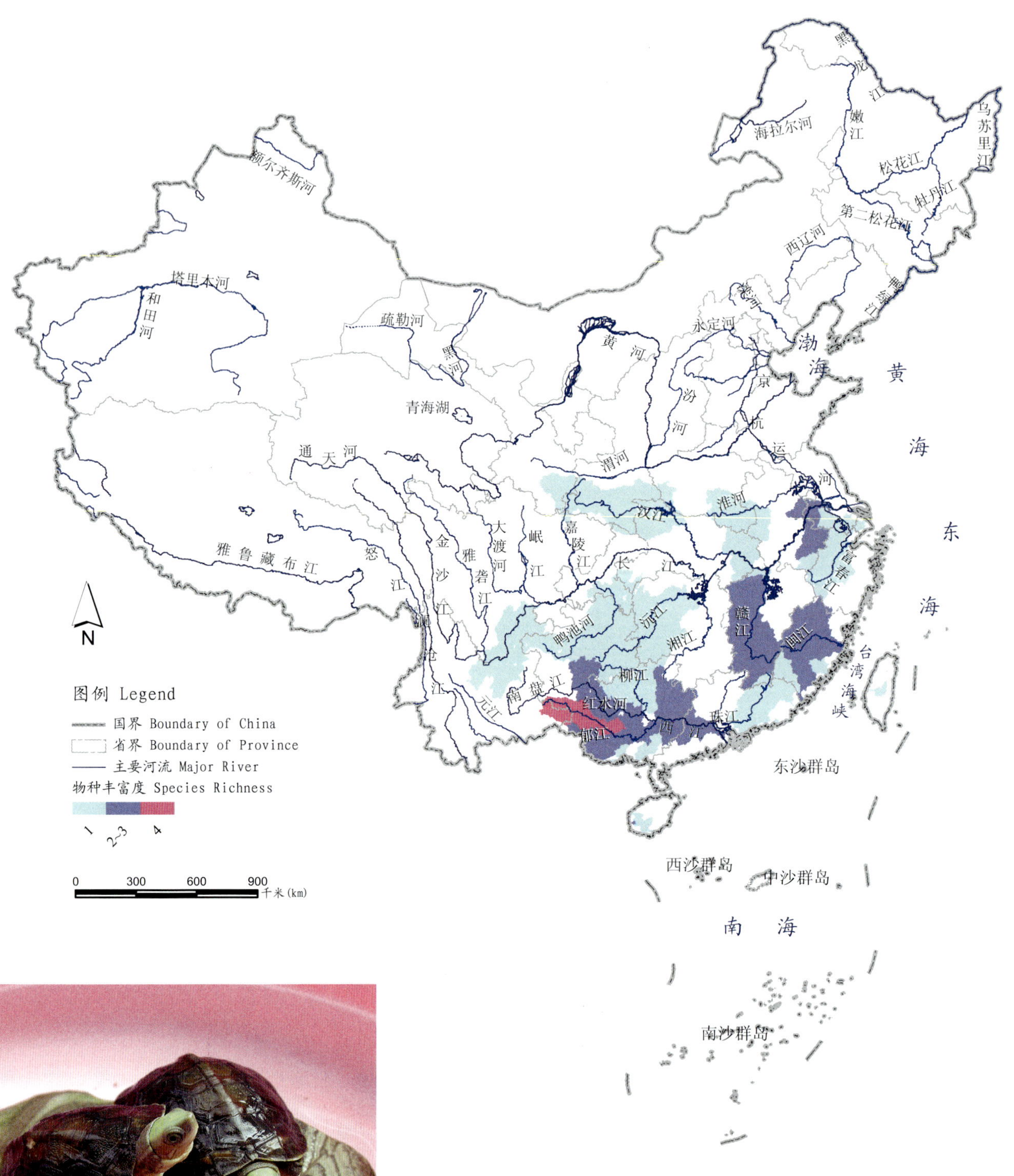

图6.14 金头闭壳龟 *Cuora aurocapitata* 极危（CR） 中国特有

CSIS 记录我国特有内陆水生爬行动物有 13 种，其中包括 11 种淡水龟鳖类（极危 3 种，濒危 2 种），1 种水蛇（黑斑水蛇 *Enhydris bennetti*，无危）和 1 种鳄类（扬子鳄 *Alligator sinensis*，极危）。它们主要分布在我国南方各水系中，以长江下游流域、闽江水系及整个珠江流域为主，在郁江水系记录的物种最多，共有 4 种。

6.4.1 中国淡水龟鳖类动物

地图 6.4.1.1 中国淡水龟鳖类动物在各流域的丰富度

Map 6.4.1.1 Richness of Testudinata Species in Freshwater in River Basins of China

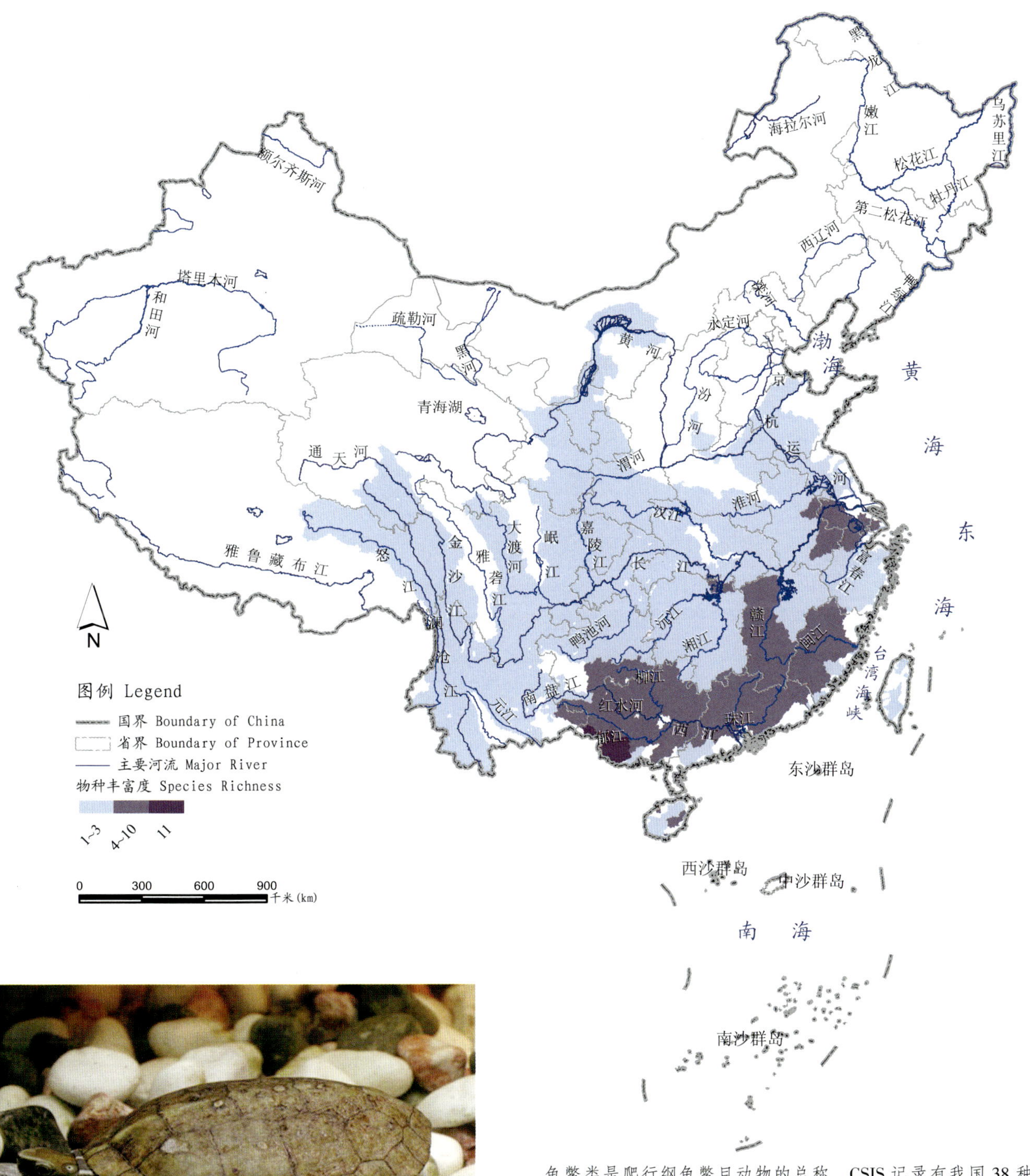

图 6.15 四眼斑龟 *Sacalia quadriocellata* 易危 (VU)

龟鳖类是爬行纲龟鳖目动物的总称，CSIS 记录有我国 38 种龟鳖类动物，除少数几种生活在陆地上或近海中，其余多栖息于淡水中，共计有 29 种淡水龟鳖类动物。它们主要分布在我国南方的大部分水系中，在长江下游流域和赣江、闽江及整个珠江水系中种类较多，以广西南部的郁江水系种类最多，目前记录有 11 种淡水龟鳖类；在我国北方的黄河中游和下游的部分流域也有少量分布。

地图 6.4.1.2 中国淡水龟鳖类动物受威胁物种在各流域的丰富度

Map 6.4.1.2 Richness of Threatened Testudinata Species in Freshwater in River Basins of China

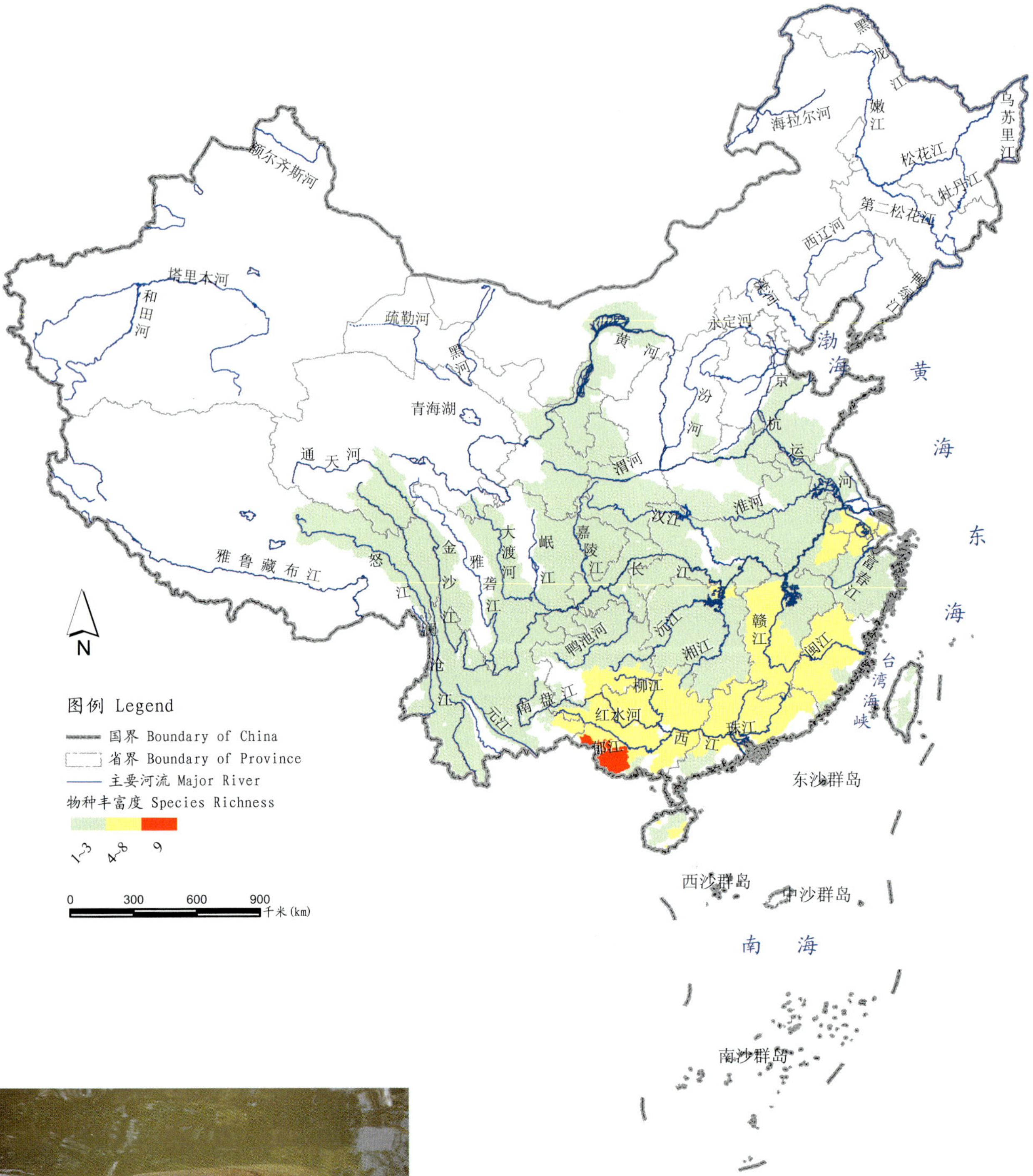

图例 Legend

国界 Boundary of China

省界 Boundary of Province

主要河流 Major River

物种丰富度 Species Richness

1-3 4-8 9

0 300 600 900 千米(km)

图6.16 斑鳖 *Rafetus swinhoei* 极危（CR）

《中国物种红色名录》评估的中国淡水龟鳖类受威胁物种有 19 种（极危 5 种，濒危 12 种，易危 2 种）。它们与全部淡水龟鳖类在我国的分布格局基本一致：主要分布于我国南方的大部分水系中，在长江下游流域和赣江、闽江及整个珠江水系中种类较多，以广西南部的郁江水系种类最多，记录有 9 种。

地图 6.4.1.3 中国淡水龟鳖类动物特有种在各流域的丰富度
Map 6.4.1.3 Richness of Endemic Testudinata Species in Freshwater in River Basins of China

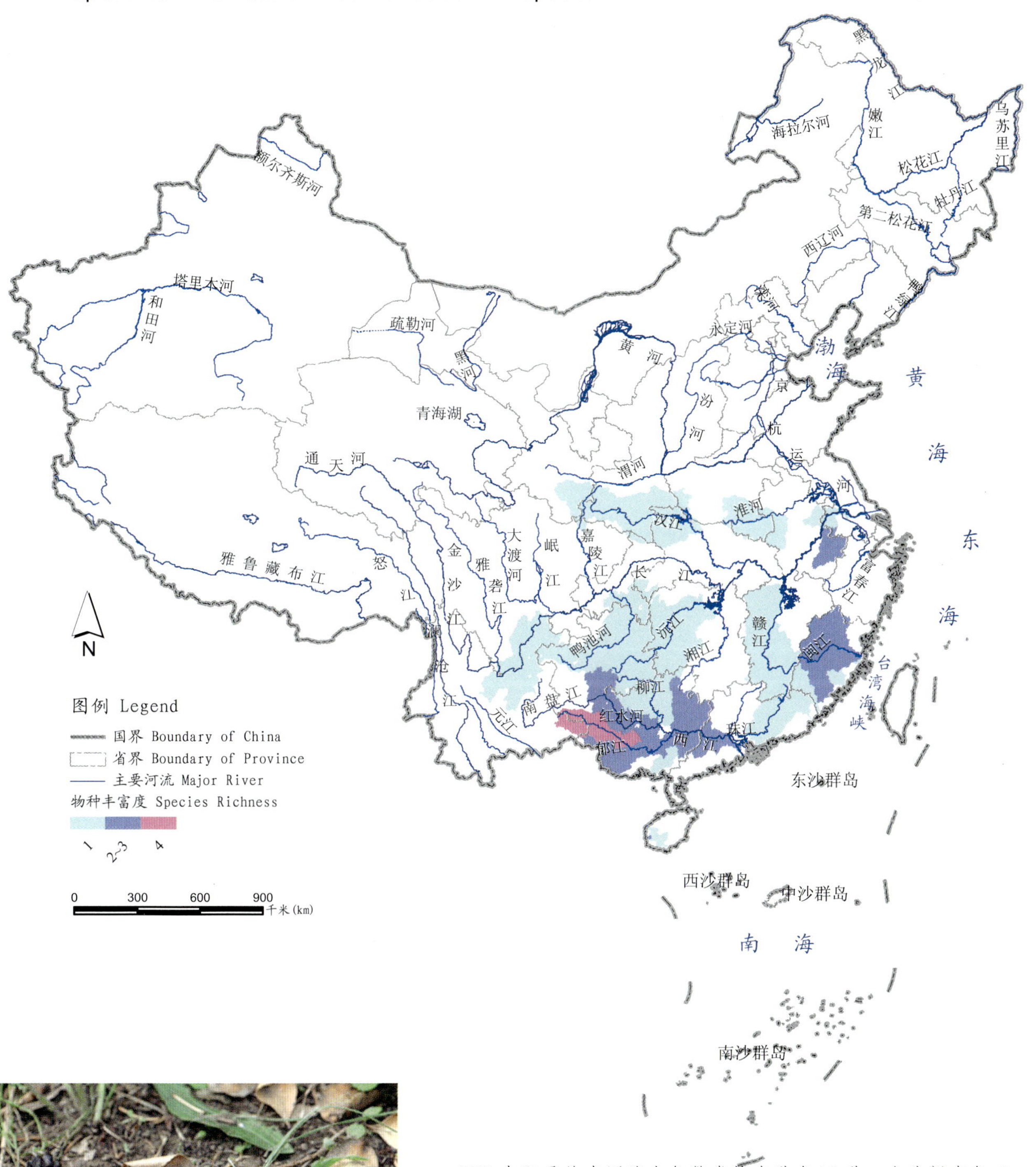

CSIS 中记录的中国淡水龟鳖类特有种有 11 种：金头闭壳龟 *Cuora aurocapitata*（极危）、潘氏闭壳龟 *Cuora pani*（极危）、云南闭壳龟 *Cuora yunnanensis*（极危）、百色闭壳龟 *Cuora mccordi*（数据缺乏）、艾氏拟水龟 *Mauremys iversoni*（数据缺乏）、缺颌花龟 *Ocadia glyphistoma*（数据缺乏）、菲氏花龟 *Ocadia philippeni*（数据缺乏）、拟眼斑龟 *Sacalia pseudocellata*（数据缺乏）、黑颈乌龟 *Chinemys nigricans*（濒危）、眼斑龟 *Sacalia bealei*（濒危）、大头乌龟 *Chinemys megalocephala*（不宜评估）。它们主要分布在我国南方各水系，以闽江水系及整个珠江流域为主，郁江水系物种最多，有 4 种；北方仅汉江和淮河等地区有记录。

图6.17 眼斑龟 *Sacalia bealei* 濒危（EN） 中国特有

6.5 中国内陆水生哺乳动物分布

地图 6.5 中国内陆水生哺乳动物分布

Map 6.5 Distribution of Inland Aquatic Mammals in River Basins of China

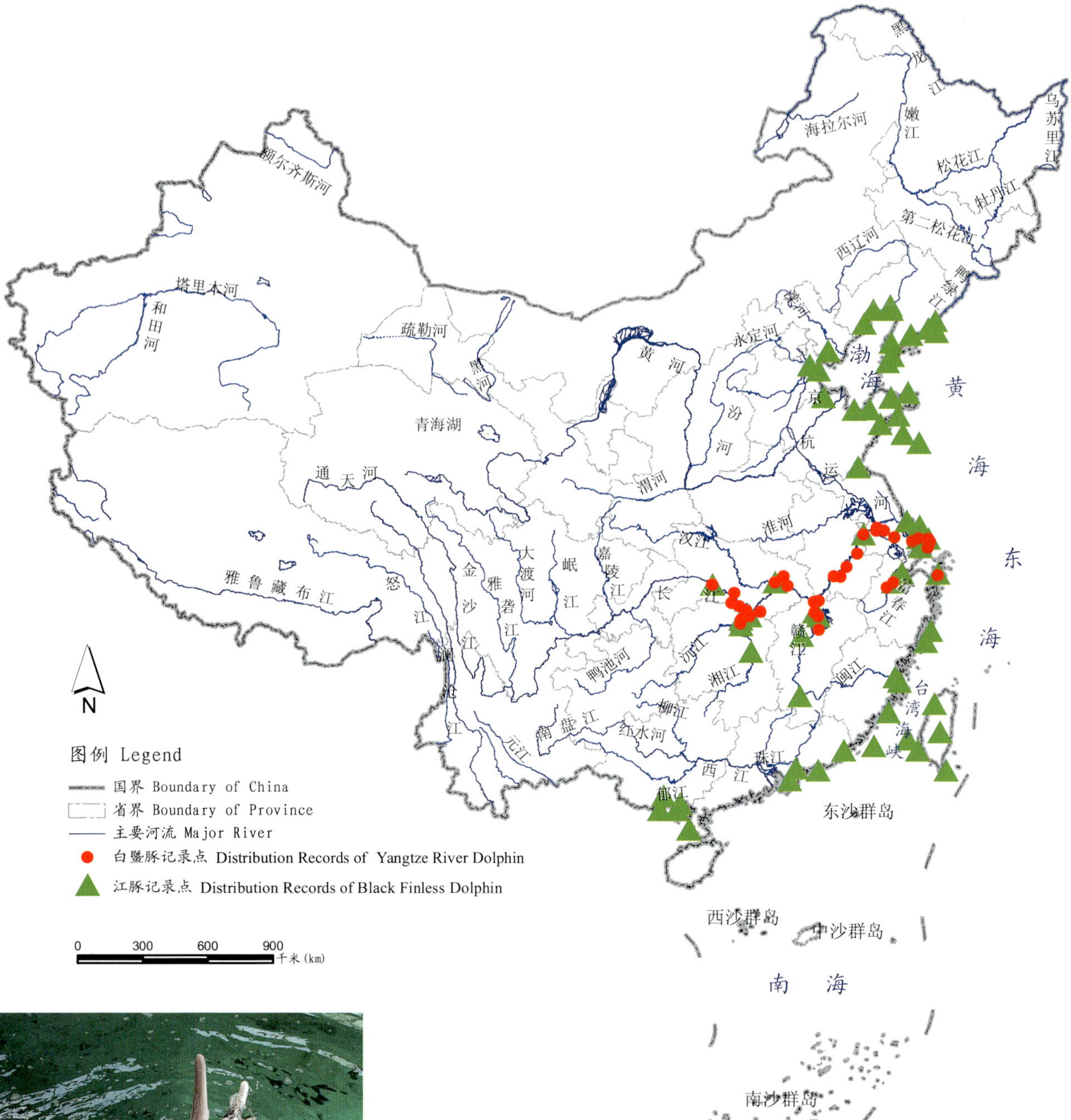

图例 Legend

国界 Boundary of China

省界 Boundary of Province

主要河流 Major River

白鱀豚记录点 Distribution Records of Yangtze River Dolphin

江豚记录点 Distribution Records of Black Finless Dolphin

0 300 600 900 千米(km)

图 6.18 白鱀豚 *Lipotes vexillifer* 极危（CR） 中国特有

哺乳动物中仅两种在我国内陆水体有记录，为江豚 *Neophocaena phocaenoides*（濒危）和白鱀豚 *Lipotes vexillifer*（极危），未包括某些善游泳的哺乳动物（如啮齿目）。江豚分布相对广泛，在长江的干流和部分支流水系均有分布，在咸淡水交汇的水域或支流河口、海峡或近海亦有记录。我国特有的淡水鲸类白鱀豚，则仅分布在长江中下游的干流中，在洞庭湖、鄱阳湖、钱塘江中也有发现；在 2007 年 11 月的长江普查中未能发现其活体。

第七章 中国生物多样性地理区划地图

生物地理区划是按照生物分布规律或相似性对一个地域进行区划，指生物群落及其组成成分在地球表面的分布特点和规律，以及形成、演变及其与环境条件的关系（程叶青和张平宇，2006）。它早在 19 世纪中叶即已开始。Sclater（1857）根据鸟类的分布提出世界陆地动物区划，Wallace（1876）进行修订后提出世界 6 个界的划分，为大多数学者所接受。20 世纪 70 年代开始研究全球性的生物地理省区划，其中的代表人物为 M.D.F. Udvardy。中国的动物地理区划开始于 20 世纪 50 年代末，郑作新和张荣祖提出了中国动物地理分区，后经张荣祖多次修改（1979，1998，1999）。1980 年发表在《中国植被》中的植被区划则一直沿用至今，新的植被区划有待发表。除此之外，更有许多地方或省的动物、植物地理区划。这些区划理论，为生物多样性的保护、规划和管理提供了基础性资料，对中国环境保护策略、物种保护研究和策略，以及全国保护区总体规划的制定，特别是在优先保护区域的确定方面都曾起到指导作用。

本地理图集所采用的生物地理区划图（见第二章地图 2.2.2）来自于《中国生物地理区划研究》（解焱等，2002）。本研究首先将中国版图根据综合自然（包括海拔、地形、气候、植被、水系、农业区等）因素，利用 GIS 技术手段，划分出 124 个基本单元。同时，根据一定的原则选择了 171 种哺乳类和 509 种植物物种，利用 CSIS 收集的这些物种的分布信息，运用 GIS 技术将有关信息转换为各个基本单元内这些物种存在与否的信息，再用数学量化分析方法即 Sørensen 相似性指数公式计算相关矩阵，用 Ward 方法进行聚类分析，得到上述 124 个基本单元的哺乳类动物和植物分布相似性聚类图，进而最终得到一个新的定量化的、更具客观性和实用意义的中国生物地理区划系统，以及关于中国生物地理区划的许多重要结论。该区划包括 4 个区域（8 个亚区域）、27 个生物地理区和 124 个生物地理单元（见第二章地图 2.2.2 和表 2.1）。

在这里采用的是从基本单元到高级区划的研究方法，在生物地理区划研究领域是一

图 7.1 沙狐 *Vulpes corsac* 易危（VU）

图 7.2 黑尾鸥 *Larus crassirostris* 无危（LC）

种方法学上的突破，利用物种的分布相似性聚类结果来帮助确定区划界线，减少了对研究者自身所拥有的物种及生态学知识及经验的依赖，因而更具有客观性，较少掺杂研究者的主观臆断。同时该区划也第一次将动物和植物的区划特点有机地结合在一起，成为中国生物地理区划。

本地理图集通过统计各大类群物种在各地理单元中的分布情况，直观地以分布图形式将其显示出来，为我们量化地判断各类群物种的分布格局进而制定相应的保护措施提供依据。和前几章以县为单位制作的物种丰富度图相比，以生物地理单元为单位进行分析，更有利于地区之间的比较。全国 3 000 多个县，大量的县缺乏生物多样性调查，因此数据并不完整。例如会出现一个物种应该分布在 1 000 个县中，但是有记录的只有 500 个县。而生物多样性单元在进行划分的时候，强调了各个单元内地理因素、气候条件、植被状况以及水资源的一致性，因此，可以认为只要在这个单元内的一个地方有分布的物种，这个单元范围内的所有地方就都是适合这个物种生存的。经过这种同质化处理之后，对生物多样性的描述可以大为简化。一个物种是否在这个生物地理单元出现的数据的准确度会大大提高。这样得出的物种丰富度分析结果，虽然数据显得粗糙了，但是却更加真实地反映了一个地区的物种多样性组成，也更利于决策者从大尺度进行决策。中国生物地理区划的具体划分见表 2.1，地图 2.2.2。

除了分析不同类群在我国各生物地理单元的丰富度以外，本书还提出了一个新的术语，即各生物地理单元中存在的生物的地理分布重要性指数（Species Distribution Importance Index，SDII），通过下列公式来表达：

$$SDII=1/N_{u1}+1/N_{u2}+\cdots+1/N_{un}$$

其中 N_{u1} 指的是一个物种所分布的生物地理单元的数量。可以看出，SDII这个指数同时考虑了一个生物地理单元所分布的物种的丰富度，以及这些物种的分布范围。一个生物地理单元所包含的物种丰富度越高，则该值会越高；另一方面，如果一个生物地理单元有越多的物种分布范围狭窄（即仅分布于一个或少数几个地理单元中的物种越多），SDII 数值也会越高。我们通过这个指数，提出了分布区狭窄物种的保护的重要性。我们尝试着针对哺乳动物、鸟类、爬行动物和两栖动物，通过其分布的点数据与生物地理单元的叠加，计算每个类群的各生物地理单元的 SDII 指数，从而更全面地探讨各生物类群在物种保护方面的地理分布的重要性，为这些类群的保护工作提供一定的借鉴。

图 7.3 五纹松鼠 *Callosciurus quinquestriatus* 无危（LC）

7.1 中国陆生哺乳动物的地理区划

地图 7.1.1 中国陆生哺乳动物在各生物地理单元的丰富度

Map 7.1.1 Species Richness of Terrestrial Mammals in Bio-geographical Units in China

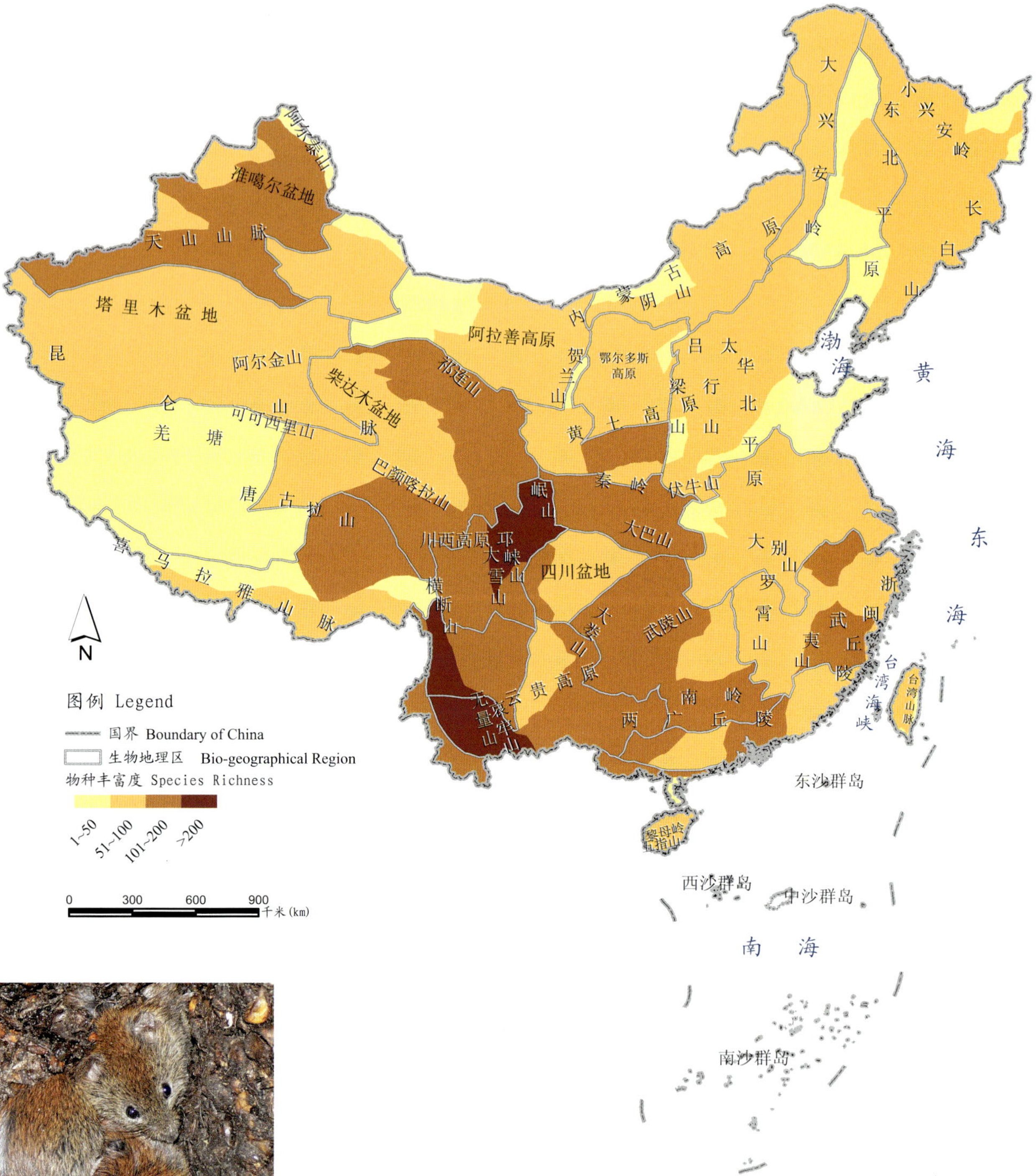

图例 Legend

国界 Boundary of China

生物地理区 Bio-geographical Region

物种丰富度 Species Richness

1~50 51~100 101~200 >200

0 300 600 900 千米(km)

图 7.4 灰棕背䶄 *Myodes centralis* 无危（LC）

CSIS 记录的全部陆生哺乳动物为 12 目 41 科 548 种，它们集中在第 III 区域东部、第 II 区域西部和第 IV 区域西北部，以下生物地理区种类较多：北疆区，青藏高原东北区，藏东、川西切割山地针叶林区、高山草甸区，川南、云南高原常绿阔叶林区，云贵高原常绿阔叶林区，滇南热带季雨林区，黄土高原森林草原、干草原区，秦岭和大巴山混交林区，长江南岸丘陵常绿阔叶林区，东南丘陵山地、盆地常绿阔叶林区，岭南丘陵常绿阔叶林区。其中物种最为集中的为怒江—澜沧江平行峡谷单元、独龙江流域山地单元、岷江大渡河切割山地单元和滇中南低热河谷单元，记录均在 200 种以上。

地图 7.1.2 各生物地理单元记录的陆生哺乳动物的地理分布重要性
Map 7.1.2 Species Distribution Importance Index in Bio-geographical Units of Mammals in China

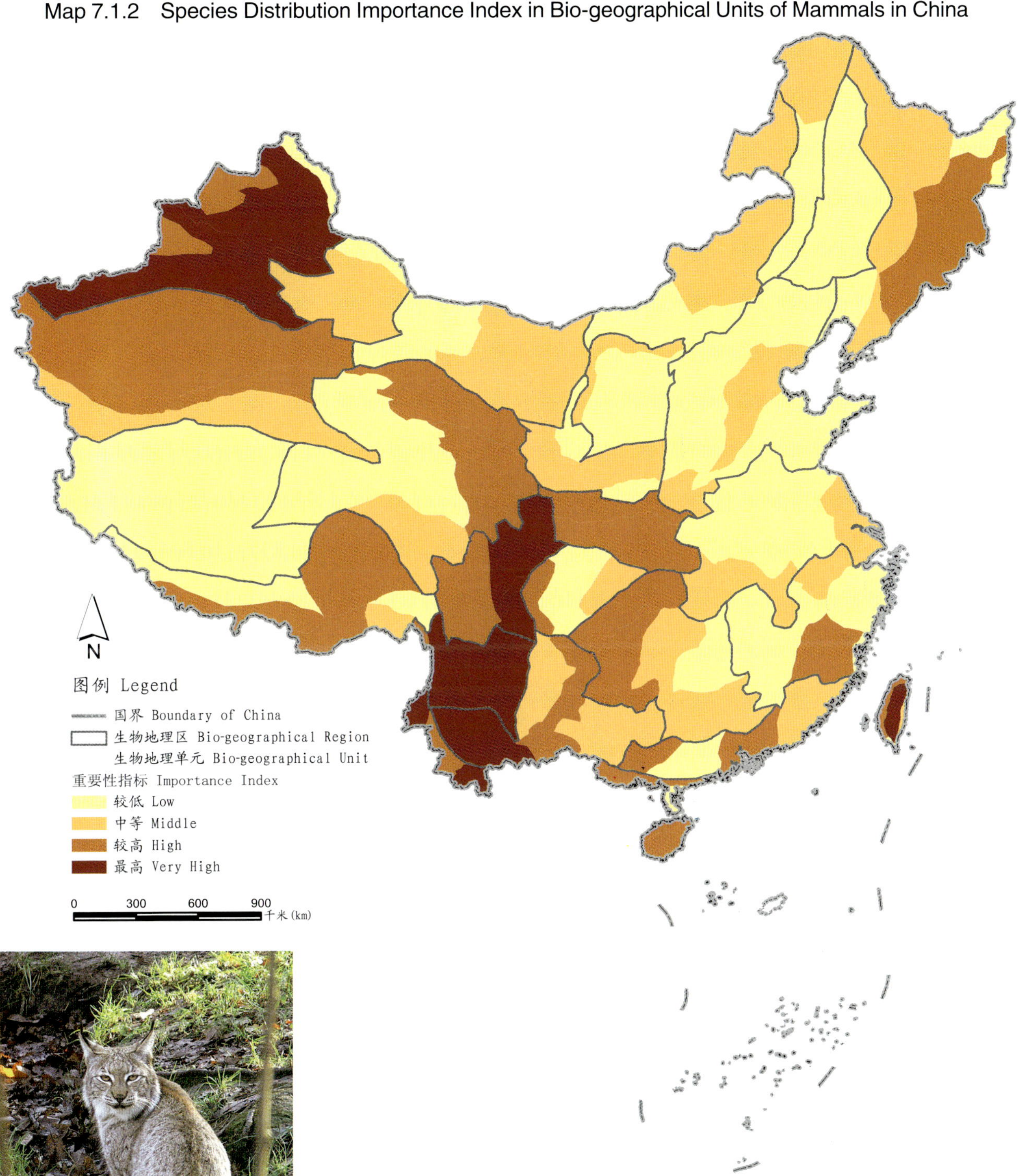

图7.5 猞猁 *Lynx lynx* 濒危（EN）

和上页仅仅根据丰富度计算得到的图相比，从该图可以看出，西北部的单元重要性增加，台湾单元的重要性也突出了。在以下几个生物地理单元陆生哺乳动物的地理分布重要性指数最高：准噶尔盆地单元，中天山单元，岷江、大渡河切割山地单元，大渡河中下游中山单元，滇中川南高原湖盆单元，怒江—澜沧江平行峡谷单元，滇西山原单元，滇中南低热河谷单元，滇南宽谷单元，台湾中部亚热带山地单元。

7.2 中国鸟类的地理区划

地图 7.2.1 中国鸟类居留地在各生物地理单元中的分布

Map 7.2.1 Distribution of Resident Areas of Birds in Bio-geographical Units of China

图7.6 红嘴相思鸟 *Leiothrix lutea* 近危（NT）

在我国有居留分布的鸟类共867种，它们集中分布在第III区域东部、第II区域西部地区，在以下生物地理区种类较多：喜马拉雅山地区，藏东、川西切割山地针叶林、高山草甸区，四川盆地农业区，川南、云南高原常绿阔叶林区，云贵高原常绿阔叶林区，滇南热带季雨林区；最为集中的为怒江—澜沧江平行峡谷单元、滇中川南高原湖盆单元的南部地区、滇中南低热河谷单元及滇南热带季雨林区，记录的留鸟均超过400种。

地图 7.2.2 中国迁徙鸟繁殖区域在各生物地理单元中的分布

Map 7.2.2 Distribution of Summer Breeding Areas of Migrants in Bio-geographical Units of China

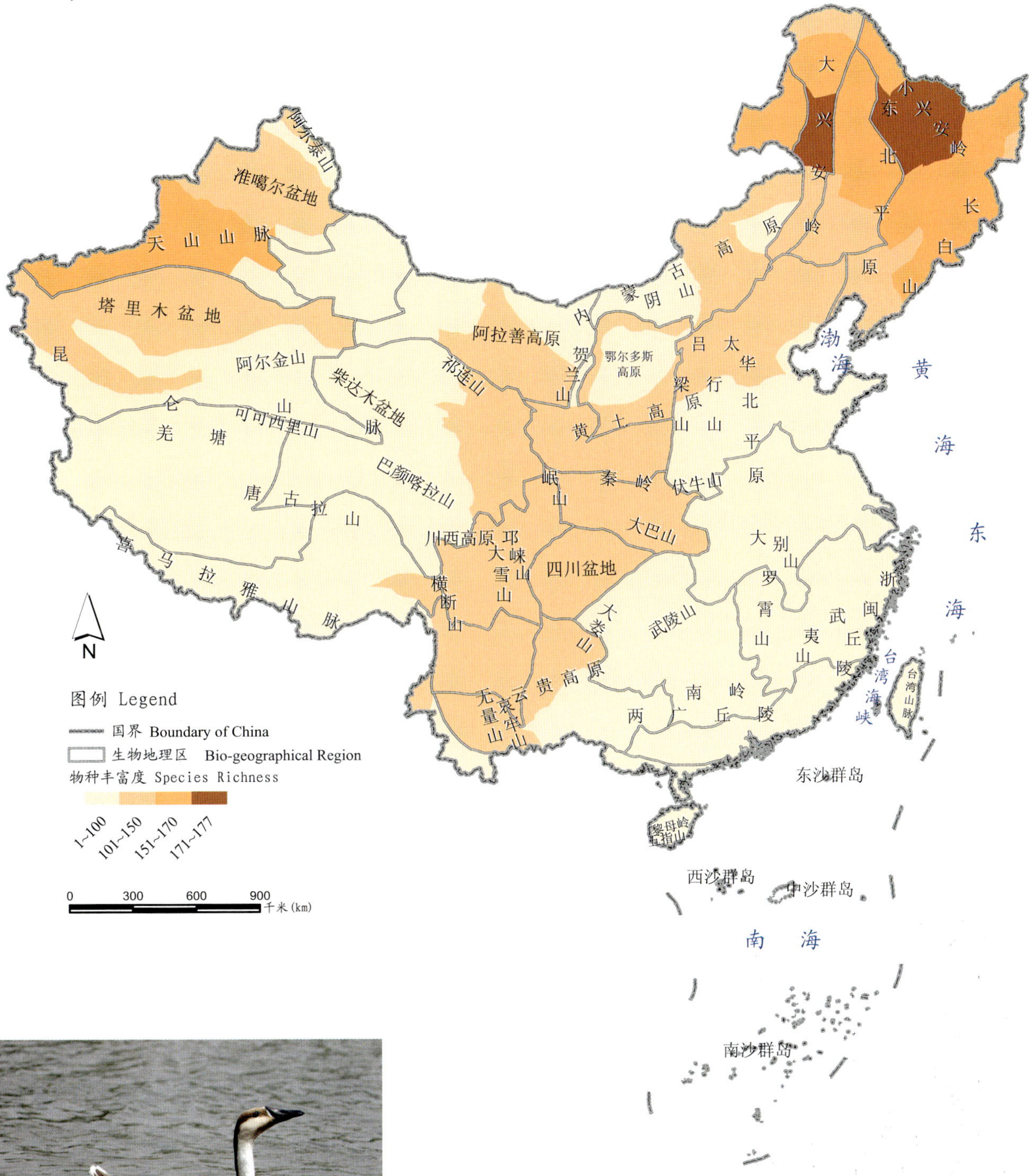

图例 Legend

国界 Boundary of China

生物地理区 Bio-geographical Region

物种丰富度 Species Richness

1~100　101~150　151~170　171~177

0　300　600　900 千米(km)

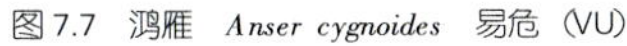

图7.7 鸿雁 *Anser cygnoides* 易危 (VU)

在我国繁殖的迁徙鸟类共453种，它们的繁殖地较靠北。以下生物地理区中繁殖的迁徙鸟种类较多：北疆区、大兴安岭区、东北平原区及东北东部区。其中物种最为集中的主要有大兴安岭中部单元、小兴安岭单元的南部及山前台地单元的北部，记录的繁殖鸟均在170种以上。

地图 7.2.3　中国迁徙鸟越冬地在各生物地理单元的分布

Map 7.2.3　Distribution of Wintering Areas of Migrants in Bio-geographical Units of China

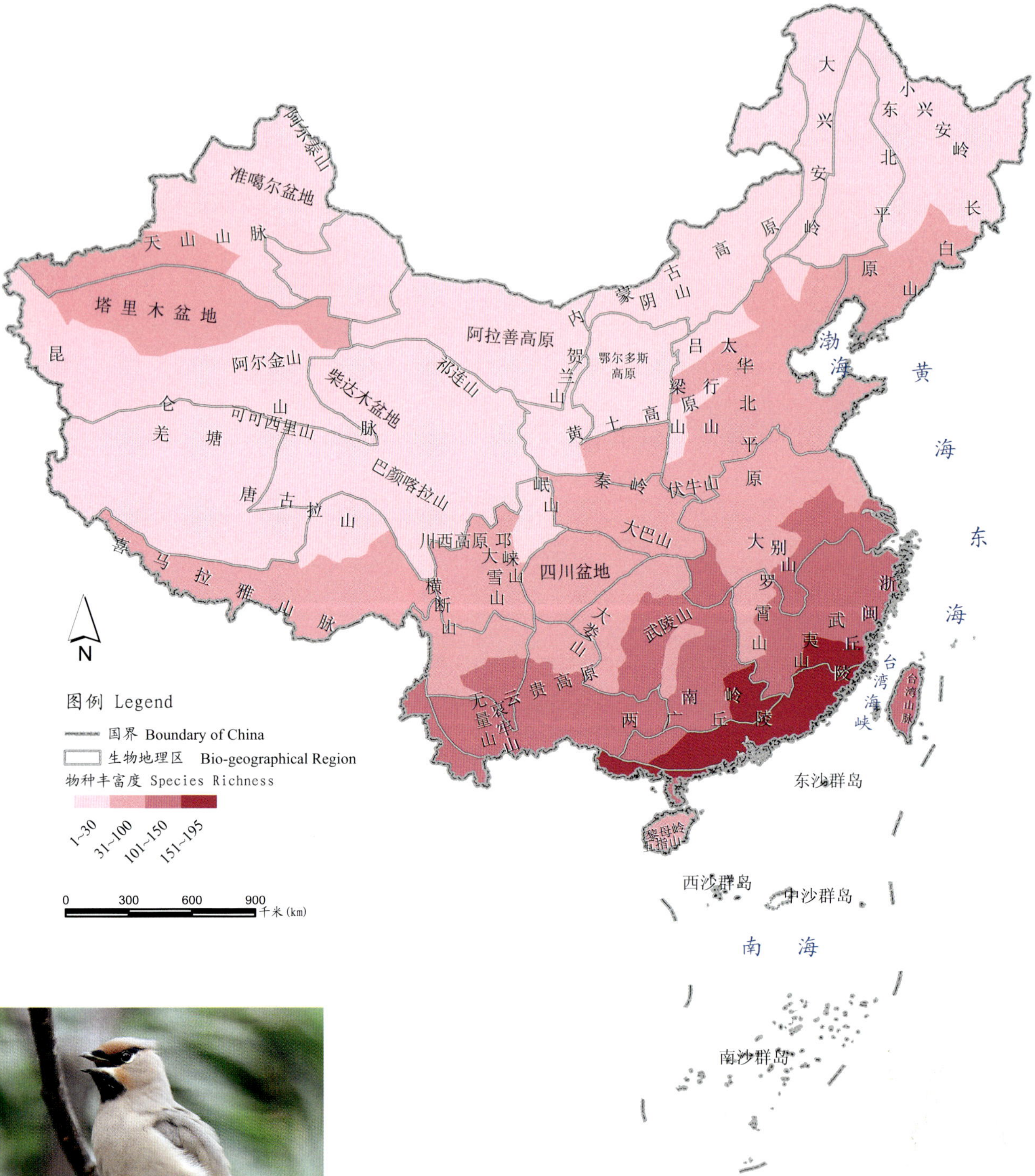

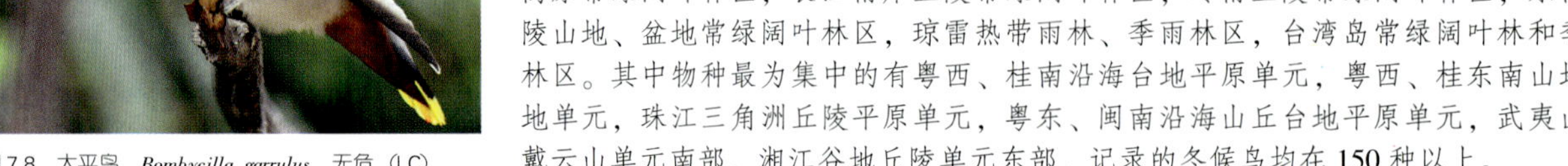

图7.8　太平鸟　*Bombycilla garrulus*　无危（LC）

在我国越冬的迁徙鸟共388种，它们的越冬地集中在第II区域，特别是中国南部沿海和岛屿亚区域。它们在以下生物地理区种类较多：滇南热带季雨林区，云贵高原常绿阔叶林区，长江南岸丘陵常绿阔叶林区，岭南丘陵常绿阔叶林区，东南丘陵山地、盆地常绿阔叶林区，琼雷热带雨林、季雨林区，台湾岛常绿阔叶林和季雨林区。其中物种最为集中的有粤西、桂南沿海台地平原单元，粤西、桂东南山地谷地单元，珠江三角洲丘陵平原单元，粤东、闽南沿海山丘台地平原单元，武夷山—戴云山单元南部，湘江谷地丘陵单元东部，记录的冬候鸟均在150种以上。

地图 7.2.4 中国各生物地理区划中记录的鸟类地理分布重要性
Map 7.2.4 Bird Species Distribution Importance Index in Bio-geographical Units of China

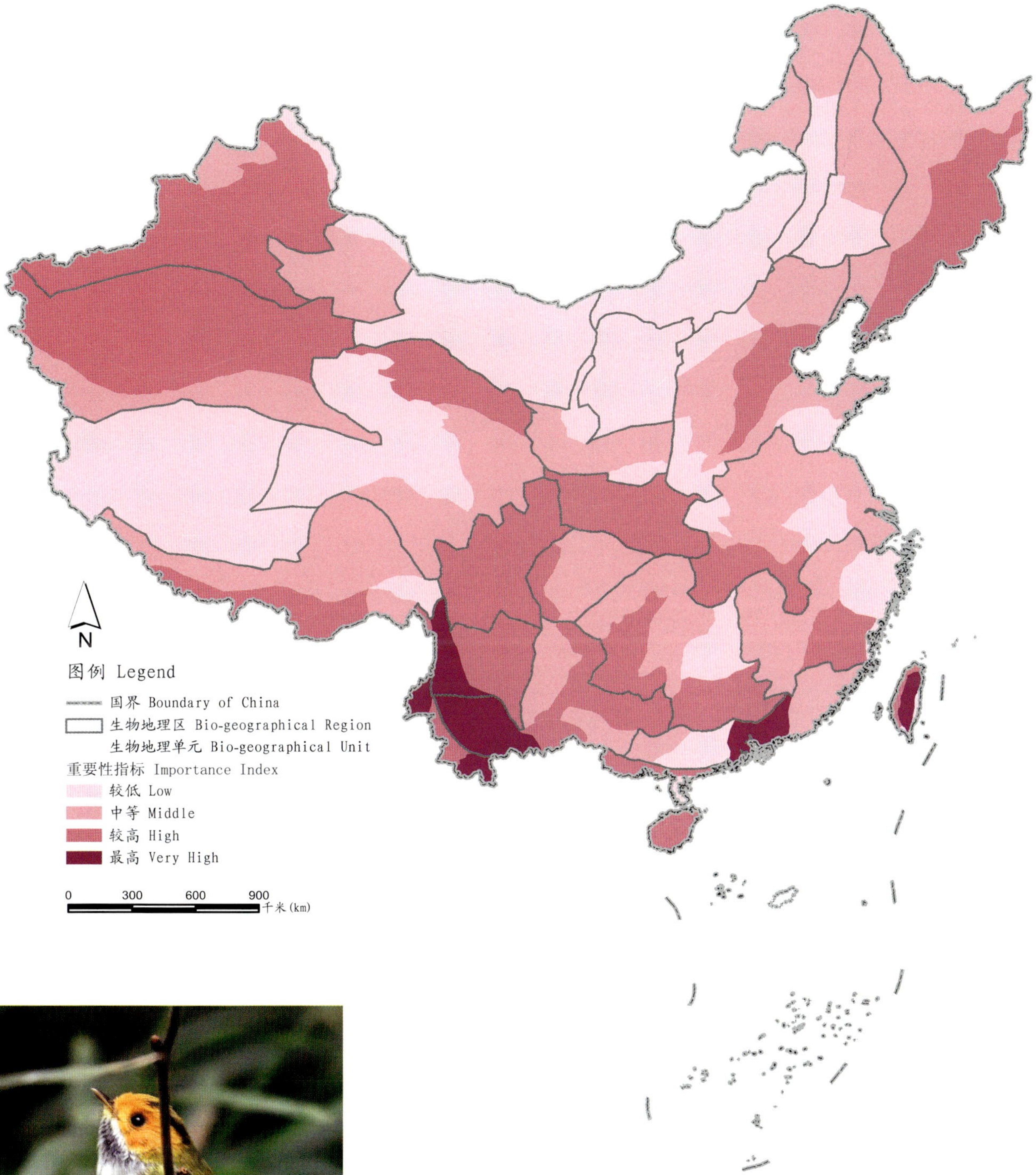

N

图例 Legend

国界 Boundary of China

生物地理区 Bio-geographical Region

生物地理单元 Bio-geographical Unit

重要性指标 Importance Index

较低 Low

中等 Middle

较高 High

最高 Very High

0 300 600 900 千米(km)

图7.9 棕脸鹟莺 *Abroscopus albogularis* 无危（LC）

从该图可以看出中国各生物地理区划中记录的鸟类物种的地理分布重要性指数，和地图 7.2.1 相比，鸟类重要的区域明显更加多样化，而不是仅仅集中于西南山地。在以下几个生物地理单元该指数最高：怒江—澜沧江平行峡谷，滇西山原，滇中南低热河谷，滇南宽谷，珠江三角洲丘陵平原，以及台湾中部亚热带山地。

7.3 中国陆生爬行动物的地理区划

地图 7.3.1 中国陆生爬行动物在各生物地理单元的丰富度

Map 7.3.1 Species Richness of Terrestrial Reptiles in Bio-geographical Units in China

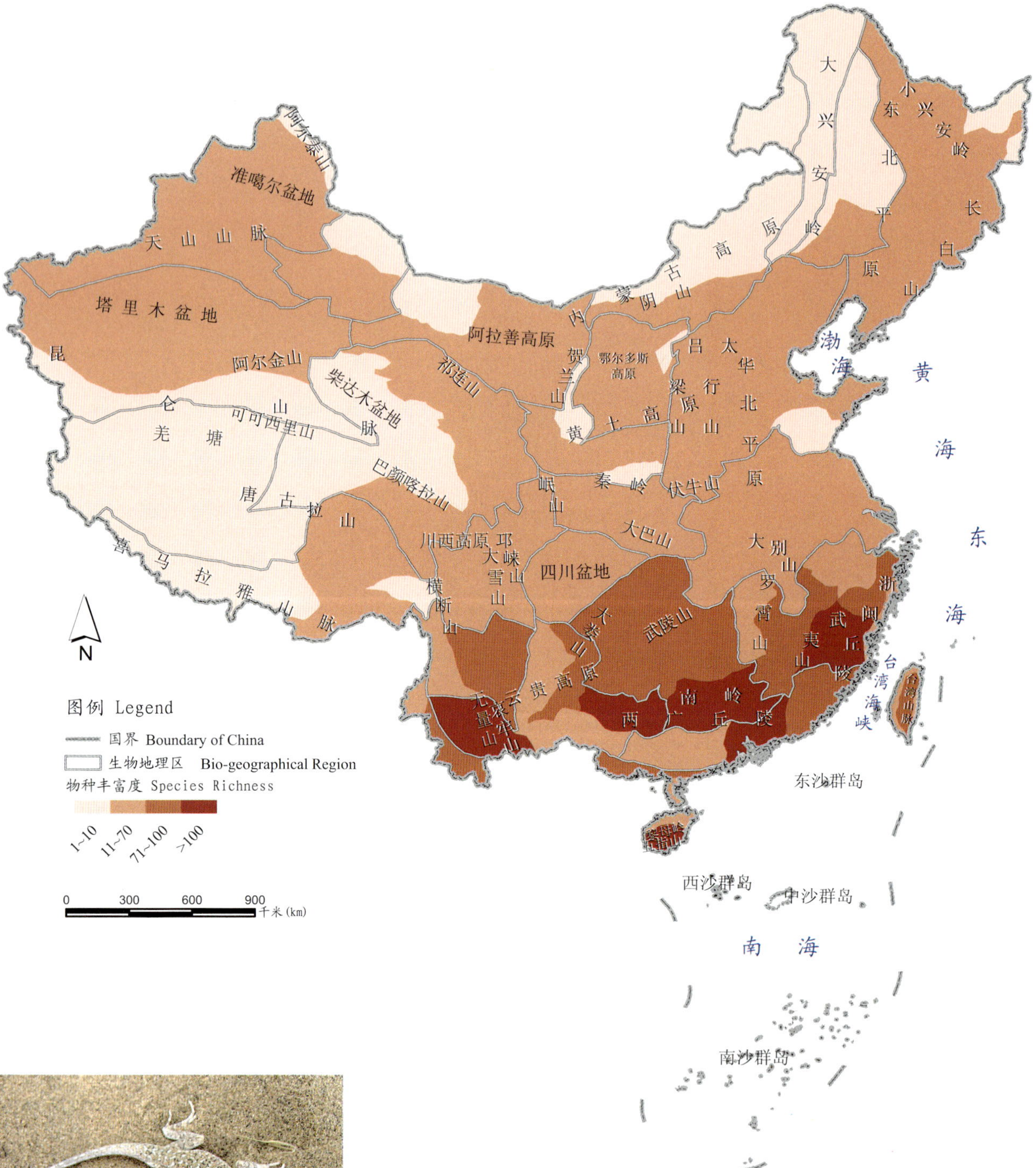

图例 Legend

国界 Boundary of China

生物地理区 Bio-geographical Region

物种丰富度 Species Richness

1~10 11~70 71~100 >100

0 300 600 900 千米 (km)

图 7.10 东疆沙蜥 *Phrynocephalus grumgrizimailoi* 无危（LC）

CSIS 记录的我国陆生爬行动物为 2 目 24 科 388 种，它们集中在第 II 区域，特别是长江以南丘陵和高原亚区域中。以下生物地理区记录的种类较多：滇南热带季雨林区，云贵高原常绿阔叶林区，川南、云南高原常绿阔叶林区，长江南岸丘陵常绿阔叶林区，岭南丘陵常绿阔叶林区，东南丘陵山地、盆地常绿阔叶林区，琼雷热带雨林、季雨林区，台湾岛常绿阔叶林和季雨林区。其中物种最集中的为滇中南低热河谷单元、红河流域山原盆坝单元、湘江谷地丘陵单元、珠江三角洲丘陵平原单元、琼南山地丘陵单元及武夷山—戴云山单元，均在 100 种以上。

地图 7.3.2 各生物地理单元记录的爬行动物的地理分布重要性

Map 7.3.2 Species Distribution Importance Index in Bio-geographical Units of Reptiles in China

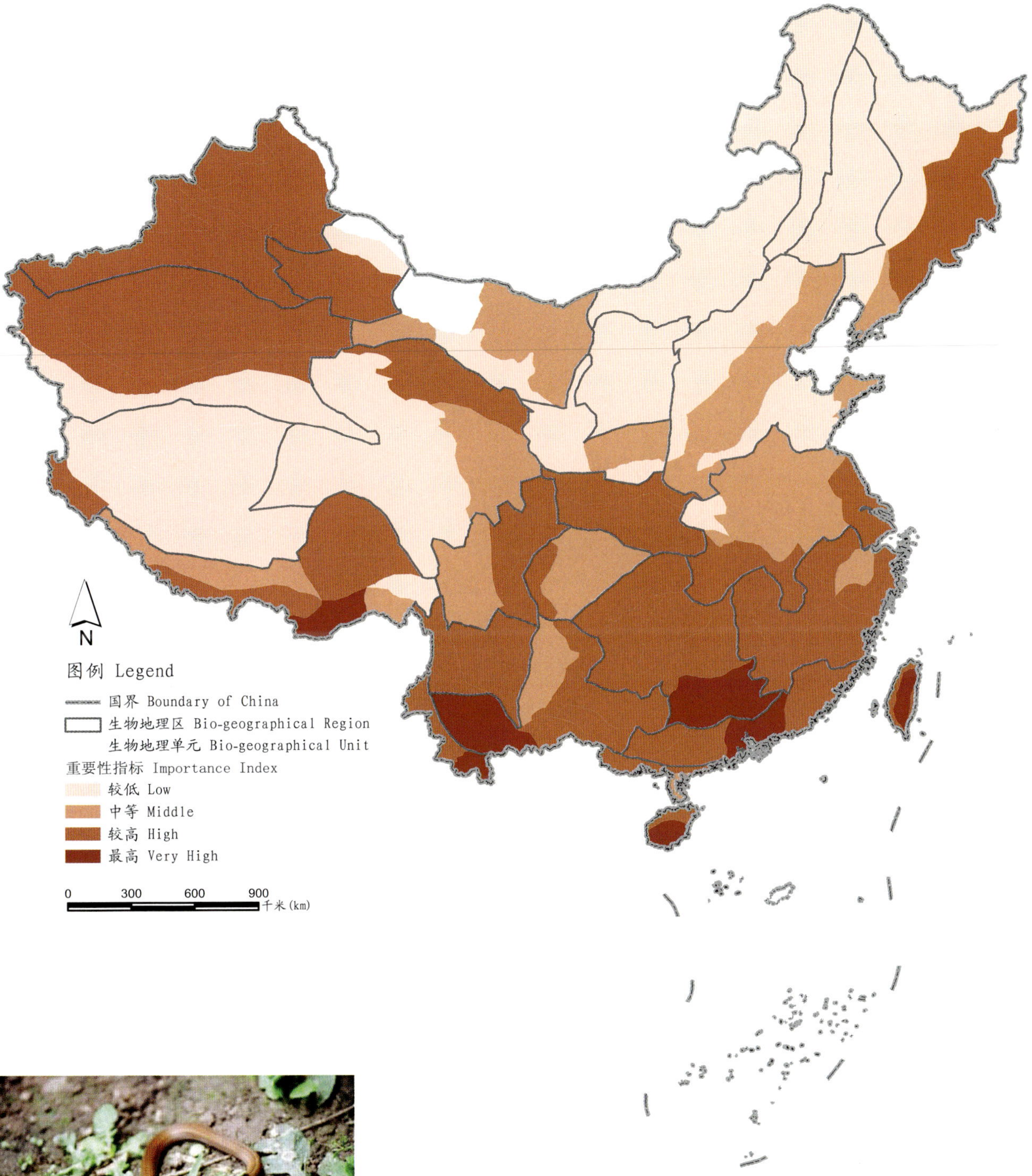

N

图例 Legend

国界 Boundary of China

生物地理区 Bio-geographical Region

生物地理单元 Bio-geographical Unit

重要性指标 Importance Index

较低 Low

中等 Middle

较高 High

最高 Very High

0 300 600 900 千米(km)

图7.11 黑头剑蛇 *Sibynophis chinensis* 无危（LC）

和上页仅根据物种丰富度计算的结果相比，台湾、长白山和西北部的爬行动物的地理分布重要性明显提高。该指数在我国的南方、东北的长白山地、西北的准噶尔盆地温带荒漠和天山山地草原及针叶林等地区较高。在以下生物地理单元该指数最高：喜马拉雅南翼山地单元，粤西、桂南沿海台地平原单元，湘江谷地丘陵单元，滇中南低热河谷单元，滇南宽谷单元，珠江三角洲丘陵平原单元，台湾中部亚热带山地单元。

7.4 中国两栖动物的地理区划

地图 7.4.1 中国两栖动物在各生物地理单元的丰富度

Map 7.4.1 Species Richness of Amphibians in Bio-geographical Units in China

图7.12 扁疣湍蛙 *Amolops tuberodepressus* 易危(VU) 中国特有

CSIS 记录的我国全部两栖动物为 3 目 11 科共 324 种。它们在围绕四川盆地区和云贵高原常绿阔叶林区的单元中分布较多，包括长江南岸丘陵常绿阔叶林区，川南、云南高原常绿阔叶林区，藏东、川西切割山地针叶林及高山草甸区，秦岭和大巴山混交林区。物种分布最多的为滇中南低热河谷单元和湘江谷地丘陵单元，均超过 70 种。

地图 7.4.2　各生物地理单元记录的两栖动物的地理分布重要性

Map 7.4.2　Species Distribution Importance Index in Bio-geographical Units of Amphibians in China

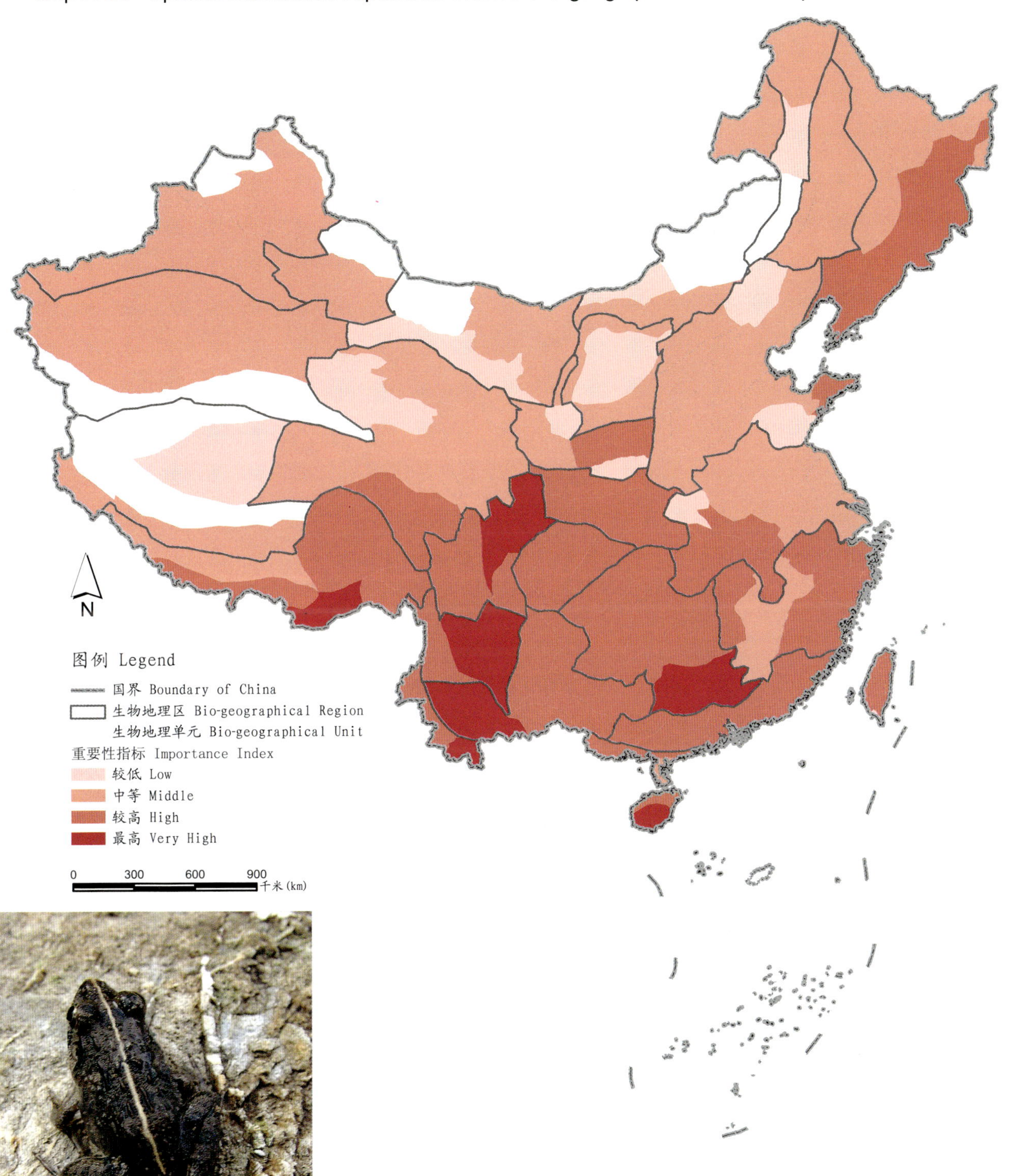

图7.13　泽蛙　*Fejervarya multistriata*　无危（LC）

和上页仅以物种丰富度计算的结果相比，从该图可以看出琼南山地丘陵单元、喜马拉雅南翼山地单元和长白山地单元的地理分布重要性得到提高。在以下生物地理单元该指数最高：喜马拉雅南翼山地单元，粤西、桂南沿海台地平原单元，湘江谷地丘陵单元，滇中南低热河谷单元，滇南宽谷单元，滇中川南高原湖盆单元，岷江、大渡河切割山地单元。

7.5 中国陆生脊椎动物受威胁物种的地理区划

地图 7.5 中国陆生脊椎动物受威胁物种地理区划图

Map 7.5 Species Richness of Threatened Terrestrial Vertebrates in Bio-geographical Units in China

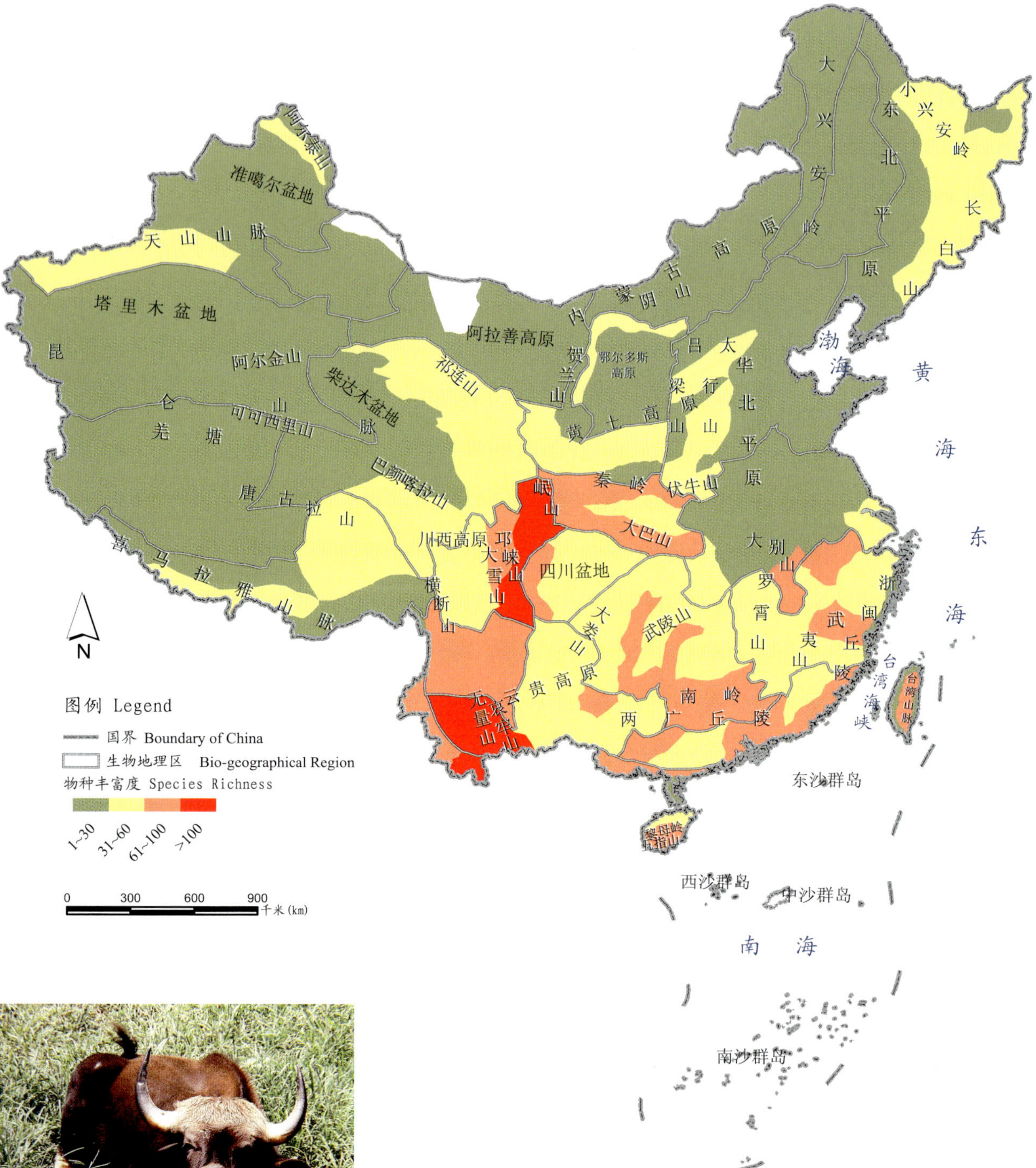

图例 Legend

国界 Boundary of China

生物地理区 Bio-geographical Region

物种丰富度 Species Richness

1~30 31~60 61~100 >100

0 300 600 900 千米(km)

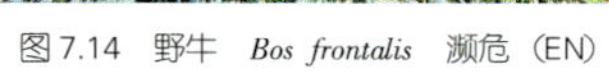

图7.14 野牛 *Bos frontalis* 濒危（EN）

陆生脊椎动物中受威胁的物种（兽类、鸟类、爬行类、两栖类）共计520种，在以下生物地理区种类较多：秦岭和大巴山混交林区，藏东、川西切割山地针叶林及高山草甸区，川南、云南高原常绿阔叶林区，云贵高原常绿阔叶林区，滇南热带季雨林区，长江南岸丘陵常绿阔叶林区，东南丘陵山地、盆地常绿阔叶林区，岭南丘陵常绿阔叶林区，琼雷热带雨林、季雨林区，台湾岛常绿阔叶林和季雨林区。物种分布最多的为滇西山原单元，滇中南低热河谷单元，大渡河中下游中山单元，岷江、大渡河切割山地单元的东部地区，均超过100种。

7.6 中国陆生脊椎动物特有种的地理区划

地图 7.6 中国陆生脊椎动物特有种地理区划图

Map 7.6 Species Richness of Endemic Terrestrial Vertebrates in Bio-geographical Units in China

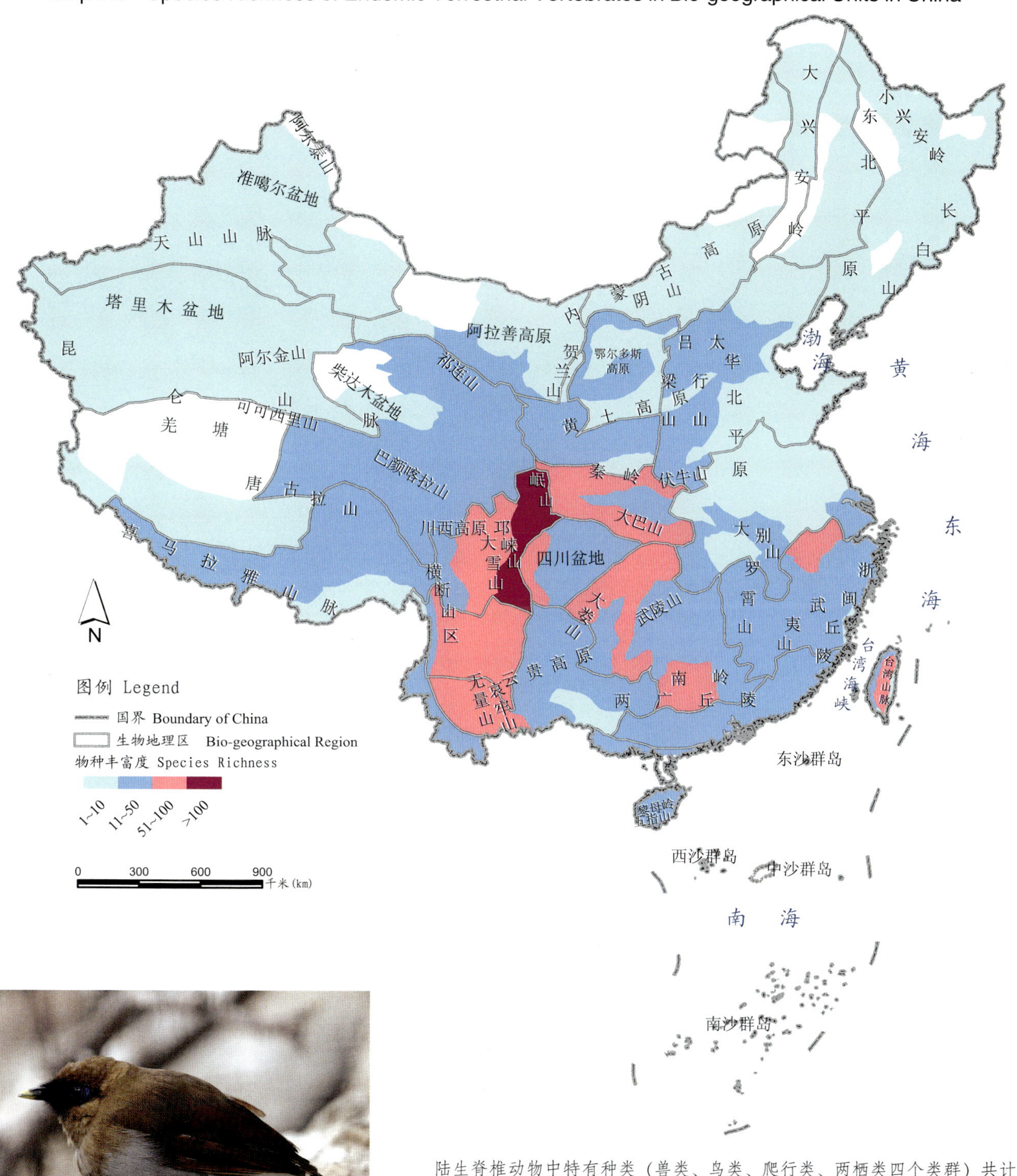

图7.15 棕噪鹛 *Garrulax poecilorhynchus* 无危（LC） 中国特有

陆生脊椎动物中特有种类（兽类、鸟类、爬行类、两栖类四个类群）共计477种，在以下生物地理区种类较多：秦岭和大巴山混交林区，藏东、川西切割山地针叶林及高山草甸区，川南、云南高原常绿阔叶林区、云贵高原常绿阔叶林区，长江南岸丘陵常绿阔叶林区，东南丘陵山地、盆地常绿阔叶林区，台湾岛常绿阔叶林和季雨林区。其中特有种分布最集中的为岷江、大渡河切割山地单元东部和大渡河中下游中山单元，均超过100种。

7.7 中国陆生植物受威胁物种的地理区划

地图 7.7 中国陆生植物受威胁物种的地理区划图

Map 7.7 Species Richness of Threatened Terrestrial Plants in Bio-geographical Units in China

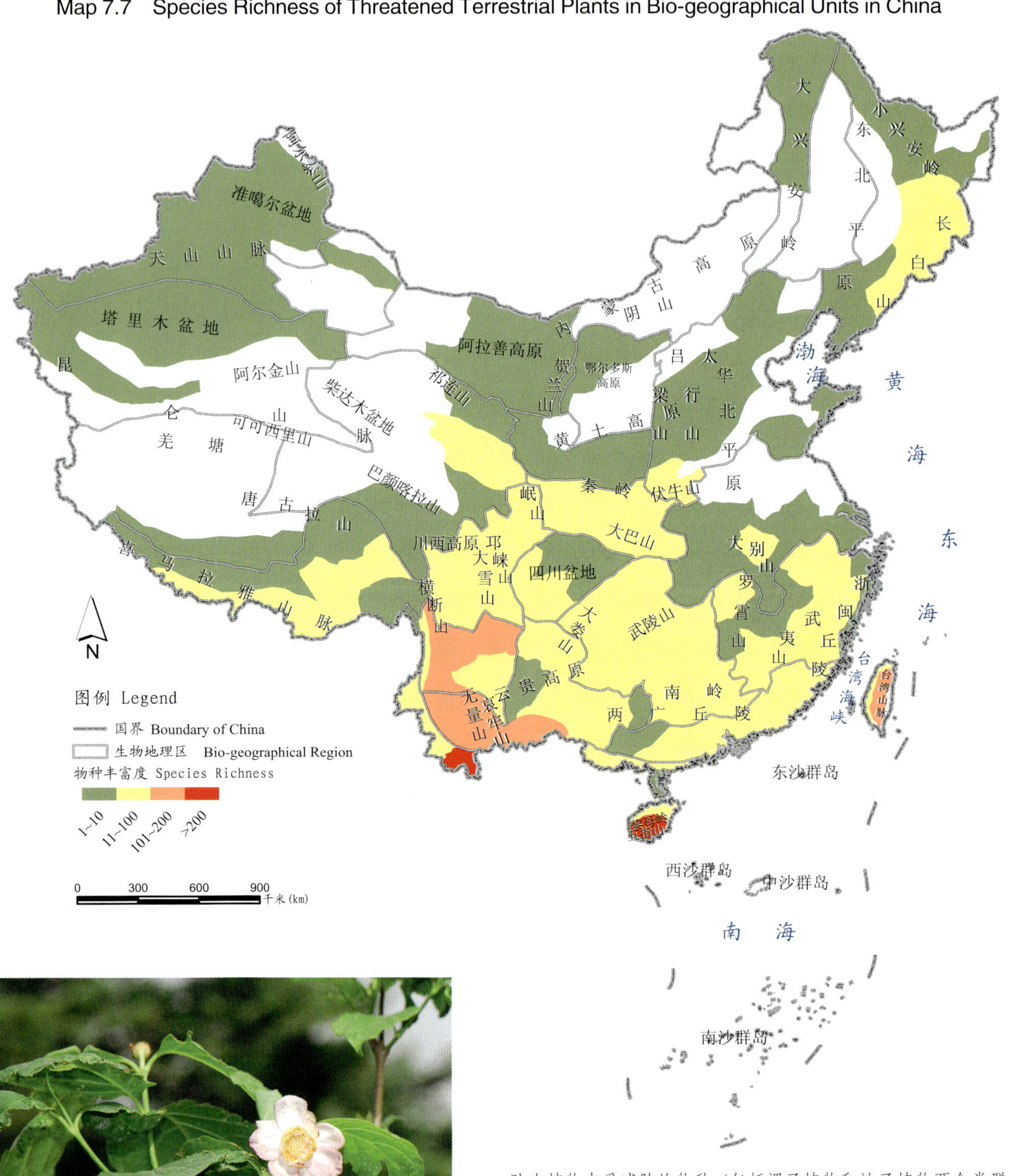

图7.16 夏蜡梅 *Calycanthus chinensis* 濒危（EN） 中国特有

陆生植物中受威胁的物种（包括裸子植物和被子植物两个类群）共计 3 775 种，在以下生物地理区种类较多：川南、云南高原常绿阔叶林区，滇南热带季雨林区，云贵高原常绿阔叶林区，琼雷热带雨林、季雨林区，台湾岛常绿阔叶林和季雨林区。分布最为集中的为滇南宽谷单元和琼南山地丘陵单元等热带地区，记录有超过 200 种的受威胁植物。

7.8 中国陆生植物特有种的地理区划

地图 7.8 中国陆生植物特有种地理区划图

Map 7.8 Species Richness of Endemic Terrestrial Plants in Bio-geographical Units in China

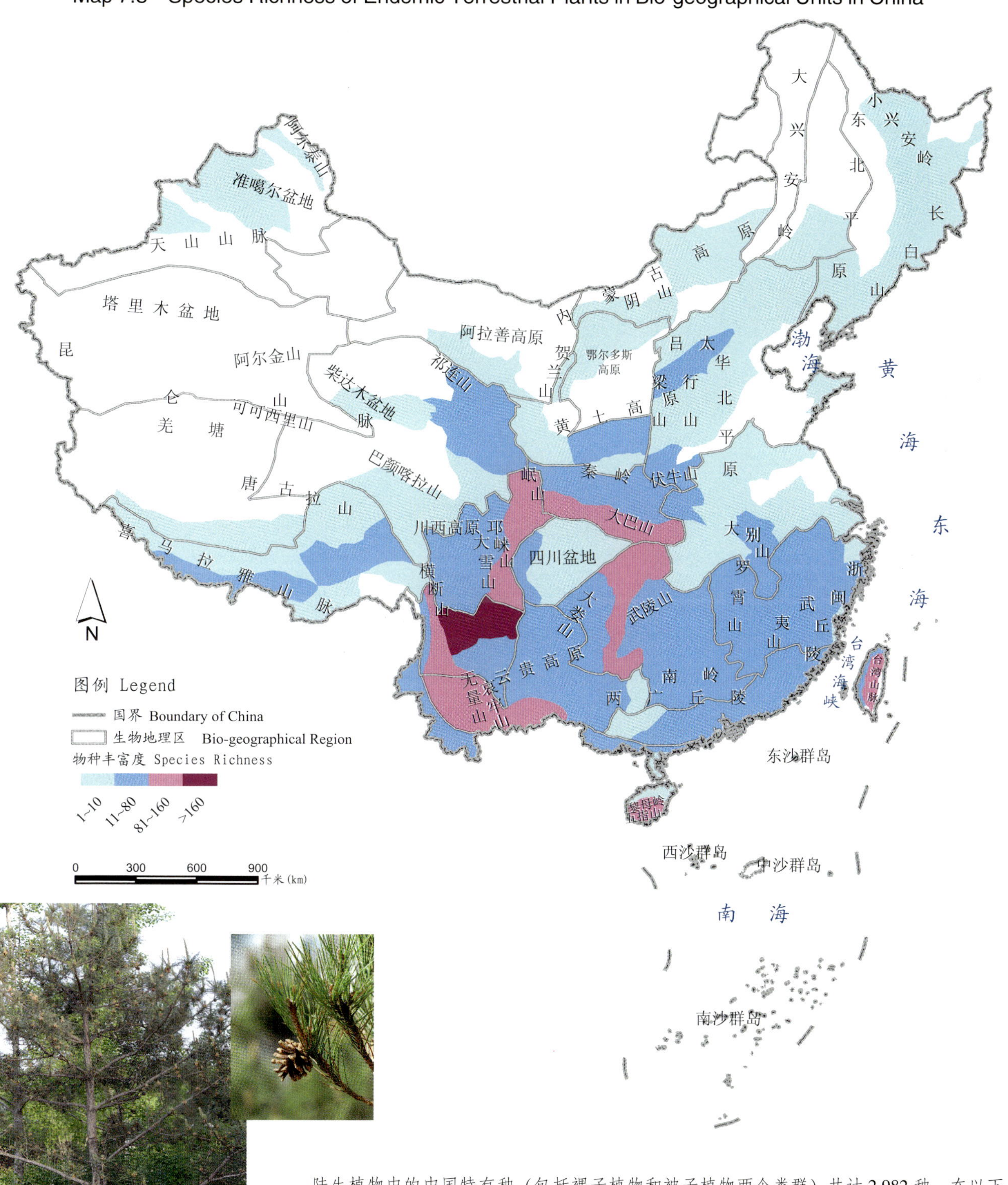

图7.17 油松 *Pinus tabulaeformis* var. *tabulaeformis* 无危（LC） 中国特有

陆生植物中的中国特有种（包括裸子植物和被子植物两个类群）共计2 982种，在以下生物地理区种类较多：藏东、川西切割山地针叶林和高山草甸区，川南、云南高原常绿阔叶林区，秦岭和大巴山混交林区，长江南岸丘陵常绿阔叶林区，云贵高原常绿阔叶林区，琼雷热带雨林、季雨林区，台湾岛常绿阔叶林和季雨林区。分布最集中的为滇中川南高原湖盆单元的北部地区，记录有超过160种特有种。

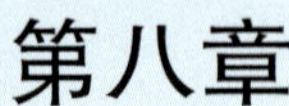

第八章 中国生物多样性的影响因素

中国当前的生物多样性正在受到各种各样的影响和威胁，而人为因素干扰则是其中最严重的威胁。随着人口数量的快速增长和经济的飞速发展，人类给野生动植物及其生存的环境带来的影响也引起了越来越多的专家和社会公众的关注。

图 8.1 粘网：我国鸟类的最大威胁之一

生物多样性固然可以给人类带来巨大的效益，然而中国在公路、桥梁、其他建筑物等方面的发展和建设与日俱增，这些活动对于自然环境的巨大影响难以完全预测。全球变暖、酸雨使得野生生物逐渐减少，同时也损害着人类的健康；洪涝、干旱、山崩、地震和台风等自然灾害正越来越频繁地出现。人们不禁要提出这样的疑问：这些究竟是自然界本身的规律，还是人为造成的？

《中国物种红色名录》的评估结果显示，中国的鱼类、哺乳类和裸子植物类的濒危程度显然大大高于世界水平。中国物种目前的状况比预想的更为严重，人类是威胁生物生存的最主要因素，该名录同时为分析我国生物多样性的致危因素提供了信息。天然林砍伐与自然植被的破坏、草原的开垦与过度放牧、湿地的围垦与海洋污染、工业废物与农用化学品的污染等等，使森林、草原、荒漠、湿地、海洋等自然生态系统及农田生态系统受到极大损害，加上人类的捕猎、偷猎、捕捞等活动，野生动植物的数量大大减少。

《中国物种红色名录》的数据资料显示，中国野生动植物面临的最大威胁包括：栖息地丧失/衰退，直接开发利用生物，外来入侵种。表 1.1 和表 1.2 中列出了部分物种门类的受威胁程度，其中植物的濒危物种比例远远超出了过去的估计。如果不采取措施进行保护，这些受到威胁的物种都将可能走向绝灭。表 8.1 列出了中国水生野生动物的濒危状况。

表 8.1 中国水生野生动物的濒危状况
Table 8.1 Endangered Status of Aquatic Animals in China

门 类	《中国物种红色名录》评估的(我国分布的)物种种数	受威胁(极危、濒危和易危)物种数占评估总数(该门类在我国的物种数)比例/%
笠水母科 Olindidae	9	55.6
造礁石珊瑚 Hermatypic corals	260	100
双壳纲 Bivalvia	19	58
十足目 Decapoda	281	30
鲎科 Tachypleidae	3	100
海参纲 Holothuroidea	57 (150)	98 (37)
软骨鱼类 Chondrichthyes	117 (217)	94.9 (51.2)
硬骨鱼类 Osteichthyes	606 (3 271)	86.5 (16)
两栖类 Amphibia	320	40.6
淡水龟科 Bataguridae	24	62.5，极危 3 种
海龟科 Cheloniidae	4	全部极危
鳖科 Trionychidae	4	100
鲸目 Cetacea	32	37.5

一、对我国无脊椎动物的威胁因素

80%的评估物种都面临栖息地被破坏的威胁，包括珊瑚礁采集、砍伐、非木材植物的采集、人工林种植和放牧。无脊椎动物有很多物种本身扩散能力有限，分布区狭窄，也使这个门类面临威胁。不同门类面临的问题不尽相同。

●造礁石珊瑚：珊瑚采集导致的栖息地丧失。

●腹足动物：栖息地退化，高幼体死亡率，低种群密度，外来入侵种，人类采集作为食物，水污染等。

●十足目：高幼体死亡率，低种群密度，珊瑚礁采集和其他人工利用导致的栖息地破坏，人类采集作为食物，水污染等。

●蛛形目：栖息地退化，陆地污染，人类干扰。

●蝴蝶：栖息地退化，蝴蝶个体被采集。

图 8.2 清除水中渔网
渔网和地笼在中国到处都是，严重威胁淡水水生生物的生存

●海参：珊瑚礁采集，人类采集作为食物，水污染等。

●鲎：人类采集作为食物。

对于大部分的无脊椎动物，人类基本上没有对它们采取任何保护措施。目前只是在政策上重视，在法律上明确对无脊椎动物的保护规定。

二、对我国脊椎动物的威胁因素

对我国脊椎动物威胁最大的因素是：栖息地退化和丧失（约占总数的 30%），作为食物和医药的人为采捕（约 20%），网捕、行船、毒杀等导致的意外致死（约 16%），物种扩散能力有限、分布狭窄、繁殖率低、死亡率高等内在因素（20%）。和无脊椎动物相比较，脊椎动物的致危因素显得更加多样化，例如无脊椎动物 80%以上的物种都面临栖息地破坏的威胁，其次为内在因素、人为采捕、外来入侵种和污染。

图 8.3 正在清套
这样的铁丝套每年都会套死大量野生动物

各个门类的致危因素有些不同，以下列出评估物种数较多的门类情况。

●盲鳗纲和圆口纲：渔业开发利用。

●硬骨鱼纲和软骨鱼纲：渔业开发利用；多种内在因素如扩散能力有限，补充、繁殖或增殖力弱，幼体死亡率高，种群密度低，生长缓慢和分布区狭窄等；维持生计或本地贸易引致的捕捞，和渔业有关的意外致死。

●两栖纲：为获取木材导致的森林采伐，农业开垦导致的栖息地丧失，分布区狭窄等内在因素。

●爬行纲：作为食物和药物而遭捕杀，种群密度低和分布区狭窄等内在因素。

●鸟纲：陆地网捕，木材和非木材砍伐导致的栖息地丧失，维持生计或本地贸易导致的食物开发利用。

●哺乳纲：农业、人工林和非用材林开发、开矿导致的栖息地丧失，陆地捕捉、枪杀和毒杀导致的意外致死，作为食物和药物而导致的采捕。

对于绝大部分的受威胁鱼类，人类都没有采取任何保护措施；对于大约70%的其他受威胁脊椎动物也没有采取任何保护措施。建议的保护措施包括：从政策和立法角度加强保护是最主要的，相关的科研、教育和生境保护也应占相当的分量。鉴于缺乏脊椎动物的分布、种群数量和生物学等信息，对大部分这些物种都需要加强科研，特别是生物学及生态学、生境状况、动态/监测和种群数及分布范围的调研工作；由于栖息地丧失和退化是脊椎动物最主要的致危因素，因此栖息地的维持和保护，保护地的建立和提高管理水平，以及栖息地的恢复就非常紧迫；还应加强国家层次的立法及其实施和社区管理；加强科普宣传；一些被大量利用的物种需要加强可持续利用的管理。

三、对我国植物的威胁因素

对我国植物（以全部物种都进行了评估的类群为例：裸子植物、兰花、槭树科）威胁最大的因素是物种内在因素（约占总数的68%），采集（53%），栖息地退化和丧失（22%）。和动物相比较，植物的威胁因素比较单一，由于植物分布区狭窄和密度低而导致的濒危成为最重要的因素，其次是被人类作为薪材、原材料、药物和观赏物而被采集，还有由于农业开垦、木材砍伐而导致的栖息地破坏。

本章主要从一些影响指标，例如全国的人口密度、公路密度、土地利用、生态足迹、外来入侵种等方面，来探讨这些人为因素对于我国不同地区植物的影响程度。可以看出，人口密度、公路密度、土地利用和生态足迹这四个指标，是人为的直接干扰；而外来入侵种则可以看作是自然界种间关系的影响，这其实也是间接的人为干扰。将这些因素和生物地理区划地图进行叠加，就可以清晰直观地看出哪些生物地理区或者单元中的生物多样性正在承受着较高的威胁，以及可能采取哪些应对措施。

图8.4 兰花观赏导致大量野生兰花被挖掘

8.1 人口密度

地图 8.1 各生物地理单元中的人口密度

Map 8.1 Human Density in Each Bio-geographical Unit

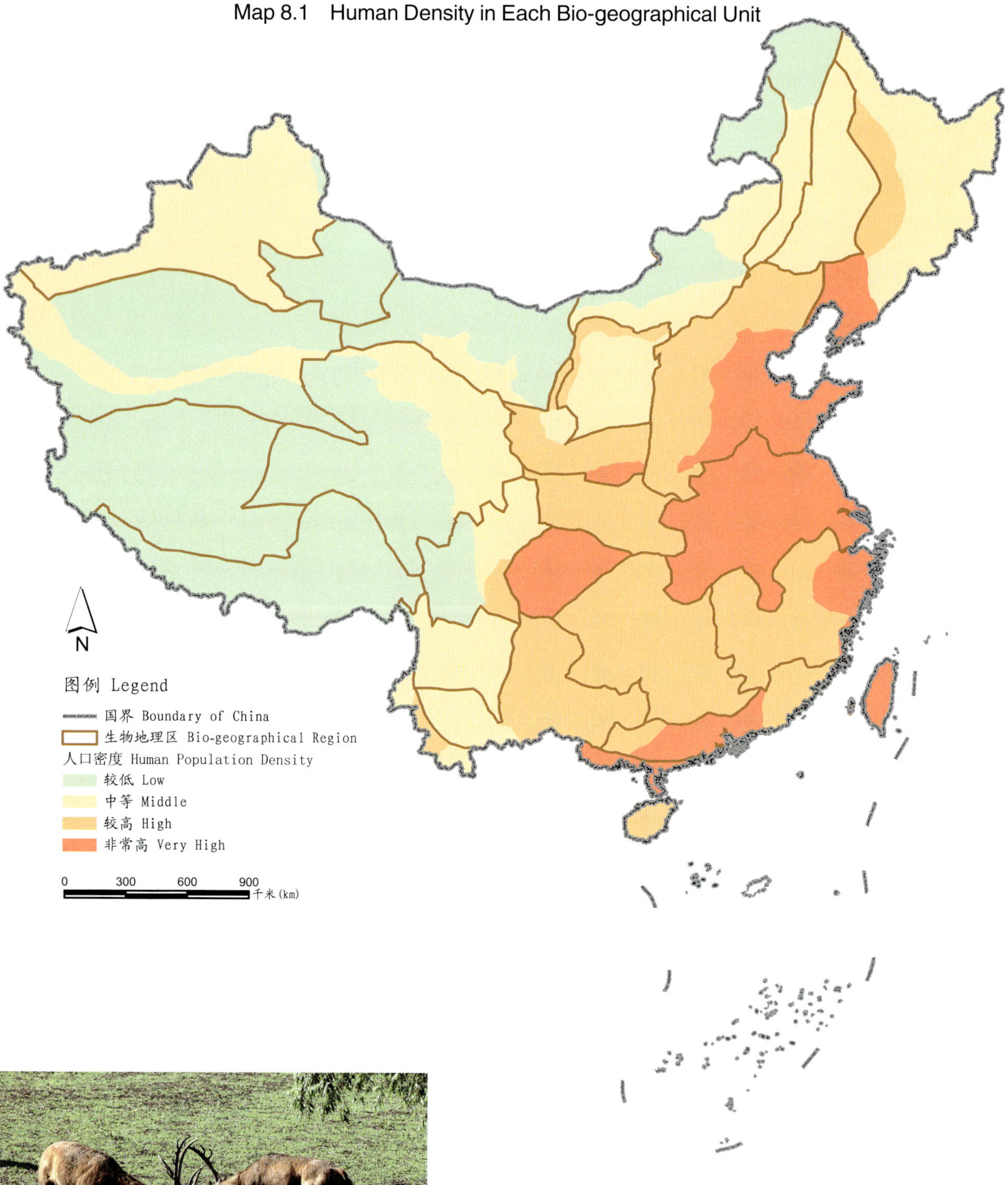

N

图例 Legend

国界 Boundary of China

生物地理区 Bio-geographical Region

人口密度 Human Population Density

较低 Low

中等 Middle

较高 High

非常高 Very High

0 300 600 900 千米(km)

图8.5 麋鹿 *Elaphurus davidianus* 野外绝灭（EW）

我国是世界上人口最多的国家，目前统计已经超过13亿人，而且民族众多，共有56个民族。用全国2002年人口普查的统计数据与各生物地理单元进行叠加分析，统计每个生物地理单元的人口数量并除以该单元的面积，可以计算其人口密度。由上图可以看出，我国的大部分人口基本上集中在东部地区，尤以辽东半岛、华北平原、山东半岛、长江中下游平原、四川盆地、珠江三角洲、台湾等地区最为密集。

8.2 公路密度

地图 8.2 各生物地理单元中的公路密度

Map 8.2 Road Density in Bio-geographical Units

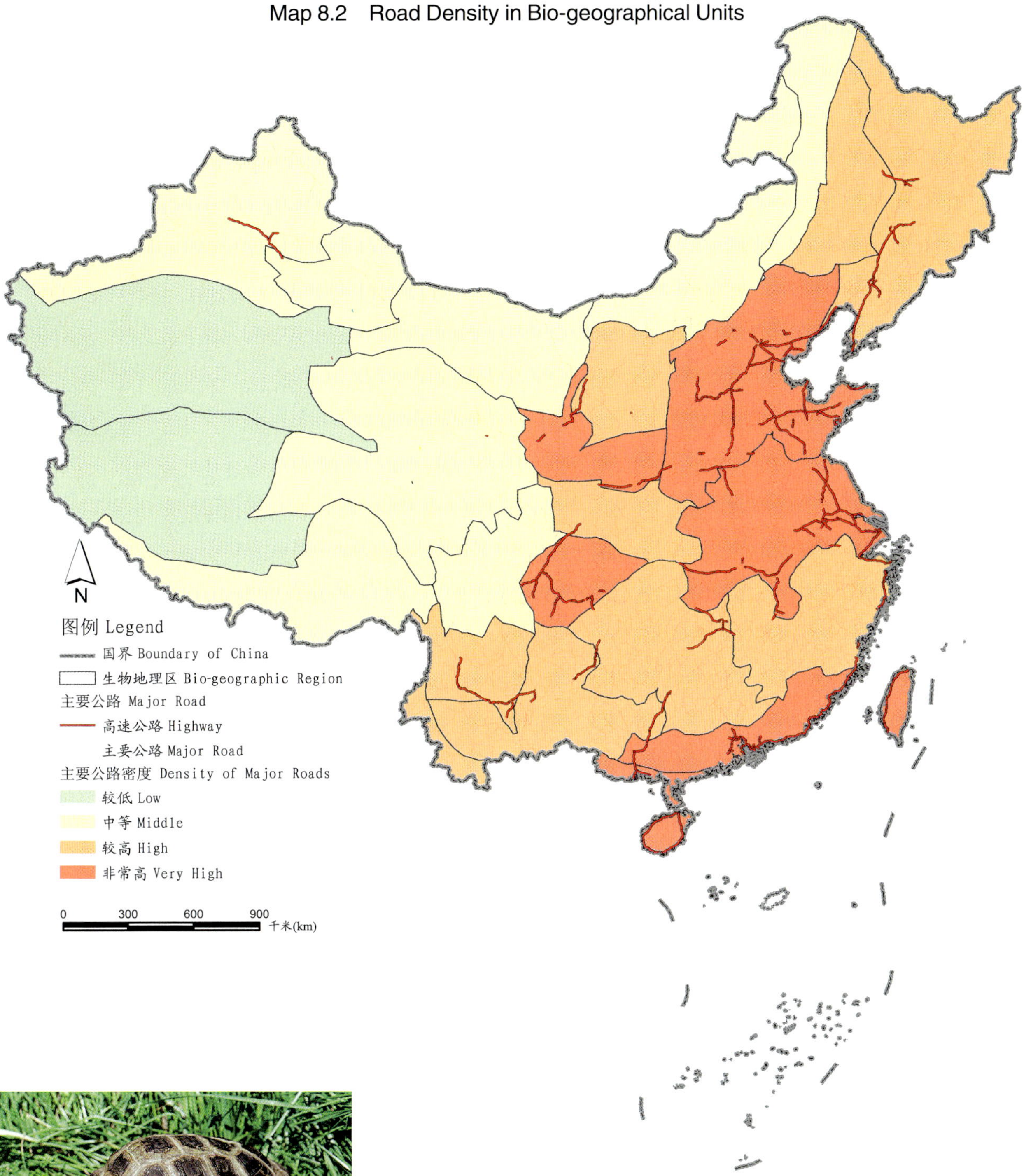

N

图例 Legend

国界 Boundary of China

生物地理区 Bio-geographic Region

主要公路 Major Road

高速公路 Highway

主要公路 Major Road

主要公路密度 Density of Major Roads

较低 Low

中等 Middle

较高 High

非常高 Very High

0 300 600 900 千米(km)

图8.6 缅甸陆龟 *Indotestudo elongata* 濒危（EN）

我国的公路按行政等级可分为国家公路、省公路、县公路、乡公路及专用公路五个等级；按使用任务、功能和适应的交通量分为高速公路、一级公路、二级公路、三级公路、四级公路五个等级。该图由全国的公路数据与各生物地理单元进行叠加分析而成，首先计算每个生物地理单元中的主要公路（包括高速公路和一级、二级公路）的千米数，然后除以该单元的面积得到相应的公路密度。可以看出，我国的公路基本集中在东部地区，以华北平原、山东半岛、黄土高原、长江中下游平原、四川盆地、珠江三角洲、海南岛和台湾等地区最为密集。

8.3 土地利用

地图 8.3 土地利用类型图
Map 8.3 Land Use Map

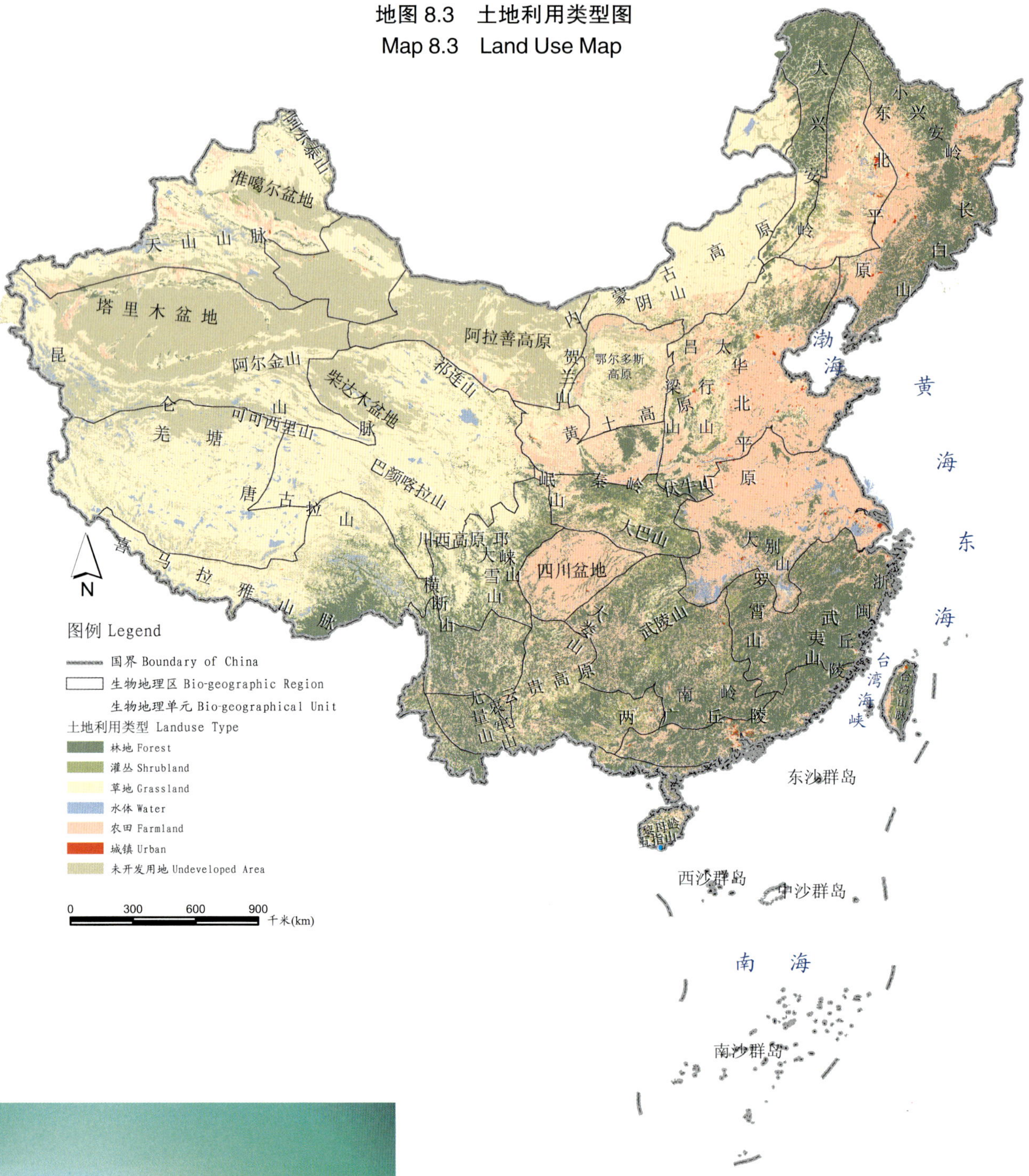
阿尔泰山
准噶尔盆地
天山山脉
塔里木盆地
昆仑山
阿尔金山
柴达木盆地
祁连山
阿拉善高原
可可西里山
羌塘
唐古拉山
巴颜喀拉山
喜马拉雅山脉
川西高原
邛崃山
大雪山
横断山
四川盆地
大巴山
秦岭
岷山
伏牛山
大别山
武陵山
罗霄山
武夷山
闽浙丘陵
云贵高原
无量山
哀牢山
南岭丘陵
两广丘陵
大兴安岭
小兴安岭
东北平原
长白山
内蒙古高原
阴山
贺兰山
鄂尔多斯高原
黄土高原
吕梁山
太行山
华北平原
渤海
黄海
东海
台湾海峡
台湾山脉
黎母岭
五指山
东沙群岛
西沙群岛
中沙群岛
南沙群岛
南海
N
图例 Legend
国界 Boundary of China
生物地理区 Bio-geographic Region
生物地理单元 Bio-geographical Unit
土地利用类型 Landuse Type
林地 Forest
灌丛 Shrubland
草地 Grassland
水体 Water
农田 Farmland
城镇 Urban
未开发用地 Undeveloped Area
0 300 600 900
千米(km)

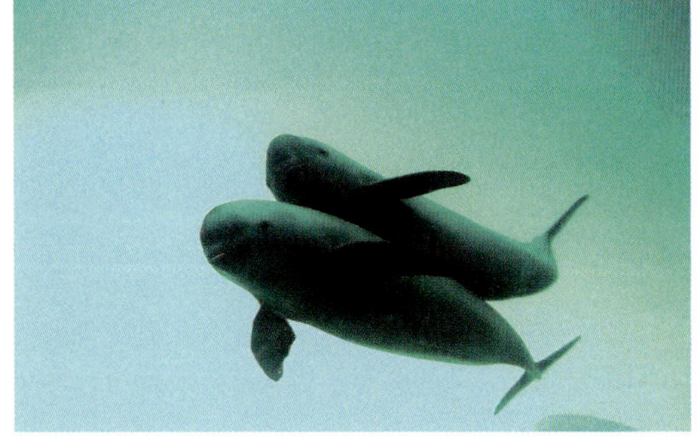

图 8.7 江豚 *Neomeris phocaenoedes* 濒危（EN）

我国的土地利用类型多样，据不完全统计，在我国陆地面积中，耕地占 13.7%，园地占 1.1%，林地占 23.9%，牧草地占 28.0%，居民占地、工矿用地和交通用地占 3.1%，水域占 4.4%，未利用土地占 25.8%。该图使用了 2002 年的土地利用数据。由图可以看出，我国各类用地分布不均衡，土地利用的区域差异大：耕地、林地、水域和建设用地主要集中在东部和中部地带，而牧草地、未利用土地主要集中在西部地带。在东北平原、华北平原、黄土高原、四川盆地、长江中下游平原等地区，土地的开发程度较高，多为城镇和农田的集中地带。

8.4 人类足迹

地图 8.4 中国的人类足迹地图
Map 8.4 Human Footprint Map of China

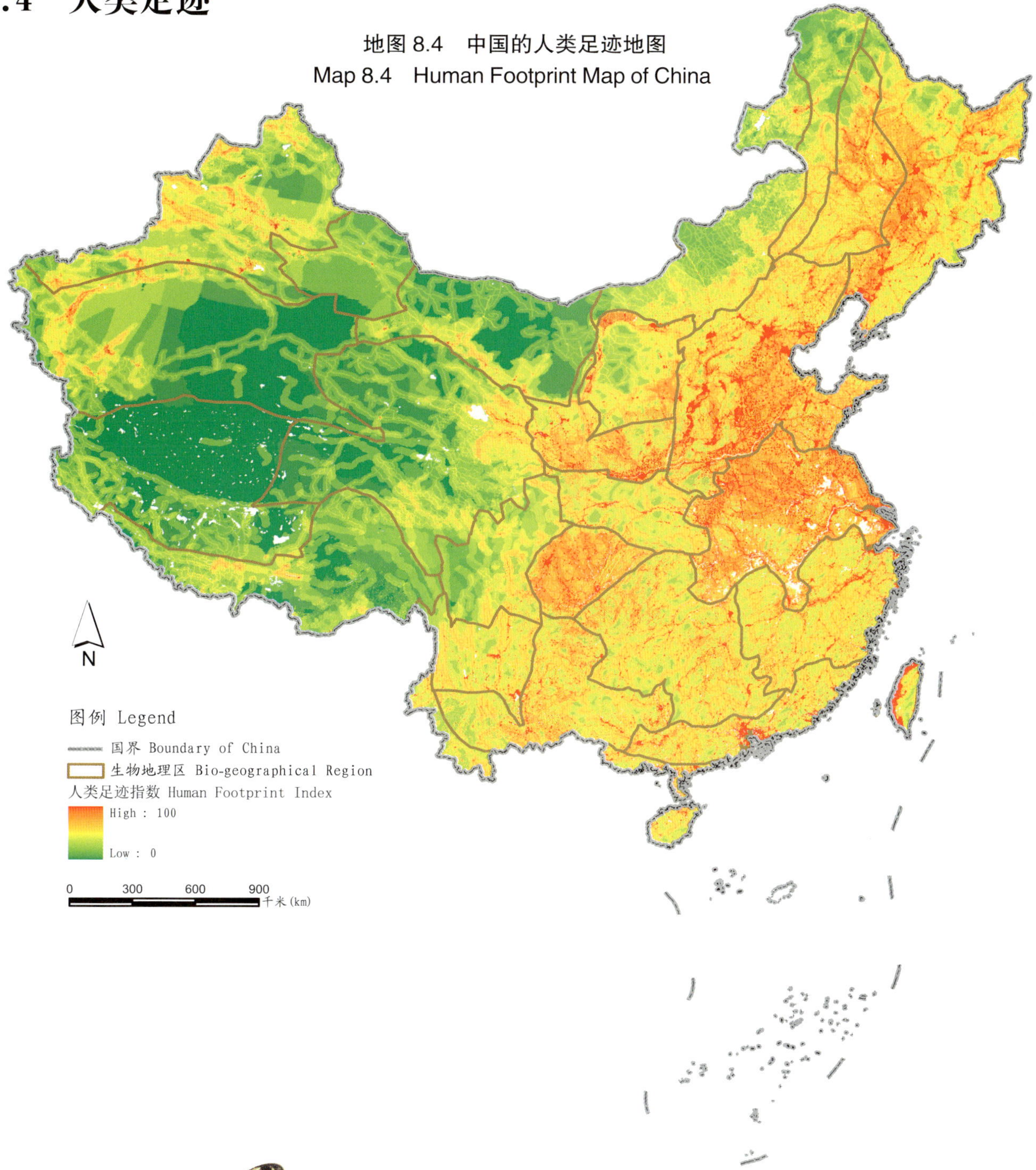

N

图例 Legend
国界 Boundary of China
生物地理区 Bio-geographical Region
人类足迹指数 Human Footprint Index
High : 100
Low : 0

0 300 600 900 千米(km)

图 8.8 中华虎凤蝶 *Luehdorfia chinensis* 易危（VU）

"人类足迹"是国际野生生物保护学会（WCS）和哥伦比亚大学的科学家制作的地图，通过测定现今人类为了维持自身生存而利用自然的量来评估人类对生态系统的影响，可以在地区尺度上比较人类对自然的消费量与自然资本的承载量。人类足迹的意义在于探讨人类如何持续地依赖自然，怎样才能保障地球负荷不超过其承受力，进而支持人类未来的生存。本图采用了人口密度、土地利用、公路、铁路、河流、海岸线、夜晚灯光的密度、生态群系等因子，给每一个因素定义从 0 到 10 的影响指数（0 代表低的人类影响，10 则代表最高），将这些指数在 1 平方千米的格网中进行叠加分析。从我国的人类足迹地图可以看出，在东北平原、华北平原、黄土高原、四川盆地、长江中下游平原、台湾东部等地区，人类足迹指数较高，人类对于生态系统的影响比较大，所需要消耗的自然资本也比较高。（资源来源：WCS，2008）

8.5 外来入侵种

地图 8.5 外来入侵种在各生物地理区中的丰富度

Map 8.5 Richness of Invasive Alien Species in Bio-geographical Regions

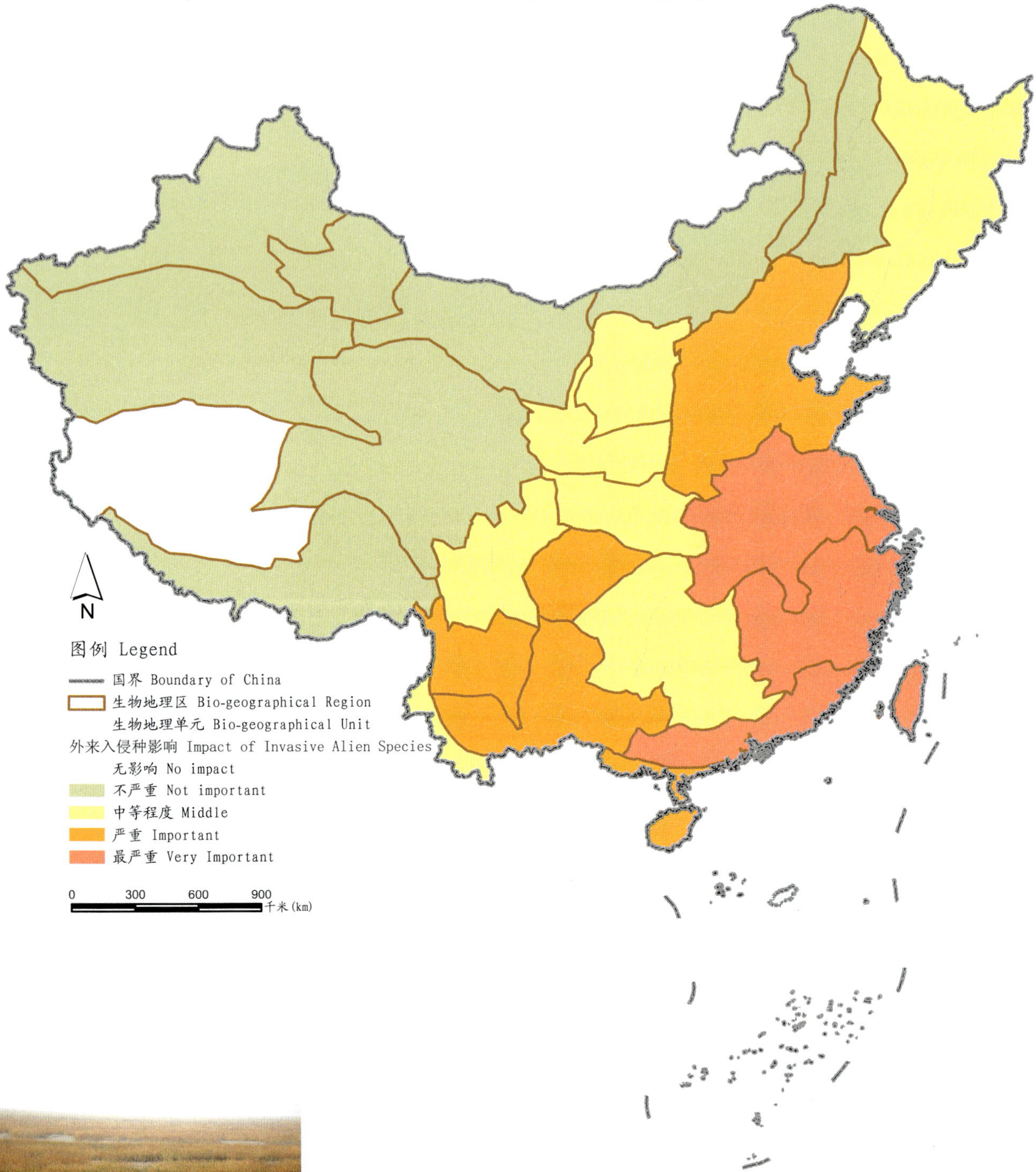

N

图例 Legend

国界 Boundary of China

生物地理区 Bio-geographical Region

生物地理单元 Bio-geographical Unit

外来入侵种影响 Impact of Invasive Alien Species

无影响 No impact

不严重 Not important

中等程度 Middle

严重 Important

最严重 Very Important

0 300 600 900 千米(km)

图 8.9 互花米草 *Spartina alterniflora* 外来入侵种

外来入侵种与本地植物竞争土壤、水分和生存空间，造成本地生物种类的下降或绝灭，同时还在气候、土壤、水分、有机物等方面产生连锁反应，对农业、林业、水产业、旅游业、园艺业、商业、全球变化、人类健康产生巨大的影响。外来入侵种的影响在我国东南部地区最为严重，总体趋势为从东部地区到西部地区影响逐渐降低；在淮北平原和长江中下游平原区，岭南丘陵常绿阔叶林区，东南丘陵山地、盆地常绿阔叶林区，台湾岛常绿阔叶林和季雨林区影响最严重；在华北区，四川盆地农业区，云贵高原常绿阔叶林区，川南、云南高原常绿阔叶林区，琼雷热带雨林、季雨林区比较严重。

第九章 中国生物多样性保护的分析和评价

一、生物多样性保护优先区域的概念和意义

在当前生物多样性加速丧失，并且可用于保护的资金和资源有限的情况下，生物多样性保护的优先性研究越来越受到人们的高度重视。在优先性分析的基础上进行就地保护，进一步优化我国现有的保护地体系，以最小的代价最大限度地保护关键代表性区域的生物多样性，是目前更现实的保护途径。

从20世纪90年代以来，国内外在生物多样性保护热点地区的设定方面开展了大量的研究。Myers等在2000年确立了具有全球意义的25个生物多样性热点地区（Myers，2000）。我国在1998年出版的《中国生物多样性国情研究报告》中确定了17个对全球生物多样性有重要意义的关键区域。林业部门和科研机构也在这方面进行了大量工作，发布了相应的热点区域（陈灵芝，1993；李迪强，2003）。这些工作主要以物种为研究对象，将本地物种多样性最丰富的地区或特有物种集中分布的地区作为需要优先重点保护的地区。

我国从行政区域和生物地理区划等不同角度开展了生物多样性热点地区研究，但基于物种和生态系统两个层次系统定量地确定优先区域的工作一直少有开展。国家环境保护部与大自然保护协会合作，于2006年启动了“中国生物多样性保护远景规划项目”，通过对生物多样性现状、威胁和社会经济发展状况的空间分布模式的综合评价，来识别保护优先区域。从物种和生态系统两个层次，不仅考虑物种的丰富度、稀有性、特有性、受威胁程度，还考虑生态系统的重要过程和功能，首次在全国范围内确定了33个生物多样性保护优先区域（见地图9.3），这些保护优先区域应该作为今后我们国家在保护与发展协调开展的前提下重点投入的保护地区。这个结果目前已经被纳入国家正在修编的《中国生物多样性保护战略与行动计划》中，将为政府履行《生物多样性公约》，制定可持续发展战略决策提供科学依据。

二、生物多样性保护优先区域的确定方法

保护优先区域的确定采用了大自然保护协会“生态区评估”的方法体系，不仅考虑生物多样性（包括物种和生态系统）的价值，还对保护代价（主要指人类活动的强度）进行分析，从而使得区划结果达到保护与发展的协调。首先选择具有代表性的生态系统和物种作为需要保护的对象，通过多层次多尺度的选择，最大限度捕获生物多样性价值信息。在对保护对象的分布和现状进行数据分析的基础上，设定可量化的保护目标。设定保护目标一方面可以保证一定数量种群的生存、繁衍及抗干扰，使其能够长期生存下去；另一方面也为决策者提供了量化的依据，使其能够根据情况设定不同的保护目标，从而调整保护策略。从资源最优化配置的角度考虑，生物多样性保护优先区域不仅应当有很高的生物多样性价值，同时还应该满足人类活动较少、保护代价较低这一条件。经过对上述因素的综合分析，应用计算机优化模型，结合国内已有的生物多样性保护研究成果和专家知识，可以识别出需要优先保护的区域。

三、中国生物多样性保护优先区域

下表列出了基于上述方法在全国范围内筛选出的33个保护优先区域。这些保护优先区域涉及26个省的984个县级单位，总面积315万平方千米，约占国土面积的33%。在这些区域，各部门已建立了196个国家级自然保护区，面积为61万平方千米，约覆盖了优先区域面积的19%。

其中国家级自然保护区的覆盖率高于20%和10%~20%的保护优先区域分别有6个和10个，17个保护优先区域内国家级保护区的覆盖率低于10%，其中包括9个覆盖率低于5%的保护优先区域和1个完全没有国家级自然保护区的保护优先区域（见地图9.3）。

国家级自然保护区的覆盖率超过20%的区域有阿尔金山、羌塘和三江源地区、祁连山、苏北湿地、洞庭湖湿地及三江平原湿地，这些保护优先区保护体系比较完善。

国家级自然保护区覆盖率低于20%、高于10%的区域有秦岭地区、阿尔泰山地区、武夷山地区、内蒙古草甸草原地区、伏牛山地区、横断山地区、松花江和嫩江湿地区、西双版纳地区及喜马拉雅山东南地区，这些区域保护体系比较完善，需要通过保护区间的进一步整合提高保护成效。

表9.1 中国保护优先区域列表(陆地部分)

Table 9.1 List of Priority Conservation Areas of China (Terrestrial Part)

地理分区	编号	优先区域	优先区面积/平方千米	国家级自然保护区面积/平方千米	国家级自然保护区占优先区面积的百分比/%
东北山地平原区	1	大兴安岭地区	217 997.38	7 738.40	3.55
	2	小兴安岭、长白山地区	253 147.38	6 720.01	2.65
	3	三江平原地区	54 622.74	12 395.42	22.69

续表 9.1

东北山地平原区	4	松花江、嫩江湿地区	75 424.23	10 004.29	13.26
	5	内蒙古草甸草原区	131 331.36	15 386.26	11.72
蒙新高原草原荒漠区	6	库姆塔格地区	59 893.00	46 233.31	77.19
	7	阿尔泰山地区	38 742.03	4 089.01	10.55
	8	阿拉善、鄂尔多斯荒漠区	181 167.48	15 563.57	8.59
	9	祁连山地区	88 215.34	39 774.38	45.09
	10	塔里木河流域荒漠区	55 181.67	3 955.86	7.17
	11	天山地区	212 955.95	6 095.30	2.86
华北平原黄土高原区	12	吕梁山地区	57 340.27	1 457.27	2.54
青藏高原高寒区	13	羌塘、三江源地区	554 316.47	331 038.11	59.72
	14	喀喇昆仑、西昆仑地区	89 688.28	0.00	0.00
西南高山峡谷区	15	横断山地区	215 908.01	28 589.22	13.24
	16	喜马拉雅山东南地区	291 071.40	50 210.55	17.25
	17	红河流域	16 367.31	1 704.35	10.41
	18	无量山、哀牢山地区	12 825.45	506.25	3.95
中南西部山地丘陵区	19	秦岭地区	21 141.14	2 167.18	10.25
	20	大巴山地区	45 951.30	2 875.75	6.26
	21	大别山地区	19 218.99	1 150.26	5.99
	22	伏牛山地区	9 603.22	1 233.79	12.85
	23	武陵山地区	85 160.42	4 593.37	5.39

续表 9.1

华东华中丘陵平原区	24	南岭地区	117 772.13	3 683.71	3.13
	25	鄱阳湖地区	7 401.27	404.93	5.47
	26	皖南浙西丘陵山地区	30 205.30	325.71	1.08
	27	武夷山地区	23 638.92	2 593.65	10.97
	28	洞庭湖地区	12 241.05	3 064.84	25.04
	29	苏北湿地区	4 190.08	1 139.60	27.20
	30	浙闽山地区	69 685.00	2 677.37	3.84
华南低山丘陵区	31	桂西地区	68 044.15	1 650.30	2.43
	32	西双版纳地区	17 492.93	2 870.25	16.41
	33	海南中南部地区	16 494.59	883.08	5.35

国家级自然保护区覆盖率为5%~10%的区域有阿拉善、鄂尔多斯荒漠区（8.59%）、塔里木河流域荒漠区（7.17%）、大巴山地区（6.26%）、大别山地区（5.99%）、鄱阳湖地区（5.47%）、武陵山地区（5.39%）、海南中南部（5.35%），这些区域存在较大的保护空缺，应该采取多种手段，加大国家级保护区建设的力度。

还有许多保护优先区域覆盖率低于5%，其中喀喇昆仑、西昆仑地区目前还没有建立国家级保护区，存在绝对的保护空缺，需要立即采取行动建立国家级自然保护区。

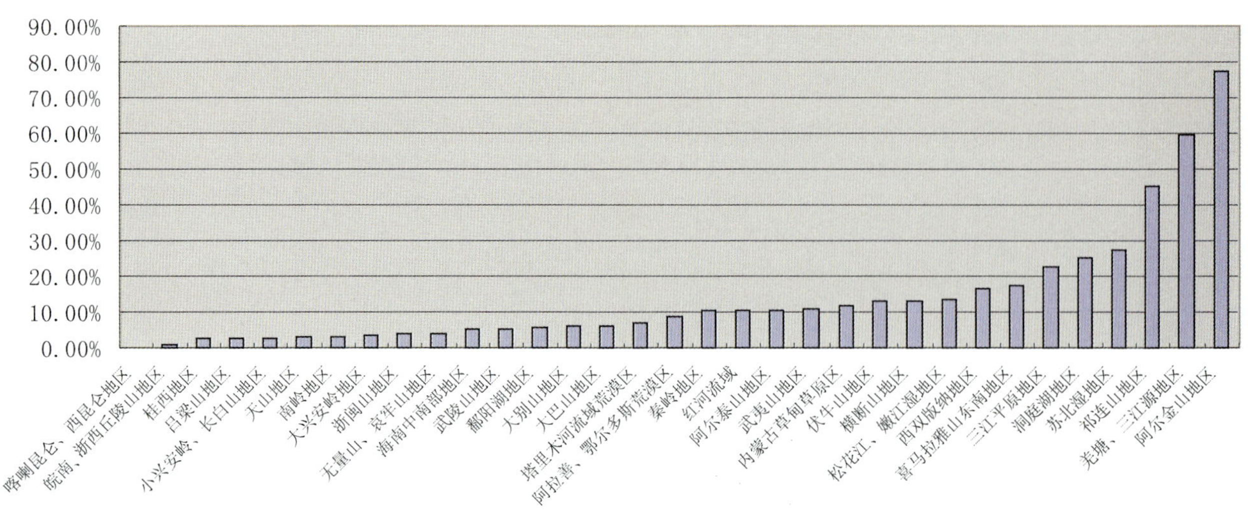

图 9.1 保护优先区域内国家级自然保护区的保护面积比

图 9.2　藏羚　*Pantholops hodgsonii*　濒危（EN）

图 9.3　大天鹅　*Cygnus cygnus*　近危（NT）

9.1 中国保护代价分布图

地图 9.1 中国保护代价分布图

Map 9.1 Maps of Conservation Cost of China

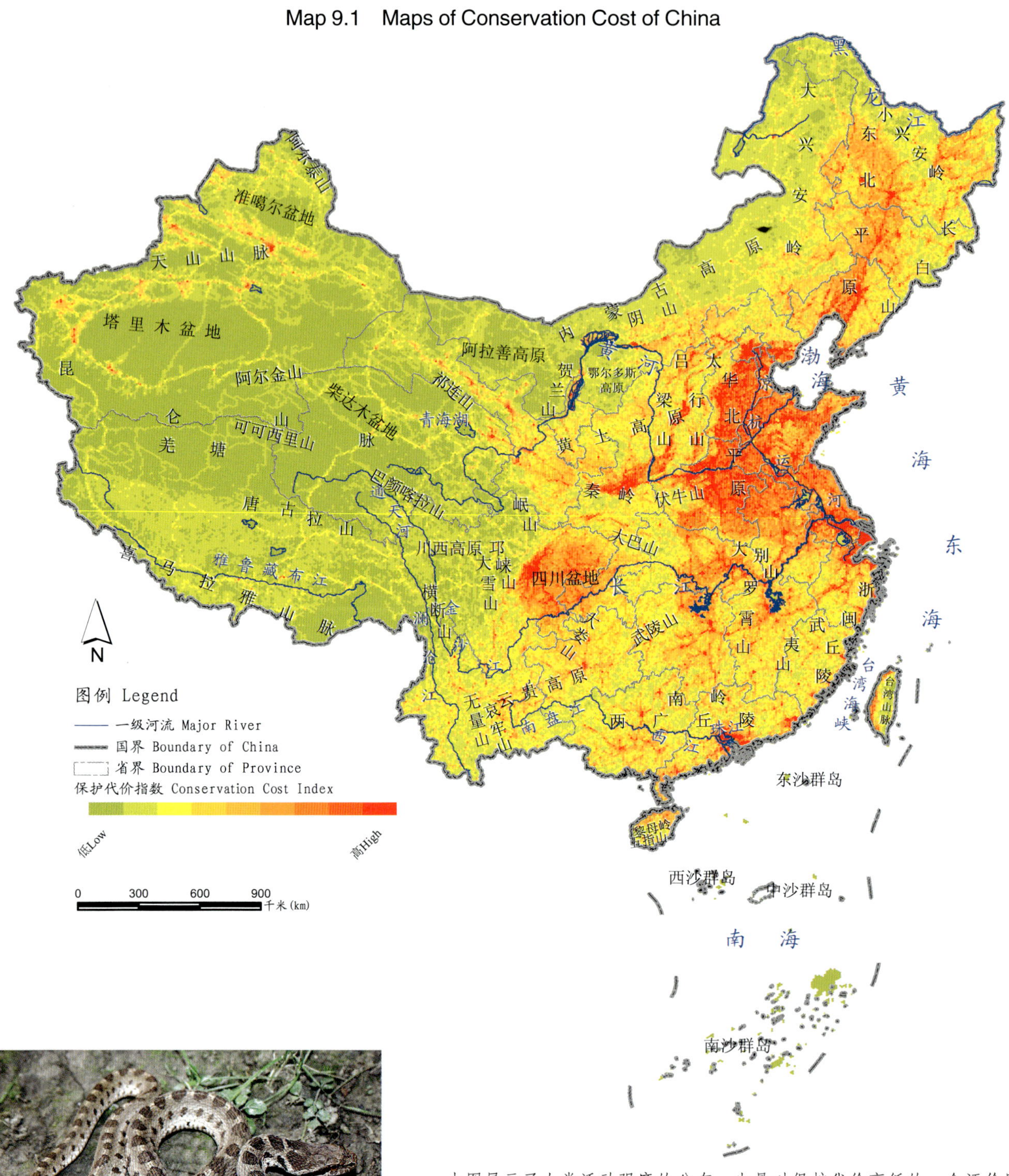

图 9.4 团花锦蛇 *Elaphe davidi* 易危 (VU)

上图展示了人类活动强度的分布，也是对保护代价高低的一个评价因子，主要考虑了人口、居民点、道路和土地利用四个因素。通过标准化及叠加分析，在每 100 平方千米的六边形格网中计算综合的保护代价指数。人类活动越多的区域，保护代价就越高，相应的其生物多样性适合保护的程度也就越低。从上图可以看出，在我国东部尤其是人口较为密集的东北平原、华北平原、长江中下游平原、珠江三角洲以及四川盆地等，保护所需的代价较高；而在我国西部的广大地区开展保护工作所需的代价则普遍较低。

9.2 中国生物多样性保护不可替代系数分布图

地图 9.2 中国生物多样性保护不可替代系数分布图

Map 9.2 Maps of Irreplacability Index of China

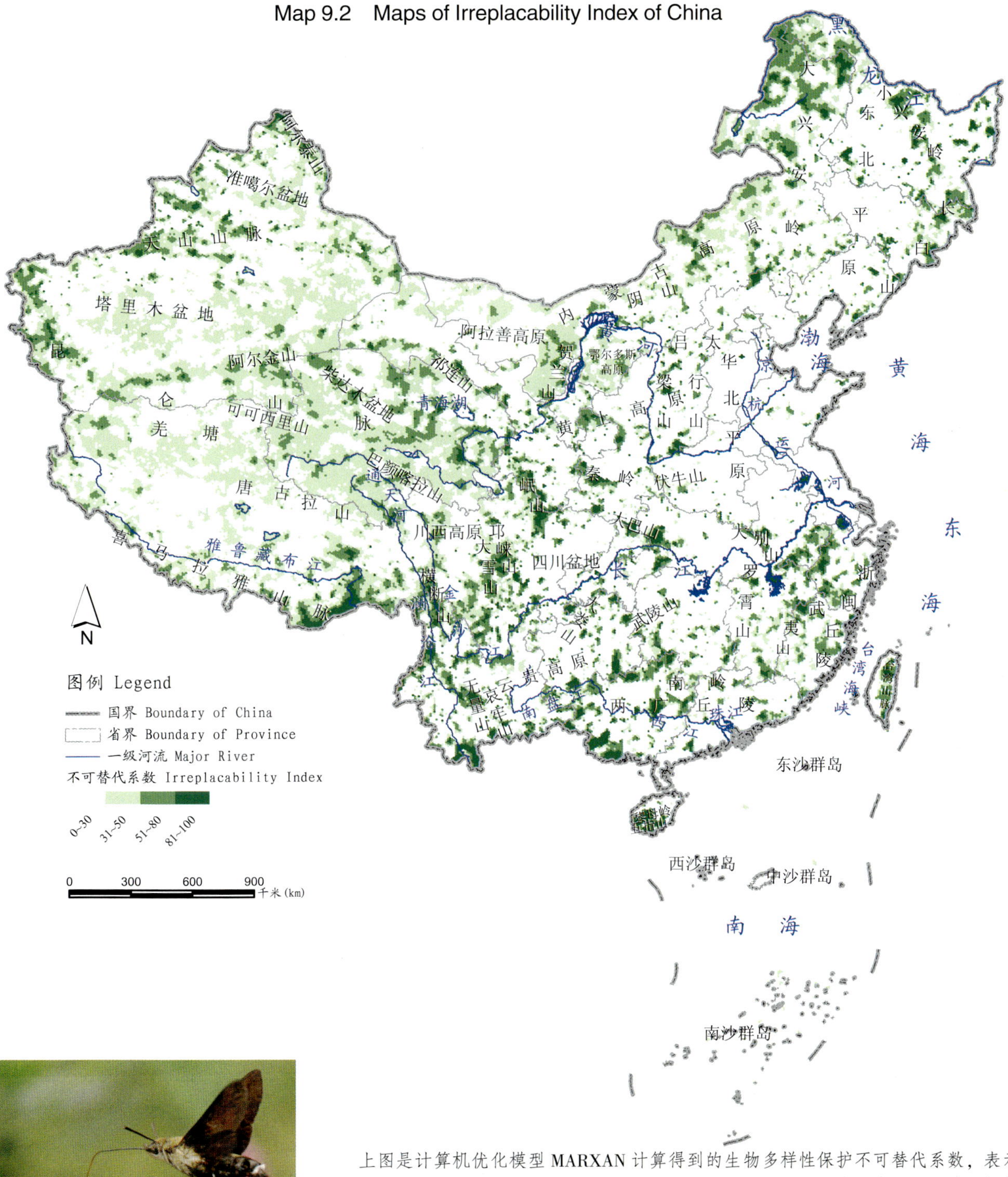

图例 Legend

国界 Boundary of China

省界 Boundary of Province

一级河流 Major River

不可替代系数 Irreplacability Index

0~30 31~50 51~80 81~100

0 300 600 900 千米(km)

图 9.5 黑长喙天蛾 *Macroglossum pyrrhosticta*
未予评估（NE）

上图是计算机优化模型 MARXAN 计算得到的生物多样性保护不可替代系数，表示一个地理区域被纳入保护地网络的可能性值（0~100%）。0 代表该区域不可能纳入保护地网络；100%则说明该单元生物多样性不可替代，必须被纳入。用每个格网中的人类活动强度指数及其某些生物多样性指示因子，叠加分析得到为实现保护预期指标每个单元的重要程度，即值的高低反映了某个区域在生物多样性保护上的重要程度，是识别保护优先区域的重要依据。上图反映出我国的喜马拉雅山脉东段、横断山区、云贵高原、两广丘陵、武夷山、大别山、邛崃山、岷山、秦岭、大小兴安岭、祁连山等地区或其中的部分区域，其生物多样性保护的重要程度较高。

9.3 中国生物多样性保护优先区域

地图 9.3 中国生物多样性优先保护区域

Map 9.3 Maps of Priority Conservation Areas of Biodiversity in China

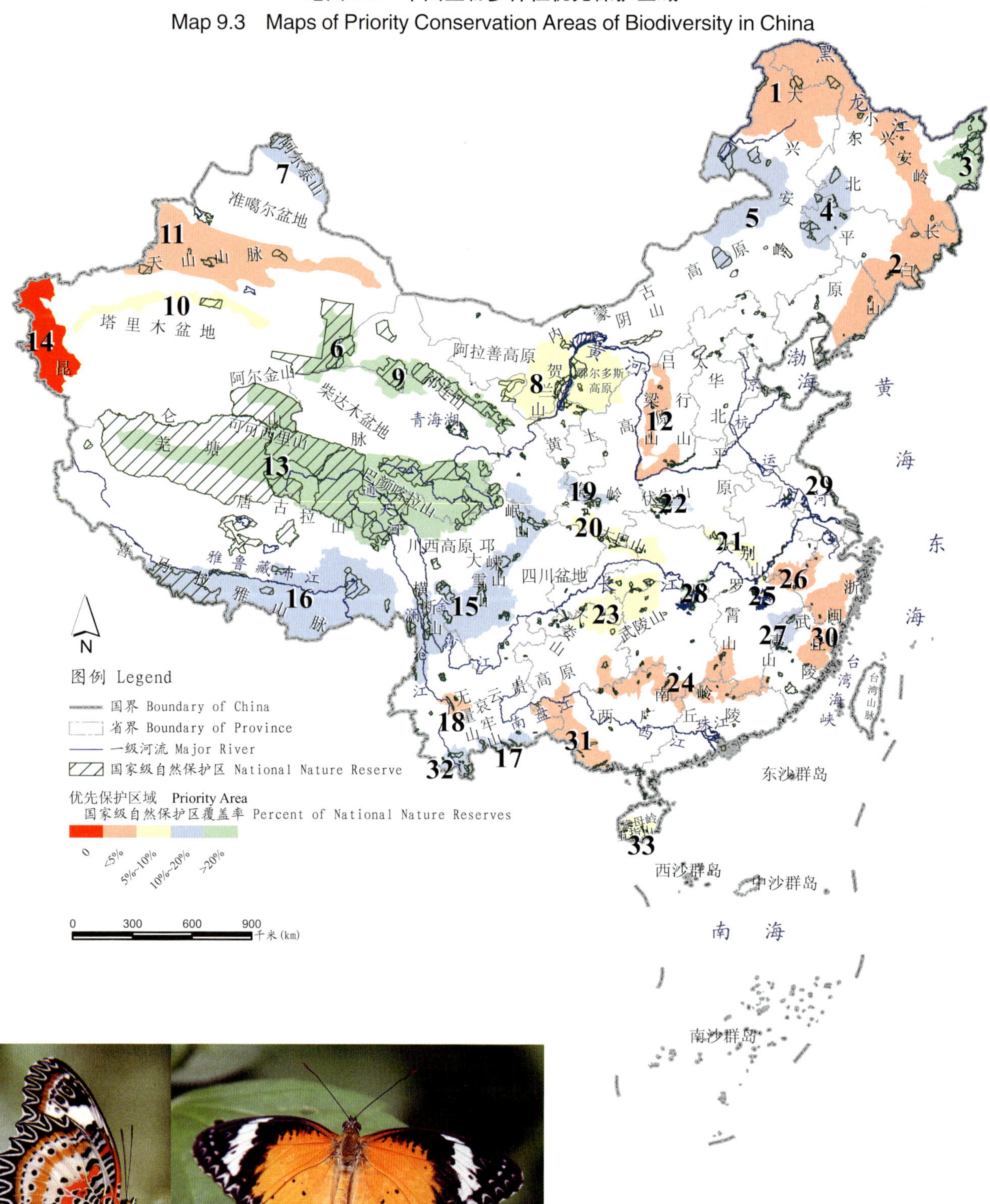

图9.6 白带锯蛱蝶 *Cethosia cyane* 无危（LC）

上图为各优先保护区域与国家级自然保护区地图的叠加，从此图可以看出，各优先保护区内目前现有国家级自然保护区的面积和分布情况。各具体优先保护区的名称见表 9.1。

9.4 各生物地理单元的保护分析

地图 9.4 各生物地理单元的保护现状

Map 9.4 Conservation Status of Bio-geographical Units

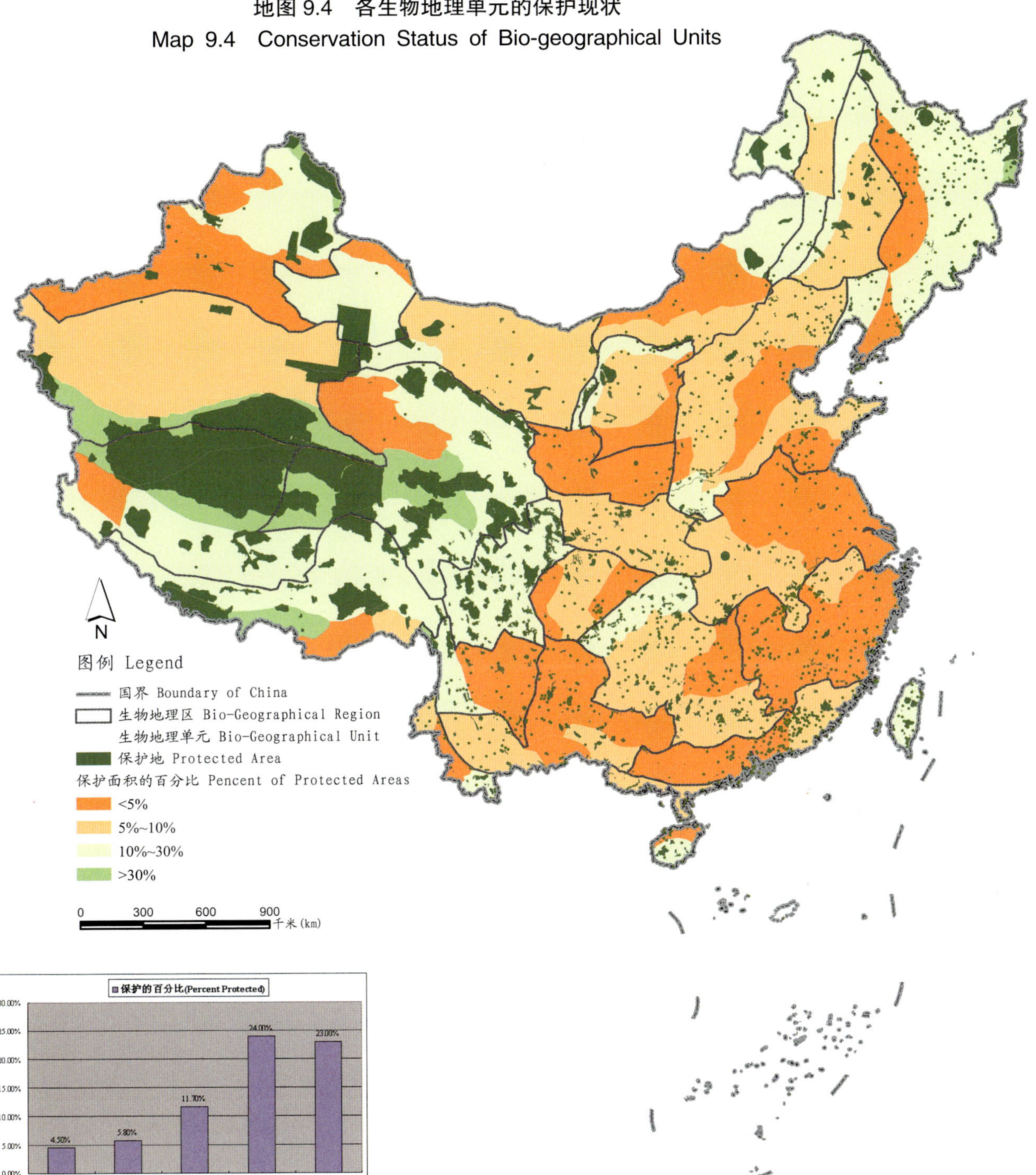

图 9.7 各海拔带的保护情况

中国的保护区趋向于建在海拔较高、人口较稀少的山地。上图显示在海拔低于 2 000 米的地区被保护的面积均低于 10%，说明我国低海拔地区的生态系统远未得到足够的保护。

上图通过计算每一个生物地理单元中保护区面积所占的百分比，来判断各单元中的保护区所涵盖的面积对于该地理单元的保护来说是否充分，从而确定在当前受到的保护还远远不够的地区。如果我们以保护 10%的面积作为得到良好保护的基本指标，可以看到，有 78 个地理单元都无法达到这个指标，超过全部 124 个地理单元数量的一半。这些地理单元主要集中在我国的东部和中部地区，另外还包括西北的天山一带；其中在东北平原、华北平原、长江中下游平原、黄土高原、西南和西北的部分地区，共计有 39 个生物地理单元的保护区面积都未能达到 5%。

参考文献

由于物种的分布数据系长期的文献积累而成，本地图集无法全部列出这些文献，只能将文中提到的部分列于此处。

1. Invasive Species Specialist Group. *Global Invasive Species Database*. http://www.issg.org/database. 2008
2. Myers R.A.， Mittermeier C.G.， Da Fonseca G.A.B. Kent J. Biodiversity hotspots for conservation priorities. *Nature*， 2000，403：853~858
3. Olson D.M， Dinerstein E. The Global 200： A representational approach to conserving the Earth's most biologically valuable eco-regions. *Conservation Biology*， 1998， 12：502~515
4. UNEP/GRID-Arendal, 'Major global bird migration routes to the Arctic', *UNEP/GRID-Arendal Maps and Graphics Library*， 2005, http://maps.grida.no/go/graphic/major_global_bird_migration_routes_to_the_arctic
5. Yan Xie and Song Wang. Conservation status of Chinese species：(1) Overview.*Integrative Zoology*， 2007a， 1：26~35
6. Yan Xie and Song Wang. Conservation status of Chinese species: （2） Invertebrates. *Integrative Zoology*， 2007b， 2: 79~88
7. 陈灵芝. 中国的生物多样性——现状及其保护对策. 北京：科学出版社，1993

8. 程叶青，张平宇. 生态地理区划研究进展. 生态学报，2006，26（10）：3424~3433

9. 傅立国等. 中国植物红皮书. 北京：科学出版社，1992

10. 国家基础地理信息系统，http://nfgis.nsdi.gov.cn，2008

11. 国家环保总局自然生态保护司. 中国的自然保护区（2005）. 北京：中国环境科学出版社，2006

12. 国际野生生物保护学会（WCS）. 人类足迹 *Human Footprint*. http://www.wcs.org/humanfootprint. 2008

13. 李迪强，宋延龄，欧阳志云. 全国林业系统自然保护区体系规划研究. 北京：科学出版社，2003

14. 汪松，解焱. 中国物种红色名录·第一卷·红色名录. 北京：高等教育出版社，2004

15. 汪松，解焱. 中国物种红色名录·第三卷·无脊椎动物. 北京：高等教育出版社，2005

16. 汪松，解焱. 中国物种红色名录·第二卷·脊椎动物. 北京：高等教育出版社，2009

17. 解焱. 生物入侵与中国生态安全. 石家庄：河北科学技术出版社，2008

18. 解焱，李典谟，John MacKinnon. 中国生物地理区划研究. 生态学报，2002，22（10）：1599~1615

19. 解焱，汪松，谢彼德. 中国的保护地. 北京：清华大学出版社，2004

20. 约翰·马敬能，卡伦·菲利普斯，何芬奇. 中国鸟类野外手册. 长沙：湖南教育出版社，2000

21. 张荣祖. 中国自然地理·动物地理. 北京：科学出版社，1979

22. 中国生物多样性国情研究报告编写组. 中国生物多样性国情研究报告. 北京：中国环境科学出版社，1998

23. 中国物种信息服务（China Species Information Service, CSIS）. http://www.baohu.org/csis_search/

24. 中华人民共和国行政区划. 2006. http://www.xzqh.org/quhua/

25. 中国流域图.国家测绘局网站. http://www.sbsm.gov.cn/article/zxbs/dtfw/zgbt/200709/20070900000741.shtml#. 2008

26. 中科院地理研究所资源与环境信息系统国家重点实验室. 1:4 000 000 商业化《中国资源环境数据》光盘. 1996

供图版权说明

John MacKinnon：图 0.1 珠蛱蝶；图 0.3 灰椋鸟；图 0.9 亚洲象；图 0.10 斐豹蛱蝶；图 0.15 橙胸鹟；图 1.1 窄斑凤尾蛱蝶；图 1.7 棕头鸦雀；图 1.10 枯叶蛱蝶；图 1.11 羚牛；图 1.13 美凤蝶；图 1.14 巢鼠；图 1.15 达摩翠凤蝶；图 1.16 东北鼠兔；图 1.17 大山雀；图 1.18 波纹眼蛱蝶；图 1.19 猪獾；图 1.21 福建竹叶青蛇；图 1.23 紫水鸡；图 1.25 黄钩蛱蝶；图 2.7 内蒙古瓦氏雅罗鱼；图 3.2 雪豹；图 3.9 川金丝猴；图 3.13 褐长耳蝠；图 3.17 豪猪；图 3.22 白冠长尾雉；图 3.23 罗纹鸭；图 3.25 赤嘴潜鸭；图 3.26 大拟啄木鸟；图 3.29 普通翠鸟；图 3.30 领鸺鹠；图 3.32 雪鸮；图 3.33 棕斑鸠；图 3.35 骨顶鸡；图 3.39 东方白鹳；图 3.41 高山兀鹫；图 3.42 白尾海雕；图 3.44 翻石鹬；图 3.46 纹胸巨鹛；图 3.47 白颊噪鹛；图 3.48 棕颈钩嘴鹛；图 3.52 小仙翁；图 3.54 白眉 [姬] 鹟；图 3.55 白眉朱雀；图 3.56 赤胸朱顶雀；图 3.57 戈氏岩鹀；图 3.58 灰喜鹊；图 3.59 黑枕黄鹂；图 3.60 小嘴乌鸦；图 3.72 王锦蛇；图 4.2 大尾大蚕蛾；图 4.8 小红蛱蝶；图 4.9 黄斑银弄蝶；图 4.13 红灰蝶；图 4.15 燕凤蝶；图 4.17 三尾凤蝶；图 4.19 台湾翼眼蝶；图 5.4 银杏（右）；图 5.11 珙桐（右）；图 5.23 蓍草；图 6.2 瓦氏雅罗鱼；图 6.8 中华鲟；图 7.3 五纹松鼠；图 7.4 灰棕背鼻；图 7.5 猞猁；图 7.9 棕脸鹟莺；图 7.14 野牛；图 9.5 黑长喙天蛾；图 9.6 白带锯蛱蝶

解焱：图 0.4 宝兴杜鹃；图 0.5 中华稻蝗；图 0.6 南滑蜥；图 0.11 翠雀花；图 0.12 长脚盲蛛；图 0.13 天南星；图 0.14 贵州茂兰南方喀斯特生态系统；图 0.16 新疆天山山麓；图 0.17 青藏高原草原；图 1.5 宽带美凤蝶；图 1.24 长须狮子鱼；图 2.1 长白山自然保护区；图 2.2 新疆卡拉麦里自然保护区；图 2.3 羌塘自然保护区；图 2.5 报喜斑粉蝶；图 2.6 蜂桶寨自然保护区；图 2.8 茂兰自然保护区；图 2.9 上海崇明东滩自然保护区；图 2.10 福田自然保护区；图 2.11 西双版纳自然保护区；

图 3.4 藏野驴；图 3.5 大熊猫；图 3.36 丹顶鹤；图 3.67 丽棘蜥；图 3.76 华西蟾蜍；图 4.1 串珠环蝶；图 4.6 二尾蛱蝶；图 4.7 散纹盛蛱蝶；图 4.12 摩来彩灰蝶；图 4.21 斑缘豆粉蝶；图 5.1 望天树；图 5.2 白皮松；图 5.5 黄山松；图 5.8 侧柏；图 5.11 珙桐（左）；图 5.12 地涌金莲；图 6.11 青海湖裸鲤；图 7.10 东疆沙蜥；图 7.13 泽蛙；图 7.17 油松（左）；图 8.9 互花米草

李理：图 0.8 鸳鸯；图 1.2 獐；图 1.8 水獭；图 1.12 白琵鹭；图 1.22 白红尾鸲；图 3.1 杂色山雀；图 3.3 花面狸；图 3.8 白颊长臂猿；图 3.24 疣鼻天鹅；图 3.34 火斑鸠；图 3.37 白鹤；图 3.38 红隼；图 3.40 白鹈鹕；图 3.45 黑翅长脚鹬；图 3.49 画眉；图 3.53 红喉歌鸲；图 3.64 双角犀鸟；图 3.79 黑斑蛙；图 6.13 扬子鳄；图 7.1 沙狐；图 7.2 黑尾鸥；图 7.6 红嘴相思鸟；图 7.7 鸿雁；图 7.8 太平鸟；图 7.15 棕噪鹛；图 8.1 粘网；图 8.5 麋鹿；图 9.3 大天鹅

王晨：图 5.3 西伯利亚云杉；图 5.4 银杏（右）；图 5.6 长白松；图 5.7 马尾松；图 5.13 宽叶红门兰；图 5.14 惠兰；图 5.15 细裂玉凤花；图 5.16 松毛翠；图 5.17 苞叶杜鹃；图 5.18 羊踯躅；图 5.19 色木槭；图 5.20 花楷槭；图 5.21 元宝槭；图 5.24 攸县油茶；图 5.26 香子含笑；图 5.27 距瓣尾囊草；图 7.16 夏蜡梅；图 7.17 油松（右）

武春生：图 4.3 金裳凤蝶；图 4.4 阿波罗绢蝶；图 4.5 乌克兰剑凤蝶；图 4.10 大伞弄蝶；图 4.11 密纹飒弄蝶；图 4.14 陕西灰蝶；图 4.16 曙凤蝶；图 4.18 君主眉眼蝶；图 4.20 玳眼蝶；图 4.22 森下绢粉蝶；图 4.23 山豆粉蝶；图 8.8 中华虎凤蝶

胡少荣：图 1.3 斑胸钩嘴鹛；图 1.9 灰鹡鸰；图 2.4 棕颈钩嘴鹛；图 3.27 蚁䴕；图 3.28 冠鱼狗；图 3.31 长耳鸮；图 3.50 东方大苇莺；图 3.51 远东树莺；图 3.62 黄鹡鸰；图 3.63 树鹨

唐继荣：图 3.70 凹甲陆龟；图 3.77 中国瘰螈；图 3.78 秦巴拟小鲵；图 3.81 隆肛蛙；图 6.12 中国水蛇；图 7.11 黑头剑蛇

章克家：图 1.6 须浮鸥；图 1.20 斑嘴鸭；图 3.12 普氏原羚；图 3.16 喜马拉雅旱獭；图 3.19 棕头鸥；图 3.65 黑颈鹤；图 3.66 卷羽鹈鹕

乔轶伦：图 3.77 凭祥睑虎；图 6.1 三线闭壳龟；图 6.15 四眼斑龟；图 6.17 眼斑龟；图 8.6 缅甸陆龟

李晓东：图 5.9 福建柏；图 5.10 崖柏；5.22 花榈木；图 5.25 楠木

侯勉：图 3.71 喜山钝头蛇；图 3.73 粉链蛇；图 9.4 团花锦蛇

George B.Schaller：图 3.6 狼；图 3.11 野牦牛；图 3.20 藏雪鸡

吕顺清：图 3.80 凹耳湍蛙；图 6.16 斑鳖；图 8.2 清除水中渔网

刘月英：图 6.4 三带田螺；图 6.5 乳顶环棱螺；图 6.6 瓶圆田螺

张劲硕：图 3.14 长舌果蝠；图 3.15 云南菊头蝠

赵怀东：图 3.43 猎隼；图 3.61 棕颈雪雀

康蔼黎：图 0.2 赛加羚羊；图 9.2 藏羚

饶定齐：图 3.75 美丽湍蛙；图 7.12 扁疣湍蛙

张春光：图 6.9 胭脂鱼；图 6.10 无眼金线鲃

魏卓： 图 6.18 白鳖豚；图 8.7 江豚

周婷：图 6.3 山瑞鳖；图 6.14 金头闭壳龟

王小平：图 3.68 蛇岛蝮

喻强：图 3.69 海南睑虎

肖俊峰：图 8.3 正在清套

Petch Manopawitr：图 1.4 海龟

邓崇祝：图 8.4 兰花观赏导致大量野生兰花被挖掘

奚志农：图 3.10 盘羊

John Goodrich：图 3.7 虎

Karen Phillipps：图 3.21 日本鹌鹑

Elizabeth Bennett：图 3.18 岩松鼠

《中国动物志圆口纲软骨鱼纲》：图 6.7 日本七鳃鳗

图书在版编目（CIP）数据

中国生物多样性地理图集／解焱，张爽，王伟主编.
长沙：湖南教育出版社，2009.6
ISBN 978-7-5355-6063-6
I. 中… Ⅱ.①解…②张…③王… Ⅲ.生物多样性—中国—图集 Ⅳ.Q16-64
中国版本图书馆CIP数据核字（2009）第090859号

中国生物多样性地理图集
主编：解焱　张爽　王伟
责任编辑：阮林
责任校对：李平
湖南教育出版社出版发行（长沙市韶山北路443号）
网址：http://www.hneph.com
电子邮箱：postmaster@hneph.com
湖南省新华书店经销　湖南天闻新华印务有限公司印刷
889×1194　16开　印张：16　字数：400 000
2009年6月第1版　2009年6月第1次印刷
ISBN 978-7-5355-6063-6/G·6058
定价：160.00元
本书若有印刷、装订错误，可向承印厂调换